中国地质调查成果 CGS 2023-017
海南省海洋地质资源与环境重点实验室成果
海南省地质调查院成果
海南省重要矿产资源潜力评价成果系列丛书

海南省重要矿产区域成矿规律研究

周迎春　陈晓清　高芳蕾　李艳杰　李志强　官　军
蔡水库　陈育文　何玉生　张固成　何国伟　著

地质出版社
·北　京·

内 容 简 介

本书以“成矿系列理论”为指导，对海南省铁、金、银、铜、铝、铅、锌、钼、钨、磷、锰、硫、萤石、重晶石、稀土等15个国家重点矿种以及本省具有资源优势的锆英石、钛铁矿、石英砂、煤炭、油页岩等5个重要矿种的矿产类型进行了研究；通过典型矿床及区域成矿特征、成矿背景、成矿作用，以及物探、化探、遥感和自然重砂等综合信息分析研究，总结了海南省重要矿产成矿要素、成矿模式；对海南省成矿区带、矿床成矿系列和亚系列进行了研究划分，建立了区域成矿谱系，总结了全省重要矿产区域成矿规律。

本书可供从事矿产勘查工作及科学研究的人员使用。

图书在版编目（CIP）数据

海南省重要矿产区域成矿规律研究 / 周迎春等著. —北京：地质出版社，2023. 10

ISBN 978-7-116-13836-0

Ⅰ. ①海… Ⅱ. ①周… Ⅲ. ①成矿规律-研究-海南 Ⅳ. ①P612

中国国家版本馆 CIP 数据核字（2023）第 189697 号

HAINAN SHENG ZHONGYAO KUANGCHAN QUYU CHENGKUANG GUILÜ YANJIU

责任编辑：程 静
责任校对：张 冬
出版发行：地质出版社
社址邮编：北京市海淀区学院路 31 号，100083
电 话：（010）66554528（邮购部）；（010）66554533（编辑室）
网 址：https://www.gph.clmpg.com
传 真：（010）66554661
印 刷：海南博威印刷有限公司
开 本：889mm×1194mm 1/16
印 张：16.75 **插页**：6
字 数：500 千字
版 次：2023 年 10 月北京第 1 版
印 次：2023 年 10 月海口第 1 次印刷
审 图 号：琼 S（2023）275 号
定 价：158.00 元
书 号：ISBN 978-7-116-13836-0

海南省重要矿产资源潜力评价

充分利用截止到2006年的

海南省地质、矿产、物探、化探、遥感、自然重砂等成果资料。

相关专业技术人员前后历时8年

完成重要矿产单矿种、相关专业和总体评价系列成果。

值此成果系列丛书公开出版之际，

谨向为海南省地质勘查、地学研究等竭诚奉献的广大地质工作者

致以崇高的敬意！

序

海南省位于中国最南端，行政区域包括海南岛、西沙群岛、中沙群岛、南沙群岛的岛礁及其海域，全省陆地（主要包括海南岛和西沙、中沙、南沙群岛）总面积约 $3.54\times10^4km^2$，海域面积约 $200\times10^4km^2$。

1949年后，尤其是1988年海南建省办经济特区以来，海南经济社会发展取得重大成就，从一个边陲海岛发展成为我国改革开放的重要窗口，实现了翻天覆地的变化。随着海南自由贸易港“三区一中心”战略全面推进，海南将成为引领我国新时代对外开放的鲜明旗帜和重要门户。

在古代，海南省就有矿业活动。据史料记载，唐朝时曾有砂金开采，清朝乾隆年间曾对石碌铜矿进行过开采，清末民初对那大锡矿断续开采多年。地质调查工作始于20世纪初叶，1949年后才开始大规模地开展地质勘探工作。经过几代地质工作者的努力，先后发现了一批具有工业价值的矿产，为工业发展提供了矿产资源和能源保障。

改革开放后，我国经济高速发展对矿产资源的需求迅猛增长，资源供需矛盾日显突出。为了贯彻落实《国务院关于加强地质工作的决定》，2006年国土资源部部署了全国重要矿产资源潜力评价工作，旨在通过系统总结以往地质调查和矿产勘查工作成果，评价未查明矿产资源潜力，为资源勘查、摸清资源家底提供依据。

海南省矿产资源潜力评价是全国矿产资源潜力评价计划项目中的一项工作项目，是全国矿产资源潜力评价工作的组成部分，其总体目标是：根据全国重要矿产资源潜力预测评价技术要求，结合海南省实际，选择铁、锰、铜、铅、锌、铝、钨、钼、金、银、磷、萤石、重晶石、硫、稀土、煤、油页岩、锆英石砂、钛铁矿砂、石英砂、独居石砂共21个矿种开展资源潜力评价工作。在21个矿种中，油页岩、锆英石砂、钛铁矿砂、石英砂和独居石砂为海南省增选矿种，其他为全国要求评价的矿种。

海南省矿产资源潜力评价工作于2007年6月正式启动，2013年11月结束，累计完成各类图件编制1800多张、图件数据库建设1600多个，编写图件说明书1600多份，编制各类报告30多份，全面完成了预期的目标任务，取得了丰硕成果。基本摸清了海南省重要矿产资源家底，为矿产资源保障能力和勘查部署决策提供了依据。

一是收集了海南省历年来地质、矿产、物探、化探、遥感、自然重砂工作资料。截至2006年底，编制了工作程度图，补充完善了基础数据库；总结了各专业课题组的预测评价技术方法。

二是首次以板块构造理论为基础，编制了海南省大地构造图，为区域成矿地质作用研究和矿产预测奠定了坚实的地质基础和依据，进一步提高了海南省区域地质研究程度。

三是首次系统地利用地质、矿产、物探、化探、遥感、自然重砂等多学科资料，针对铁、铝、铜、铅、锌、金、银、钼、钨、锰、稀土、磷、硫、萤石、重晶石、煤、锆英石砂、钛铁矿砂、石英砂、独居石砂、油页岩共21个矿种及不同矿床类型，系统地建立了全省41个典型矿床的成矿模式、找矿模型和39处预测工作区成矿模式及预测模型，丰富和发展了省内区域成矿理论，提升了综合信息矿产预测技术水平。

四是系统地利用地质、物探、化探、遥感、自然重砂等综合信息，全程应用GIS技术进行了全省重要矿产资源潜力评价与预测研究，圈定了评价矿种综合预测区。

五是首次系统建立了海南省完整的地学数据库，实现了矿产资源潜力预测研究全程信息化，为海南省矿产资源总体规划和专项规划及国土资源“一张图”工程打下了坚实的基础。

海南省矿产资源潜力评价在基础地质、矿床地质、典型矿床与成矿规律研究、多学科成果集成利用、预测方法、数据库建设中取得了一系列创新性成果，这些成果是制订海南省国民经济中长期发展规划、研究制订矿产资源战略、加强宏观调控的重要依据；是发展和推广利用成矿新理论、勘查新技术新方法，促进科研与调查密切结合的重要举措。

为了实现评价成果的广泛应用，为海南省经济社会发展、地学研究和提高自然资源调查研究程度发挥重要作用，海南省地质局部署安排海南省海洋地质资源与环境重点实验室联合海南省地质调查院共同编辑出版本丛书，以专题按分册（共计8册）出版，分别是地质背景研究、成矿规律研究、磁测资料应用研究、化探资料应用研究、遥感资料应用研究、自然重砂资料应用研究、综合信息集成研究和总体评价成果集成。

在海南自由贸易港建设如火如荼之际，冀以此套丛书的出版，更好地为海南资源保障、环境保护和国土空间规划提供基础地学支撑，为建功自贸港增砖添瓦。

向为本套丛书出版作出贡献的地质科技工作者和各方朋友致敬、致谢！

海南省地质局党组书记、局长：

2021年4月13日

前　言

“海南省重要矿产区域成矿规律研究”是“海南省矿产资源潜力评价”项目的一个研究专题，包括单矿种和全省区域成矿规律研究两部分内容。研究工作流程和技术要求按“全国矿产资源潜力评价”项目统一技术要求进行。

本次工作总结了海南省各类矿产资源概况，重点对海南省重要矿产预测类型进行了研究，在分析目标矿种的成矿特征基础上，对海南省铁、金、银、铜、铝、铅、锌、钼、钨、磷、锰、硫、萤石、重晶石、稀土等15个国家重要矿种的矿产预测类型进行了总结划分，共划分出了26个矿产预测类型。对15个矿种的31个典型矿床进行了研究，通过典型矿床及区域成矿特征、成矿背景、成矿作用，以及物探、化探、遥感和自然重砂等综合信息分析研究，总结了海南省重要矿产的主要矿产预测类型典型矿床和区域成矿要素、成矿模式。

通过本次研究，对海南省成矿区带进行了划分。在全国Ⅲ级成矿区带划分的基础上，海南省划分出1个Ⅲ级成矿区带、5个Ⅳ级成矿区带、17个Ⅴ级成矿区带。以Ⅳ级成矿区带为基础，对各区带成矿地质构造环境及演化、时空分布及成矿作用进行了分析，总结了各区带成矿规律。划分了省内重要矿产矿床成矿系列和亚系列，建立了区域成矿谱系，研究总结了全省全局性成矿规律。

本书是对海南省重要矿产成矿规律研究成果的全面总结。项目实施及本书编制过程中得到了“全国矿产资源潜力评价”项目办、海南省自然资源和规划厅（原海南省国土资源厅）、海南省地质局以及海南省内专家的多次指导，在此一并表示感谢。

著　者

2022年9月

目　　录

第一章　概　论

第一节　海南省区域成矿规律研究的历史及现状

海南岛成矿规律研究及矿产预测始于1961年。1988年以前，海南尚未建省，隶属广东省，未单独开展第一轮成矿区划工作，但于1985年广东省地质局海南地质大队完成了1：20万海南岛煤矿远景区划，在海南岛北部圈出2个褐煤成矿远景区，预测煤远景资源量4841×10^4t。

1988年海南建省以后，海南省地质矿产勘查开发局海南地质综合勘察院于1994年完成了海南岛第二轮成矿远景区划（金银多金属），划分出Ⅲ级成矿区1个、Ⅳ级成矿区8个、Ⅴ级成矿区2个，在此基础上圈出成矿远景区20个，其中A类成矿远景区1个、B类成矿远景区2个、C类成矿远景区17个，估算了各成矿远景区金、银、铜、铅、锌等矿产的资源量。此外，海南省地质矿产勘查开发局与宜昌地质矿产研究所、中国地质科学院等单位合作开展海南岛地质与石碌铁矿地球化学，海南岛若干重要基础地质问题，海南岛前寒武纪地质，海南岛主要金矿类型、形成条件及找矿靶区，海南岛结晶基底——抱板群层序与时代，海南岛中生代火山机构及其成矿关系，海南省岩石地层（全国地层多重划分对比），海南岛暨五指山地区中生代火山地质与成矿关系，海南省东方县（现为东方市）二甲金矿区大比例尺成矿预测等研究工作。

特别是2000年以来，海南省区域成矿规律研究与矿产预测工作取得长足进步。海南省地质矿产勘查开发局于2001年完成了海南省矿床成矿系列及成矿预测研究，划分出Ⅲ级成矿区1个、Ⅳ级成矿区5个、Ⅴ级成矿区9个，圈出13个成矿预测区，其中A类成矿预测区3个、B类成矿预测区8个、C类成矿预测区2个，估算了各预测区部分矿种的资源量。海南省地质调查院与中国地质科学院地质力学研究所、北京大学、中国地质大学（武汉）、中国地质大学（北京）等单位合作开展了海南省乐东—抱伦地区金、银、钼多金属矿控矿构造及成矿规律研究、海南省抱伦金矿成矿规律研究、海南岛中西部金矿集中区断裂构造的分形研究、海南岛高品位大型热液金矿床调查预测与典型矿床研究、海南省乐东县抱伦金矿成矿规律及矿产预测、海南抱伦金矿地质与矿产预测等工作。

自1961年以来，地矿系统有关单位分别对海南岛分布的铁、钨、锡、钼、铌、钽、铜、铅、锌、硫、锑、汞、金、银、水晶、宝石、煤、油气、石灰岩、地下水等20多种矿产进行了成矿远景区划或矿产资源总量预测。主要项目如下：

1961年广东省地质局矿产研究所完成的广东省1：100万内生铁矿成矿规律预测。

1967年地质部第一矿产公司六五三队完成的1：20万海南岛水晶矿成矿预测。

1974年广东省地质局规划办完成的1：50万广东省资源现状及找矿远景的划分（铁、铜、硫铁矿），在海南岛圈出8个找矿远景区。

1977年广东省区测队完成的1：20万广东省找矿远景区图及说明书（硫铁、铜、铁、钼），在海南岛圈出8个找矿远景区。

1980年广东省地质局海南地质大队完成的1：20万琼南多金属矿带矿产远景区划，圈出3个找矿远景区。

1980 年广东省地质局海南地质大队完成的 1∶20 万岛西北部钨、锡、铌、钽远景区划（第一轮），圈出 2 个找矿远景区。

1980 年广东省地质局完成的 1∶50 万广东省成矿远景区划（铅、锌、硫、锑、汞组），在海南岛圈出 5 个Ⅴ级找矿远景区。

1984 年广东省地质局海南地质大队完成的 1∶20 万昌江—儋县（现为儋州市）钨、锡、铌、钽成矿远景区划（第二轮），圈出 2 个Ⅴ级成矿远景区、6 个成矿段。

1984 年广东省地质局海南地质大队完成的 1∶20 万海南岛石灰岩矿产资源总量预测。

1984 年广东省地质局海南地质大队完成的 1∶20 万海南岛铁矿成矿远景区划，圈出 4 个Ⅲ级找矿远景区。

1985 年广东省地质局海南地质大队完成的 1∶20 万海南岛金矿成矿远景区划，划出 3 个Ⅰ级区、2 个Ⅱ级区、9 个Ⅲ级预测点。

1985 年广东省地质局海南地质大队完成的 1∶20 万海南岛煤矿远景区划，在海南岛北部圈出 2 个褐煤成矿远景区，预测煤远景资源量 4841×10^4t。

1987 年广东省地质局海南地质大队完成的海南岛北部火山岩地区蓝刚玉、红锆石普查总体规划。

1994 年海南省地质矿产局海南地质综合勘察院完成的海南岛第二轮成矿远景区划（金银多金属），划分出Ⅲ级成矿区 1 个、Ⅳ级成矿区 8 个、Ⅴ级成矿区 2 个，在此基础上圈出成矿远景区 20 个，其中 A 类成矿远景区 1 个、B 类成矿远景区 2 个、C 类成矿远景区 17 个，估算了各成矿远景区金、银、铜、铅、锌等矿产的资源量。

2001 年海南省地质矿产勘查开发局完成的海南省矿床系列及成矿预测，划分出Ⅲ级成矿区 1 个、Ⅳ级成矿区 5 个、Ⅴ级成矿区 9 个，圈出 13 个成矿预测区，其中 A 类成矿预测区 3 个、B 类成矿预测区 8 个、C 类成矿预测 2 个，估算了各预测区部分矿种的资源量。

2002 年海南省人民政府完成的海南省矿产资源总体规划，圈出 6 个金属矿产勘查重点规划区（14 个Ⅱ级勘查规划区），2 个非金属矿产勘查重点规划区（7 个Ⅱ级勘查规划区）。

2006 年海南省国土资源厅完成的海南省地质勘查规划，圈出 6 个成矿远景区，估算了各远景区有关金属矿产的资源量。

2007 年以来开展的“海南省矿产资源潜力评价”项目，系统收集了 1949 年以来各矿产地资料，对海南省重要矿种进行了成矿规律的总结。

第二节　本次区域成矿规律研究现状、过程及主要成果

一、研究现状

本次在全面收集和整理已有地质、矿产、物探、化探、遥感、自然重砂等资料的基础上，以典型矿床研究及区域成矿作用研究为主线，完成了海南省金、铁、铝、银、钼等重要矿种的单矿种成矿规律研究，并在此基础上分前寒武纪、古生代、中生代、新生代 4 个时代进行了成矿规律研究，分沉积成矿作用、变质成矿作用、岩浆热液成矿作用、风化成矿作用等进行了成矿规律研究，分Ⅲ级成矿区带、Ⅳ级成矿区带开展了区域成矿规律研究。

二、研究过程

“海南省矿产资源潜力评价”项目自开展以来，系统收集了海南省地质、矿产、物探、化探、

遥感等资料；2008—2012 年，在开展铁、铝、金、铜等主要矿产潜力评价的同时，开展了铁、铝、金、铜等主要矿产的成矿规律研究，对这些矿产的时空分布、成矿特征、成矿条件、成因类型、矿产预测类型等进行了研究；2012 年至今，主要在对已有矿产特征研究的基础上，开展区域成矿规律研究，分时代、分成矿区带、分成矿作用对矿床的分布、矿种组合、矿种间成矿相互关系等进行总结和研究。

本次区域成矿规律研究主要是在典型矿床研究和区域成矿作用研究的基础上进行，按以下技术流程开展：全面收集全省矿产资料并编制矿产地数据表→编制成矿要素图底图→全面补充大比例尺地质内容并细化构造底图→划分模型区和预测目标区→根据典型矿床成矿要素内容，通过类比研究确定海南省各类型矿种的成矿要素内容并划分成矿要素类别→编制区域成矿要素图→全面收集物化遥重砂异常信息→在成矿要素图基础上编制综合信息图→研究确定预测要素并分类→提取预测要素并编制预测要素图。

三、主要成果

本次在全面收集整理资料的基础上，从典型矿床剖析入手，系统总结和研究了主要矿种的成矿特征、成矿条件与区域成矿作用，总结了海南省主要矿产铁、铝、金、钼等单矿种成矿规律，对海南省成矿地质环境及构造演化进行了分析总结，重新划分了大地构造单元，并在此基础上，结合矿产特征对海南省成矿区带进行了划分。应用矿床成矿系列基本理论，对海南主要矿床进行了系统分析研究，建立了成矿模式，划分了成矿系列。

（1）对海南岛的沉积建造特征及构造古地理进行了研究，并总结了沉积建造与矿产的关系。

海南省与沉积建造相关的矿产资源丰富，主要有：锆钛砂矿、石英砂矿、石油、天然气、褐煤、油页岩、磷锰矿、金矿、铀矿、重晶石矿等。

全新统烟墩组近代海滩、潟湖、沙堤松散沉积物中富集沉积锆钛砂矿，烟墩组与成矿相关的沉积建造组合为潟湖—滨海相砂-砾-黏土组合。已知的大、特大型锆钛砂矿床主要分布在文昌市及万宁市等沿海一带。主要矿产地有文昌铺前锆钛砂矿、翁田—昌洒锆钛砂矿、万宁保定海锆钛砂矿、万宁长安锆钛砂矿等。

上更新统八所组海相松散沉积物中富集沉积石英砂矿和锆钛砂矿，八所组与成矿相关的沉积建造组合为后滨—滨海相细砂-中砂-粗砂组合，金属和非金属矿物经过大量的海水冲刷、分选、富集沉积成有用矿床。主要矿产地有龙楼、龙马石英砂矿，八所石英砂矿，龙楼、东郊锆钛砂矿等。

下更新统秀英组黏土层产黏土矿，主要隐伏分布在琼北、琼东北，零星出露在海口秀英、澄迈花场、坡尾岭、临高南宝、儋州新盈等地。秀英组与成矿相关的沉积建造组合为潮坪—滨海相黏土夹砂、砾组合，主要矿产地有海口秀英、澄迈花场等。

古近系—新近系流沙港组、涠洲组、下洋组是琼北断陷石油、天然气的生油和储油层位，隐伏于琼北盆地内。流沙港组与成矿相关的沉积建造组合为湖泊相泥岩-砂岩组合，涠洲组与成矿相关的沉积建造组合为湖泊相泥岩-砂岩-砾岩组合，下洋组与成矿相关的沉积建造组合为滨海相砂岩-砾岩-泥岩组合。矿产地有海口市金凤油气田、澄迈县花场油气田。

古近系昌头组、长昌组和新近系长坡组中产有褐煤、油页岩，属于湖盆相沉积形成。昌头组与成矿相关的沉积建造组合为湖泊相泥岩-粉砂岩-油页岩-砾岩组合，长昌组与成矿相关的沉积建造组合为湖泊相页岩-油页岩-砂岩-砾岩-粉砂岩含煤碎屑组合，长坡组与成矿相关的沉积建造组合为湖相含煤-油页岩碎屑岩组合。矿产地有长昌煤矿、长坡褐煤、油页岩矿。

富文金矿赋存于定安雷鸣盆地下白垩统鹿母湾组中，与成矿相关的沉积建造组合为冲积扇—河—湖相砾岩-粉砂岩-泥岩夹火山岩组合，金矿含金石英脉主要赋存于北西向鹿母湾组层间断裂中。

定安新竹铀矿赋存于定安地区白垩系鹿母湾组、报万组中，与成矿相关的沉积建造组合鹿母湾组为冲积扇—河—湖相砾岩-粉砂岩-泥岩夹火山岩组合、报万组为冲积扇—河—湖相砾岩-砂岩-泥岩组合。

白沙陆内拉分盆地鹿母湾组、报万组（前者分布范围远大于后者）中分布的矿种有铅、金、萤石等，与成矿相关的沉积建造组合为冲积扇—河湖相砾岩-粉砂岩-泥岩夹火山岩组合、冲积扇—河湖相砾岩-砂岩-泥岩夹火山岩组合。主要矿产地有元门小型砂金矿、道柴林萤石矿、坡拉村萤石矿、孔南坡萤石矿、志爱山萤石矿等小型萤石矿及细水岩金矿、香明村铅矿等，以及金、铅等矿（化）点数处。

峨查组滨浅海相砂岩-粉砂岩-泥岩组合和鹅顶组碳酸盐岩台地灰岩组合是热液脉型重晶石矿的重要赋矿层位，重晶石主要赋存于峨查组碎屑岩与鹅顶组碳酸盐岩台地灰岩建造组合接触部位，矿产地有保由重晶石矿等。碳酸盐岩台地灰岩组合鹅顶组也是水泥灰岩的赋矿层位。

三亚地区中—上寒武统大茅组中赋存磷锰矿，大茅组与成矿相关的沉积建造组合为陆源碎屑岩-磷锰质岩-碳酸盐岩组合，属于滨海环境→较稳定的滨外碳酸盐沉积环境。矿产地有大茅磷锰矿。

碳酸盐岩的性质、规模及其与岩浆岩的位置对矽卡岩型矿床的矿化类型及规模具有一定控制作用。如三亚田独铁矿床，与成矿相关的沉积建造组合大茅组为陆源碎屑岩-磷锰质岩-碳酸盐岩组合，铁矿形成于碳酸盐岩建造与白垩纪中酸性侵入岩接触部位。

（2）对火山岩岩石构造组合进行了总结和研究，并对其与成矿的关系进行了总结和研究。

海南岛与火山岩相关的矿产有多种金属与非金属矿产，其中以铁、金、钼、铜、铅、锌等矿产为主。

1）与陆缘弧流纹岩-英安岩-安山岩-玄武岩组合相关的矿产。

中生代火山岩主要分布于海南岛南部同安岭、牛腊岭早白垩世陆相火山盆地。岩性主要为中酸性火山岩，自下至上分为：六罗村组主要为流纹岩、安山岩、玄武岩，汤他大岭组主要为英安岩、安山岩、流纹斑岩，岭壳村组以流纹斑岩、英安斑岩为主。已发现相关的矿产有金、铜、钼、铅锌、铁等矿产地 10 余处。

A. 岭壳铜矿为陆相火山—岩浆热液型。与成矿相关的岩石组合为早白垩世黑云母角闪花岗闪长岩-岭壳村组流纹岩-英安岩组合，铜矿体主要赋存于岭壳村组的流纹岩、英安岩中。构造活动主要有线形构造和环形构造，其中线形构造中的北西向张扭性断裂控制了矿体的就位和分布，环形构造是火山活动的产物或者深部岩浆及热液活动中心的上部反映。

B. 罗葵洞斑岩型钼矿赋矿岩石主要为侵入体外带的六罗村组火山岩和内带的斑状花岗岩。外带矿体赋矿岩石主要为流纹质碎斑熔岩、流纹质角砾熔岩、安山岩、安山质角砾岩、英安质碎斑熔岩、英安质角砾熔岩等，内带赋矿岩石为斑状花岗岩及细粒钾长花岗岩。赋矿构造为火山口构造。

2）与大陆裂谷碱性玄武岩-拉斑玄武岩组合相关的矿产。

新生代火山岩主要分布于海南岛北部，在平面上呈“7”形展布。岩性主要为基性火山岩，自下至上分为：石马村组、石门沟村组、海口组、秀英组、多文组、道堂组、石山组。

A. 与新生代火山岩有关的矿产主要分布于文昌市蓬莱镇石马村组玻基辉橄岩-橄榄玄武岩和石门沟村组橄榄玄武岩-辉斑橄榄玄武岩-粗玄岩-火山碎屑岩组合中，有大型蓝宝石矿床、大型三水型铝土矿床、中型钴土矿床、小型砂铬矿床，为新近纪火山岩后期风化作用形成。

B. 喷溢亚相的玄武岩，岩石结构致密、裂隙稀少，力学强度大，是良好的建筑石料。

C. 道堂组第三段玄武岩的局部积水洼地内有生物堆积小型硅藻土矿床分布。

D. 海口组第三段夹有岩屑玻屑凝灰岩及玻屑凝灰岩，其玻屑物质在碱介质中，于火山喷发余热的影响下脱玻而成中型沸石矿床。玻屑经水化脱玻在富镁贫钾碱性介质条件下，重结晶形成大型膨润土矿床。

（3）对海南省侵入岩岩石构造组合进行了研究，并对其与成矿的关系进行了总结和研究。

海南岛及近岸的岛屿分布有大面积的侵入岩，不同的侵入岩类型常伴有不同的矿产和成矿系列。目前发现的与侵入岩相关矿产主要有贵金属矿产金、银，有色金属矿产铅、锌、铜、钨、钼矿，稀有金属铌钽矿，稀土金属矿及非金属矿产萤石矿、水晶矿、饰面石材矿等。从分布时代上来看，矿产主要形成于印支期和燕山期；从岩石构造组合类型上看，印支期侵入岩与成矿相关的岩石组合为高钾和钾玄岩质花岗岩-QM-ξo 组合（T_1）、辉长岩组合（T_2）、钾玄质花岗岩组合（T_3）和 G_2QM 组合（J_3），燕山期侵入岩与成矿相关的岩石组合主要为 G_1G_2-ν-QM-δ 组合（K_2）。

1）印支期高钾和钾玄岩质花岗岩-QM-ξo 组合（T_1）与成矿。

与印支期高钾和钾玄岩质花岗岩-QM-ξo 组合（T_1）有关的矿产主要有钨钼矿、稀土矿和饰面石材矿等。

A. 乐东县红门岭钨钼矿为热液充填型，与成矿相关的岩石建造为尖峰岭正长花岗岩建造和花岗斑岩建造，矿体主要赋存于印支期花岗斑岩岩体的内外接触带内。

B. 坝王岭、尖峰岭稀土矿为风化壳型离子吸附型稀土矿。稀土矿主要分布于印支期花岗岩，尤其是碱性组分相对较多的正长花岗岩、石英正长岩类风化壳中，如尖峰岭正长花岗岩、番阳峒正长花岗岩、麻山田石英正长岩、金寮正长花岗岩等。岩石稀土含量明显高于一般花岗岩，如尖峰岭正长花岗岩稀土总量最高值为 558×10^{-6}，番阳峒正长花岗岩最高值达 3187×10^{-6}，而且这些岩体的风化壳均十分发育，为离子吸附型稀土富集成矿提供了极其有利的条件。目前发现的尖峰岭离子吸附型稀土矿和一些矿化点均分布在上述花岗岩岩体中。

C. 饰面石材矿。部分三叠纪岩体基岩露头面积大，节理裂隙发育程度低，矿物分布较均匀，色斑、色线较少，具有致密坚硬，颜色纯正，花纹和谐、稳定的特点，可作为饰面石材矿开发利用，这些岩体主要有尖峰岭正长花岗岩、东四正长花岗岩等。

2）印支期辉长岩组合（T_2）与成矿。

与印支期辉长岩组合（T_2）相关的矿产主要为饰面石材矿，部分三叠纪辉长岩岩体（如儋州市光头岭辉长岩）可作为饰面石材矿开发。

3）印支期钾玄质花岗岩组合（T_3）与成矿。

与印支期钾玄质花岗岩组合（T_3）相关的矿产主要为稀土矿。稀土矿主要分布于稀土元素含量较高的东四正长花岗岩风化壳中，岩石稀土含量明显高于一般花岗岩，岩石中的稀土总量平均值为 354×10^{-6}，而且岩体的风化壳均十分发育，为离子吸附型稀土富集成矿提供了极其有利的条件。目前发现的坝王岭中型离子吸附型稀土矿和东二、东四等稀土矿点均分布在东四正长花岗岩岩体中。

4）印支期 G_2QM 组合（J_3）与成矿。

与印支期 G_2QM 组合（J_3）有关的矿产主要为萤石矿，代表性矿床为琼中县什统萤石矿，矿床成因为与印支期花岗岩浆活动有关的热液型矿床，主矿体赋存于侏罗纪黑云母二长花岗岩的北东向断裂构造中，矿石有萤石-石英脉型和石英-萤石脉型两种。

5）燕山期 G_1G_2-ν-QM-δ 组合（K_2）与成矿。

与燕山期 G_1G_2-ν-QM-δ 组合（K_2）相关的矿产有金、银、钼、铜、铅、锌等金属矿和水晶矿、饰面石材矿等非金属矿。

A. 富文金银矿为热液充填型，与成矿相关的岩石建造为晚白垩世花岗闪长岩建造和砂砾岩建造，岩浆活动对成矿作用具有重要影响，靠近岩体，矿脉厚度大、品位高；远离矿体，矿脉变薄至尖灭。推测矿液来源于深层岩浆热液。

B. 烟塘梅岭铜钼矿、报告村钼矿和石门山—看树岭钼多金属矿均为斑岩型，矿体产出于白垩纪花岗斑岩-花岗闪长斑岩中，与成矿相关的岩石建造为晚白垩世正长花岗岩、二长花岗岩、花岗闪长岩和花岗斑岩。

C. 龙门岭钼矿、高通岭钼矿为热液脉型钼矿。龙门岭钼矿体产出于晚白垩世花岗闪长岩和二长花岗岩中，与高通岭钼矿成矿相关的岩石建造为晚白垩世细粒黑云母正长花岗岩（即高通岭岩体）。

D. 后万岭铅锌矿为热液充填型，矿体主要赋存于石英脉中，与成矿相关的岩石建造为晚白垩世二长花岗岩与正长花岗岩，其中二长花岗岩是主要的赋矿围岩。

E. 羊角岭水晶矿为热液石英脉型，区内花岗岩有印支期中粒斑状角闪黑云二长花岗岩和燕山晚期角闪黑云花岗闪长岩及花岗斑岩、伟晶岩等岩脉。与成矿相关的岩石建造为燕山晚期花岗闪长岩。

F. 饰面石材矿。海南岛燕山期花岗岩类大部分受后期构造破坏作用相对较弱，节理裂隙发育程度低，矿物分布较均匀，色斑、色线较少，可作为饰面石材矿开发利用的岩体相对较多，如目前已勘查评价的金波饰面石材矿、小妹水库饰面石材矿、牛鼻岭饰面石材矿、尖嘴岭饰面石材矿、踢通岭饰面石材矿等，矿床的成矿母岩均为燕山期岩体。因此，在燕山期花岗岩岩体中具有较好的饰面石材矿找矿前景。

（4）对变质岩岩石构造组合进行了总结和研究，并对其与成矿的关系进行了总结和研究。

变质岩岩石构造组合是同一时代、同一变质相和特定大地构造环境下形成的一套变质岩建造组合。岩石在发生变质作用形成变质岩的过程中，由于温度、压力、溶液等因素的变化，使原岩中的有用元素迁移富集成矿。

1）中元古代变质岩与成矿。

海南岛中元古代变质岩有长城系，长城系由戈枕村组和峨文岭组组成抱板群。

长城系戈枕村组岩石构造组合为斜长片麻岩-变粒岩-混合岩。琼西地区戈枕村组以黑云斜长片麻岩及混合质黑云斜长片麻岩为主，下部为混合花岗闪长岩、混合岩及黑云斜长片麻岩，中间夹变粒岩，在琼东地区局部出现紫苏花岗岩。

昌江县叉河镇土外山金矿、东方市居便金矿赋存于戈枕村组中，岩石受区域混合岩化变质作用影响，形成一系列混合岩和混合岩化岩石，随着混合岩化作用的加深，中元古界戈枕村组中金元素发生明显的活化分异，为后期成矿作用提供了重要的基础物质条件。各类混合岩的金元素含量差异明显，混合花岗闪长岩的含金丰度最低，其次是混合岩，金含量最高的是混合质黑云斜长片麻岩。反映区域混合岩化作用越强，岩石中的含金丰度就越低。

长城系峨文岭组位于戈枕村组之上，为石英岩-云母片岩的岩石构造组合。琼西地区与琼东地区岩石构造组合差别不大，都以云母石英片岩、石英云母片岩为主，次为白云母石英片岩、长石云母石英片岩、二云母石英片岩、石英二云母片岩、白云母石英岩、黑云母石英岩、黑云母长石石英岩等，冲卒岭地区夹数层石墨矿层。

海南省已知的石墨矿属沉积变质晶质石墨矿床，主要分布在琼西南乐东县红五地区，石墨矿的赋存层位主要为中元古界长城系抱板群峨文岭组，矿体多呈似层状、透镜状或豆荚状。含矿岩性有二云母石英片岩、石英片岩、石墨石英岩、石墨绢云母片岩等，石墨矿化普遍，石墨均为鳞片状晶质石墨。石墨矿床成因是含炭质岩层的炭质经区域变质作用发生重结晶所形成，原岩中的炭质是形成石墨矿床的物质基础，是成矿作用发生的内在因素，而变质作用是石墨矿床形成必不可少的条件。晶质石墨矿的成矿物质源于沉积过程中的有机碳岩层，变质变形作用下，有机碳岩层由于具有很大的塑性，并与围岩间的相对能干性存在差异，因而发生强烈的顺层塑性流动变形，呈拉薄、增厚状，导致有机碳得到进一步的富集。

赋存于中元古界长城系抱板群峨文岭组中的伟晶岩型白云母矿主要位于琼西地区，其化学成分与混合岩相近，为混合岩化后期分异出来的富 K、Al、SiO_2 及挥发分的残余热液在高温高压条件下，沿片理或片麻理“侵入”，并发生同步变形，呈串珠状、透镜体状、不规则肠状沿片理分布。岩石中白云母晶面弯曲、褶皱、皱纹、波纹等变形常见，显示出深层的变形特点。

2）新元古代变质岩与成矿。

新元古代变质岩岩石构造组合由公庙村一带青白口纪斜长角闪片岩、石碌群和震旦系石灰顶组组成。出露局限，目前仅见分布于昌江石碌矿区。

公庙村一带斜长角闪片岩为斜长角闪片岩岩石构造组合，只出露于琼东地区。以一套斜长角闪片岩为主，矿物成分主要为斜长石及角闪石，次有少量石英、黑云母、钾长石，局部见特征变质矿物石榴子石的岩石构造组合。至今未发现有矿化迹象。

石碌群为绢云千枚岩-二透岩-石英岩的岩石构造组合，只出露于琼西地区，是一套区域变质作用强度较低，构造分异作用不强烈，保存较多变余沉积结构构造的岩石，共划分为6层。石碌群第一层以绢云母石英千枚岩为主，夹少量薄层状石英绢云母千枚岩。第二层为灰色厚层状叶蛇纹石化泥粉晶白云岩。第三层主体为石英绢云母千枚岩。第四层为灰白色中厚层状粗—细粒石英岩。第五层为灰色薄层状石英绢云母千枚岩。第六层岩性总体上主要以碳酸盐白云岩及其接触热变质作用形成的强弱不等的透闪石透辉石化白云岩或二透岩为主，按岩层成层厚度、夹层岩石类型及含矿性的差异，岩性自下而上可分为3部分：底部为淡紫色、灰色和浅灰色中—厚层状细—粗晶白云岩、二透岩化白云岩、二透岩及二透岩化粉晶白云岩，不含铁矿层，层间基本未见非碳酸盐岩及其变化产物，厚57.3m；中下部为含铁岩系，由黄色、灰白色、黄绿色及浅灰色薄层状粉晶白云岩、透闪石钾长石透辉石岩、透闪石岩、二透石化粉晶白云岩及薄层赤铁矿与中—厚层状重晶石化细晶白云岩、石英质细晶赤铁矿岩、二透岩、绿帘石化阳起石矽卡岩及细粒石英岩互层，薄层状岩石层面上常见黄绿色黏土薄膜，厚102m；中上部为浅灰—深灰色中—厚层状泥微晶及细晶白云岩、透闪石或二透石化微—细晶白云岩夹少量黑色薄层状炭质板岩及深灰色薄层状二透石化微晶白云岩，厚大于78.5m。

石碌铁矿产出于青白口系石碌群第六层的变质岩系中，矿体呈层状、似层状、透镜状，厚度由数米至数十米，最厚超过400m，与围岩整合接触。富铁矿石（磷、硫等含量低）主要矿石矿物是赤铁矿和少量磁铁矿，脉石矿物为石英和绢云母。以细鳞状结构为主，次为变余粉砂结构；以片状构造为主，次为块状及条带状。具有绿片岩相矿物组合特征。而贫铁矿石（磷、硫等含量高）中出现透闪石和大量的石榴子石（含量20%~25%）等特征变质矿物组合，属于角岩相变质作用常见的特征矿物组合。根据石碌水库边二叠纪灰岩与二叠纪花岗岩接触处分布有矽卡岩型铁矿体的特征推断，贫铁矿石与晚期接触变质作用有关。

石碌钴铜矿体主要赋存在石碌群上部第六层下段，受向斜构造控制明显，主要产在向斜构造的轴部或槽部向两翼过渡部位，且矿体从北西向南东侧伏，总体倾伏角约20°；区内蚀变主要有石榴子石化、透辉石化—透闪石化、绿泥石化、绿帘石化、角岩化、硅化等；矿化主要有铁矿化、铜矿化及钴矿化等；石碌钴铜矿矿石矿物主要为黄铜矿、（含钴）黄铁矿、（含钴）磁黄铁矿，少量辉铜矿和斑铜矿；铁矿石 Sm-Nd 等时线年龄为841.6±20Ma，主要成矿时代为晋宁期；钴铜矿体主要呈层状、似层状、透镜状分布在透辉石化—透闪石化白云岩中，铁矿体多分布在钴铜矿体的上部，整个矿区空间上从下而上呈现 Cu、Co、Ni→Fe→Fe、Mn 组合。铜成矿作用过程总体可分为3个阶段。第一阶段为搬运沉积阶段：青白口纪海底火山喷发，火山碎屑物搬运到盆地中沉积下来，火山活动提供了大部分的含矿物质；第二阶段为晋宁运动区域变质期：区域发生褶皱造山运动，致使石碌群发生变形变质作用，并奠定了该区的褶皱构造格局，伴随造山运动，早期形成的矿体进一步发生构造动力分异作用，并在应力梯度支配下向向斜核部或褶曲等低应力带运移富集；第三阶段为海西❶—印支构造运动改造期：海南岛岩浆活动强烈，受岩浆作用影响石碌矿区外围岩浆改造显著，且发生较强的蚀变，对前期形成的矿体进行了改造和叠加。

石碌重晶石矿属于沉积变质型，其成矿明显受构造控制，矿体多位于向斜的谷（槽）部或向斜轴部附近的层间剥离带或褶曲发育、形变强烈地段，矿床赋存于石碌群第六层透辉石透闪石灰岩

❶ 海西又称华力西。

中，铁矿体和重晶石矿体具一定上、下关系，平面上呈长条状、条带状、似椭圆状产出，成矿时代为青白口纪。

石灰顶组为石英砂岩-石英岩的岩石构造组合，仅出露于琼西地区。为一套含砾石英细砂岩、石英细砂岩、铁质石英细砂岩、石英岩、含黄铁矿石英细砂岩夹含铁矿粉砂岩、砂质泥岩、含铁泥岩及贫铁矿层。变质程度低，除局部见到黏土矿物变为绢云母外，铁矿层状结构保存较好，泥质岩主要由黏土矿物组成，砂质岩砂状结构可辨，岩石未见变质结构构造。

石灰顶组主体为砂岩相，较稳定。底部见有含砾泥岩、赤铁矿层。与下伏石碌群第六层为不整合接触。

3）古生代变质岩与成矿。

A. 寒武系美子林组与成矿。

下寒武统美子林组岩石构造组合为大理岩-变石英砂岩-结晶灰岩。以片岩、角岩、变质粉（细）砂岩、灰岩为主体。

万宁市立岭及桥头褐铁矿位于立岭西南约2km，褐铁矿赋存于寒武系美子林组的条带状透辉石石英角岩、长英角岩、变质粉砂岩、变质细砂岩等岩石风化残坡积中，属于风化残坡积型，矿石呈粒状、半圆状，残坡积富集于山坡及山顶上，到山脚或低洼处矿体变薄甚至尖灭。

B. 奥陶系南碧沟组与成矿。

奥陶系在海南琼西地区仅见南碧沟组，分布广泛，主体出露于海南岛琼西地区的东方市公爱农场至儋州市八一农场一带，为千枚岩-片岩-板岩夹变基性火山岩的岩石构造组合。上部以绢云母千枚岩、变粉砂岩为主，夹变基性火山岩；中部主要为绢云片岩、粉砂质千枚岩和变质粉砂岩，岩石局部含炭，偶夹灰岩透镜体；下部以云母片岩建造为主，以二云母片岩、石英绢云母片岩、石英白云母片岩为主，夹阳起石片岩。

南碧沟组常作为矿体的主要围岩，控制矿床的分布。如儋州洛基褐铁矿呈脉状赋存于南碧沟组云母片岩中的薄层结晶灰岩中，矿体产状与片理大体一致，倾向东，倾角30°~50°。矿物组分以褐铁矿为主，少量磁铁矿及次生锰矿。近矿围岩蚀变有褪色化现象及黄铁矿化。

C. 志留纪变质岩与成矿。

志留系常为矿床主要含矿层位及赋矿层位，并在部分矿床中提供成矿物质来源，控制了产于该地层中矿床及矿体的分布。

海南志留纪变质岩岩石构造组合在琼西地区和琼东地区有所不同，琼西地区志留系岩石构造组合为千枚岩-板岩-变砂岩-基性岩组合，包括陀烈组、空列村组、大干村组等3个组；而琼东地区志留纪岩石构造组合为板岩-变砂岩-变酸性火山岩组合，包括陀烈组、空列村组、大干村组、靠亲山组和足赛岭组等5个组。

陀烈组是一套半深海—深海相沉积的碎屑岩，岩性为粉砂岩、页岩、硅质岩、夹炭质硅质岩。已变质为板岩、千枚岩、变质粉砂岩类，部分板岩、千枚岩、变质粉砂岩含炭。

空列村组为一套滨浅海相沉积的碎屑岩，岩性为一套浅变质细碎屑岩夹碳酸盐岩，底部为石英砂岩、含砾中粗粒石英砂岩。已变质为石英岩、绿帘云母石英岩、变质石英砂岩，底部夹炭质板岩、泥质板岩。

大干村组以青灰色薄层板岩、粉砂质板岩为主，次为千枚岩、片岩，顶部为灰色中厚层结晶灰岩，底部为灰—灰黄色复成分砾岩，具粒序层理。

靠亲山组上部为薄至厚层状泥灰岩、含生屑结晶灰岩，下部为薄层粉砂质板岩、千枚状板岩与变石英砂岩不等厚产出。

足赛岭组上部为薄层粉砂质板岩、粉砂岩；中部为厚层状灰岩（透镜体）；下部为薄层千枚状板岩，纹层状构造局部发育。

a. 琼西地区志留纪岩石构造组合与成矿。

出露在海南琼西地区志留纪的岩石构造组合为：千枚岩-板岩-变砂岩-基性岩组合。

分布于海南琼西乐东县抱伦金矿的含矿地层主要为下志留统陀烈组绢云母石英千枚岩、绢云母粉砂岩、含炭浅变质千枚岩，其次是下二叠统峨查组千枚岩、炭质页岩、板岩、砂岩夹灰岩透镜体、砾岩。成矿物质主要来源于陀烈组、峨查组。金矿石类型为含金石英脉型和含金蚀变岩型，其中含金石英脉型金矿是该矿床类型最主要的矿石类型。石英脉型矿床的成矿时代主要为三叠纪。石英脉型金矿受侵入岩浆活动、褶皱—断裂构造带及地层等因素控制明显，含金石英脉产于下志留统陀烈组、下二叠统峨查组构造破碎带中，产出位置受北西西—北北西—北西向和东西向控矿断裂带控制。

琼西地区儋州洛南褐铁矿矿层主要呈脉状赋存于陀烈组的千枚岩中，并受到中生代片麻状黑云母花岗岩的侵入和破坏，属于热液充填型矿床。

儋州那大钽铌铁矿分布于下志留统陀烈组片岩、千枚岩类与碱长花岗岩接触带的片岩中。

临高和舍白虎岭钨矿赋矿地层、岩石分别是下志留统陀烈组泥质片岩、石英片岩和中生代花岗岩。热液型（狭义）钨矿点的矿种类型都是黑钨矿，其成因是花岗质岩浆上升定位，富含挥发分和成矿金属的热水溶液沿次级断裂上升并通过与赋矿地层、岩石的充填交代作用形成石英脉、硅化破碎带、蚀变岩石等一系列含矿岩石，矿化可能有一定量大气降水的参与，成矿金属主要源于已固结或/和未固结的花岗质岩浆（岩）。

b. 琼东地区志留纪岩石构造组合与成矿。

出露在海南琼东地区志留纪的岩石构造组合为：板岩-变砂岩-变酸性火山岩组合。

琼东地区分布在海南岛南部燕山期侵入岩与志留纪碳酸盐岩接触部位的铁矿属于大冶式矽卡岩型铁矿，铁成矿与构造及燕山期侵入岩关系密切，主要成矿代为燕山期。

海南昌江县古榕峰铅锌矿赋存于下志留统空列村组泥质板岩中，属于热液脉型。

白沙县河叉岭金矿严格受矿区构造 F_3 断裂带控制，金矿体呈北西—南东向展布。而矿区构造 F_3 位于矿区北东部的下志留统大干村组下段中，长度>0. 7km，宽 40~80m，走向北西，倾向南西，倾角 37°~60°。在区内表现为挤压破碎带，由硅化千枚岩、构造角砾岩、硅化岩和石英脉等组成。其中构造角砾岩中的角砾具拉长压扁、定向排列等现象，多呈眼球状和扁豆状，显示具明显的挤压性质。该破碎带为本区主要的控矿构造，矿区多个矿体均产于该破碎带中。成矿机制可能为大干村组中的金元素受构造影响迁移至南好组中富集成矿。

海南白沙县黑岭褐铁矿赋存于下志留统大干村组的绢云母石英片岩中，矿物组分以褐铁矿为主，含少量散点晶粒状黄铁矿，构造为角砾状、多孔状、皮壳状。近矿围岩有黄铁矿化。在黑岭地区，大干村组的石英片岩、石英绢云母片岩和石英岩等一套深变质岩系组成单斜构造。

三亚红石铁矿体主要沿着燕山期中酸性岩浆岩与下志留统足赛岭组碳酸盐岩（厚层状灰岩）的接触交代部位分布，铁矿床是岩浆活动、地层、构造诸因素综合作用的结果。燕山晚期岩浆活动为铁矿床提供了成矿物质来源；下志留统足赛岭组碳酸盐岩作为有利的围岩对成矿起着控制作用，对铁矿来说，碳酸盐岩之所以对成矿有利，主要是碳酸盐岩在受热液交代成矽卡岩的过程中，消耗了热液中的大量 SiO_2，使铁富集成矿。

保亭南好矿区锌山—南后山、三亚红石两处铅锌矿属于接触交代型矿床（点）目前得到确认，接触交代型矿床（点）的形成与发生在花岗（斑）岩浆和古生界下志留统足赛岭组碳酸盐岩（大理岩）之间的矽卡岩化作用有关，生成的铅锌矿体主要赋存于接触带的矽卡岩中。

D. 石炭纪变质岩与成矿。

海南石炭纪变质岩岩石构造组合在琼西地区和琼东地区有所不同，琼西地区石炭纪岩石构造组合为千枚岩-变砂岩-板岩组合，包括南好组和青天峡组等两个组；而琼东地区石炭纪岩石构造组合为板岩-变砂岩-变酸性火山岩组合，包括南好组和青天峡组等两个组。

南好组下部为灰—深灰色中厚层状细砾岩、岩屑石英砂岩、石英砂岩、细砂岩夹灰泥岩、灰岩透镜体；上部为深灰色薄—中层状粉砂岩、泥质粉砂岩和灰岩。岩石已变质成为变质砂质砾岩、变质砂岩、板岩、灰绿色硬绿泥石绢云千枚岩、千枚岩、结晶灰岩、灰白和深灰色千枚状板岩、千枚岩、变质粉砂岩。

青天峡组为一套浅海相碎屑岩夹碳酸盐岩沉积，以远岸带的泥质岩、细砂岩夹碳酸盐岩沉积类型最为发育，底部多见为石英质砾岩、含泥砾砂砾岩、中粒石英砂岩，岩层为中薄层状，偶见水平层理。岩石已变质成为变质粉砂岩、千枚岩、板岩及结晶灰岩透镜体。

a. 琼西地区石炭纪岩石构造组合与成矿。

海南昌江县五勒铅矿矿化带赋存于上石炭统青天峡组变石英砂岩的断裂带中，断裂走向近于东西向。金属矿物主要有方铅矿、毒砂等。

海南昌江县孔荣猿沟铅锌矿赋存于石英脉中，分布于上石炭统青天峡组变石英砂岩的层间裂隙中。石英脉产状：倾向北，倾角 15°～20°。石英脉矿化不均匀，铅锌矿在石英脉中呈团状分布和富集。

海南昌江县明望铜矿位于王下明望村明望岭和松树岭一带，赋存于上石炭统青天峡组上部粉砂质千枚岩、变石英砂岩、灰岩中。含铜石英脉产于粉砂质千枚岩的层间裂隙或灰岩的破碎带中。金属矿物主要有孔雀石、蓝铜矿，其次有辉铜矿，也见极少量自然铜和黄铜矿。矿脉两侧有轻微绿泥石化、碳酸盐化。

b. 琼东地区石炭纪岩石构造组合与成矿。

海南保亭县南好猿木猴褐铁矿主要处于中生代中粗粒黑云母花岗岩与下石炭统南好组绢云母石英粉砂岩接触带中。外接触带岩石角岩化、绢云母化较多。褐铁矿产于花岗岩内弯接触处，沿角岩层理或层间裂隙充填，属于浸染黄铁矿小透镜体氧化的铁帽，大致沿东西向断续分布。

海南保亭县南好矿区情安岭地段铁矿、硫铁矿属于共生矿床，分布于石英闪长岩、花岗斑岩、中粗粒斑状花岗岩与下石炭统南好组的碳酸盐岩及变石英砂岩接触形成的矽卡岩化角岩和矽卡岩化大理岩中。矽卡岩岩体主要沿北北东向分布，生成于矽卡岩岩体裂隙发育地段的铁矿、硫铁矿也大致沿北北东向分布。

海南保亭县南好矿区振海山—摩天岭黄铜矿也属于共生矿床，各类中—酸性岩浆岩如石英闪长岩、花岗斑岩及各类岩脉呈岩株状或脉状沿北东向断裂侵入下石炭统南好组上部不等厚互层状绢云母石英粉砂岩与薄层粉砂质千枚岩（夹变酸性沉凝灰岩）中。沿接触带发生矽卡岩化与角岩化。控矿构造主要为北北东向的断裂。矿化类型有两种：一种以黄铁矿为主的矽卡岩岩体，产于复杂的矽卡岩中，矽卡岩由石榴子石、透闪石、绿帘石等矿物组成；另一种为以黄铁矿、黄铜矿、磁黄铁矿及少量方铅矿组成的多金属矿体，沿矽卡岩裂隙充填，呈囊状及不规则状产出。

海南保亭县南好矿区 508 地段铜铁矿也属于共生矿床，各类中—酸性岩浆岩如花岗斑岩及各类岩脉呈岩株状或脉状沿北北东向断裂侵入下石炭统南好组的上部不等厚互层状绢云母石英粉砂岩与薄层粉砂质千枚岩（夹变酸性沉凝灰岩）中。形成矽卡岩化岩石、矽卡岩等。矿体主要赋存于矽卡岩岩体中。

E. 二叠系峨查组与成矿。

二叠系仅见峨查组。其变质岩岩石构造组合为：千枚岩-板岩-变砂岩夹基性岩组合。

峨查组底部多为砾岩、含砾砂岩、石英砂岩，局部夹碳酸盐岩、含硅质条带、燧石团块；下部为石英砂岩及板岩；中部为粉砂质板岩、绢云母千枚岩；上部主要为变砂岩、变粉砂岩、千枚岩及硅板岩，岩石含炭。

儋州冰岭重晶石矿主要赋存于下二叠统峨查组碎屑岩与鹅顶组灰岩接触部位，所处的围岩有千枚岩、灰岩，主要金属矿物和蚀变矿物以热液形式沿破碎裂隙填充交代，可见，矿床成因应属于沿构造断裂破碎带（局部属层间破碎带）充填交代作用形成的热液铅锌—重晶石矿床。

儋州番那钨矿位于儋州番那村，赋存于下二叠统峨查组变砂岩、变粉砂岩的石英脉中。

昌江县孔汉岭金矿位于王下牙迫村孔汉岭，主要为含金石英脉，含金石英脉内部由10余条含金石英脉呈串珠排列。含金石英脉呈透镜状、小脉状顺层充填于下二叠统峨查组浅变质碎屑岩、粉砂质绢云母板岩的层间破碎裂隙内，矿化主要受牙劳断裂带控制，近矿围岩具硅化、绢云母化等热液蚀变，可确定该金矿为沿裂隙充填的中低温热液型矿床，其工业类型为石英脉型金矿。

位于王下地区王下断裂带上还有两个金矿化点与孔汉岭金矿成矿成因类似，分别是俄贤村金矿点、俄贤岭金矿点。金矿都赋存于石英脉中，而含金石英脉的围岩，前者为下二叠统峨查组石英角岩，具绿泥石化、硅化、绢云母化等，含金石英脉沿石英角岩层间裂隙充填其中；后者为下二叠统峨查组变质石英砂岩夹变质千枚状粉砂岩，含金石英脉呈带状成群分布于砂岩层间裂隙内。

位于昌江县七差乡保由村的保由铅锌矿，主要赋存于下二叠统峨查组与下二叠统鹅顶组接触部位的含矿石英脉中，或是下二叠统鹅顶组含矿石英脉中。矿体受北北西向断裂裂隙控制，围岩多硅化、绢云母化、绿泥石化、碳酸盐化，并伴随黄铁矿化、重晶石化、菱铁矿化等热液蚀变。成因类型为沿裂隙充填的中低温热液型矿床，伴生重晶石石英脉型铅锌矿。

（5）对海南省大型变形构造特征及其与成矿的关系进行了总结和研究。

1）王五—文教大型正滑构造与成矿关系。

王五—文教大型正滑构造带：位于海南岛北部，大致在北纬19°45′，横贯儋州、临高、澄迈、定安、琼山、文昌等，西端潜入北部湾，东端没于南海，岛上延伸达210km，是雷琼裂陷的南面边界构造。沿构造带发育多个东西向的新生代凹陷盆地，自西往东、自南往北，盆地的下拗幅度逐渐增大，长坡盆地、福山—多文盆地和海口盆地下拗幅度分别为300~400m、2000m、3000m，盆地内接受了新生代以来的沉积。东面文昌东昌村—龙脉园村一带呈近东西向展布的古近纪盆地（厚大于330m），其形成也与东西向王五—文教构造带古近纪活动有关。它控制了琼北新生代多期次的火山喷发或喷溢作用，形成大面积东西向展布的玄武岩被，表明该构造带具有多期次活动性。

赋煤构造单元为新生代形成的雷琼裂谷盆地，即长坡盆地、长昌盆地等，盆地内发育有东西向、北东向和北西向物探推测断裂。其中，东西向组属于海南岛区域性王五—文教构造带的形迹表现。北东向组分布零星，古近纪以来的活动性不明，结合其走向分析，推测属于新生代以前形成。北西向组往往多具有活动断裂性质，控制着琼北火山岩的喷发，火山口基本上都沿北西向呈线形分布，根据火山岩整体呈东西向展布的特点，认为其属于东西向王五—文教构造带的次级构造形迹。煤矿主要是通过盆地沉积和埋藏而形成，未经历过区域变质和变形作用的改造，因此，含煤岩性松软。以长坡盆地为例，其含煤地层形成基本上属于一个比较连续的沉积过程，在沉积过程中相带变化是渐变的，未出现过突变事件，即属于相对稳定环境的沉积。

位于王五—文教构造带的北侧，受王五—文教构造带影响的儋州市长坡盆地，产褐煤层和油页岩。矿体围岩为新近系长坡组，岩性以黏土岩、粉砂岩为主，夹褐煤层和油页岩，底部为砂砾岩、粗砂岩等，为陆相沉积。褐煤共有35层，其中可采煤层6层，可采煤层分布面积约24km^2，属亮煤类，探明储量8931.8×10^{4}t；油页岩共3层，由有机质、钙质和泥质组成，与褐煤互层产出，油页岩平均含油率5.1%，发热量5569.89 J/g，灰分69.79%，挥发分24.15%，腐殖酸2.73%~16.27%，全硫3.05%，探明储量24.5×10^{8}t。

重力异常方面，福山—白莲一带和新盈—三都一带重力异常低，分别为福山凹陷盆地和邻昌凹陷盆地的反映，福山凹陷盆地是油气的良好运藏地，具有勘探油气的前景。

位于王五—文教构造带的北侧，受王五—文教构造带影响的基性火山岩类，在风化作用下，经过长期、缓慢的化学作用而形成新生矿物，如玄武岩中长石分解和水解形成三水铝石［$Al(OH)_3$］，进而形成以三水铝石为主的铝土矿；氧化锰从岩石中分解出来，在以胶体状态运移时，吸附了从岩石中水解出来的Co、Ni、Cu等，在玄武岩的节理、气孔中沉淀下来，形成含钴硬锰矿，即钴土矿［m（Co，Ni）O·MnO_2·nH_2O］，在风化壳中富集形成残坡积铝土矿或钴土矿床。

2）琼西逆冲—走滑构造与成矿关系。

该构造带总体呈北东向，贯穿澄迈、屯昌、儋州、白沙、东方等地，在海南延伸长度超过180km，最北端隐伏于琼北新生代沉积物及玄武岩之下。其切割深度达到地幔，呈叠瓦式排列。该构造带在元门、鹦哥岭、猕猴岭一带被北东向的白垩纪红盆覆盖，是金矿的重要控矿构造，包括了豪岗岭背斜、王下复向斜、戈枕剪切构造带等内部构造。

A. 抱伦金矿。

豪岗岭背斜，出露于豪岗岭一带，属于琼西逆冲—走滑构造最南东段的部分，控制抱伦金矿的产出，抱伦金矿成矿受前印支期的构造运动及区域变质作用，形成了豪岗岭背斜，伴随着背斜的形成，在背斜转折端形成构造裂隙，变质分异热液沿裂隙贯入，形成贫金石英脉；其后印支期尖峰岩体的侵入，进一步改造了豪岗岭背斜，使背斜更加紧闭，区域应力场由挤压环境突转为引张环境，岩浆期后含矿热液充填在构造破碎带内，为本区的主成矿期；燕山晚期伴随着构造作用，早期形成的含金石英脉再次破碎，构造分异热液及岩浆热能改造形成的含矿热液再次充填到破碎的石英脉中，金矿进一步叠加富化。豪岗岭背斜：总体长约 1.5km，宽约 0.8km，轴迹呈北北西向。核部为陀烈组下段绢云母石英千枚岩，两翼为陀烈组中段含炭千枚岩，东翼因断层切割而未出露。东翼地层产状 61°~88°∠58°~88°；西翼地层产状 230°~245°∠60°~80°，向南倾伏，倾伏角 48°~60°，为一紧闭倾伏背斜。

B. 戈枕剪切带金矿。

戈枕剪切构造带，位于琼西结合带西部，属于琼西逆冲—走滑构造西段部分，北起于土外山，往西南经二甲红甫门岭至打磨金矿一带，长约 50 km，宽 10~15 km，总体呈北东—南西向。带内金矿的形成、分布与剪切构造带有着密切关系。

戈枕剪切构造带东北起于土外山，往西南经戈枕岭、二甲红甫门岭、观音崩岭至尧文一带，长约 50km，总体走向 45°~55°。它发育于抱板群与南碧沟组和陀烈组的接触带上，主体倾向南东，局部地段倾向北西，抱板群逆冲于南碧沟组和陀烈组之上，因而显示逆冲推覆剪切性质。但在断裂带的中段红甫门岭至西南段尧文一带断裂面倾向南东，断裂带倾向较陡，一般为 65°~85°。另外，区内还发育次一级的具有一定规模的北东向断裂构造，其主要产在公爱以南的长城系、石碌水库南侧的石炭系、江边以东的志留系及奥陶系、以及东方一带的早三叠世黑云母花岗闪长岩和志留系、二叠系等地层中，长度 4.5~20km 不等，宽度多大于 2m。

在戈枕断裂韧性剪切带上，已发现的金矿床从东北至西南分布有土外山、抱板、二甲北牛、风水山、二甲红甫门岭、那都、不磨等金矿床，这些金矿床在空间分布上，沿戈枕韧性剪切带显示等距性分布。金矿类型则沿戈枕韧性剪切带自中心带至边缘带具侧向变化规律：在韧性剪切带的中心部位因构造应力强烈，处在韧性的构造环境，形成与韧性变形有关的土外山、抱板、二甲红甫门岭蚀变糜棱岩型金矿；在韧性剪切带的边缘部位，由于构造应力变弱，从韧性向脆性发展，主要处在韧—脆性的构造环境，形成以韧—脆性变形为主的二甲北牛等蚀变碎裂岩型金矿；在剪切带边缘部位的更旁侧呈脆性变形充填石英脉，形成那都、不磨等含金石英脉型金矿。

区内主要经历了加里东运动、海西—印支运动、燕山运动和喜马拉雅运动，构造形迹穿插交错，其中断裂构造最为发育，次为褶皱构造。断裂构造形迹主要有（近）东西向、北东向、近南北向断裂，局部发育北西向等断裂。其中昌江—琼海东西向深大断裂、尖峰—吊罗东西向深大断裂和北东向戈枕断裂带（韧性剪切带）控制着区域构造格架的总体布局，戈枕韧性剪切带则是区内重要的金矿导矿、容矿构造。褶皱构造形迹主要见于抱板隆起东南部江边—金波断陷南半部的陀类—布温东西向褶皱带分布区。

C. 王下金矿。

王下复向斜，出露于昌江县坝王岭王下一带，属于琼西逆冲—走滑构造东段部分，与白沙盆地临界。控制着王下金矿的产出。海西晚期构造运动和区域变质作用，使王下地区处于全面隆起阶段，因此王下地区缺失下二叠统南龙组及上二叠统，同时使本区石炭系和二叠系发生变形，形成王下复向斜的雏形，并使地层发生区域变质，在褶皱的转折端形成构造裂隙，以及在不同岩性接触部位形成滑脱破碎带，变质分异热液沿裂隙及滑脱破碎带部位贯入形成贫金石英脉。印支期坝王岭花岗岩的侵入更进一步改变了王下复向斜，使复向斜更加紧密，使已形成的构造裂隙和滑脱破碎带发生更进一步的改造，其岩浆期后热液充填于各种形式的构造破碎带中，为本区的主成矿期。岩浆热液一起向上迁移，在与近地表的大气降水流体相汇合地带，由于氧化—还原反应急剧变化，形成大规模的矿化作用。

3）潭爷右行斜冲构造与成矿关系。

潭爷右行斜冲构造带的鹦哥岭—马定岭一带，断裂带断面倾向北西，表现为岩石发生碎裂化、糜棱岩化，形成宽达几千米的碎裂花岗岩、碎裂岩、碎斑岩、碎粒岩和糜棱岩化碎裂花岗岩等韧—脆性变形岩石，并控制了白垩纪红盆的东界。沿断裂带见晚侏罗世和早白垩世花岗岩岩体呈现出北东走向的展布格局，明显与该断裂带有关。潭爷右行斜冲构造带东界断裂是萤石矿的重要控矿构造。

位于番阳及什运一带的什统萤石矿主要受潭爷右行斜冲构造带东界的鹦哥岭—马定岭一带北东向构造影响，分布在什统萤石矿矿区中部、南部及北西部的主要断裂有 F_1、F_2、F_3 等。其中 F_1 为矿区的主要断裂。该组断裂具有压扭性质，其主要充填物有：细晶岩岩脉、构造角砾岩、碎裂岩、石英脉、石英萤石脉等。局部见有断层泥和构造角砾岩。断裂有多次活动的迹象显示。早期充填的细晶岩岩脉、石英脉或石英萤石脉经后期挤压变成构造角砾岩，呈角砾状。后期为石英萤石矿液充填而富集成萤石矿体。该组断裂为矿区的容矿构造，控制了本区萤石矿体的产出。

北东向的番阳断裂属于潭爷右行斜冲构造带东界，也是重要的萤石矿控矿构造。番阳断裂：断裂西南起自家民，往北东经布隆村、三南、延安道班、什桥至道苗，全长35km，断裂走向50°，往南东倾，局部反倾，倾角在65°~70°，局部达83°，断裂切割破坏了三叠纪侵入岩。

4）九所—陵水右行斜冲构造与成矿关系。

九所—陵水右行斜冲构造带位于北纬18°25′~18°35′左右，该构造带切割深度可能达到地幔，具有早期逆冲、晚期下滑的特征，形成于海西期—印支期，构造带建立的依据主要有重磁异常、燕山期岩浆岩带、古地磁、断裂带两侧变质变形强度及古生物面貌差异、地层时代差异、近东西向的构造痕迹。该构造带与海南岛南部的钼、铅、锌、铜、金、铁等矿产的相关岩体、火山岩存在直接的联系，与上述矿产的关系仅仅是间接的关系。

东西向九所—陵水断裂带控制着断裂带两侧三亚被动陆缘北缘和五指山褶皱带南缘分布的燕山晚期牛腊岭—同安岭火山岩带和与海西期、印支期、燕山期的岩浆活动作用有关的金、银、铜、铅、锌、铁、钼、水晶、萤石矿床的分布。已发现有钼、金、铜、铅、锌、铁等矿（床）点。矿床类型有：产于火山盆地内缘火山岩的中温热液型金、铜多金属矿点，含矿围岩为含砾凝灰岩、熔结凝灰岩（碎斑熔岩）和火山岩，多以脉状充填产出，这类矿点有雄岭、富田、落马咋、南改等金矿点；产于火山盆地外缘燕山晚期黑云母钾长花岗岩与火山岩接触带的矽卡岩型金、银、多金属矿点，主要有六罗矿点，产于同安岭火山盆地中就位于白垩纪破火山口处，与下白垩统六罗村组、岭壳村组火山岩同源的侵入岩密切相关；产于侵入岩与火山岩接触带处的陆相火山岩型钼矿，主要有罗葵洞大型钼矿、新村小型钼矿。

5）军营—红岭右行斜冲构造与成矿关系。

军营—红岭右行斜冲构造带西南起自峨沟岭，经南蛇水库、军营老村一带向东北延伸至洛基一带，形成了一条长近100km，影响宽度在7km以上的构造带，控制铁、钴（铜）、铅、锌等矿的产出。铁、钴（铜）、铅、锌等矿主要受构造带内的军营复式背斜和坡兰沟向斜影响。

军营复式背斜：分布于昌江县红田农场石灰厂至红田农场二十队，总体呈北东走向，核部发育下志留统陀烈组的一套绢云母千枚岩、变质石英粉砂岩夹灰岩。两翼地层受军营—乌烈断裂带的破坏和花岗岩岩体侵入影响呈不对称，北西翼倾向 320°、倾角 30°~51°，南东翼倾向 155°、倾角大于 51°，为一个轴面总体倾向北西的不对称背斜。

坡兰沟向斜：分布于南洞岭—坡木岭—军营一带，核部地层为下石炭统南好组，两翼为上石炭统青天峡组。向斜轴向总体呈北东向。北西翼产状，倾向 325°，倾角 50°。南东翼产状，倾向 120°，倾角 57°。在向斜的中段，由于受海西中期闪长岩岩体的侵入，核部部分被吞没。

军营地区蚀变主要有石榴子石化、透辉石化—透闪石化、绿泥石化、绿帘石化、角岩化、硅化等。矿化主要有铅锌矿化、铁矿化、铜矿化及钴矿化等，该地区内已发现有昌化大岭小型铅锌矿、军营铁钴矿点及红岭铁矿点等。

铁矿体主要呈似层状、脉状分布在透辉石化—透闪石化白云岩中，铜、钴矿体多分布在铁矿体的下部。铁矿体的围岩主要为透辉石—透闪石化白云岩、千枚岩、变质砂岩及少量侵入岩等。铁矿石矿物主要为赤铁矿，少量磁铁矿。

该区内铁矿成因类型总体有两类，第一类为沉积变质型，第二类为热液型。沉积变质型铁矿主要分布在上述褶皱构造的轴部，成矿时代为加里东期，成矿物质主要源于志留系中的含铁建造岩，矿石矿物主要为赤铁矿；热液型铁矿总体受北东向的断裂构造及次级断裂构造控制，与印支期、燕山期等后期岩浆岩关系密切，矿石矿物主要为磁铁矿，并伴生有铜、钴。属一套与变质作用、热液作用有关的铁、钴、铜、铅、锌成矿系列。

6）儋州—万宁左行斜滑构造与成矿关系。

分布于儋州市—万宁市一带，呈北西向经三更罗、湾岭、黎母山镇、兰洋，终于儋州和庆镇一带，由一组断续展布的平行状断裂组成，长约 110km，切割深度限于壳内，构造带内断裂呈平行斜列式排列，生成于印支期，具有压扭性的力学性质。断裂带主要发育在华力西期—印支期和燕山期岩体中，局部控制了白垩纪红盆的边界，还控制了温泉、金矿的产出。

位于琼中县乌石镇西北 5.3km 处的乌石金矿，主要受儋州—万宁构造带内的北西向断裂、北北东向的星山岭—崩岭断裂、北东向的鸡口—塔择断裂的影响。

北西向断裂：长 5~10km，宽 1~2m，局部达 100 多米，走向 325°，倾向 55°，倾角 40°~75°，构造岩有糜棱岩、硅化碎斑岩、构造角砾岩、碎裂花岗岩等。硅化、绿泥石化蚀变常见，局部见黄铁矿化。

星山岭—崩岭断裂：长 4km，宽 0.5~6m，走向 5°，倾向 275°，倾角 64°，构造岩由碎裂花岗岩、糜棱岩化碎裂岩、碎斑岩组成。局部见硅化、黄铁矿化蚀变。

鸡口—塔择断裂：长约 15.8km，宽 3~10m，走向 30°~55°，倾向 300°~325°，倾角 60°~70°。岩石主要由糜棱岩、构造片岩、碎斑岩、碎裂岩等组成，且分带明显。具强烈硅化、绿泥石化、绿帘石化、黄铁矿化等。

金矿矿体呈透镜状产于晚侏罗世横岭单元侵入体中粒含斑黑云正长花岗岩中，严格受北西向断裂，以及星山岭—崩岭断裂与鸡口—塔择断裂等控制。金元素在断裂构造作用下活化、迁移、富集成矿。

蓝洋温泉位于儋州市蓝洋农场场部，距儋州市 16km。温泉处于三叠纪二长花岗岩与石炭纪灰岩砂岩中，受儋州—万宁构造带内的北西向断裂影响，沿北西走向断裂在 4km 距离内有 3 处泉眼出露。热矿水 B+C 级储量 7000m^3/d，水温 40~83℃以上，流量 3.92L/s，有气泡连续冒出。热水无色透明，有 H_2S 气味，矿化度 0.32g/L，硅含量 0.095g/L，氟含量 12mg/L，pH 为 7.7，属 HCO_3—Na 型热水，现已开发为旅游度假疗养胜地。区内已建温泉公园、蓝洋温泉度假村和一批温泉旅游设施，这些旅游设施与观光果园、观光花园、观音洞、莲花岭瀑布组成一个特色的温泉旅游度假区。

（6）对海南省铁、铝、金、钼等 16 个矿种的时空分布、成矿特征、成因类型、成矿条件、成矿要素、成矿模式等进行了总结和研究。

（7）根据全国潜力评价项目成矿区带划分方案，海南省共划分为1个Ⅲ级成矿区带。在此基础上，综合考虑不同矿床（点）的分布、规模、成矿时代、成矿作用、成因类型、成矿系列及物化遥异常特征等因素，进一步划分了5个Ⅳ级成矿区带和17个Ⅴ级成矿区带，并总结了各成矿区（带）的成矿特征及演化，建立了成矿谱系和成矿序列。

（8）分前寒武纪、古生代、中生代、新生代4个时代进行了沉积建造、变质建造特征及其与成矿关系研究。

（9）对Ⅲ级成矿区带及Ⅳ级成矿区带进行了区域成矿规律研究。

（10）在全面收集分析海南岛矿床资料的基础上，根据矿床形成的地质背景、矿床地质特征及成矿作用、矿床时间空间分布规律及矿床的成因联系，划分出17个矿床成矿系列和12个亚系列，并归为3个成矿系列组合。

第二章　成矿背景

海南省地处特提斯域、西太平洋构造域和欧亚大陆板块构造域的交合部位，具有多阶段、多旋回的演化。根据现有的地质记录，海南省地质发展历史可追溯至中元古代。在漫长而复杂的地史演化过程中，伴随各时期不同的地质事件形成了一系列不同类型的沉积建造、变质建造和构造相等（表2-0-1）。海南省地质历史发展过程中，大致经历了中元古代结晶基底形成、新元古代板内裂解与造山作用、早古生代裂解与造山作用、晚古生代—三叠纪裂解与造山作用、侏罗纪—第四纪太平洋板块俯冲及陆内裂解等5个构造演化阶段，控制了全岛各类矿产的成矿作用。

表2-0-1　海南省大地构造演化阶段特征

构造旋回	地质时代	构造单元	构造属性	沉积作用特征	火山作用特征	侵入作用特征	变质作用特征	变形构造特征	成矿作用
中岳期	Pt_2	五指山岩浆弧	裂解	泥砂质岩、砂岩和少量富钙岩石等陆缘碎屑沉积岩	陆缘弧相钙碱性系列英安质和石英安山质熔岩、凝灰岩类等中酸性火山岩				
			同碰撞			壳源型钙碱性片麻状二长花岗岩、紫苏花岗岩	角闪岩相、麻粒岩相区域动力热流变质	以发育深构造相的新生线理、面理为特点	变质型石墨矿，变质伟晶岩型白云母矿
晋宁期	Pt_3		裂解	陆缘盆地泥砂质夹铁质层和碳酸盐岩层沉积	陆缘弧相钾质中酸性火山岩				海相沉积（变质）型铁、钴、铜矿
加里东期	Pz			陆缘盆地砂岩、泥砂质岩、泥岩沉积	板内基性火山岩、岛弧中酸性火山岩				
海西期				陆缘盆地砂岩、泥砂质岩、泥岩夹碳酸盐岩沉积	板内基性火山岩和中酸性火山碎屑岩				
			同碰撞			壳源型、壳幔混合型钙碱性花岗岩，及幔源型辉长岩、闪长岩等	绿片岩相区域动力热流变质	发育中深—中浅构造相线理、面理和剪切流变褶皱及中构造相弹塑性褶皱	与（岩浆）热液作用有关的钨、锡、铌、钽（铅锌）矿，与韧性剪切动力变质作用有关的热液型金矿

续表

构造旋回	地质时代	构造单元	构造属性	沉积作用特征	火山作用特征	侵入作用特征	变质作用特征	变形构造特征	成矿作用
印支期	Mz	五指山岩浆弧	碰撞后			壳源型、壳幔混合型钙碱性花岗岩			（岩浆）热液型金、锡、铅、锌矿
燕山期	Mz	五指山岩浆弧	裂解	陆内盆地砂砾岩、砾岩、砂岩、泥岩沉积	双峰式火山岩	板内离散环境壳源型、壳幔混合型钙碱性花岗岩，及幔源型辉长岩、闪长岩等	角岩相接触变质	线形韧性、脆性断裂	热液型铀、铜、钼、金、铅、锌、银、铁、钨、锡、稀土、水晶、萤石矿
喜马拉雅期	Cz	五指山岩浆弧	裂解	陆内盆地砂砾岩、砾岩、砂岩、泥岩、页岩和沿海一带松散碎屑岩沉积	裂谷型基性火山岩				风化型重晶石矿、铁矿、铝土矿、镍矿、轻稀土矿和沉积型褐煤矿、油页岩矿、锆英石砂矿、钛铁砂矿、石英砂矿、独居石砂矿
中岳期	Pt_2	三亚被动陆缘	裂解	泥砂质岩陆缘碎屑岩沉积？	中酸性火山岩？				
中岳期	Pt_2	三亚被动陆缘	碰撞				角闪岩相区域动力热流变质		
加里东期	Pz	三亚被动陆缘	裂解	被动陆缘砂岩、泥砂质岩、泥岩沉积					沉积型锰矿、磷矿
燕山期	Mz	三亚被动陆缘	裂解	陆内盆地砂砾岩、砾岩、砂岩、泥岩沉积		板内离散环境壳源型、壳幔混合型钙碱性花岗岩	角岩相接触变质	线形脆性断裂	热液型铜、钼、铅、锌、银、铁、钨、锡、稀土、水晶、萤石矿
喜马拉雅期	Cz	三亚被动陆缘	裂解	陆内盆地砂砾岩、砾岩、砂岩、泥岩、页岩沉积					

第一节 中元古代结晶基底形成阶段

中元古代海南省地壳处于激烈活动时期，火山喷发活动比较频繁，伴随地壳的大幅度急剧下降，接受了一套厚约985m的夹有中酸性浅成岩或熔岩的海相陆缘碎屑沉积，形成了戈枕村组岛弧或陆缘弧相（也有可能为从陆缘弧裂解开来的岛弧）中酸性火山岩建造夹碎屑岩建造和峨文岭组陆缘弧间盆地（不排除海沟环境）碎屑岩建造夹火山岩建造（仅五指山市毛阳地区峨文岭组上部发育一套大理岩），二者呈整合接触（图2-1-1），构成了早晋宁旋回的沉积。戈枕村组属岛弧或陆缘弧钙碱性系列中酸性火山岩夹杂砂岩，火山岩主要是英安质和石英安山质的熔岩、凝灰岩类；峨文岭组原岩为一套夹有少量火山岩的泥砂质岩、砂岩和少量富钙岩石等陆缘碎屑沉积岩系，该组岩石总体成熟度低，具类复理石沉积韵律，局部发育变余水平层理和韵律性粒序层理，反映了由早至晚，构造环境由强烈活动至逐渐减弱趋于稳定的趋势。经区域变质作用，形成下部条带状片麻岩和条带状、眼球状混合岩，上部片岩类、石英岩类，构成了基底的双层结构。

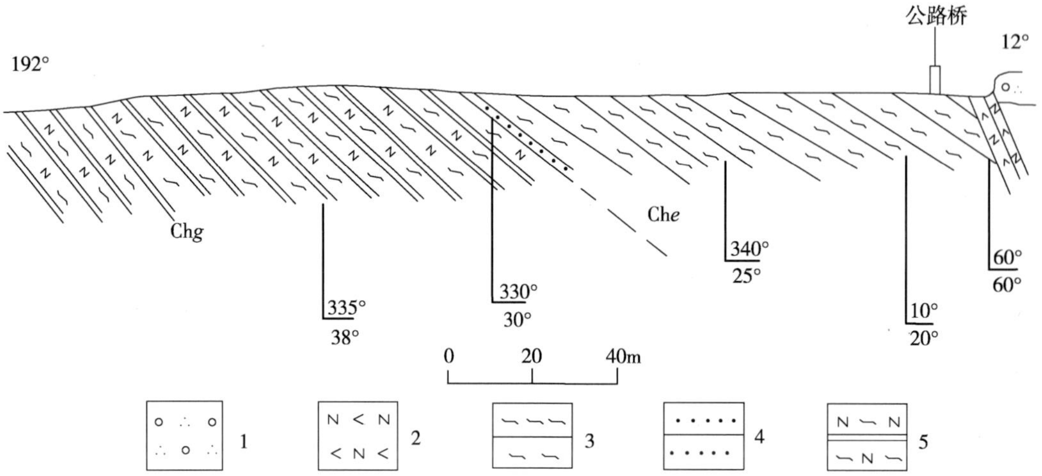

图2-1-1　峨文岭组与戈枕村组整合接触

1—第四系；2—斜长角闪岩；3—红柱石二云片岩（峨文岭组）；4—斜长浅粒岩（峨文岭组）；5—混合质黑云斜长片麻岩（戈枕村组）

发生于约1.4Ga的早晋宁运动，使得地壳隆起为陆，缺失蓟县纪的沉积，并使地壳物质局部发生重熔，形成以片麻状二长花岗岩为主的壳源型钙碱性花岗岩岩体，这次构造运动还同时导致戈枕村组和峨文岭组分别发生了不同程度的高角闪岩相（局部达到了麻粒岩相）和低角闪岩相区域变质作用，前者还伴生混合岩化作用。经过这次构造运动，抱板群（下部戈枕村组，上部峨文岭组）成为海南岛最古老的结晶基底，但这个基底较为年轻，变质程度不是很高，花岗岩所占比例也不太大，也就是说，基底的克拉通程度不高，这大约是海南岛显生宙以来一直处于活动环境的重要原因。经过约1.4Ga的构造事件后，海南隆升成陆，进入地台剥蚀期，并缺失1.4~1.0Ga的地质记录。

该构造阶段主要形成了沉积变质型石墨矿和伟晶岩型白云母矿，并完成了抱板群中金的初始富集，为后期戈枕金矿的形成奠定了物质基础。

第二节　新元古代板内裂解与造山作用阶段

前人认为峨文岭组所含变粒岩的原岩为酸性浅成侵入岩，并获得了995±20Ma的锆石Pb-Pb年龄，代表该酸性侵入岩的原岩年龄。抱板群（Ch*B*）中普遍发育有斜长角闪岩，1998年，马大铨等人认为斜长角闪岩产状一般平行围岩片理或片麻理，其中有些具侧枝、冷凝边、含围岩的捕虏体，另有部分明显切割片麻理（图2-2-1），推断这些斜长角闪岩绝大部分是由基性侵入岩变质而来。谭忠福等在采自琼西二甲和琼中上安的斜长角闪岩中获得了975±8.6Ma的Sm-Nd年龄，马大铨等从采自琼西一带的斜长角闪岩中获得 955±54Ma 的 Sm-Nd 等时线年龄，两个年龄在误差范围内一致，代表了原岩的侵入年龄。从以上事实可见上述酸性侵入岩与基性侵入岩时代相当，具有双峰式侵入岩特征，由此我们推测：约 1000~900Ma 海南岛地壳已开始裂解，在此背景下琼西石碌地区裂解形成陆缘裂谷盆地，沉积了一套具类复理石韵律特征的碎屑岩、碳酸盐岩，局部夹有少量的酸性火山岩、含铁硅质岩、铁矿层、重晶石层，即石碌群。

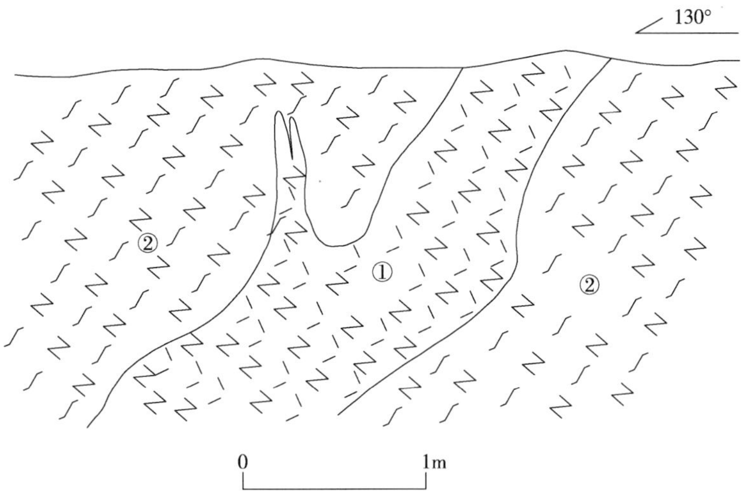

图 2-2-1　斜长角闪岩侵入黑云斜长片麻岩

①斜长角闪岩；②黑云斜长片麻岩

石碌群沉积之后，约 830Ma 的晚晋宁运动使石碌群褶皱隆起并发生绿片岩相变质作用，形成海南岛的变质基底。

晋宁运动之后地壳隆升，并趋于稳定，并在新元古代震旦纪时石碌地区再次发生裂解，沉积了石灰顶组，其岩性为含砾石英细砂岩、石英细砂岩、铁质石英细砂岩、含黄铁矿石英细砂岩夹含铁矿粉砂岩、砂质泥岩、含铁泥岩及贫铁矿层，局部地区见其底部有紫红色含砾泥岩或含角砾泥岩和泥岩（含砾或含角砾泥岩，无层理，分选、圆度差，角砾为原地和微异地来源）。

第三节　早古生代裂解与造山作用阶段

寒武纪，地壳发生裂解，九所—陵水断裂带南北两侧岩相古地理环境开始出现差异，北部五指山地区为陆缘裂谷盆地，南部三亚地区为台地陆棚滨浅海环境。北部陆缘裂谷沉积见于万宁一带，裂解方向可能为由南至北，美子林组代表了裂解早期相对稳定的沉积，具滨海—浅海相碎屑岩夹碳酸盐岩建造特点，从早到晚，地壳持续裂解，海水逐渐加深，沉积场所逐渐远离滨岸，海侵加强。海南岛南部三亚地区沉积作用则始于早寒武世，沉积了一套ϵ_1—ϵ_2滨—浅海相含磷锰砂泥质岩-碳酸盐岩建造，之后加里东运动使地壳发生差异性隆升，缺失上寒武统—顶寒武统，导致下奥陶统大葵组与下—中寒武统呈平行不整合接触。

奥陶纪海南岛北部裂解程度加剧，沉降盆地扩宽，海水加深，形成了近东西向的海盆，盆地东高西低，南北浅、中部深，接受了奥陶系南碧沟组一套厚达上千米的具有复理石、类复理石特征的深海—半深海相碎屑岩夹基性、中基性火山岩沉积，岩石类型有玄武岩、变安山岩、变流纹岩，岩石锆石 U-Pb 等时线年龄为 499±6~527±48Ma。但南碧沟组中缺少或少见内源物质的沉积，反映了该时期地壳可能具有快速裂解和上升的运动特点。此时，在海南岛南部三亚地区则沉积了滨—浅海相砂泥质岩-碳酸盐岩沉积，后期进入海陆交互相复成分砂砾岩、含砾砂岩、含铁黏土岩混杂沉积，之后加里东运动使地壳隆升为陆，进入漫长的风化剥蚀时期。另外需要说明的是：九所—陵水断裂带北部和南部寒武系和奥陶系属不同的地层系统；北部地区Є—O普遍发生了绿片岩相区域变质，南部地层基本未变质；前者的变形程度高于后者，二者的古生物面貌也不一致，南部三亚地区滨浅海相的生物丰度较高，而北部地区生物化石很少或基本没有发现古生物化石。综上所述，寒武系和奥陶系南部和北部构造演化已经出现差异。

经奥陶纪地壳震荡性隆升后，志留系沉积仅分布于九所—陵水断裂带以北，包括下志留统陀烈组、空列村组、靠亲山组、大干村组、足赛岭组。早期为滨海相砂质岩沉积，中期进入浅海—半深海—深海相砂泥质、泥砂质沉积，晚期进入滨、浅海相砂质岩、泥砂质岩和碳酸盐岩沉积，构成了一个相对完整的沉积旋回。但西部总体上接受了一套陆棚—大陆斜坡碎屑岩组成的复理石建造，上部并出现碳酸盐岩台地相的沉积，岩石中上部发育鲍马序列中的A、C、D、E层。而东部地区则为深海平原相泥质、粉砂质沉积，形成了深水相复理石—类复理石建造。显示盆地具有东深西浅的格局，与奥陶纪盆地东浅西深格局有所不同，暗示地壳震荡性隆升作用具有不均衡型。下志留统沉积后，加里东运动使海南岛中北部地区发生垂直隆升，缺失S_2—D沉积记录。

加里东运动在海南岛表现为多次性和多样性。第一幕发生于早寒武世晚期，以垂直隆升作用为特点，使得海南岛北部奥陶系南碧沟组以平行不整合叠覆于下寒武统美子林组之上。第二幕发生于晚寒武世中—晚期，与第一幕表现形式一样，形成了海南岛南部三亚地区下奥陶统大葵组与下—中寒武统大茅组间的平行不整合。第三幕发生于晚奥陶世晚期，地壳继续以垂直隆升作用为特点，导致海南岛南部三亚地区隆升为陆，并从此结束了海相沉积历史。此幕活动在海南岛北部的表现是：奥陶纪半深海—深海相沉积后，志留纪早期为滨海相沉积，显示地壳曾发生过垂直隆升。第四幕发生于早志留世晚期，从部分资料来看，海南岛北部上古生界与下古生界呈角度不整合接触，表明第四幕可能具有造山性质，但仅在昌江地区见D_3的岩浆记录，这与华南地区广泛分布加里东期花岗岩迥异，伴随该幕构造作用，海南岛全面隆升为陆，缺失中、上志留统。

海南岛加里东运动与华南加里东运动在时间上基本同步，但就其构造运动的强度而言，海南岛表现相对比较微弱，没有华南其他地方强烈，因此海南岛早古生代时不处于加里东运动的峰带位置，而是处于加里东运动影响的边缘区域。

第四节 晚古生代—三叠纪裂解与造山作用阶段

加里东运动后，海南岛地壳隆升为陆，至C_1地壳发生裂解，进入古特提斯构造域的作用范围，并再次开始海相沉积历史。经前人研究，距今334±12Ma时期琼西一带出现洋壳。

石炭系南好组为一套陆缘裂谷环境下的滨浅海相碎屑岩。在海西期—印支期构造运动作用下，产生绿片岩相变质，底部形成变质石英砾岩、变质砂砾岩、变质砂岩，其中底部的砾石成分主要有脉石英、石英粉—细砂岩、板岩等，形态为次圆状—圆状，具有底砾岩的特征，代表加里东运动后地壳再次下降、海侵序列的开始，砾岩和含砾砂岩与下志留统呈角度不整合接触；上部为变质陆源细碎屑岩，总体为板岩、含粉砂质板岩与变质粉砂岩、变质细砂岩不等厚互层，南好乡一带普遍富含长石，代表了近源的沉积环境。青天峡组沉积时，沉积环境呈现出一定的差异性，北部石碌镇—澄迈石浮镇一线石炭系为海相碎屑岩相和碳酸盐岩台地相沉积，于海西—印支运动下发生浅变质作用形成变质泥质砂岩、大理岩等，具有稳定型滨、浅海相单陆屑式建造夹碳酸盐岩建造的特点。东南部中原镇在该时期则形成海相碎屑岩相，缺乏碳酸盐岩台地相沉积，沉积作用从早至晚（南至北）海水逐渐加深。早期为滨、浅海相（局部达大陆斜坡相）碎屑岩沉积，中晚期为大陆斜坡相，出现浊流作用形成的杂砂岩，晚期地壳活动性逐渐加强，上部岩石常见酸性凝灰岩或沉凝灰岩夹层，沉积建造类型由稳定型往次稳定型过渡。

早二叠世，随着板块的俯冲碰撞，海南岛东南部已经隆升为陆，缺失二叠系。这时期的沉积仅见于海南岛西北部的石碌镇—东方市江边乡一带和屯昌晨星—儋州蓝洋一带，包括峨查组、鹅顶组和南龙组。其中分布于东方、昌江一带的峨查组与屯昌一带的峨查组在岩性特征上存在较大差异，前者形成于陆缘裂谷环境，主要为一套含滨浅海生物化石的砂泥质沉积，海西—印支运动作用下已变质成一套千枚岩、板岩、变质砂岩组合；后者主要为形成于深海平原常含炭的泥质、粉砂质沉积，已变质为千枚岩、板岩、变质粉细砂岩，屯昌一带夹有变基性、超基性蛇绿岩片，地层中仅含微量古生物化石。

早二叠世白沙断裂带两侧的华南板块和印支块体可能局部已经碰撞拼贴，导致同碰撞花岗岩侵位，但琼西一带仍存在中晚二叠世的沉积记录，而且基本没有发生区域变质，推测鹅顶组和南龙组应形成于残余盆地环境，其中前者主要为一套含生物碎屑的灰岩，部分地区塑性变形强烈；后者仅出露于岛西石碌镇—江边乡一带，主要为一套滨海相泥砂质沉积，局部具海陆交互相沉积特征，其中石碌地区出现砾屑硅质岩，江边地区见长石岩屑砂岩、长石石英砂岩、杂砂岩等近源活动性沉积。发生于早二叠世的海西—印支造山运动使地壳不断抬升，南龙期之后地壳全面隆起，结束海相沉积。随后在定安翰林、琼海九曲江一带沉积了一套山前磨拉石建造，即岭文组，但该套岩石分布十分局限，与典型造山带普遍发育磨拉石建造迥异。

早二叠世，侵入岩浆事件陆续出现在白沙断裂带的东西两侧，拉开了海西—印支期岩浆事件的序幕。紧邻白沙断裂带的东侧侵入有俯冲环境的 TTG 组合、钾玄质 $\eta o-\delta\eta-\eta$ 组合、TTG-QM 组合，TTG 组合即细—中细粒石英闪长岩，出露于番阳、毛阳、志仲一带；钾玄质 $\eta o-\delta\eta-\eta$ 组合包括方满片麻状细粒黑云角闪二长闪长岩、行干细中粒二长岩、什败细中粒含斑角闪黑云石英二长岩，见于琼中上安、五指山市水满乡一带，地球化学特征反映它们来源于加厚了的 EM2 型富集岩石圈地幔的较低程度的部分熔融；TTG-QM 组合即指出露于琼中县城以北一带的石岭花岗岩闪长岩（通过 O'Conner 图解，石岭花岗岩闪长岩与白石岭石英闪长岩、保山村花岗闪岩在区域上一起构成 TTG-QM 组合），无论是 TTG-QM 组合还是以上所述的 TTG 组合都紧邻白沙断裂带分布，具岩浆组成的极性，反映五指山岩浆弧靠近白沙断裂带一侧为俯冲岩浆带的外带，暗示洋壳从西北往东南方向俯冲。早二叠世白沙断裂带西侧侵入有俯冲环境的中基性岩组合、TTG-QM 组合、TTG 组合，前者即机告村辉长岩-辉长闪长岩，具有幔源岩浆特征，呈小岩株状零星出露于雅星镇、七坊镇一带，TTG-QM 组合和 TTG 组合包括白石岭石英闪长岩、保山村花岗闪岩、石岭花岗闪长岩，分布于尖峰镇、七叉镇、七坊镇一带，具有俯冲拼贴带岩浆岩石组合的特征。随着俯冲型岩浆侵入的结束，早二叠世晚期同碰撞岩浆开始出现，说明大致沿琼西结合带两侧块体已经开始碰撞拼贴，海西—印支造山运动宣告开始，中二叠世以五指山岩体为代表的同碰撞侵入岩（以花岗岩为主）在海南岛大量出现，该环境下的侵入岩以普遍发育同构造的挤压面理为特征，至晚二叠世海南岛进入后碰撞期，岩浆活动更为强烈，以酸性岩浆为主的侵入岩遍及全岛，直至晚三叠世中晚期该阶段的侵入活动结束。值得一提的是九所—陵水断裂带以南直到早三叠世才基本开始有岩浆侵入，并与北部岩浆活动趋于一致，从另一个侧面反映大致在早三叠世三亚块体才与新形成的北部块体结合到一起。

综上所述，晚古生代—三叠纪海南岛大地构造演化包括早石炭世海南岛发生裂解，重新接受海相沉积，早二叠世（290~270Ma）华力西—印支运动使地壳再次隆起，并导致华南板块（包含海南岛）与印支地体发生陆陆碰撞，使得中元古代结晶基底、新元古界、古生界卷入到琼西结合带含蛇绿岩片的俯冲增生杂岩中，并呈构造岩片状产出，同时也造成海南岛中新元古界发生绿片岩相退变质和叠加变形，古生代地层（不含鹅顶组和南龙组）产生低绿片岩相变质，并形成了区域尺度上展布的褶皱带和断裂带。伴随该构造运动的侵入岩浆活动（以酸性岩为主）强烈而持久，从早二叠世一直持续至晚三叠世，从早至晚，形成了俯冲型、同碰撞型、后碰撞型侵入岩，构成了一个比较完整的造山作用侵入岩浆演化序列，形成了五指山岩浆弧和那大—尖峰增生岩浆弧，岩浆作用使琼西结合带受到强烈叠加改造，造成构造岩片呈孤岛状分布于花岗岩中。在俯冲、碰撞复杂的应力场背景下，P_3—T_1 南部三亚被动陆缘与新形成的北部地体汇聚，随后的岩浆作用使二者焊接在一起，至此三亚被动陆缘也成为五指山岩浆弧组成部分。在碰撞挤压隆升后，在东部琼海九曲江、定安翰林一带还堆积了一套山前磨拉石建造，但分布面积有限。

第五节　侏罗纪—第四纪太平洋板块俯冲及陆内裂解阶段

海南省经历强烈的海西—印支期造山作用后，大约在 200~175Ma 期间进入构造—岩浆平静期：构造活动、岩浆作用微弱，沉积作用也缺失。这一时期也是本区乃至华南从特提斯构造域向滨太平洋构造域转折的时期。早燕山期（175~150 Ma），构造—岩浆活动再次活跃，由于太平洋板块俯冲，软流圈地幔上涌导致岩石圈裂解拉张，形成了一系列幔源和壳幔混合源侵入岩（基性—酸性岩岩体皆有分布，并以后者为主）。晚燕山期，受太平洋板块继续俯冲影响，岩浆活动变得更加强烈，形成了以酸性岩浆为主的陆缘弧俯冲岩浆杂岩亚相。燕山期侵入岩缺乏定向组构，属于伸展构造环境壳幔岩浆混合的产物。燕山期岩体侵位往往受多方向断裂的控制，导致岩体平面上常呈不规则长条状分布，但受限于太平洋板块俯冲方向，岩体总体呈北东向排列。另外，值得一提的是从东南至西北岩浆作用具有逐渐减弱的趋势，并且大致以白沙—和庆断裂带为界，南东侧 G_1G_2 组合分布广泛，而北西侧主要为花岗岩组合，岩浆岩组成的极性反映出太平洋板块具有从东南朝西北俯冲的特征，并且从岩体具有伸展背景下侵位的特征推测燕山期太平洋板块的俯冲角度较大。燕山期伸展和拉分剪切活动强烈，形成一系列上叠于花岗岩和古生代基底的火山—沉积盆地和火山岩盆地，前者包括白垩纪白沙盆地、阳江盆地、王五盆地、雷鸣盆地等，后者主要有牛腊岭、同安岭、五指山火山盆地。火山—沉积盆地内沉积了下白垩统鹿母湾组（以湖—河相杂陆屑式建造为主，并夹中酸性火山岩建造）和上白垩统报万组（以湖—河相杂陆屑式建造为主），火山岩盆地内堆积有下白垩统六罗村组、汤他大岭组、岭壳组中酸性火山岩建造（以流纹岩、英安岩、安山岩为主，底部夹有玄武岩）。同期形成了北东向、北西向、东西向、南北向韧脆性断裂，奠定了海南岛的大地构造格局。白垩纪晚期军营—红岭和戈枕地区断裂带再次复活，发生了由西北往东南的逆冲推覆作用。

新生代以来，可能受双俯冲作用影响（印度板块和太平洋板块分别从西南和东南两个方向往亚欧板块下俯冲），雷琼地区上地幔隆起，地壳拉张使原有的断裂继承性地活动，导致该时期地壳升降运动频繁，多个不同岩石地层单位间普遍存在不整合接触关系，发育海成、河流阶地。这些断裂中又主要以近东西向断裂的强烈活动为主，造成整体地貌呈阶梯状向北下降，海水广泛侵入，形成近东西向大陆裂谷，其内部由于北西向断裂的切割，形成垒堑相间的条块构造，古近纪裂谷内沉积了一套河湖相红色碎屑岩建造夹可燃性有机岩建造、膏岩建造夹玄武岩建造，新近系为一套滨浅海相碎屑岩建造和玄武岩建造，古近纪—新近纪沉积厚度东薄西厚，东部海域厚 1000~2000m，西部海域厚 2000~3000m，局部区域有厚 4000~6000m 的圈闭（即沉积中心），沉积中心分布于福山—北部湾一带。新近纪末，盆地上升，发生海退，伴随有多期次基性火山喷发。第四纪以来地壳以断块差异升降活动为主，继承性断裂活动，伴随有大量玄武岩喷发和多次地震活动，即使在全新世，雷琼地区仍有火山活动，但趋势逐渐减弱。

现在地壳运动仍然以近东西向和北西向的差异运动为主，据现有地震观测数据，王五—文教断裂带以北相对于南部每年上升 1.8mm。在雷琼裂谷中存在的琼东北的云龙凸起是个例外，该凸起上部几乎无沉积物覆盖，凸起周边为近东西向马袅—铺前、王五—文教断裂和北西向铺前—清澜、长流—仙沟等断裂控制，灾害地震的发生也主要与这些断裂的分布、会聚相关。

第六节　大地构造单元划分

海南岛划分出 1 个Ⅰ级构造单元，为武夷—云开造山系；划分出 3 个Ⅱ级构造单元，分别为东南沿海弧盆系、琼东弧盆系和琼西结合带。在此基础上，划分出 8 个Ⅲ级构造单元和 9 个Ⅳ级构造单元，具体见图 2-6-1，表 2-6-1。

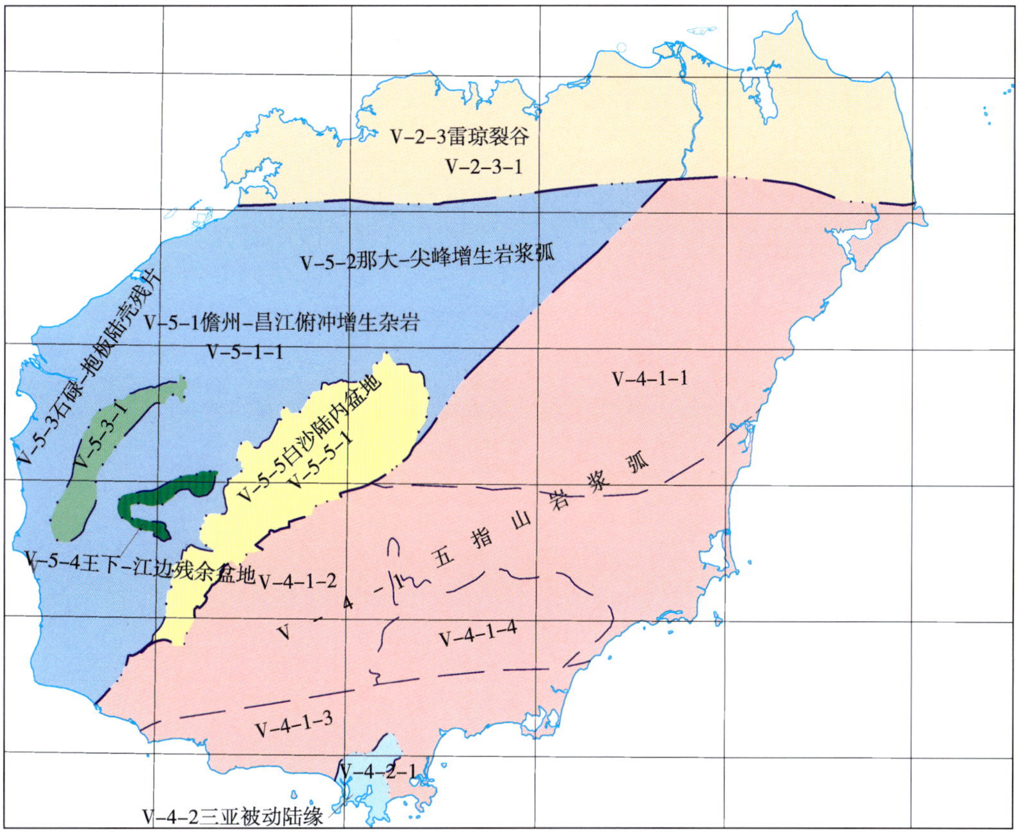

图 2-6-1　海南岛构造单元分区图

（构造单元名称见表 2-6-1）

表 2-6-1　海南岛大地构造单元划分表

Ⅰ级	Ⅱ级	Ⅲ级	Ⅳ级
V 武夷-云开造山系	V-2 东南沿海弧盆系	V-2-3 雷琼裂谷（Cz）	V-2-3-1 徐闻-海口陆内裂谷（Cz）
	V-4 琼东弧盆系	V-4-1 五指山岩浆弧（P—T，J_2—K_2）	V-4-1-1 琼中同碰撞岩浆杂岩（P_1—P_2）
			V-4-1-2 志仲同-后碰撞岩浆杂岩（P_2—T_2）
			V-4-1-3 琼东南后碰撞岩浆杂岩（P_3—T_2）
			V-4-1-4 吊罗山俯冲岩浆杂岩（J_2—K_2）
		V-4-2 三亚被动陆缘（Є—O）	V-4-2-1 安游陆棚碎屑岩盆地（Є—O）

续表

Ⅰ级	Ⅱ级	Ⅲ级	Ⅳ级
Ⅴ武夷-云开造山系	Ⅴ-5 琼西结合带	Ⅴ-5-1 儋州-昌江俯冲增生杂岩（O—S，P_1）	Ⅴ-5-1-1 江边-邦溪含蛇绿岩碎片的浊积岩（O—P_1）
		Ⅴ-5-2 那大-尖峰增生岩浆弧（P_1—T_3）	
		Ⅴ-5-3 石碌-抱板陆壳残片（Pt_2—Pt_3）	Ⅴ-5-3-1 戈枕基底残块（Pt_2—Pt_3）
		Ⅴ-5-4 王下-江边残余盆地（P_2—P_3）	
		Ⅴ-5-5 白沙陆内盆地（K）	Ⅴ-5-5-1 猴猕岭-鹦哥岭拉分盆地（K）

第三章　海南省矿产资源概况

海南省地处我国的最南部，由海南岛、西沙群岛、南沙群岛、中沙群岛的岛礁及其海域组成。全省陆地面积约 $3.54\times10^4km^2$，行政管辖的海域面积约 $200\times10^4km^2$，是我国陆地面积最小而海域面积最大的热带海洋岛屿省和唯一的经济特区省份。海南独特的地质地理特征，造就了丰富的热带生物、矿产和海洋资源，是我国资源相对丰富的省份之一，多个矿种在全国占有重要地位。

截至 2010 年底，全省共发现各类矿产 88 种，经评价有工业储量的矿产 70 种。其中，已探明列入《2010 年海南省矿产资源储量表》的矿产有 57 种、产地 435 处，其中，能源矿产 5 种、黑色金属矿产 3 种、有色金属矿产 8 种、贵金属矿产 2 种、稀有稀土分散元素矿产 5 种、冶金辅助原料非金属矿产 6 种、化工原料非金属矿产 5 种、建筑材料和其他非金属矿产 20 种、水气矿产 3 种。

在全省已探明的 57 种矿产 435 处矿产地中，大型矿床 51 处，中型矿床 115 处，小型矿床 218 处。

在探明储量的 57 种矿产中，保有资源储量列全国前十位的矿产有：玻璃用砂（1，指在全国排名，下同）、锆钛石英砂矿（1）、钛铁矿砂矿（1）、饰面用花岗岩（3）、油页岩（4）、宝石（4）、富铁矿（6）、高岭土（9）、红柱石（9）、铝土矿（10）等。此外，还有丰富的饮用天然矿泉水、医疗热矿水等。具有优势的矿产资源主要有海洋石油、海洋天然气、铁矿、锆英石砂矿、钛铁矿砂矿、玻璃用砂、黄金、钴、饰面用花岗岩、饮用天然矿泉水、医疗热矿水等；具特色和比较优势的矿产资源有高岭土、蓝宝石、油页岩、石墨等。

本次作为重要矿种开展资源潜力评价工作的有：铁、铝（铝土矿）、金、铜、铅、锌、钨、磷、稀土、钼、银、锰、硫、萤石、重晶石和煤，作为其他矿种开展资源潜力评价工作的有：锆英石、钛铁矿、独居石、石英砂和油页岩。

海南省重要矿种的矿床成因类型主要有沉积型、沉积变质型、接触交代型、岩浆热液型及风化壳型等。本次潜力评价工作中所涉及的矿产预测类型有 26 个，主要矿产预测类型见表 3-0-1。

表 3-0-1　海南省主要矿产预测类型一览表

矿产预测类型	基底建造	成矿时代	矿种	典型矿床
石碌式沉积变质型铁矿	中元古界抱板群	青白口纪—震旦纪	铁、铜、钴、镍、银、硫铁矿（共生）	石碌铁矿
大冶式矽卡岩型铁矿	中元古界抱板群	白垩纪	铁、铜	红石铁矿
岭曲式火山热液型铜矿	白垩纪火山岩	白垩纪	铜	岭曲铜矿
海南式红土型铝土矿	新近纪火山岩	新近纪	铝土矿、钴土矿、镍	文昌蓬莱铝土矿、钴土矿
后万岭式脉状型铅锌矿	二叠纪—白垩纪侵入岩	白垩纪	铅、锌、铜、银	后万岭铅锌矿
戈枕式破碎—蚀变岩型金矿	中元古界抱板群	长城纪—三叠纪	金	东方二甲金矿
抱伦式脉型金矿	中元古界抱板群	志留纪—三叠纪	金	乐东抱伦金矿

续表

矿产预测类型	基底建造	成矿时代	矿种	典型矿床
富文式脉型金矿	中元古界抱板群	白垩纪	金	定安富文金矿
莲花山式斑岩型钼钨矿	三叠纪侵入岩	侏罗纪	钨、钼	乐东红门钨钼矿
新田岭式矽卡岩型钨锡矿	中元古界抱板群	三叠纪	白钨矿	儋州市兰洋钨锡矿
大茅式沉积变质型磷锰矿	中元古界抱板群	寒武纪	锰、磷矿（共生）	大茅磷锰矿
来石式离子吸附型稀土矿	印支期花岗岩	第四纪	轻稀土	坝王岭离子吸附型稀土矿
长坡式沉积型褐煤油页岩	始新世沉积岩	始新世—新近纪	褐煤、油页岩	儋州长坡褐煤油页岩
长昌式沉积型褐煤油页岩	新近纪沉积岩	始新世—新近纪	褐煤、油页岩	琼山长昌煤矿

第一节　金矿资源概况

海南岛迄今已发现的金矿床（点）共有56个，其中，大型矿床1个、中型矿床3个、小型矿床9个、矿（化）点43个，矿床（点）的主要特征见表3-1-1。金矿种主要为含金硫化物、自然金，次为银金矿、金银矿，其余矿种少见。含矿地层岩石主要为下志留统陀烈组、大干村组，下二叠统峨查组，下白垩统鹿母湾组和第四系，另外还包括中元古界长城系抱板群混合岩，中生代正长花岗岩、花岗闪长岩、混合花岗岩、花岗斑岩等花岗岩类岩石。

一、海南省金矿成矿特征

（1）金矿资源在各构造单元中的分布并不均衡，这表现为已知的金矿床（点）主要集中分布于五指山褶冲带（包括琼西结合带和琼东弧盆系），其中又以琼西结合带内戈枕剪切带及其邻近区域较为集中，全岛规模以上金矿床绝大多数均分布在此区域，包括1个大型矿床、3个中型矿床、9个小型矿床。

（2）海南岛金矿规模不大。在已发现的矿床中，仅抱伦金矿床储量规模达大型，其余均为中小型矿床或矿（化）点。

（3）现有资料显示，海南岛金矿床（点）可归纳为4种类型：构造破碎蚀变岩型、热液型（狭义）、砂矿型和接触交代型（矽卡岩型）。

（4）空间分布上，构造破碎蚀变岩型矿床（点）主要分布于海南岛西部戈枕剪切带内及附近区域，热液脉型（狭义）矿床（点）广泛分布于海南岛的各个地区，接触交代型矿床（点）仅有三亚市六罗村金矿一处。另外，海南岛西部热液脉型（狭义）矿床（点）与构造破碎蚀变岩型矿床（点）存在成因和空间分布的相关性，岛内其他热液脉型（狭义）矿床（点）、砂矿型矿床（点）分布无明显规律。

（5）金矿床（点）成矿时代相对较集中，其形成与岩浆作用、构造作用和区域地球化学元素异常有关。除8个时代不明的矿（化）点和7个第四纪砂金矿（化）点外，海南省构造破碎蚀变岩型、热液脉型（狭义）、接触交代型金矿床（点）成矿时代多为中生代印支期和燕山期，成因上与印支期或燕山期的花岗质岩浆活动密切相关；在中生代形成的矿床（点）中，印支期形成的矿床25个，燕山期形成的矿床15个，1个推测为印支期—燕山期成矿。

表 3-1-1　海南省金矿床（点）基本特征一览表

市/县	矿产地名称	矿种类型	矿床类型	矿种规模	成矿时代	品位	赋矿地层/岩体	工作程度
屯昌	中建农场	金矿	热液型（狭义）	矿点	三叠纪			
三亚	雄岭	金矿	热液型（狭义）	矿点	白垩纪	1.5~2.6g/t	下白垩统六罗村组	无资料
	崖城	金矿	热液型（狭义）	矿化点	白垩纪			
	六罗村	金矿	接触交代型（矽卡岩型）	矿点	白垩纪			
	富田	金矿	热液型（狭义）	矿点	白垩纪			
琼中	银岭顶	金矿	热液型（狭义）	矿点	三叠纪	V_1 脉平均品位 10.19g/t，V_2 脉平均品位 1.46g/t，V_3 脉平均品位 5.74g/t		普查
	中平镇	金矿	热液型（狭义）	矿点				
	牙代	金矿	热液型（狭义）	矿点	白垩纪			
	新建	金矿	热液型（狭义）	矿化点				
	乌石	金矿	热液型（狭义）	矿点	白垩纪—侏罗纪			
	长流水	金矿	热液型（狭义）	矿点	三叠纪			
琼海	东太	银金矿点	热液型（狭义）	矿点	白垩纪—侏罗纪			
	加定	金矿	热液型（狭义）	矿点	三叠纪			
陵水	英州	金矿	热液型（狭义）	矿点				
乐东	抱伦	金矿	热液型（狭义）	大型	三叠纪	29.30g/t，最高品位 282.70g/t	下志留统陀烈组	详查
	山荣乡	金矿	热液型（狭义）	矿化点	白垩纪—侏罗纪			
东方	二甲北牛	金矿	构造破碎蚀变岩型	小型	三叠纪	1.98~9.53g/t	中元古界抱板群	普查
	二甲红甫门岭	金矿	构造破碎蚀变岩型	中型	三叠纪	平均品位 5.90g/t，单样最高品位 125.64g/t	中元古界抱板群	普查
	不磨Ⅱ号脉带	金矿	热液型（狭义）	中型	三叠纪	单样最高品位 309.77g/t，平均品位多为 17.91~71.12g/t	中元古界抱板群	初步普查
	红泉	金矿	构造破碎蚀变岩型	小型	三叠纪	201 号脉平均品位 20.09 g/t，301 号脉平均品位 70.41 g/t	中元古界抱板群	普查
	红泉十八队 V_1 矿	金矿	构造破碎蚀变岩型	小型	三叠纪	金单样品位 1~57.38g/t	中元古界抱板群	不明
	二甲风水山	金矿	构造破碎蚀变岩型	小型	三叠纪	平均品位 3.9156g/t	中元古界抱板群	普查

续表

市/县	矿产地名称	矿种类型	矿床类型	矿种规模	成矿时代	品位	赋矿地层/岩体	工作程度
东方	抱板	金矿	构造破碎蚀变岩型	小型	三叠纪	V_1 号脉群平均品位 14.26g/t	中元古界抱板群	初步勘探
	公爱	金矿	热液型（狭义）	矿点	三叠纪			
	那都	金矿	热液型（狭义）	矿点	三叠纪			
	峨理赛南	金矿	热液型（狭义）	矿化点				
	峨理赛东	金矿	热液型（狭义）	矿化点				
	俄贤村	金矿	热液型（狭义）	矿化点	三叠纪			
	大田	金矿	构造破碎蚀变岩型	小型	三叠纪			
	打磨岗	金矿	热液型（狭义）	矿化点	三叠纪			
	提那-抱板	金矿	砂矿型	矿点	第四纪	提那坡积砂金品位在 0.2g/m^3，抱板含金石英脉品位 4g/t	第四纪冲积沉积物及河床、阶地	普查
	毛沟村	金矿	热液型（狭义）	矿化点	三叠纪			
	乐梅—新宁坡	砂金	砂矿型	矿点	第四纪			
	居便	金矿	热液型（狭义）	矿点	三叠纪			
儋州	南丰镇孔准	金矿	热液型（狭义）	矿点	三叠纪			
	那京	砂金	砂矿型	小型	第四纪			
	高眼村	砂金	砂矿型	矿点	第四纪	最高品位为 1.47g/m^3，一般品位在 0.5g/m^3 以下，平均品位 0.845g/m^3	第四纪砂砾层中	普查检查
	东风	金矿	热液型（狭义）	矿点				
	白泡	砂金	砂矿型	矿点	第四纪	最低品位 0.04g/m^3，最高品位 0.474g/m^3，一般品位 0.1~0.24g/m^3	第四纪细砂粗砂砂砾层中	普查检查
	八一农场富水山	金矿	热液型（狭义）	矿点	三叠纪			
澄迈	金岭	金矿	热液型（狭义）	矿化点	三叠纪	原生金矿品位 0.5g/t，冲积砂金最高品位 1.66g/m^3	石英片岩中	普查

续表

市/县	矿产地名称	矿种类型	矿床类型	矿种规模	成矿时代	品位	赋矿地层/岩体	工作程度
昌江	王下 V_{1-1} 矿体	金矿	热液型（狭义）	小型	三叠纪	5.66g/t	下二叠统峨查组	详查
	土外山	金矿	构造破碎蚀变岩型	小型	三叠纪	4.15g/t	中元古界抱板群	详细普查
	扎业田邱毛峰段	金矿	热液型（狭义）	矿点	三叠纪			
	孔汉岭	金矿	热液型（狭义）	矿点	白垩纪—侏罗纪			
	俄贤岭	金矿	热液型（狭义）	矿化点	白垩纪—侏罗纪			
保亭	什胜	金矿	热液型（狭义）	矿点	白垩纪			
	南改	金矿	热液型（狭义）	矿点	白垩纪			
	保城	金矿	热液型（狭义）	矿点	白垩纪—侏罗纪			
白沙	河叉岭	金矿	热液型（狭义）	矿点	推测为印支期—燕山期	1.20~9.26g/t	下志留统大干村组下段	详查
	元门	砂金矿	砂矿型	矿点	第四纪	最高品位 $2.14g/m^3$，大部分品位在 $0.1g/m^3$ 以下	古近系—新近系、第四纪砂砾或黏土层	检查
	芽苞	独居石、砂金矿	砂矿型	矿点	第四纪	最低品位小于 $0.2g/m^3$，其他品位 $1g/m^3$	第四纪细砂层及砂砾层中	普查检查
	细水	金矿	热液型（狭义）	矿化点	白垩纪—侏罗纪			
	浪九	金矿	热液型（狭义）	矿点				
定安	富文	金银矿	热液型（狭义）	中型	白垩纪	平均品位 3.65~44.45g/t	下白垩统鹿母湾组	详查
	翰林	金矿	热液型（狭义）	矿点				

(6) 构造破碎蚀变岩型和热液脉型（狭义）金矿床（点）特征差异较大。构造破碎蚀变岩型金矿在储量和数量上占优势，成因上与韧性剪切带构造密切相关，空间分布严格受剪切带蚀变糜棱岩带和蚀变碎裂岩带控制，矿体一般赋存于中元古界长城系抱板群混合岩中的构造薄弱部位，呈透镜状、脉状产出，矿床形成与印支期岩体侵入形成的混合含矿热液有关，成矿时代均为三叠纪；热液脉型金矿在储量或数量上均次于构造破碎蚀变岩型金矿，且品位、储量变化较大，矿体一般赋存于下志留统陀烈组、大干村组，下二叠统峨查组以及下白垩统鹿母湾组，矿体受断裂构造控制明显，多呈层状、薄层状和不规则脉状产出，矿床形成与印支期或燕山期岩体侵入有关，成矿时代为三叠纪或白垩纪。部分热液脉型金矿（如抱伦金矿）与构造破碎蚀变岩型金矿存在成因上的联系性，形成于剪切带脆性断裂环境。砂矿型金矿主要分布于新生代砂砾岩或黏土层。

(7) 金矿床（点）的分布与1：20万水系沉积物Au的中、高背景紧密相关，海南省内已发现的矿床（点）大部分与其具有较好的对应关系。本次资源潜力评价选择的典型矿床中，二甲金矿床Au达最高含量水平，抱伦金矿区为中等含量水平，富文金银矿区为最高含量水平，见图3-1-1。

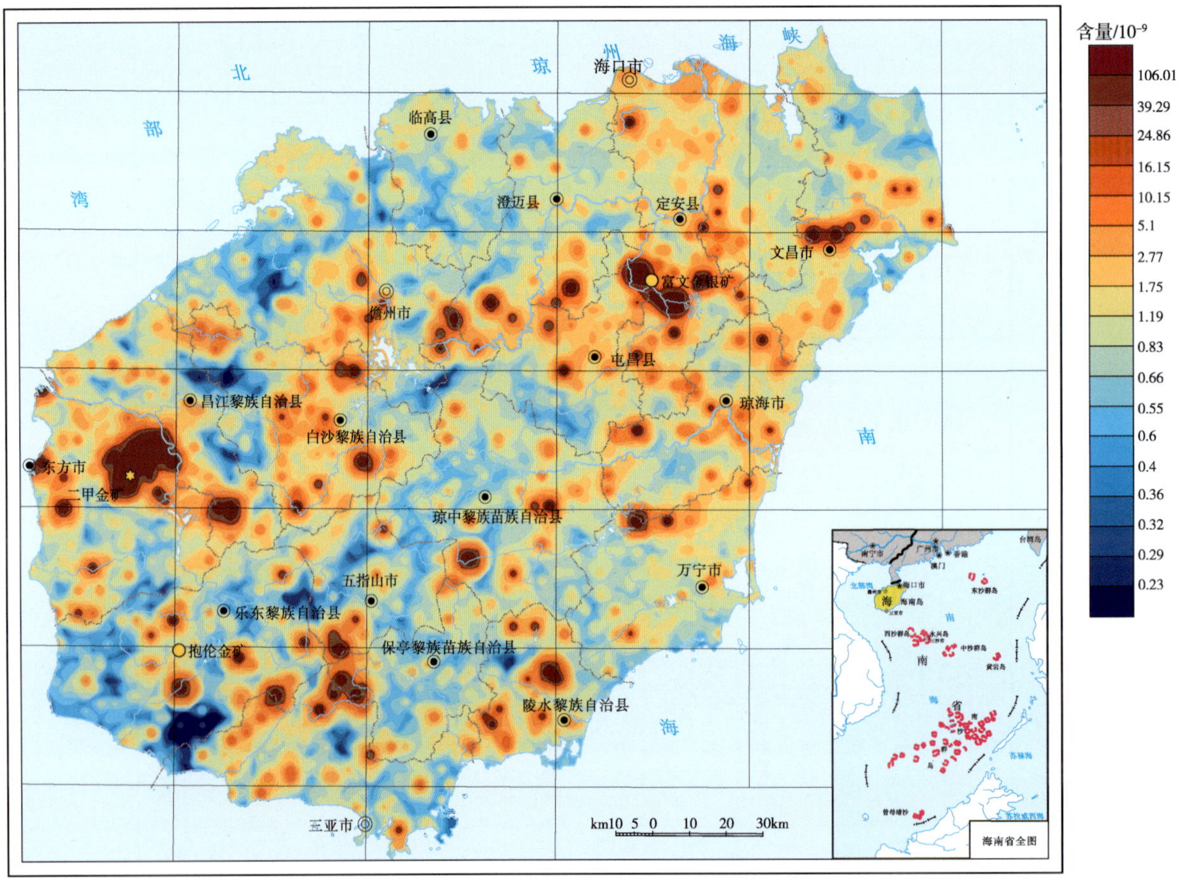

图3-1-1 海南岛水系沉积物Au地球化学图

二、矿产预测类型划分及其分布范围

按照全国矿产预测类型划分标准，本次工作划分了3个矿产预测类型，即富文式脉型金矿、戈枕式破碎蚀变岩型金矿和抱伦式脉型金矿，其划分情况见表3-1-2。

表 3-1-2　海南省金矿矿种预测类型一览表

矿产预测类型	基底建造	成矿时代	矿种	典型矿床	构造分区名称	成矿构造时段	研究区范围	预测方法类型
戈枕式破碎蚀变岩型金矿	中元古界抱板群	三叠纪	金矿	东方二甲金矿	琼西结合带	印支期	琼西戈枕预测工作区：东经 108°41′00″～109°02′45″，北纬 18°48′30″～19°16′50″，面积为 1997.149 km^2	复合内生型
抱伦式脉型金矿	中元古界抱板群	三叠纪	金矿	乐东抱伦金矿	琼西结合带	印支期	琼西红岭—尖峰预测工作区：东经 108°41′05″～109°12′37″，北纬 18°33′00″～19°28′25″，面积为 5663.749 km^2	复合内生型
富文式脉型金矿	中元古界抱板群	白垩纪	金矿	定安富文金银矿	琼东弧盆系	燕山期	雷鸣盆地预测工作区：东经 110°05′30″～110°27′20″，北纬 19°24′45″～19°46′50″，面积为 1555.702 km^2	复合内生型

第二节　银矿资源概况

海南岛迄今已发现的银矿床（点）共有 12 个，其中：小型矿床 4 个、矿（化）点 8 个；沉积变质型银矿 1 个，热液型（狭义）11 个，部分矿床（点）的主要特征见表 3-2-1。银矿种主要为钴铜（银）矿、银金矿、金银矿，次为铅银矿，其余矿种少见。含矿地层/岩体主要为青白口系石碌群、下二叠统峨查组、下白垩统鹿母湾组以及下白垩统六罗村组，另外还包括二叠纪、三叠纪黑云母花岗闪长岩，晚白垩世二长花岗岩。

一、海南省银矿成矿特征

（1）银矿资源在各构造单元中的分布并不均衡，这表现为已知的银矿床（点）主要集中分布于琼西结合带和琼东弧盆系，其中又以琼西结合带分布较多，包括石碌铁钴铜（银）多金属矿、南报银矿等 7 个银矿床（点），琼东弧盆系分布有富文银矿、看树岭银矿、六罗村银矿点等 5 个银矿床（点）。海南省银矿多与金、铜等矿产共（伴）生，成矿主要与岩浆活动有关。

（2）海南岛银矿化规模不大，省内已发现的矿床中，仅石碌银矿、富文银矿、南报银矿及九所看树岭银矿达到小型规模，其余均为矿（化）点。

（3）现有资料显示，海南岛银矿床（点）可归纳为两种类型：沉积变质型和热液脉型。

（4）空间分布上，沉积变质型银矿仅分布于昌江地区石碌群第六层分布区域内，热液脉型（狭义）矿床（点）主要分布于琼西结合带（6 处），琼东弧盆系分布有 5 处。

（5）海南岛无独立银矿，均为共（伴）生银矿，石碌式沉积变质型银矿与钴铜矿伴生，热液脉型银矿与金、铅锌矿共（伴）生。

（6）银矿床（点）成矿时代相对较集中，其形成与岩浆作用、构造作用和区域地球化学元素异常有关。除石碌式沉积变质型银矿形成于晋宁期外，海南省热液脉型（狭义）银矿床（点）成矿时代均为燕山期，成因上与燕山期的花岗质岩浆活动密切相关。

表 3-2-1　海南省银矿床（点）基本特征一览表

市/县	矿产地名称	地理经度	地理纬度	矿种类型	矿种规模	品位（g·t⁻¹）	赋矿地层/岩体	矿床成因	成矿时代	共生、伴生矿种	
										矿种	品位
昌江	石碌铁钴铜（银）多金属矿	109°03′15″	19°14′23″	铁钴铜（银）多金属矿	小型	8.58	石碌群第六层下部赋钴铜层位	沉积变质型	青白口纪	铁矿	46.80%
										钴矿	0.313%
										铜矿	1.096%
										镍矿	0.06%
										硫铁矿	17.79%
										重晶石矿	91.24%
东方	南在金银矿	109°02′47″	19°02′40″	银矿	矿化点	67	中二叠世二长花岗岩	热液脉型（狭义）	三叠纪	金矿	4.93g/t
	邦敬地铅银矿	109°00′09″	19°04′10″	铅银矿	矿化点	425	下二叠统峨查组		白垩纪	铅矿	5.16%
	白石岭铅银矿	109°00′55″	19°06′56″	铅银矿	矿点	119	下二叠统峨查组		白垩纪	铅矿	29.98%
琼海	东太银金矿点	110°10′00″	19°04′40″	银金矿	矿点	80	下白垩统鹿母湾组		白垩纪	金矿	0.3g/t
安定	富文金银矿	110°14′49″	19°33′07″	金银矿	小型	155.7	下白垩统鹿母湾组		白垩纪	金矿	53.67
屯昌	南味银矿点	109°57′15″	19°28′55″	银矿	矿化点	63.5	下二叠统峨查组		时代不明	铜矿	0.09%
										锌矿	0.012%
										铅矿	0.006%
三亚	六罗（村）金矿	109°30′10″	18°23′45″	金银矿	矿点	2118	下白垩统六罗村组	热液脉型	白垩纪	铅矿	5.65%
										锌矿	2.36%
										金矿	3.43g/t
	雅亮金银矿	109°16′09″	18°29′21″	金银矿	矿化点	32.86	早白垩世二长花岗岩	热液脉型	白垩纪	金矿	4.4g/t
										锌矿	3.21%
										铅矿	1.40%
乐东	看树岭银矿	109°00′27″	18°31′44″	银金矿	小型	184.25	晚白垩世二长花岗岩	热液脉型	白垩纪	铅矿	1.26%
										金矿	0.943g/t
										锌矿	0.27%
澄迈	美合金银矿点	109°49′30″	19°29′35″	金银矿	矿点	131.59	早三叠世黑云母二长花岗岩	热液脉型（狭义）	白垩纪	金矿	18.3g/t
儋州	南报银金矿	109°44′20″	19°27′30″	银金矿	小型	143.23	中二叠世、早三叠世黑云母二长花岗岩及下二叠统峨查组	热液脉型	白垩纪	金矿	3.13g/t

（7）海南岛热液脉型（狭义）银矿床（点）在储量和数量上占优势，成因上与燕山晚期花岗质岩浆侵入活动密切相关，受断裂构造及层间破碎带控制明显，矿体均赋存于燕山晚期花岗岩类及其附近的构造破碎带及层间破碎带内，成矿时代为燕山晚期；沉积变质型银矿次于热液脉型银矿，仅分布于石碌矿区及其外围，与钴铜矿伴生，品位、储量明显小于热液脉型银矿，钴铜（银）矿体呈层状、似层状赋存于石碌群第六层铁矿体下部30～60m范围内，受北一复式向斜构造控制明显，位于向斜核部及其向两翼过渡部位，矿床成矿时代为晋宁期。

（8）与Ag元素地球化学背景关系：已发现矿床（点）的分布与1：20万水系沉积物Ag的高背景紧密相关，与其具有较好的对应关系（图3-2-1）。本次潜力评价的银矿种3个典型矿床Ag元素含量均属高含量水平，其中儋州南报银金矿和富文银金矿Ag含量达最高水平（大于454.92×10^{-9}），昌江石碌铁钴铜（银）多金属矿Ag含量相对较低（109.76×10^{-9}～129.20×10^{-9}）。

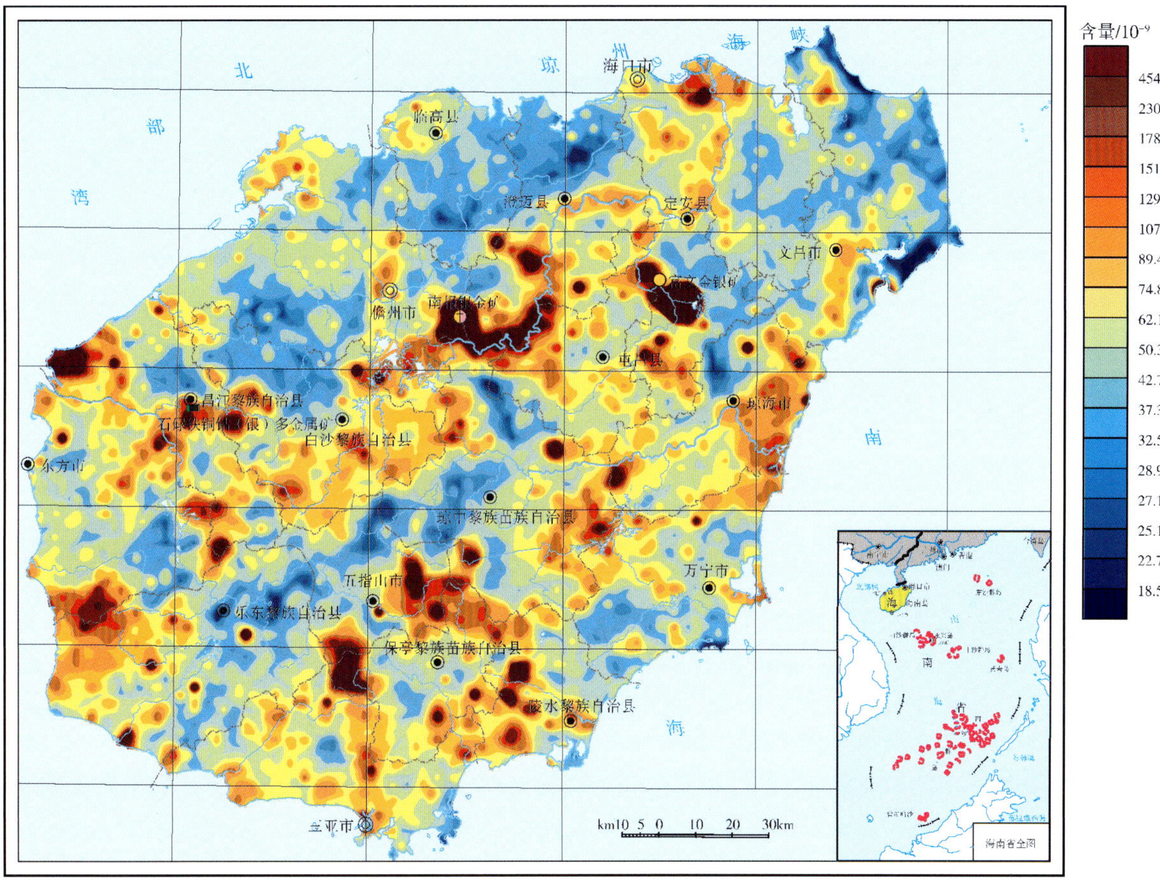

图3-2-1 海南岛水系沉积物Ag地球化学图

二、矿产预测类型及其分布范围

按照全国矿产预测类型划分标准，本次共划分了3个矿产预测类型，即石碌式沉积变质型银矿、富文式脉型银矿和南报式脉型银矿，其划分情况具体见表3-2-2。

按全国矿产资源潜力评价总体要求及海南省银矿床成矿规律特征等的实际情况，根据预测类型划分情况，本项目组分别选择海南省昌江石碌预测工作区、雷鸣盆地预测工作区、海南岛预测工作区进行银矿资源潜力预测。

表 3-2-2　海南省银矿种预测类型一览表

矿产预测类型	基底建造	成矿时代	矿种	典型矿床	构造分区名称	成矿构造时段	研究区范围	预测方法类型
石碌式沉积变质型银矿	中元古界抱板群	青白口纪—震旦纪（840Ma）	银矿	昌江石碌铁钴铜（银）多金属矿	琼西结合带	晋宁期	昌江石碌预测工作区：东经109°00′00″~109°14′28″，北纬19°09′35″~19°17′20″，面积为362.86 km^2；昌江石碌地区青白口系石碌群第六层，隐伏于矿区东部震旦系、石炭系、二叠系盖层之下，可在这些地区寻找隐伏的石碌群	变质型
富文式脉型银矿	中元古界抱板群	燕山期	银矿	定安富文金银矿	琼东弧盆系	燕山期	雷鸣盆地预测工作区：东经110°05′30″~110°27′20″，北纬19°24′45″~19°46′50″，面积为1555.7km^2；燕山晚期花岗闪长岩及其推测隐伏区，白垩系鹿母湾组分布区	复合内生型
南报式脉型银矿	中元古界抱板群	燕山晚期	银矿	儋州南报银金矿	琼东弧盆系	燕山期	海南岛预测工作区：东经108°37′13″~110°02′49″，北纬18°08′54″~20°10′05″，面积为62801.8km^2；海南岛燕山期花岗岩及推测隐伏区	侵入岩体型

第三节　铜矿资源概况

海南岛迄今已发现的铜（多金属）矿床（点）共有21个，其中：矿（化）点16个，各矿床（点）的主要特征见表3-3-1。铜矿种主要有铜矿、铁钴铜矿、铜硫矿、铁铜矿、铅铜矿、钴铜矿、硫黄铜矿、铜钼矿、铜多金属矿等。所属铜矿成因类型有陆相火山岩型、接触交代型、热液型、沉积—变质型、斑岩型。含矿地层主要为青白口系石碌群、寒武系、志留系、石炭系（南好组）、下白垩统鹿母湾组和岭壳村组（由英安质—流纹质熔岩及火山碎屑岩组成）。与成矿作用密切相关的岩浆岩主要有三叠纪花岗岩或花岗斑岩，白垩纪花岗岩、花岗斑岩、石英闪长岩、黑云母花岗岩、二长（正长）花岗岩、花岗闪长岩、闪长玢岩、石英斑岩等花岗岩类岩石。

一、海南省铜矿成矿特征

（1）铜矿资源在各构造单元中的分布并不均衡，这表现为已知的铜矿床（点）主要集中分布于琼西结合带和琼东弧盆系，其中三亚被动陆缘中迄今只发现有4处矿点，即白茅岭和狗子岭水库多金属矿点、狗尾吊和老龙村铜铅矿点，它们的分布位置均靠近九所—陵水深断裂。据目前资料，雷琼裂谷（III级）中则无铜矿化点分布。即便在五指山褶冲带内，铜矿的分布也不均一，已知的铜矿主要沿着褶冲带的北缘、西缘和南缘分布，其他地带的矿点稀少或没有。

（2）矿床类型复杂多样，但不同成因类型的矿床分布具有一定的分带性。全岛铜矿床（点）按成因可分为与陆相火山—岩浆热液作用有关的陆相火山岩型矿床、与岩浆作用有关的热液脉型矿床、与沉积作用加后期改造有关的沉积变质型矿床、与中酸性斑岩岩体有成因关系的斑岩型矿床等。接触交代型、沉积变质型铜（多金属）矿床（点）主要沿南北向琼西构造带和北东东向九所—陵水断裂带分布。热液脉型铜（多金属）矿床（点）不仅在琼西构造带和九所—陵水断裂带（附近）有产出，而且在其他地区也有零星分布。斑岩型铜矿目前仅发现琼海县（现为琼海市）烟塘梅岭一处产地，受南北向的琼东构造带控制。陆相火山岩型铜矿仅分布于于海南岛南部受九所—陵水断裂控制的盆地。

（3）矿床规模小。目前海南省已发现的铜矿床除石碌矿床中铜矿为中型外，其余均为小型矿床或矿（化）点。省内仅有的5个中小型矿床中，石碌钴铜矿和高峰岭壳铜矿的铜金属储量相对较大，其余3个矿床（南好振海山—摩天岭铜硫矿、烟塘梅岭钼铜矿、抱龙铜矿）的铜储量均少于10000t。

（4）海南岛不同类型铜矿床（点）的平均品位变化不大，一般在0.22%~2.07%之间。但沉积变质型（石碌钴铜矿）和陆相火山岩型（岭壳铜矿）铜矿对目前海南岛铜矿资源储量的贡献最大。

（5）海南岛铜矿床（点）成矿时代相对较集中，主要形成于中生代印支期和燕山期，其中印支期形成的矿床有3个，燕山期形成的矿床16个。另外，还有1个矿床成矿时代不明。

不同成因类型铜矿床（点）成矿时代不同，沉积变质型铜矿主要形成于晋宁期，但受后期多期次构造—岩浆和变质作用改造。如已获得的铁矿石Sm-Nd等时线年龄为841.6±20Ma，铁、钴铜矿主要近矿围岩——二透岩、二透岩化白云岩中透闪石Ar-Ar年龄为211.70±4.18Ma，与铜矿化蚀变作用有密切关系的花岗斑岩锆石U-Pb年龄为92.2±1.4Ma；岭壳式陆相火山岩型铜矿成矿时代为燕山晚期（白垩纪），根据铜矿石中辉钼矿的Re-Os同位素年龄99.8Ma，推测岭壳成矿时代为早白垩世晚期或白垩纪中期。

表3-3-1　海南省铜矿床（点）基本特征一览表

市/县	矿产地名称	矿种类型	铜矿规模	品位（金属）%	矿床成因（时代）	赋矿地层/岩体	工作程度
白沙	荣邦信宜	铜矿	矿点	平均1.18	热液脉型（时代不明）	充填于下志留统陀烈组含炭硅质灰岩破碎裂隙中	初查
保亭	南好五〇八	铜铁矿	矿点	0.74	接触交代型（白垩纪）	燕山晚期花岗斑岩与石炭系南好组接触带的矽卡岩	勘探
	南好振海山—摩天岭	铜硫矿	小型	2.07	接触交代型（白垩纪）	志留纪变质碎屑岩和碳酸盐岩与燕山晚期花岗斑岩、石英闪长岩接触带所的矽卡岩和角岩	勘探
昌江	明旺	铜矿	矿点	最高0.36	热液脉型（燕山期）	石炭系青天峡组钙质页岩中的层间裂隙，或钙质页岩和白云质灰岩的断裂破碎带	矿点检查
	南雅水库	铅铜矿	矿点		热液脉型（燕山期）	印支期二长花岗岩	踏勘
	石碌	钴铜矿	中型	平均1.096	沉积变质型（青白口纪）	石碌群第六层下段，即介于铁矿体（层）与石碌群第五层片岩之间的含钴铜层位中。围岩为钾长透闪透辉岩，或透辉透闪白云岩、微粒石英岩与白云岩等	勘探
	乌烈	铜矿	矿点	一般在0.1~0.4，个别达到2.44	接触交代型（三叠纪）	斑状黑云母花岗岩接触带附近，即赋存于石碌群第二层白云质灰岩中，铜矿体呈囊状或脉状产出，并受断裂及侵入岩破坏，有时为煌斑岩所切割	普查检查

续表

市/县	矿产地名称	矿种类型	铜矿规模	品位（金属）%	矿床成因（时代）	赋矿地层/岩体	工作程度
定安	森山坡	硫黄铜矿	矿点	0.01~1.28	热液脉型（燕山期）	三叠系与寒武系角度不整合接触带附近	普查
琼中	松涛	铜矿	矿点	最高2.74，其余均小于0.1	热液脉型（白垩纪）	白垩纪闪长玢岩岩脉内或岩脉上盘之围岩中，岩脉围岩为下白垩统鹿湾群紫红色砂砾岩、粗砂岩、细砂岩	普查
琼海	文斗坡及水库	铜铅锌矿	矿点	0.93	热液脉型（燕山期）	中生代第二期黑云母花岗岩中	普查
	烟塘梅岭	铜钼矿	小型	0.41~0.55	斑岩型（白垩纪）	中生代第三期岩体中心部位的含铜爆发角砾岩筒的边部接触带。岩筒角砾成分较复杂，有花岗闪长岩、黑云母花岗岩、花岗闪长斑岩及少量变质岩角砾，胶结物主要由细小的岩浆质结晶物组成	普查
东方	所岭	铜多金属矿	矿化点		热液脉型（三叠纪）	斑状黑云母正长（二长）花岗岩	区测
	亚要志院水利多金属矿	铜多金属矿	矿点		热液脉型（三叠纪）	斑状黑云母正长（二长）花岗岩	区测检查
乐东	盗公村	铅锌铜铀矿	矿点		热液脉型（燕山期）	中生代第三期、第四期花岗岩岩脉的两侧	普查
	千家汉济	铜矿	矿点		接触交代型（白垩纪）	中生代第三期中粒花岗岩	区测踏勘
三亚	高峰岭壳	铜矿	小型	0.22~0.95	陆相火山岩型（燕山期）	白垩系岭壳村组二段、三段及早白垩世花岗闪长岩中的蚀变破碎带	勘查
	抱龙	铜矿	小型	V_1 矿体 2.85	热液脉型（燕山期）	早白垩世中细粒黑云（角闪）二长花岗岩	重点检查
陵水	白茅岭多金属矿	铜铅锌金银	矿点		热液脉型（燕山期）	晚二叠世（角闪石）黑云母二长花岗岩	踏勘
	狗尾吊	铅铜矿	矿点	0.4	热液脉型（燕山期）	中生代第五期花岗岩	踏勘
	狗子岭水库多金属矿	铅铜多金属矿	矿点		热液脉型（燕山期）	晚二叠世（角闪石）黑云母二长花岗岩	预查-普查
	老龙村	铜铅矿	矿点		热液脉型（燕山期）	中生代第四期中粒花岗岩与第三期中粒斑状花岗岩接触带	踏勘

（6）不同成因类型的铜矿床（点）特征差异大。

沉积变质型矿床：只有石碌铁钴铜矿床1处，该矿床为铁、钴、铜的综合矿床，目前为海南省第一大铜矿床。主要与海相沉积及其后的区域变质作用有关，后期的区域变质作用可使原先沉积的铜发生改造和富集。铜（钴）矿体的赋矿层位主要为石碌群第六层下部的硅化透辉石、透闪石灰岩及透闪石结晶灰岩，大体沿层产出，呈似层状或透镜状，与铁矿体间有不等宽度的硅化透辉石、透闪石灰岩间隔，宽度一般从2~30m，最厚达60m。主要围岩蚀变为透辉石化、透闪石化、黄铁矿化，多见于矿体附近。

接触交代型铜矿床（点）：除昌江乌烈铜矿是由于印支期花岗岩侵入到石碌群第二层白云质灰岩中从而在接触带附近成矿外，其他此类的铜矿主要是燕山期的花岗岩类岩石与志留纪或石炭纪碳酸盐岩发生接触交代作用，引致矽卡岩化而生成铜矿体，铜矿体主要赋存于矽卡岩中或相伴产出。该类型矿床（点）主要分布于保亭南好矿区（五〇八、振海山—摩天岭）和乐东千家汉济矿区。

斑岩型铜矿床：只有琼海烟塘梅岭钼铜矿床1处。中生代（燕山期?）烟塘岩体中部的膨大部位有多次的花岗斑岩侵入，在第二和第三期之间产生的梅岭爆破角砾岩筒是主要的含矿位置，矿石沉淀于爆破角砾岩筒形成之后。矿化系与第三期的侵入斑岩有关的中酸性钙碱质的中深—浅成相的岩浆热液所携带的Cu、Mo等成矿元素在岩筒接触带和东部的断裂破碎带中聚集成矿。岩筒南部的环状裂隙群和东部的断裂是成矿物质的主要运移通道和聚集场所。

陆相火山型铜矿床：只有三亚市高峰岭壳铜矿床1处，位于琼东弧盆系南部，近东西向九所—陵水深大断裂中段北侧，同安岭陆相火山岩盆地西北部边缘的抱差岭破火山喷溢相中。赋矿主岩主要为下白垩统岭壳村组（K_1lk）中部火山岩（斑状流纹岩、英安（斑）岩、流纹质角砾凝灰熔岩）及其同源岩浆分异演化的产物（花岗闪长岩）。成矿时代为早白垩世晚期或白垩纪中期。矿化的形成与花岗闪长岩岩体侵位有关，矿体定位受北西向张扭性断裂构造（F_1）破碎蚀变带控制。矿石矿物较简单，主要金属矿物为黄铁矿、黄铜矿、辉铋矿、铜蓝和自然银，脉石矿物主要为斜长石、钾长石和石英。铜矿体平均品位0.22%～0.82%。

热液脉型铜矿床（点）：相对于其他类型矿床而言，热液脉型矿床（点）在数量上占绝对优势（14个），但在全岛尺度上分布相对较分散，并且均为矿点规模，各矿点已知铜储量总和不到500t。

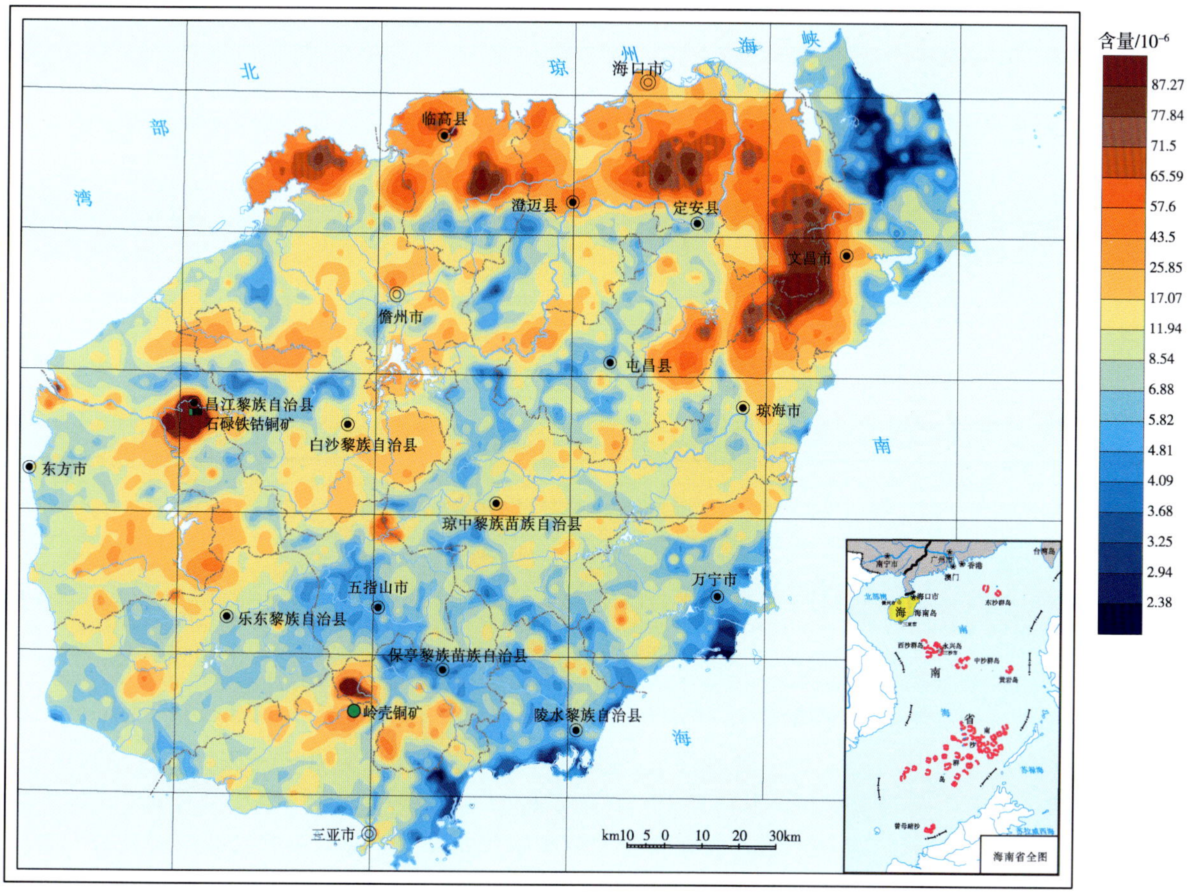

图3-3-1 海南岛水系沉积物Cu地球化学图

赋矿主岩虽然可以是古生代变质沉积岩和白垩系鹿母湾组火山沉积岩，但其中的绝大多数脉型矿床却产于海西期—印支期和燕山期的花岗岩类岩石中，它们的形成与构造及（岩浆期后）热液活动有关。

（7）地球化学特征。海南岛 Cu 的地球化学含量分布存在显著性的差异（图 3-3-1）。昌江石碌、三亚岭曲和琼北玄武岩覆盖的部分地区 Cu 含量为全岛最高，含量大于 71.5×10^{-6}。已发现的矿床 Cu 含量大部分具有中偏高特征。

二、矿产预测类型及其分布范围

按照全国矿产预测类型划分标准，海南省共划分了石碌式沉积变质型和岭壳式陆相火山岩型铜矿两种矿产预测类型，见表 3-3-2。

表 3-3-2　海南省铜矿种预测类型一览表

矿产预测类型	基底建造	成矿时代	矿种	典型矿床	构造分区名称	成矿构造时段	研究区范围	预测方法类型
岭壳式陆相火山岩型铜矿	海西期—印支期花岗岩	早白垩世晚期或白垩纪中期	铜矿	岭壳铜矿	琼东弧盆系	燕山期	东经 108°56′25″~109°40′00″，北纬 18°20′00″~18°36′40″，白垩纪岩浆岩分布区。构造控制：矿体定位于切割岭壳村组的北西向构造破碎蚀变带中	火山岩型
石碌式沉积变质型铜矿	中元古界抱板群	青白口纪—震旦纪	铁、铜、钴、镍、硫铁、银、铅锌矿	石碌钴铜矿	琼西结合带	晋宁期	东经 108°50′0″~109°14′13″，北纬 19°09′40″~19°30′55″，昌江石碌地区青白口系石碌群。隐伏于矿区东部震旦系、石炭系、二叠系盖层之下，可在这些地区找寻隐伏的石碌群。构造控制：矿体多位于向斜的谷（槽）部或向斜轴部附近的层间剥离带或褶曲发育、形变强烈地段	变质型

第四节　铅锌矿资源概况

海南岛迄今已发现的铅锌矿床（点）共有 54 个，其中中型矿床 1 个，小型矿床 6 个，矿（化）点 47 个，各矿床（点）的主要特征见表 3-4-1。铅锌矿种以方铅矿和闪锌矿占绝对优势，个别地区有白铅矿、硫锑铅矿和含铅锌褐土，其余矿种少见。含矿地层主要为下志留统（陀烈组和空列村组）、石炭系和二叠系，含矿岩浆岩主要为中生代花岗岩、花岗斑岩、花岗闪长岩、闪长玢岩（斑状）、石英斑岩等花岗岩类岩石。

一、海南省铅锌矿成矿特征

（1）铅锌矿资源在各构造单元中的分布并不均衡，已知的铅锌矿床（点）主要集中分布于琼西结合带和琼东弧盆系，其中三亚被动陆缘中迄今只发现2处矿点，即三亚荔枝沟锌矿点和陵水白茅岭铅矿点，而雷琼裂谷中则无铅锌矿化点分布。即便在五指山褶冲带内，铅锌矿的分布也不均一，其东段文昌、琼海、万宁、陵水迄今很少或并未发现铅锌矿床（点）。

（2）海南岛铅锌矿化规模不大。省内已发现的矿床中，仅后万岭热液脉型铅锌矿床储量规模达中型，其余均为小型矿床或矿点。

表3-4-1　海南省铅锌矿床（点）基本特征一览表

市/县	矿产地名称	矿种类型	规模	品位（金属）/%	矿床成因	赋矿地层/岩体	工作程度
白沙	香明村	铅矿	矿化点		热液脉型	下志留统陀烈组	群众报矿
	可任老村	铅锌矿	矿点	铅2.46，锌1.03	热液脉型	侏罗纪—白垩纪中粒黑云母花岗岩	普查
	金波	硫锑铅矿	矿点	拣块铅8	热液脉型	二叠纪变质石英砂岩	踏勘
保亭	毛庆	铅锌矿	矿点	化学分析：铅68.53，锌13.94，铜0.34	热液脉型	白垩纪煌斑岩岩脉裂隙控矿，岩脉切穿中生代斑状花岗岩	普查
	南好矿区锌山—南后山	铅锌矿	小型	铅1.25~0.23，锌9.41~1.32	接触交代型	晚志留世大理岩、绢云母粉砂岩、板岩与燕山晚期花岗斑岩、石英斑岩接触部位	勘探
昌江	昌化大岭	铅锌矿	小型	铅1.27，锌1.75	热液脉型	白垩纪似斑状花岗岩	普查
	尼下	铅锌矿	矿点		热液充填	细村向斜东翼石炭系灰岩，向斜翼部有燕山期花岗岩侵入	检查区测
	保由	铅锌矿	小型	铅1.05~10.10，锌1.09~3.53	热液脉型	细村向斜东翼石炭系灰岩，向斜翼部有燕山期花岗岩侵入	踏勘
	金炳	铅锌矿	矿点		热液脉型	中生代中粒斑状（角闪石）黑云母花岗岩	区测
	大章村	铅锌矿	矿点	铅0.02~0.60，锌>3	热液脉型	中生代燕山期中粒（斑状）黑云母花岗岩	踏勘区测
	古榕峰	铅锌矿	矿化点		热液脉型	下志留统空列村组泥质板岩	区测
	五勒	铅矿	矿点		热液脉型	下志留统陀烈组变质砂页岩	区测
	牙老	铅锌矿	矿点		热液脉型	下二叠统峨查组	预查
	洪水	铅锌矿	矿化点	铅2	热液脉型	燕山期花岗岩与上石炭统青天峡组泥页岩及砂砾岩的外带	踏勘
	孔荣猿沟	铅锌矿	矿化点		热液脉型	燕山期花岗岩与晚古生代变质沉积岩系的外带	踏勘
	东四	铅锌矿	矿化点	铅1.10，锌0.087	热液脉型	印支期东四单元花岗岩内，围岩岩性为粗粒黑云二长花岗岩	区测
	大炎	铅锌铜矿	矿化点		热液脉型	石炭纪地层中部变质砂页岩断裂带中	踏勘区测

续表

市/县	矿产地名称	矿种类型	规模	品位（金属）/%	矿床成因	赋矿地层/岩体	工作程度
琼中（包括五指山）	合赖	铅锌矿	矿点	铅 3.75～<0.30，锌 0.54～<0.20	热液脉型	花岗岩及花岗片麻岩	初查
	中平乡深水村	铅矿	矿点		热液脉型	印支期斑状花岗岩	踏勘
	弄羽	铅矿	矿点		热液脉型	印支期中粒黑云母花岗岩	群众报矿
	黎母岭	铅锌矿	矿点	铅 3.38～1.84，锌 6.57	热液脉型	印支期中粗粒似斑状黑云母二长花岗岩	普查
	乘坡农场二十队	铅锌矿	小型	铅 1.3～1.43，锌 0.94～0.83	热液脉型	二叠纪花岗岩	普查
	白石岭	铅矿	矿点	铅 4.326～2.26；锌 0.34～0.81	热液脉型	印支期花岗岩	普查
	南流	铅矿	矿点		热液脉型	白垩纪中粒斑状黑云母花岗岩	踏勘
	乘坡桥	铅锌矿	矿化点	铅 1.63、锌 1.48	热液脉型	三叠纪中粒花岗岩	踏勘
	乘坡岭山坡	铅锌矿	矿点	铅 1.85、锌 1.81	热液脉型	三叠纪中粒花岗岩	踏勘
儋州	塘源	铅矿	矿点		热液脉型	矿脉形成于陀烈组与三叠纪中粒黑云母花岗岩之内接触带中	踏勘
	南江	铅锌矿	矿点	铅<3.65，锌 0.50～41.29	接触交代型	陀烈组变质沉积岩与印支期中粒黑云母花岗岩接触外带的结晶灰岩中	普查检查
东方	广坝	铅矿	矿点		热液脉型	印支期中粒黑云母花岗岩	区测预查
	亚要	铅矿	矿点		热液脉型	矿脉形成于二叠纪灰岩与印支期花岗闪长岩之外接触带中	区测
	田头	铅矿	矿点	0.80～16	热液脉型	印支期花岗岩（尖峰岩体）	普查
	毛阿沟	铅锌矿	矿点		热液脉型	印支期中粗粒黑云母花岗岩	区测
	红泉一队	铅锌矿	矿化点		热液脉型	印支期粗粒黑云母花岗岩	区测
	243 高地	铅锌矿	矿点	铅>10，锌 1～10	热液脉型	印支期中粗粒黑云母花岗岩	区测
	老毛村	铅锌矿	矿点		热液脉型	印支期中粗粒黑云母花岗岩	区测
乐东	后万岭	铅锌矿	中型	铅 0.95，锌 2.23	热液脉型	白垩纪千家岩体中晚期侵位（斑状）黑云母二长（正长）花岗岩	普查详查中
	司马田	铅矿	矿点	铅 0.01～0.10，锌 1～10		燕山晚期细粒斑状花岗岩	区测
	小潘头	铅锌矿	矿化点	光谱分析：铅 0.10～1，锌 0.1	热液脉型	燕山晚期石英脉斑岩小侵入体附近之花岗岩	区测
	抱由镇	铅矿	矿点	铅 55	热液脉型	印支期（三叠纪）中粒斑状黑云母花岗岩	踏勘区测
	抱由镇永明村	铅矿	矿点	铅 40	热液脉型	印支期（三叠纪）花岗岩	踏勘

续表

市/县	矿产地名称	矿种类型	规模	品位（金属）/%	矿床成因	赋矿地层/岩体	工作程度
乐东	九所	铅矿	矿点	富矿部位：铅 56.19，锌 4.90	热液脉型	燕山期花岗闪长岩	踏勘
	南寨	铅矿	矿点	目测：铅 5	热液脉型	燕山期中粒斑状黑云母花岗岩	区测
	胜洪（正洪）	铅矿	矿化点		热液脉型	白垩纪中粒黑云母花岗岩	区测
	只文	铅矿	矿点	铅 3	热液脉型	三叠纪中粒花岗岩	区测
	石牛岭	铅锌矿	矿点	铅 1~10，锌 0.01~1	热液脉型	与侵位于白垩纪黑云母花岗岩中的闪长玢岩岩墙有关	区测
澄迈	包米山	铅矿	矿点	铅 3，锌<0.10	热液脉型	含矿石英脉产于陀烈组黑云母片岩与三叠纪花岗岩的接触内带	初查
	加乐长岭	铅矿	矿点		热液脉型	三叠纪花岗岩	踏勘
	石浮银瓶岭	锌矿	小型	锌 5.42	热液脉型	石灰厂背斜轴部大理岩或大理岩与三叠纪似斑状花岗岩接触带	普查
三亚	红石	铅锌矿	小型	铅 0.83，锌 0.89	接触交代型	上志留统足赛岭组、燕山期闪长岩（主要产于外接触带的矽卡岩）	详查
	雅亮	铅矿	矿点	估算 5~10	热液脉型	白垩纪花岗岩	踏勘
	荔枝沟	锌矿	矿点		接触交代型	燕山期花岗斑岩与中寒武世碳酸盐岩之接触带的矽卡岩中	踏勘
屯昌	猪昂村	铅锌矿	矿点		热液脉型	白垩纪中粒花岗闪长岩与陀烈组岩层之内接触带	踏勘
	西昌银岭	铅锌	矿点		热液脉型	三叠纪中粗粒花岗岩	区测
陵水	白茅岭	铅矿	矿点	3.31	热液脉型	晚二叠世（角闪石）黑云母二长花岗岩	预查—普查

1）矿床类型简单。现有资料显示，海南岛铅锌矿床（点）可归纳为两种类型：热液脉型和接触交代型（矽卡岩型）。

2）空间分布上，接触交代型矿床（点）主要分布于海南岛南部，但在儋州地区也有一个同类型矿点（南江）被发现；热液脉型矿床（点）广泛分布于海南岛的中南部、中部和东部地区。

3）铅锌矿床（点）成矿时代相对较集中，其形成多与岩浆作用有关。除 3 个时代不明的矿点（琼中乘坡桥、乘坡岭山坡，白沙金波）和 3 个可能形成于晚古生代的矿点（琼中合赖、弄羽，东方亚要）外，海南省热液脉型和接触交代型铅锌矿床（点）成矿时代多为中生代印支期或燕山期，成因上与印支或燕山期的花岗质岩浆活动密切相关。在中生代形成的矿床（点）中，印支期形成的矿床 14 个，燕山期形成的矿床占大多数。

4）热液脉型和接触交代型铅锌矿床（点）特征差异较大。热液脉型矿床（点）无论在储量或数量上均占绝对优势，且品位、储量变化较大；赋矿主岩虽然可以是古生界的变质沉积岩，但包括后万岭中型矿床在内的绝大多数脉型矿床却产于中生代花岗岩类岩石中，它们的形成与岩浆期后热液活动有关。相对于热液脉型矿床（点），接触交代型矿床（点）数量要少得多，矿化目前仅在保亭南好矿区锌山—南后山、儋州南江、三亚红石和三亚荔枝沟4处地区得到确认，储量规模也小，各矿床的Pb+Zn资源量均小于5000t。矿石品位变化大，一般锌品位低于10%，最高可达41.3%；铅品位变化相对要小，一般铅品位低于4.5%，最高可达到或超过10%。接触交代型矿床（点）的形成与发生在花岗（斑）岩浆和古生代碳酸盐岩之间的矽卡岩化作用有关，生成的铅锌矿体主要赋存于接触带的矽卡岩中。

二、矿产预测类型及其分布范围

综合考虑全国矿产预测类型划分标准以及海南省铅锌矿资源分布、规模、矿床成因等因素，海南省划分了一个矿产预测类型，即后万岭式脉型铅锌矿，见表3-4-2。

表3-4-2　海南省铅锌矿种预测类型一览表

矿产预测类型	基底建造	成矿时代	矿种	典型矿床	构造分区名称	成矿构造时段	研究区范围	预测方法类型	对物化遥自然重砂信息的要求
后万岭式脉型铅锌矿	中元古界抱板群	白垩纪	铅锌、银矿	后万岭铅锌矿	琼东弧盆系	燕山期	东经108°37′13″~111°02′49″，北纬18°08′54″~20°10′05″，白垩纪岩浆岩分布区。构造控制：矿体多定位于北西向、北北西向、北南向、北北东向以及北东向的构造破碎带中	侵入岩体型	收集1：20万区重资料，研究其重力场特征与区域成矿背景的关系，对局部重力异常进行定性定量解释。提取成矿元素Pb、Zn、Cu、Ag、Mo，伴生元素As、Au、Ba、Cd、Hg、Sb、W，方铅矿、白铅矿以及伴生元素矿物等信息。羟基异常、铁染异常提取，环状构造解译

第五节　钼矿资源概况

海南岛迄今已发现的钼矿床（点）共有10个，其中：大型矿床1个、中型矿床2个、小型矿床5个，主要矿床（点）的主要特征见表3-5-1。钼矿种主要为辉钼矿，次为铜钼矿、钼钨矿。含矿地层/岩石主要为燕山晚期的花岗闪长岩、二长花岗岩、斜长花岗斑岩、花岗斑岩、正长花岗岩等花岗岩类岩石中，另外还包括三叠纪正长花岗岩、花岗斑岩（红门岭钼钨矿）以及燕山晚期白垩世火山岩系（罗葵洞钼矿）。

一、海南省钼矿成矿特征

（1）钼矿资源在各构造单元中的分布并不均衡，这表现为已知的钼矿床（点）主要集中分布于琼西结合带和三亚被动陆缘，其中以九所—陵水深大断裂南北两侧附近最为集中，全岛大中型规模以上钼矿绝大多数均分布在此区域，仅高通岭钼矿、梅岭铜钼矿分布在琼东弧盆系内。雷琼裂谷构造单元无钼矿化点分布。

表 3-5-1　海南省钼矿床（点）基本特征一览表

市/县	矿产地名称	矿种类型	矿床类型	主矿种规模	成矿时代	品位	赋矿地层/岩体	工作程度
屯昌	安敦	钼矿	热液脉型（狭义）	矿点	白垩纪	0.065%	晚白垩世花岗闪长岩	矿点检查
	高通岭	钼矿	热液脉型（狭义）	小型	晚白垩世	0.101%	晚白垩世正长花岗岩、花岗闪长岩	详查
保亭	新村	钼矿	陆相火山岩型	小型	白垩纪	0.0924%	早白垩世细粒斑状角闪黑云二长花岗岩、花岗斑岩和晚白垩世中细粒斑状黑云角闪二长花岗岩	普查
	罗葵洞	钼矿	陆相火山岩型	大型	白垩纪	0.047%	下白垩统六罗村组火山岩及晚白垩世斑状花岗岩	详查
陵水	龙门岭	钼矿	热液脉型（狭义）	中型	晚白垩世	0.1858%	早白垩世二长花岗岩、晚白垩世花岗闪长岩和绢英岩	详查
琼海	梅岭	铜钼矿	斑岩型	小型	晚白垩世	Cu：0.53%；Mo：0.10%	晚白垩世花岗闪长岩、花岗闪长斑岩及爆破角砾岩	勘查
乐东	红门岭	钼钨矿	斑岩型	小型	晚白垩世	Mo：0.2422%；WO_3：0.1713%	早三叠世正长花岗岩、印支期花岗斑岩	详查
	石门山	钼铅锌矿	斑岩型	中型	晚白垩世	Mo：0.165%；Pb：3.211%；Zn：1.511%	晚白垩世二长花岗岩、斜长花岗斑岩	详查
	报告村	钼矿	斑岩型	小型	晚白垩世	0.090%	晚白垩世斜长花岗斑岩	普查

（2）海南岛钼矿化规模不大。省内已发现的矿床中，仅罗葵洞钼矿床资源量达大型，其余均为中小型矿床或矿化点。

（3）现有资料显示，海南岛钼矿床（点）可归纳为 3 种类型：斑岩型、热液脉型（狭义）和陆相火山岩型。

（4）空间分布上，斑岩型矿床（点）主要分布于海南岛西南部千家复式岩体内及附近区域，仅梅岭铜钼矿分布于琼海烟塘花岗闪长岩岩体及梅岭爆破角砾岩筒内；热液脉型（狭义）矿床（点）分布于海南岛东南部陵水县及中部屯昌县白垩纪花岗岩内；陆相火山岩型矿床（点）分布在三亚被动陆缘北缘、九所—陵水深大断裂南侧同安岭陆相火山岩盆南部火山岩系中。总体上，海南岛钼矿分布相对集中，主要分布于海南岛尖峰—吊罗深大断裂南部，自西向东展布于九所—陵水深大断裂的两侧中酸性岩岩体中；海南岛中部和东部分别仅有一个小型矿床（中部为高通岭钼矿，东部为梅岭铜钼矿），分布于昌江—琼海深大断裂南北两侧，显示成因上与昌江—琼海深大断裂有密切的关联性。

（5）钼矿床（点）成矿时代相对较集中，其形成与岩浆作用、构造作用有关。海南省斑岩型、热液脉型（狭义）、陆相火山岩型钼矿床（点）成矿时代均为燕山晚期，成因上与燕山晚期的花岗质岩浆活动密切相关，仅红门岭钼钨矿可能与印支期正长花岗岩、花岗斑岩存在一定的成因联系。

（6）斑岩型、热液脉型和陆相火山岩型钼矿床（点）三者之间成矿特征差异较大。已知斑岩型钼矿在数量上占据优势，成因上与花岗斑岩、斜长花岗斑岩、花岗闪长斑岩密切相关，成矿时代均为燕山晚期，成矿流体均与花岗斑岩岩浆演化的高温、中低温热液相关。其中报告村钼矿产于斜长花岗斑岩岩体中，该斑岩岩体基本达到全岩矿化；梅岭铜钼矿矿体位于爆破角砾岩筒内及与围岩的接触带处，隐伏的第三次侵入的花岗闪长斑岩岩体对铜、钼等金属元素的富集成矿贡献较大；石门山钼铅锌多金属矿从矿体产状和赋矿岩体严格受到隐伏斜长花岗斑岩岩体约束。斑岩型钼矿矿体多呈脉状或透镜状，细脉浸染状、细脉状矿化，矿化均一程度不高，平均品位较低，往往细脉网脉密集处容易形成富矿。陆相火山岩型钼矿在储量上占优势，其中罗葵洞钼矿为大型，预测资源量已达254346t；新村钼矿为小型，储量为4037.91t。其成矿时代均为白垩纪，两个矿床均产于中酸性火山岩与浅—中深成侵入岩的接触带部位，或产于次一级的断裂带内（新村钼矿），或产于破火山口构造（罗葵洞钼矿）内，矿化体倾角较小，形态上以似层状、大扁豆状、脉状为主。热液脉型钼矿成矿时代均为晚白垩世，严格受到次一级断裂的控制，其成矿热液的迁移、成矿物质的富集以及金属硫化物的沉淀均发生在断裂带内。矿体产状、形态受到断裂带的制约，矿石类型以热液充填型的石英脉为主，品位较高。其中，龙门岭钼矿受北东向断裂带控制，高通岭钼矿受北西向断裂带控制。

（7）地球化学背景显示已知矿床点 Mo 含量都具有高、中背景，见图 3-5-1。

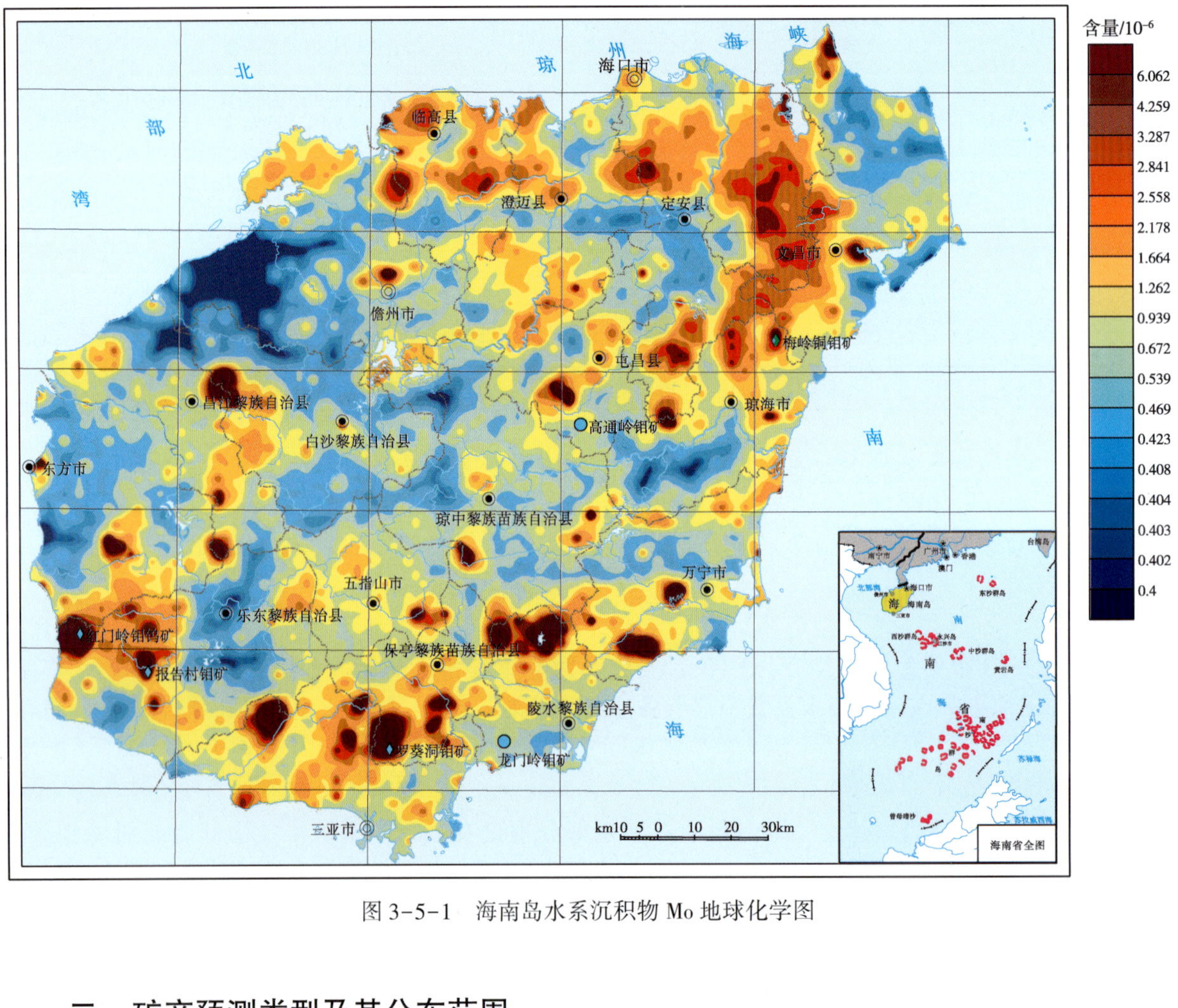

图 3-5-1　海南岛水系沉积物 Mo 地球化学图

二、矿产预测类型及其分布范围

按照全国矿产预测类型划分标准，海南省划分了 3 个矿产预测类型，即园珠顶式斑岩型钼矿、白石嶂式热液脉型钼矿和罗葵洞式陆相火山岩型钼矿，见表 3-5-2。

表 3-5-2　海南省钼矿种预测类型一览表

矿产预测类型	基底建造	成矿时代	矿种	典型矿床	构造分区名称	成矿构造时段	研究区范围	预测方法类型
白石嶂式热液脉型钼矿	白垩纪侵入岩	晚白垩世	钼矿	屯昌高通岭钼矿	琼东弧盆系	燕山期	海南岛预测工作区：东经 108° 37′ 14″ ~ 111° 02′ 40″；北纬 8°08′58″~20°10′26″	侵入岩体型
	白垩纪侵入岩	白垩纪		陵水龙门岭钼矿	琼东弧盆系			
园珠顶式斑岩型钼矿	二叠—白垩纪侵入岩	晚白垩世	钼矿	乐东石门山钼铅锌矿	琼西结合带	燕山期	乐东县尖峰—千家预测工作区：东经 108° 42′ 46″ ~ 109° 21′ 40″；北纬 18° 22′ 45″~18°55′35″	侵入岩体型
	二叠—白垩纪侵入岩			乐东报告村钼矿				
	三叠纪侵入岩	晚白垩世		乐东红门岭钼钨矿				
	中元古界抱板群	晚白垩世		琼海梅岭铜钼矿	琼东弧盆系		琼海市烟塘—塔洋预测工作区：东经 110° 29′ 00″ ~ 110° 40′ 46″；北纬 19° 06′ 32″~19°28′20″	侵入岩体型
罗葵洞式陆相火山岩型钼矿	白垩纪火山岩	白垩纪		保亭罗葵洞钼矿	琼东弧盆系		同安岭—牛腊岭预测工作区：东经 108° 56′ 30″ ~ 109° 40′ 30″；北纬 18° 19′ 20″~18°36′40″	火山岩型

第六节　钨矿资源概况

海南岛已发现的钨矿床（点）共有 7 个，其中小型矿床 2 个，矿点 4 个，矿化点 1 个，矿产地的主要特征见表 3-6-1。钨矿种主要有黑钨矿、白钨矿、钨钼矿和钨锡矿。成因类型有热液型（狭义）、接触交代型、斑岩型和砂矿型。赋矿地层/岩石主要为下志留统陀烈组泥质片岩、上石炭统青天峡组钙质、硅泥质和粉砂质浅变质沉积岩、海西期—印支期花岗岩或斑岩、中生代第二期花岗岩及第四纪沉积地层。与成矿作用密切相关的岩浆岩主要有海西期—印支期花岗岩或花岗斑岩，以及中生代第二期花岗岩。据海南省国土环境资源厅统计，截至 2008 年底，海南省累计查明钨矿资源量（WO_3）1530t，其中保有资源储量（WO_3）1530t（注：只统计了尖峰红门岭钨钼矿的 V_1 矿带）。

一、海南省钨矿成矿特征

（1）海南岛钨矿资源较稀少，且分布不均匀。海南岛已发现钨矿资源全部位于琼西结合带，而在王五—文教构造带以北的雷琼裂谷和九所—陵水构造带以南的三亚被动陆缘尚没有发现钨矿床（点），且主要分布在琼西结合带的临高—儋州—琼中黎母岭一带及乐东县尖峰地区，而在琼东弧盆系只在东部文昌市白延村发现一个黑钨矿点。

表 3-6-1 海南省钨矿床（点）基本特征一览表

市/县	矿产地名称	矿种类型	规模	品位（WO_3）/%	矿床成因	赋矿地层/岩体	工作程度
琼中	黎母岭仁龙山	钨锡矿	小型	0.17~0.22	砂矿型	印支期黑云母二长花岗岩	普查检查
儋州	番那村	黑钨矿	矿化点	未列出	热液型（狭义）	未列出	矿点检查
	兰洋镇	钨锡矿	矿点	0.085~0.992	接触交代型	印支期黑云母二长花岗岩与上石炭统青天峡组	普查
乐东	尖峰镇红门岭	钼钨矿	小型	0.1713（V_1 矿带）	斑岩型	海西期二长花岗岩、印支期正长花岗岩和印支期花岗斑岩	详查
临高	和舍镇	黑钨矿	矿点	未列出	热液型（狭义）	下志留统陀烈组泥质片岩	矿点检查
	和舍镇白虎岭	黑钨矿	矿点	0.107~0.87	热液型（狭义）	下志留统陀烈组泥质片岩	普查
文昌	白延村	黑钨矿	矿点	0.71~1.51	热液型（狭义）	中生代第二期花岗岩与下志留统陀烈组变质岩	普查检查

（2）矿床类型多样。全岛钨矿床（点）按成因可分为斑岩型、接触交代型（即矽卡岩-云英岩型）、热液型（狭义）与砂矿型矿床。

（3）矿床规模小。省内仅发现两个小型矿床，且小型砂矿黎母岭仁龙山钨锡矿的储量只有2.26t（表外），其余均为矿点或矿化点。

（4）不同成因类型钨矿床（点）成矿时代有所不同。斑岩型矿床形成于燕山晚期；热液型（狭义）矿点的成矿时代为印支期；接触交代型矿点形成于印支期；砂矿型钨矿床形成于第四纪。

（5）不同成因类型的钨矿床（点）特征差异大。斑岩型钨矿只发现一个小型矿床，即尖峰红门岭钼钨矿。是在燕山晚期构造岩浆阶段，早期形成的海西期二长花岗岩以及印支期正长花岗岩与花岗斑岩岩体由于受到新华夏构造体系的区域性北北东扭张性断裂活动的影响，派生出低序次、低级别的近北南向、北东向、北北西向压扭性断裂。伴随晚白垩世花岗斑岩岩浆的上升定位，富含挥发分和成矿物质的热水溶液沿这些次级断裂上升并通过充填交代作用形成石英脉、硅化破碎带、蚀变岩石等一系列含矿建造，成矿物质可能主要源于印支期花岗斑岩岩体。

接触交代型和砂矿型钨锡矿均只发现一个矿点或小型矿床，且矿种类型同为钨锡矿，但接触交代型的平均品位要高于砂矿型。黎母岭仁龙山钨锡砂矿床可能是赋存在印支期黑云母二长花岗岩的断裂构造中的矿体因第四纪风化后冲积形成的。接触交代型兰洋钨锡矿点是海西-印支期儋县岩体侵入，与围岩（石炭系青天峡组含钙、硅泥质细碎屑岩）广泛接触，产生热接触变质作用，形成了大面积的钙硅角岩，局部出现大理岩透镜体。由于热力作用，致使原岩中的 WO_3 产生活化和聚集，在角岩化晚期结晶出白钨矿。其后，气化热水含矿溶液沿接触带构造有利部位运移集中，在外侧钙硅角岩中进行选择性顺层交代形成小矽卡岩岩体，接着矿化进入矽卡岩晚期氧化物阶段，先生成阳起石、绿帘石、金云母等含水硅酸盐矿物，尔后析出白钨矿。最后，残余高温含矿热液沿黑云母二长花岗岩裂隙进行充填交代，形成云英岩岩脉型白钨矿。

其余均为热液型（狭义）钨矿点，矿种类型都是黑钨矿。其成因是花岗质岩浆上升定位，富含挥发分和成矿金属的热水溶液沿次级断裂上升并通过与赋矿地层/岩石充填交代作用形成石英脉、硅化破碎带、蚀变岩石等一系列含矿岩石，矿化可能有一定量的大气降水的参与，成矿金属主要源于已固结或/和未固结的花岗质岩浆（岩）。

（6）4个热液型（狭义）矿点在不同地区的赋矿地层/岩石存在差异，在临高和文昌地区的赋矿地层/岩石分别是下志留统陀烈组泥质片岩和中生代第二期花岗岩。

（7）地球化学背景显示已知矿（床）点均W含量均有较高、高值，见图3-6-1。

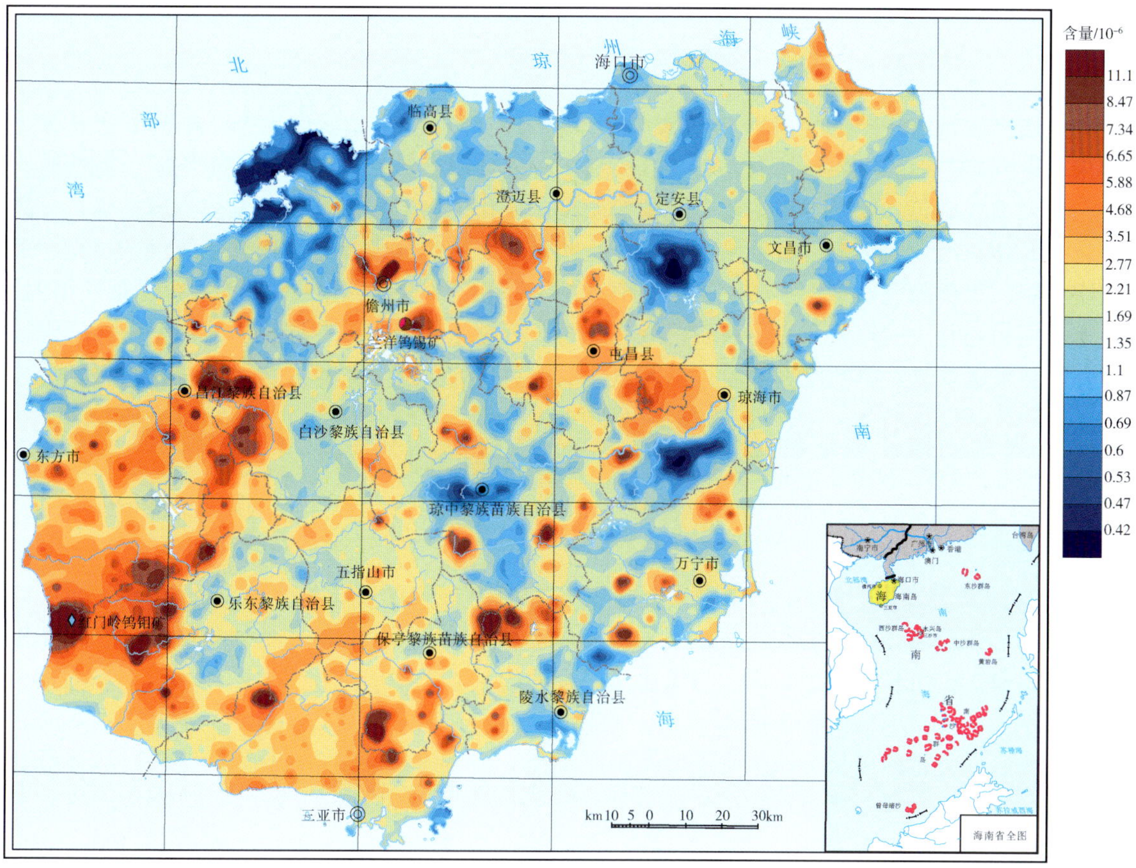

图3-6-1　海南岛W元素地球化学图

二、矿产预测类型及其分布范围

按照全国矿产预测类型划分标准，本次共划分了莲花山式斑岩型和新田岭式矽卡岩-云英岩型两个矿产预测类型，见表3-6-2。

表3-6-2　海南省钨矿矿种预测类型一览表

矿产预测类型	基底建造	成矿时代	矿种	典型矿床	构造分区名称	成矿构造时段	研究区范围	预测方法类型
莲花山式斑岩型钨矿	中元古界抱板群	白垩纪	钨、钼矿	尖峰红门岭钼钨矿	琼西结合带	燕山期	矿体产于与印支期花岗斑岩岩体有关的内、外接触带内，受低序次断裂构造带控制，附近有燕山期花岗斑岩岩体存在	侵入岩体型
新田岭式矽卡岩-云英岩型钨矿	中元古界抱板群	三叠纪	钨、锡矿	兰洋钨锡矿	琼西结合带	印支期	矿体产于海西期—印支期侵入的儋县岩体与石炭系青天峡组（矽卡岩化）角岩的内、外接触带中及其附近	侵入岩体型

第七节　铁矿资源概况

海南岛已发现的铁矿床（点）共有47个，大型矿床1个，中型矿床1个，小型矿床5个，其余均为矿点，矿产地的主要特征见表3-7-1。铁矿种主要有赤铁矿、磁铁矿、褐铁矿、镜铁矿、黄铁矿和混合型铁矿等。成因类型主要有沉积变质型、风化壳型、接触交代型及热液脉型等。含矿地层主要为戈枕村组、石碌群、震旦系石灰顶组、寒武系大茅组和孟月组、中志留统大干村组、下志留统陀烈组、上奥陶统南壁沟组、下石炭统南好组、下白垩统岭壳组、古近系、新近系及第四系。与成矿作用密切相关的岩浆岩主要有二叠纪花岗岩、三叠纪花岗岩或花岗斑岩、白垩纪花岗岩、古近纪—新近系玄武岩、第四纪玄武岩，以及贯入的石英斑岩岩脉、辉长岩岩脉、基性岩岩脉等。

一、海南省铁矿成矿特征

（1）海南岛铁矿资源分布不均匀，海南岛铁矿资源主要集中分布于石碌地区、保亭南好地区、三亚田独地区。

（2）矿床类型多样，但不同成因类型的矿床分布具有一定的分带性。全岛铁矿床（点）按成因可分为与岩浆热液作用有关的热液脉型矿床、与接触交代作用有关的矽卡岩型矿床、与沉积作用加后期改造有关的沉积变质型矿床、与风化作用有关的风化壳型矿床和与火山作用有关的陆相火山岩型矿床。风化壳成因的褐铁矿矿床（点）主要沿东西向王五—文教深大断裂分布于海南岛北部的火山岩内，其他地区零星分布；变质型铁矿床（点）主要分布在西部的军营—红岭至石碌地区；矽卡岩型、火山岩型及热液脉型铁矿矿床（点）主要分布在南部的同安岭—牛腊岭盆地内和岛东部的阳江盆地周边等。

（3）矿床规模小。海南省内仅发现1个大型矿床，1个中型矿床、5个小型矿床，其余均为矿点。

（4）风化壳型矿床（点）品位相对低，TFe：30%～35%，热液型矿床（点）品位一般相对较高，全铁最高达65.7%；接触交代型矿床（点）品位全铁一般均在40%以上；石碌沉积变质型铁矿为亚洲最大富铁矿床。

（5）同成因类型铁矿床（点）成矿时代相对较集中。海南省沉积变质型铁矿床（点）成矿时代主要为晋宁期、印支期、燕山期和喜马拉雅期；热液型矿床成矿时代主要为印支期—燕山期；接触交代作用形成的矽卡岩型矿床（点）主要形成于燕山期；风化壳型铁矿床（点）主要形成于第四纪。

（6）不同成因类型的铁矿床（点）特征差异大。

沉积变质型矿床：只有石碌铁矿床1处，该矿床为目前海南省最大的铁矿床，具有规模大、品位高、质地好之特点。赋矿层位主要为石碌群第六层，该层上部主要为铁矿层，下部为钴铜矿层，其次为震旦系石灰顶组。

接触交代型矿床（点）：主要是燕山期的岩浆岩与碳酸盐岩发生接触交代作用，发生矽卡岩（化），生成铁矿体。铁矿体主要赋存于矽卡岩中或相伴产出，矿石矿物以赤铁矿为主，品位一般在40%以上。该类型矿床（点）主要分布于南好铁、铜、铅、锌成矿区带（Ⅴ-13）和大茅铁、磷、锰成矿亚带（Ⅴ-17）。

风化壳型矿床（点）：主要与古近系—新近系、第四纪玄武岩风化土有关，部分与下志留统陀烈组、上奥陶统南壁沟—青天峡组和中生代基性岩的风化土有关。该类型矿床（点）主要分布于王五—文教断裂两侧的较新地层中，品位相对较低，一般为30%～40%。

热液型铁矿床（点）：该类型矿床（点）分布相对较分散，且品位变化较大，矿床成因主要与构造及热液有关。

表 3-7-1　海南省铁矿床（点）基本特征一览表

市/县	矿产地名称	矿种类型	规模	品位（全铁）/%	矿床成因	赋矿地层/岩体	工作程度
白沙	黑岭	褐铁矿	矿点	53.44	风化壳型	中志留统大干村组	普查
	金波牙老	磁铁矿	小型		热液型		
保亭	磁铁山	磁铁矿	矿点	65.70	热液型	中生代斑岩与花岗岩接触部位	普查
	南好矿区 508 地	磁铁矿、赤铁矿	矿点	45	接触交代型	下石炭统南好组—青天峡组、燕山期花岗斑岩	普查
	南好情安岭	褐铁矿、磁铁矿	小型	35.82～56.31	接触交代型	下石炭统南好组—青天峡组、燕山期石英闪长岩和花岗斑岩	普查
	南好猿木猴	褐铁矿	矿点	36.80	风化壳型	南好组—青天峡组与花岗岩接触部位	普查
昌江	军营铁钴	磁铁矿、赤铁矿	矿点	46.62	热液型	下志留统陀烈组、中生代闪长岩	普查
	朝阳		小型		热液型		
	石碌	赤铁矿	大型	51.15	沉积变质	石碌群	勘探
儋州	红岭	赤铁矿、褐铁矿	矿点	57.04	热液型	下志留统陀烈组、中生代花岗岩	普查
	洛基	褐铁矿	矿点	37～46	风化壳型	上奥陶统南壁沟组—青天峡组	普查
	洛南	褐铁矿	矿点		风化壳型	下志留统陀烈组	普查
	洛南中间村	褐铁矿	矿点		风化壳型	下志留统陀烈组	预查
	英茶山—南江	褐铁矿	矿点	42.40	风化壳型	下石炭统南好—青天峡组	检查
乐东	千家福报	磁铁矿	矿点	67.95	热液型	白垩纪花岗岩	预查
	千家温仁村	镜铁矿	矿点	47.40	热液型	白垩纪花岗岩	预查
	元方村	磁铁矿	矿点		热液型	戈枕村组中的基性岩岩脉	预查
临高	澄迈	褐铁矿	矿点	34	风化壳型	第四纪玄武岩风化土	普查
	博厚	褐铁矿	矿点		风化壳型		
	武郎	褐铁矿	矿点	30	风化壳型	第四纪玄武岩风化土	普查
琼海	大路岭脚岭	褐铁矿	矿点	40	风化壳型	第四纪玄武岩风化土	普查
	会山狗灶	褐铁矿	矿点	45	风化壳型	下志留统陀烈组	预查
	七客岭	磁铁矿	矿点	53.15	热液型	中生代石英斑岩	预查
	万泉加城	磁铁矿	矿点		热液型	二叠纪花岗岩	预查
	烟塘西岸	褐铁矿	矿点	35	风化壳型	第四纪玄武岩风化土	普查
海口	大坡白石溪	褐铁矿	中型	35.97	风化壳型	第四纪玄武岩风化土	普查
	三江市龙球	褐铁矿	矿点	52	风化壳型	第四纪玄武岩风化土	普查
	土桥	褐铁矿	矿点	34.45	风化壳型	第四纪玄武岩风化土	普查
	遵谭	褐铁矿	矿点	25	风化壳型	第四纪玄武岩风化土	普查
三亚	抱浩村	磁铁矿	矿点	贫	热液型	三叠纪细中粒花岗岩	预查
	大会岭	磁铁矿	矿点	60	热液型	白垩纪花岗斑岩、花岗岩	

续表

市/县	矿产地名称	矿种类型	规模	品位（全铁）/%	矿床成因	赋矿地层/岩体	工作程度
三亚	高峰六罗	黄铁矿	矿点		热液型	下白垩统六罗村组与三叠纪花岗岩接触带	
	红石	磁铁矿	小型	45.59	接触交代型	上志留统足赛岭组、燕山期闪长岩	详查
	吉利水库	磁铁矿	矿点	贫	热液型	白垩纪细—中粒花岗岩	
	唐他大岭	磁铁矿	矿点	40~60	陆相火山岩型	下白垩统岭壳组	航磁检查
	田独	磁铁矿	小型	53.39	接触交代型	寒武系大茅组和孟月岭组、燕山期花岗斑岩	详查
	桶井	镜铁矿	矿点		热液型	三叠纪中粗粒花岗岩	预查
	洋淋岭	磁铁矿	矿点	贫	热液型	白垩纪中粗粒花岗岩	
万宁	长安	褐铁矿	矿点	33.20	风化壳型	中生代辉长岩	普查
	立岭及桥头	褐铁矿	矿点	41.09	风化壳型	下志留统陀烈组	普查
文昌	白延福昌岭	褐铁矿	矿点		风化壳型	古近纪—新近纪玄武岩风化土	预查
	迈豆岭	褐铁矿	矿点	33.15	风化壳型	古近纪—新近纪玄武岩风化土	普查
	南阳	褐铁矿	矿点	30	风化壳型	古近纪—新近纪玄武岩风化土	普查
	铺前隆丰	褐铁矿	矿点	34	风化壳型	第四纪玄武岩风化土	普查
	铺前南山	褐铁矿	矿点	35	风化壳型	第四纪玄武岩风化土	普查
	铺前美柳	磁铁矿	矿点	42.69	接触交代型	下志留统陀烈组、燕山期角闪石花岗岩	详查
	新村	褐铁矿	矿点	33.97	风化壳型	古近纪—新近纪玄武岩风化土	普查

二、矿产预测类型及其分布范围

按照全国矿产预测类型划分标准，本次共划分了石碌式沉积变质型和大冶式矽卡岩型两个矿产预测类型，见表 3-7-2。

表 3-7-2　海南省铁矿种预测类型一览表

矿产预测类型	基底建造	成矿时代	矿种	典型矿床	构造分区名称	成矿构造时段	研究区范围	预测方法类型
石碌式沉积变质型铁矿	中元古界抱板群	青白口纪—震旦纪	铁、铜、钴、镍、硫铁（共生）、银矿	石碌铁矿	琼西结合带	晋宁期	昌江石碌地区青白口系石碌群、震旦系石灰顶组分布范围。隐伏于矿区东部震旦系、石炭系、二叠系盖层之下，可在这些地区找寻隐伏的石碌群；构造控制：矿体多位于向斜的谷（槽）部或向斜轴部附近的层间剥离带或褶曲发育、形变强烈地段	变质型

续表

矿产预测类型	基底建造	成矿时代	矿种	典型矿床	构造分区名称	成矿构造时段	研究区范围	预测方法类型
大冶式矽卡岩型铁矿	中元古界抱板群	白垩纪	铁、铜矿	红石铁矿	琼东弧盆系	燕山期	振海山—红石成矿带足赛岭组结晶灰岩，含钙质千枚岩与白垩纪花岗岩接触带	侵入岩体型
		白垩纪	铁矿	田独铁矿	琼东弧盆系	燕山期	三亚田独地区大茅组（Є_2d）与早白垩世二长花岗岩接触带	侵入岩体型

第八节 铝土矿资源概况

海南岛目前发现的铝土矿主要有文昌蓬莱大型矿床，分布在文昌—定安地区，其他地区见少量铝土矿零星分布（表3-8-1）。截至2008年底，海南省累计探获铝土矿资源量超过2000×10^4t。

表3-8-1 海南省铝土矿床基本特征一览表

市/县	矿种	规模	成因	共生矿物	品位/%	工作程度
文昌	铝土矿	大型	风化沉积矿床	钴土矿、褐铁矿	44.44	普查—勘探

一、海南省铝土矿成矿特征

（1）成矿时代：海南省的铝土矿主要为海南式红土型铝土矿，主要赋存在新近系石马村组、石门沟组的玄武岩风化层中。其矿源层主要为新近系的玄武岩，赋矿地层主要为第四纪的红土层。海南式红土型铝土矿成矿主要与风化作用关系密切，故其成矿时代主要为第四纪。

（2）空间分布规律：海南省海南式红土型铝土矿主要分布在海南岛北东部的蓬莱至屯昌地区，大地构造单元位置为五指山岩浆弧的琼东弧盆系内，属蓬莱铝土、钴土、宝石、褐煤、高岭土成矿区带。区内铝土矿矿体主要产于新近系石马村组和石门沟村组的玄武岩风化层中，受地层控制明显，且矿体受地形影响较大，主要分布在低缓山丘的山坡及山顶部位。

（3）共（伴）生矿产特征：蓬莱地区矿床成矿系列属海南岛东海岸及内陆部分地区的第四纪风化-沉积矿床成矿系列。区内的古近纪—新近系火山岩在风化作用下，某些地段钴土矿、红锆石、蓝刚玉富集，构成钴土矿及宝石矿床，可综合利用。该地区已发现有蓬莱大型蓝宝石红锆石矿床、蓬莱大型三水型铝土矿床、蓬莱中型钴土矿床、南阳小型钴土矿床、居丁小型钴土矿床，以及高岭土矿床和褐铁矿矿床等。

（4）成矿母岩：石马村组的玻基橄榄岩、橄榄玄武岩及石门沟组的橄榄玄武岩是钴土矿、铝土矿的成矿母岩。石马村组橄榄玄武岩、火山碎屑岩及石门沟组的火山碎屑岩、辉斑橄榄玄武岩是蓝宝石、红锆石矿的成矿母岩。

（5）地球化学背景：赋矿层位及矿体位置均对应Al_2O_3含量高值。

（6）矿床成因：第一类：成矿母岩（基性火山岩类）在红土化过程中，一些抗风化能力强的矿物如刚玉、红锆石、铬铁矿、钛铁矿等残留下来富集成残积砂矿，或经短途搬运富集成坡积、洪冲积砂矿。

第二类：玄武岩在风化作用下，经过长期、缓慢的化学作用而形成新生矿物，如玄武岩中长石分解和水解形成三水铝石，进而形成以三水铝石为主的铝土矿；氧化锰从岩石中分解出来，再以胶体状态运移时吸附了从岩石中水解出来的 Co、Ni、Cu 等，在玄武岩的节理、气孔中沉淀下来，形成含钴硬锰矿即钴土矿，在风化壳中富集形成残坡积铝土矿或钴土矿床。

二、矿产预测类型及其分布范围

根据“全国矿产资源潜力评价”项目总体要求及全国矿产预测类型划分标准，本次划分了一个矿产预测类型，即为海南式红土型铝土矿。该类型铝土矿分布在海南岛北东部蓬莱地区，分布范围：东经 110°19′20″~110°45′57″，北纬 19°22′00″~19°48′00″。

第九节　磷矿资源概况

海南岛迄今已发现的磷矿床（点）共有 11 个，其中小型矿床 2 个，中型矿床 1 处，矿（化）点 8 个，所属磷矿成因类型主要为海相沉积岩型，此外还发育有风化溶洞型、鸟粪型。含矿地层主要为寒武系、奥陶系、第四系。与成矿作用密切相关的沉积建造主要为碎屑岩-碳酸盐岩-硅质岩系列。不同类型磷矿床（点）的平均品位变化大，在 8%~19%之间。省内仅有的 3 个磷矿床中，海相沉积型磷矿对目前海南岛磷矿资源储量的贡献最大。

空间分布上，磷矿资源主要集中分布于三亚被动陆缘中，分布有一处已开采过的矿床（大茅磷锰矿）和具备勘探级别的矿床（红花岭），迄今还发现有 4 处矿化点，即落笔洞、田独、军坡和福详村。它们的分布位置除福详村外，其他均位于晴坡岭复向斜内。这些磷矿在成因类型上均属于海相沉积型，与被动大陆边缘碳酸盐岩-碎屑岩混合型沉积密切相关。

一、海南省磷矿成矿特征

（1）成矿时代：预测工作区内大茅式海相沉积岩型磷矿成矿以中寒武世为主，其余时代虽有矿化，但是富集程度不高。

（2）矿体特征：海相沉积岩型磷矿体产状与含矿地层以及围岩产状一致，形态呈层状、透镜状，倾角多为 60°~70°，少数大于 70°。矿体走向延长一般小于 1.5km，平均厚度小于 10m，矿体见矿标高为+32~-469m，最大延深约 370m。矿石矿物主要有胶磷矿、细晶磷灰石；脉石矿物有硅质、石英、方解石、白云石、泥炭质、碳酸锰，云母、绿泥石等。矿石结构主要有原始泥状、生物碎屑结构，改造型的角砾状、鲕状；矿石构造主要有块状、条带状。

（3）控矿特征：大茅式海相沉积岩型磷矿体的含矿地层为寒武系大茅组第三、四层，磷成矿作用与生物化学沉积有关。这套地层主要受晴坡岭复式向斜以及纵向断层控制，在向斜的北西倒转翼，地层基本均已出露遭受剥蚀；而在向斜的南东翼，地层的出露剥蚀更多与北西逆冲断层有关；而在向斜的内部，出露的地层基本为奥陶系上部，寒武系只在向斜的北部大茅洞一带出露，是断层南东逆冲造成的。因此，含矿地层的分布也与这些构造密切关联，控制了磷矿的可开采性。

（4）矿床成因：含磷矿层主要为一套共生的硅质岩、硅质泥页岩、磷块岩组合，共生的金属矿物主要为碳酸锰，次为黄铁矿。这套沉积物在层序上夹于白云岩、白云质灰岩层之中，表明为一套低水位海洋环境的层序组合。而这些含矿白云岩层主要属于一种碳酸盐岩-碎屑岩混合型大陆边缘沉积序列，其中的碳酸盐岩除了台坪相的白云岩类外，主要为浅海陆棚相的灰岩；碎屑岩为一套巨厚的砂泥质岩类，缺少有关碎屑岩的结构、构造方面的描述，因此推断属于三角洲前缘和前三角洲沉积。因此，综合以上信息，分析磷矿生成与一种被动大陆边缘并且存在河口三角洲发育的环境。在此成矿背景下，河流将大陆风化的磷等成矿物质带到浅海地带沉积成矿。

二、矿产预测类型及其分布范围

按照全国矿产预测类型划分标准，海南省划分了一种矿产预测类型，即大茅式海相沉积岩型磷矿，见表3-9-1。

表3-9-1　海南省磷矿种预测类型一览表

矿产预测类型	基底建造	成矿时代	矿种	典型矿床	构造分区名称	成矿构造时段	大茅预测区范围	预测方法类型	对物化遥自然重砂信息的要求
大茅式海相沉积岩型磷矿	前寒武？	早古生代早中期	磷矿	大茅磷锰矿	琼东弧盆系	加里东期	东经109°28′08″~109°51′45″，北纬18°08′45″~18°29′30″，早古生代地层分布区，晴坡岭向斜两翼	沉积岩型	收集该区物化遥等资料，判别其与磷锰矿分布的关系，解析其与构造分布的关系

第十节　锰矿资源概况

海南岛迄今已发现的锰矿床（点）共有4个，其中：小型矿床1个、矿点1个、矿化点2个（表3-10-1），锰矿主要产出于三亚大茅洞、红花岭一带，为典型的海相沉积型成因。锰矿种主要为软锰矿、锰方解石、黑镁铁锰矿，局部见硬锰矿。含矿地层主要为中寒武统大茅组。

表3-10-1　海南岛锰矿床（点）基本特征一览表

市/县	矿产地名称	矿种类型	矿床类型	矿种规模	成矿时代	赋矿地层/岩体	平均品位/%	共（伴）生矿产 矿种	品位/%	规模
三亚	大茅洞	磷锰矿	海相沉积型	小型	寒武纪	大茅组	23.17	磷矿	16.4	中型
	红花岭	磷锰矿		矿化点		大茅组	4.48	磷矿	9.25	小型
	落笔洞	磷锰矿		矿化点		大茅组		磷矿	8.03	矿点
昌江	大英山	铁钴铜锰多金属矿	沉积变质型	矿点	青白口纪	石碌群第六层	13.94	铁矿	46.8	大型
								钴矿	0.313	中型
								铜矿	1.096	中型
								银矿		小型
								镍矿	0.06	小型
								重晶石矿	91.24	小型
								硫铁矿	17.79	中型

一、海南省锰矿成矿特征

（1）锰矿资源在各构造单元中的分布极不均衡，这表现为已知的锰矿床（点）主要集中分布于三亚被动陆缘铁、磷、锰、多金属成矿亚带（Ⅲ-90-Ⅳ-55-Ⅴ-17 大茅铁、磷、锰矿田），晴坡岭复式向斜的两翼，全岛锰矿床资源量绝大多数均分布在此区域，有大茅磷锰矿床；琼西结合带内有一矿点，琼东弧盆系、雷琼裂谷构造单元均无锰矿化点分布。

（2）海南岛锰矿化规模不大。海南省内已发现的矿床中，仅大茅锰矿床规模达到小型，其余锰矿产地为矿点或矿化点。

（3）现有资料显示，海南岛锰矿床（点）可归纳为两种种类型：海相沉积型、沉积变质型，以海相沉积型为主。

（4）空间分布上，海相沉积型和沉积变质型锰矿属共（伴）生矿产。锰矿资源量绝大部分分布在三亚被动陆缘三亚市，另有一矿化点分布于昌江县（琼西结合带）。

（5）锰矿床（点）成矿时代相对较集中，其形成与海相—滨海相沉积有关。成矿时代为古生代加里东期，成因上与寒武纪含磷锰岩系沉积密切相关；期间形成了大茅式磷锰矿床。在此之后又受到加里东期褶皱变形和变质作用、燕山期断块抬升和岩浆侵入作用的影响。

（6）预测类型为大茅式沉积型锰矿，成因上与沉积密切相关，空间分布严格受复式倒转褶皱、逆冲断裂带控制，矿体一般赋存于中寒武统大茅组岩层中，呈似层状、透镜状产出，矿床形成与寒武纪含磷锰岩系沉积作用有关，成矿时代为中寒武世。

二、矿产预测类型及其分布范围

按照全国矿产预测类型划分标准，海南省矿产资源潜力评价项目组对海南的锰矿矿产预测类型进行了划分，考虑到矿床研究程度、矿床典型性以及矿床的勘查程度，仅划分了一个矿产预测类型，即大茅式海相沉积岩型锰矿，其划分情况具体见表 3-10-2。

表 3-10-2　海南省锰矿种预测类型一览表

矿产预测类型	基底建造	成矿时代	矿种	典型矿床	构造分区名称	成矿构造时段	大茅预测区范围	预测方法类型	对物化遥自然重砂信息的要求
大茅式沉积型锰矿	中元古界抱板群	中寒武世	磷锰矿	大茅磷锰矿	琼东弧盆系	加里东期	东经 109°28′08″～109°51′45″，北纬 18°08′45″～18°29′30″，早古生代地层分布区，晴坡岭向斜两翼	沉积型	收集该区物化遥等资料，判别其与磷锰矿分布的关系，解析其与构造分布的关系

第十一节　硫矿资源概况

海南岛迄今已发现的硫铁矿床（点）共有 9 个，中型矿床和小型矿床各 1 个，矿点 7 个。矿床（点）的主要特征见表 3-11-1。

表 3-11-1 海南省硫铁矿床（点）基本特征一览表

市/县	矿产地名称	矿种类型	矿床类型	矿种规模	成矿时代	品位/%	共（伴）生矿产		
							矿种类型	品位/%	矿种规模
昌江	石碌	硫铁矿	沉积变质型	中型	青白口纪	17.79	铁矿	46.800	大型
							钴矿	0.313	中型
							铜矿	1.096	中型
							镍矿	0.060	小型
							银矿	8.580	小型
							重晶石矿	91.240	小型
万宁	龙滚水坡	硫铁矿	热液型	矿点	三叠纪	25.39			
儋州	侨植	硫铁矿	热液型	矿点					
定安	岭口五林区	硫铁矿	热液型	矿点	白垩纪—侏罗纪				
	蒙花岭	硫铁矿	热液型	矿点	白垩纪—侏罗纪	20.82	铅矿	0.070	
							锌矿	0.840	
	森山坡	硫铁矿	热液型	矿点	白垩纪—侏罗纪	7.87	铜矿	0.645	
							铅矿	0.030	
							金矿		
琼中	毛栈	硫铁矿	热液型	矿点		21.32			
保亭	南好	硫铁矿	接触交代型	小型	白垩纪	16.04	铁矿	35.355	小型
							铜矿	1.253	小型
三亚	高峰六罗	硫铁矿	接触交代型	矿点	白垩纪	0.8	铁矿		矿点

硫铁矿种主要为黄铁矿、磁黄铁矿、镍黄铁矿，其余矿种少见。含矿地层主要为上志留统足赛岭组、下石炭统南好组，青白口系石碌群，含矿岩石主要为花岗斑岩、花岗闪长岩与结晶灰岩、大理岩接触处的矽卡岩或矽卡岩化岩石，以及石碌群的第六层。据海南省国土环境资源厅统计，海南省累计探明硫铁矿资源量以沉积变质型、接触交代型的资源量居多。

一、海南省硫铁矿成矿特征

（1）硫铁矿资源在各构造单元中的分布并不均衡，这表现为已知的硫铁矿矿床（点）主要集中分布于琼西结合带和琼东弧盆系，其中又以琼东弧盆系及其临近区域较为集中，全岛的矿床（点）绝大多数分布在此区域，包括 1 个小型矿床，6 个矿点，其余 1 个中型矿床分布在琼西结合带，在三亚被动陆缘中还分布一个矿点。

（2）海南岛硫铁矿规模不大。省内已发现的 9 处矿床（点）中，只有 1 处中型矿床和 1 处小型矿床，其余均为矿点。

（3）现有资料显示，海南岛硫铁矿床（点）可归纳为 3 种类型：接触交代型、热液型、沉积变质型。

（4）空间分布上，接触交代型硫铁矿主要分布在琼东弧盆系，只有一个接触交代型硫铁矿分布在三亚被动陆缘中；热液型硫铁矿在岛内全部分布在琼东弧盆系；沉积变质型矿床分布在琼西结合带。3 种类型的分布均无规律性。

（5）硫铁矿床（点）成矿时代相对比较集中，其形成与岩浆作用、构造作用和区域地球化学元素异常有关。海南省接触交代型硫铁矿成矿时代为白垩纪，热液型硫铁矿成矿时代多集中在侏罗纪—白垩纪，还有一个矿点的成矿时代为三叠纪。成因上与印支期—燕山期的岩浆侵入密切相关。沉积变质型硫铁矿的成矿时代为青白口纪。

（6）沉积变质型硫铁矿与接触交代型和热液型硫铁矿特征差异较大。沉积变质型硫铁矿在储量上明显占优势，成矿时代为新元古代青白口纪，成因上与沉积作用、变质作用和围岩密切相关，空间严格受紧闭褶皱和地层的控制，矿体赋存于石碌群第六层白云岩和二透岩化白云岩中，呈层状、似层状产出，矿床的形成与基性火山沉积、含透辉石透闪石的地层、构造和加里东期主矿体的变质作用有关；接触交代型和热液型硫铁矿在数量上占优势，但是在储量上远远低于沉积变质型硫铁矿，接触交代型和热液型硫铁矿主要受北—南西向断裂构造控制，断裂构造使得含矿的热液向上运移，交代富集形成矿床，矿体一般赋存于印支期—燕山期的花岗斑岩、花岗闪长岩与结晶灰岩中，大理岩等含钙质高的岩石接触交代形成的矽卡岩或矽卡岩化岩石中，成矿时代为白垩纪。

二、矿产预测类型及其分布范围

按照全国矿产预测类型划分标准，海南省划分了两种矿产预测类型，即石碌式沉积变质型硫铁矿和巷子口式矽卡岩型硫铁矿，见表 3-11-2。

表 3-11-2　海南省硫铁矿种预测类型一览表

矿产预测类型	基底建造	成矿时代	矿种	典型矿床	构造分区名称	成矿构造时段	研究区范围	预测方法类型
石碌式沉积变质型硫铁矿	中元古界抱板群	青白口纪—震旦纪	硫铁矿（共生）	昌江石碌铁钴铜硫矿	琼西结合带	晋宁期	昌江石碌硫铁矿预测工作区：东经 109° 00′ 00″ ~ 109°14′28″，北纬 19° 09′ 35″~ 19° 17′ 20″，面积为 362. 86 km^2	变质型
巷子口式矽卡岩型硫铁矿	中元古界抱板群	白垩纪	硫铁矿、铜	保亭情安岭硫铁矿	琼东弧盆系	燕山期	振海山—红石预测工作区：东经 109° 17′ 05″ ~ 109°32′ 12″，北纬 18° 26′ 57″~ 18° 42′ 05″，面积为 742. 99 km^2	侵入岩体型

第十二节　萤石矿资源概况

海南岛萤石矿共 11 处矿产地，其中：中型 1 处、小型 5 处、矿点 5 处，由于什统萤石矿床是海南省发现的首例，其占海南省萤石矿产资源量的重要位置，所以海南省萤石矿产资源概况围绕什统矿床展开（表 3-12-1）。萤石矿石的矿物成分较为简单，矿石矿物为萤石，脉石矿物以石英为主，次为少量的绢云母及碳酸盐类矿物。金属矿物含量甚微，其成分为黄铁矿及铁锰氧化物。含矿地层（岩体）主要为含钙组分变质沉积岩（如上石炭统青天峡组）和印支、燕山期花岗岩类（如中二叠世黑云母二长花岗岩）。

表 3-12-1 海南省萤石矿床（点）基本特征一览表

市/县	矿产地名称	矿种类型	矿床类型	主矿种规模	成矿时代	平均品位/%	赋矿地层/岩体	工作程度
琼中	什统	萤石矿	热液充填型	中型	白垩纪—侏罗纪	48.03	上石炭统青天峡组、中二叠世黑云母二长花岗岩	详查
五指山	布伦	萤石矿	热液充填型	小型	白垩纪—侏罗纪	27.00	燕山期花岗岩	预查
乐东	孔南坡	萤石矿	热液充填型	小型	白垩纪	82.20	燕山期花岗岩、花岗闪长岩	预查
	坡拉村	萤石矿	热液充填型	小型	白垩纪	70.62	上白垩统报万组碎屑岩	预查
	道柴林	萤石矿	热液充填型	小型	白垩纪	68.66	燕山期花岗岩、花岗闪长岩	预查
	志爱山	萤石矿	热液充填型	小型	白垩纪	71.14	上白垩统报万组碎屑岩（陆源）	预查
	抱尾	萤石矿	热液充填型	矿点	白垩纪	38.99	燕山期花岗岩、花岗闪长岩	预查
昌江	七差	萤石矿	热液充填型	矿点	二叠纪—三叠纪		中粒花岗岩、斑状花岗岩、闪长岩	普查
	乙洞村	萤石矿	热液充填型	矿点	二叠纪—三叠纪		中粒花岗岩、斑状花岗岩	预查
	白石村	萤石矿	热液充填型	矿点	二叠纪—三叠纪		中粒花岗岩、斑状花岗岩	预查
	大章村	萤石矿	热液充填型	矿点	二叠纪—三叠纪		中粒花岗岩、斑状花岗岩	预查

一、海南省萤石矿成矿特征

（1）海南省萤石矿资源分布较为集中，已知的萤石矿床（点）主要集中分布于五指山褶冲带（琼东弧盆系），其中又以白沙盆地边缘断裂及其临近的次级断裂矿体较为集中，全省萤石矿床绝大多数分布在此区域内。

（2）海南省萤石矿化规模不大，迄今省内已发现的矿床中，还未有储量规模到大型的，均已中小型矿床为主。

（3）海南省萤石矿床（点）与我国东南沿海其他省份萤石矿床（点）在成因类型和成矿时代上有诸多相似之处，都具有成因类型比较单一，成矿时代相对集中的特点。

（4）由于海南省至今尚未发现其他成因类型的萤石矿床，所以热液充填型矿床（点）无论在储量或数量上均占绝对优势，且品位、储量变化较大；赋矿主岩虽然可以是变质、沉积岩，但包括什统中型矿床在内的绝大多数热液充填型矿床却产于中生代花岗岩类岩石中，它们的形成与岩浆期后热液活动有关。

（5）空间分布上，热液充填型矿床（点）主要分布于海南岛的中南部、中部和中西部地区，并集中分布于五指山褶冲带（琼东弧盆系），其中又以白沙盆地边缘断裂及其临近的次级断裂矿体较为集中，全省萤石矿床绝大多数分布在此区域内。

二、矿产预测类型及其分布范围

按照全国矿产预测类型划分标准，并结合海南岛已经发现的萤石矿床（点）分布特征，海南省划分了一个矿产预测类型，即什统式热液充填型萤石矿（表3-12-2）。

表3-12-2　海南省萤石矿种预测类型一览表

矿产预测类型	基底建造	成矿时代	矿种	典型矿床	构造分区名称	成矿构造时段	研究区范围	预测方法类型
什统式热液充填型萤石矿	二叠纪侵入岩	白垩纪	萤石矿	什统萤石矿	琼东弧盆系	燕山期	东经 108°37′13″～111°02′49″，北纬 18°08′54″～20°10′05″，中生代岩浆岩分布区。构造控制：矿体多定位于北东向、北北东向、北西向、近东西向的构造破碎带中	侵入岩体型

第十三节　重晶石矿资源概况

海南岛迄今已发现的重晶石矿床共3个，全部为小型矿床，矿床的主要特征见表3-13-1。重晶石本身的主要有用元素为Ba，主要伴生金属元素有Pb、Zn、Cu等。含矿地层主要为新元古界青白口系石碌群、二叠系峨查组和鹅顶组。

表3-13-1　海南省重晶石矿床基本特征一览表

市/县	矿产地名称	矿种类型	矿床类型	主矿种规模	成矿时代	平均品位/%	赋矿地层/岩体	工作程度
昌江	保由	重晶石矿	热液脉型	小型	燕山期	31.75	下二叠统峨查组、鹅顶组	详查
	石碌	重晶石矿	沉积变质型	小型	青白口纪	91.24	新元古界青白口系石碌群	普查
儋州	冰岭	重晶石矿	风化壳型	小型	第四纪	56.64	下二叠统峨查组	详查

一、海南省重晶石矿成矿特征

（1）重晶石矿资源在各构造单元中的分布并不均衡，这表现为已知的保由和石碌重晶石矿床分布于琼西结合带中，冰岭重晶石矿床分布于琼东弧盆系内。

（2）海南省重晶石矿化规模不大。省内已发现的矿床均为小型矿床。

（3）现有资料显示，海南省重晶石矿床可归纳为3种类型：热液脉型、沉积变质型、风化壳型。

（4）空间分布上，热液脉型主要集中在海南岛王下逆冲构造带内及其附近区域，沉积变质型主要集中在海南岛石碌逆冲构造带内及其附近区域，风化壳型主要集中在白沙坳陷构造带附近。

（5）重晶石矿床成矿时代相对较分散，其形成与沉积作用、构造作用和区域地球化学元素异常有关。海南省热液脉型成矿时代为中生代印支期—燕山期，沉积变质型为晋宁期，风化壳型成矿时代为第四纪。各种类型矿床成因上与不同时期的构造运动活动相关。

（6）热液脉型和风化壳型重晶石矿床特征差异较大。热液脉型受断裂构造控制，矿化带沿着断裂带分布，主要在下二叠统峨查组碎屑岩与鹅顶组灰岩接触部位，主要金属矿物和蚀变矿物以热液形式沿破碎裂隙充填交代。风化壳型重晶石矿似层状赋存于下二叠统峨查组第四岩性段底部条带状含重晶石硅质岩之上，并残留一定原始层理构造，后经过构造运动和风化剥蚀，形成一定程度上的残、坡积矿层。

二、矿产预测类型及其分布范围

按照全国矿产预测类型划分标准，海南省划分了 3 个矿产预测类型，即谭子山式热液脉型、石碌式沉积变质型和冰岭风化壳型重晶石矿，见表 3-13-2。

表 3-13-2　海南省重晶石矿种预测类型一览表

矿产预测类型	基底建造	成矿时代	矿种	典型矿床	构造分区名称	成矿构造时段	研究区范围	预测方法类型
谭子山式热液脉型	中元古界抱板群	印支期—燕山期	重晶石	昌江保由重晶石矿	琼西结合带	印支期—燕山期	昌江保由预测工作区：东经 108°52′28″~109°12′42″，北纬 18°51′48″~19°12′55″，面积为 1384.390 km^2	复合“内生”型
石碌式沉积变质型	中元古界抱板群	青白口纪	重晶石	昌江石碌重晶石矿	琼西结合带	晋宁期—震旦纪	昌江石碌重晶石矿预测工作区：东经 109°00′00″~109°14′28″，北纬 19°09′35″~19°17′20″，面积为 362.860 km^2	变质型
冰岭式风化壳型	石炭纪沉积岩	第四纪	重晶石	儋州冰岭重晶石矿	琼西结合带	新构造期	儋州冰岭预测工作区：东经 109°17′49″~110°10′53″，北纬 19°10′17″~19°43′47，面积 5742.787 km^2	沉积型

第十四节　稀土矿资源概况

海南岛已发现稀土矿床、矿点共有 12 处，中型矿床 8 处、矿点 4 处。矿床成因类型共有两种，一种为风化壳离子吸附型稀土矿，另一种为滨海砂矿型稀土矿，按成矿母岩性质，风化壳离子吸附型稀土矿又分为母岩为三叠纪正长花岗岩稀土矿和母岩为白垩纪花岗斑岩稀土矿。风化壳离子吸附型和滨海砂矿型的稀土矿床、矿点各有 6 处。按轻稀土和重稀土划分，12 处矿床、矿（化）点均属于轻稀土矿（表 3-14-1）。

表 3-14-1 海南省稀土矿床（点）基本特征一览表

矿产地名称	矿种类型	规模	品位	矿床成因类型	赋矿地层/岩体	工作程度
琼海市潭门独居石砂矿（伴生）	轻稀土	中型	0. 1177kg/m³	滨海砂矿型	烟墩组	详查
昌江县坝王岭稀土矿	轻稀土	中型	0. 111%	风化壳离子吸附型	晚三叠世中粗粒角闪黑云正长花岗岩风化壳	普查
定安县翰林稀土矿	轻稀土	中型	0. 110%	风化壳离子吸附型	白垩纪花岗斑岩风化壳	矿点检查
文昌市烟墩独居石砂矿（伴生）	轻稀土	中型	0. 6020kg/m³	滨海砂矿型	烟墩组	详查
琼海市南港独居石砂矿（伴生）	轻稀土	中型	0. 2915kg/m³	滨海砂矿型	北海组	详查
琼海市博鳌独居石砂矿（伴生）	轻稀土	中型	0. 1823kg/m³	滨海砂矿型	八所组	详查
万宁市保定独居石砂矿（伴生）	轻稀土	中型	1. 1168kg/m	滨海砂矿型	烟墩组	详查
乐东抱汶稀土矿	轻稀土	中型	0. 100%	风化壳离子吸附型	早三叠世细粒—中粒含斑—斑状黑云母正长花岗岩风化壳	矿点检查
万宁市兴隆三合水稀土矿	轻稀土	矿点	0. 153%	风化壳离子吸附型	早三叠世中粗粒（少斑）角闪黑云石英正长岩风化壳	矿点检查
文昌市三更峙独居石砂矿（伴生）	轻稀土	矿点	1. 4700kg/m³	滨海砂矿型	烟墩组	详查
万宁市兴隆田尾稀土矿	轻稀土	矿点	0. 105%	风化壳离子吸附型	早三叠世中粗粒少斑角闪黑云正长花岗岩风化壳	矿点检查
陵水县杨梅稀土矿	轻稀土	矿点	0. 102%	风化壳离子吸附型	早三叠世中粗粒少斑角闪黑云正长花岗岩风化壳	矿点检查

注：风化壳离子吸附型——氧化稀土含量；滨海砂矿型——矿物含量。

一、海南省稀土矿成矿特征

（1）稀土矿资源在各构造单元中的分布并不均衡，已知的稀土矿床（点）仅分布于三级构造单元五指山褶冲带。

（2）矿床类型简单。海南岛稀土矿床（点）共分为两种成因类型，一种为与风化壳有关的离子吸附型轻稀土矿，另一种为与第四纪松散堆积物有关的滨海砂矿型。

（3）时空间分布上，两种成因类型的稀土矿床（点）成矿时代均为第四纪，风化壳离子吸附型稀土矿主要集中于昌江县坝王岭、乐东尖峰岭、琼北雷鸣盆地翰林地区及万宁兴隆等一带，而滨海砂矿型独居石砂矿仅集中分布于海南岛东部的文昌、琼海和万宁等滨海海岸线上。

（4）风化壳离子吸附型稀土矿的赋存状态为离子吸附型，矿体产出于成矿母岩的全风化壳层的中下部和半风化层的中上部；滨海砂矿型稀土矿的赋存方式为单矿物形式，矿体发育于第四系烟墩组、八所组和北海组中。

（5）勘查工作程度不均衡，滨海砂矿型独居石稀土矿工作程度较高，均达详查阶段，而风化壳型稀土矿的勘查工作程度明显较弱，大部分属矿点检查阶段。

二、矿产预测类型及其分布范围

按照全国矿产预测类型划分标准，海南省划分了一个矿产预测类型，即为海南岛预测工作区风化壳离子吸附型稀土矿，见表3-14-2。

表3-14-2　海南省稀土矿矿种预测类型一览表

矿产预测类型	基底建造	成矿时代	矿种	典型矿床	构造分区名称	研究区范围	预测方法类型
风化壳离子吸附型稀土矿	中元古界抱板群	第四纪	轻稀土矿	坝王岭稀土矿床	琼西结合带	研究区范围为海南岛：东经108°37′13″~111°02′49″，北纬18°08′54″~20°10′05″	沉积型

第十五节　其他矿产资源概况

一、锆英石、钛铁矿砂矿

（1）海南省锆英石钛铁矿砂矿资源丰富，主要环海南岛沿海岸带分布于滨海平原内。已发现的矿床主要集中分布于海南岛北东部、东部、南西部及北西部沿海一带（图3-15-1）。

表3-15-1　海南省洪冲积型锆英石钛铁矿砂矿床基本特征一览表

市/县	矿产地名称	矿种类型	矿床规模	成矿时代	品位		赋矿地层	工作程度
					锆英石	钛铁矿		
文昌	木兰头西段	锆英石、钛铁矿	小型	第四纪			北海组	详查
琼海	潭门	锆英石、钛铁矿	中型	第四纪	59.20%	52.73%	北海组	详查
万宁	龙滚镇岭子村	锆英石、钛铁矿	小型	第四纪	0.91kg/m^3	2.03 kg/m^3	北海组、全新统	普查
万宁	山根	锆英石、钛铁矿	小型	第四纪	0.76 kg/ m^3	3.40 kg/ m^3	北海组	普查
万宁	大茂—后安	锆英石、钛铁矿	小型	第四纪	1.06kg/m^3	3.06 kg/m^3	北海组	普查
万宁	坑垄	锆英石、钛铁矿	小型	第四纪	1.08kg/m^3	20kg/m^3	北海组	详查
万宁	贡举	锆英石、钛铁矿	小型	第四纪	2.13kg/m^3	4kg/m^3	北海组	普查
万宁	兴隆	锆英石、钛铁矿	大型	第四纪	0.76 kg/m^3	2.46 kg/m^3	北海组	详查
万宁	长安	锆英石、钛铁矿	大型	第四纪	1.04 kg/m^3	33.3kg/m^3	北海组	详查
陵水	万州坡	锆英石、钛铁矿	中型	第四纪	64.90%	47.40%	北海组	详查
乐东	利国	锆英石、钛铁矿	中型	第四纪	1.17kg/m^3	7.79kg/m^3	北海组、全新统	普查
乐东	佛罗	锆英石、钛铁矿	中型	第四纪	1.44kg/m^3	6.72kg/m^3	北海组、全新统	普查

目前已发现67个锆英石、钛铁矿砂矿床（3个为伴生矿床，为木兰头矿区东段、木兰头矿区西段、南罗—海尾矿区），其中包括东方感城港、昌江昌化港2个近海30m水深以浅砂矿床。已发现的67个矿床中有10个大型矿床，27个中型矿床，30个小型矿床，矿床基本情况见表3-15-1至表3-15-3。

（2）海南岛锆英石、钛铁矿砂矿床成因类型简单，主要有滨海沉积型、残坡积型与冲洪积型锆英石、钛铁矿砂矿。已发现的矿床中有57个滨海沉积型砂矿床，3个残坡积型砂矿床，12个洪冲积型砂矿床，部分矿床同时存在多个类型。

（3）矿床成矿时代为第四纪。

（4）锆英石钛铁矿砂矿的赋存方式为单矿物形式，矿体赋存于第四纪的烟墩组、八所组、北海组和全新统（未分）。矿体形态简单，多出露地表，易开发利用。

（5）赋矿地层主要为第四系烟墩组、八所组及北海组等，其中以烟墩组最为重要。

（6）锆英石钛铁矿砂矿的成矿物质来源与岩浆岩关系密切。

（7）赋矿地貌单元：主要为滨海平原、期次为山前堆积平原、岩浆岩发育的具陡坡小山。

表3-15-2 海南省残坡积型锆英石钛铁矿砂矿床基本特征一览表

市/县	矿产地名称	矿种类型	矿床规模	成矿时代	品位		赋矿岩体	工作程度
					锆英石	钛铁矿		
文昌	三更峙	锆英石、钛铁矿	小型	第四纪	64.68%	50.22%	花岗岩、玄武岩	详查
琼海	文峰岭	锆英石	小型	第四纪	30kg/m^3		花岗岩、玄武岩	普查
万宁	南桥	锆英石、钛铁矿	中型	第四纪	50.28kg/m^3	0.72kg/m^3	花岗岩	普查

表3-15-3 海南省滨海沉积型锆英石钛铁矿砂矿床基本特征一览表

市/县	矿产地名称	矿种	矿床规模	成矿时代	品位		赋矿地层	工作程度
					锆英石	钛铁矿		
琼海	潭门	锆英石、钛铁矿	中型	第四纪	59.20%	52.73%	烟墩组	详查
琼海	南港	锆英石、钛铁矿	中型	第四纪	1.11kg/m^3	25.5kg/m^3	烟墩组	详查
琼海	博鳌	锆英石、钛铁矿	中型	第四纪	2.252kg/m^3	18.42kg/m^3	烟墩组、八所组	详查
琼海	龙湾	锆英石、钛铁矿	小型	第四纪	63.54%	49.92%	烟墩组	普查
琼海	沙老	锆英石、钛铁矿	中型	第四纪	66.26%	50.14%	烟墩组	勘探
儋州	龙山	锆英石、钛铁矿	小型	第四纪	0.24kg/m^3	18.9 kg/m^3	八所组	普查
万宁	山根	锆英石、钛铁矿	小型	第四纪	0.76 kg/ m^3	3.40 kg/ m^3	烟墩组	普查
万宁	新村	锆英石、钛铁矿	中型	第四纪	2.39kg/m^3	20.8kg/m^3	烟墩组	详查
万宁	横山	锆英石、钛铁矿	小型	第四纪	66.80%	49.81%	烟墩组	普查
万宁	东澳—龙保	锆英石、钛铁矿	中型	第四纪	66.80%	49.81%	烟墩组	普查
万宁	乌石	锆英石、钛铁矿	中型	第四纪	2.33kg/m^3	20.7kg/m^3	烟墩组	详查
万宁	保定	锆英石、钛铁矿	大型	第四纪	64.68%	50.22%	烟墩组	详查
万宁	北坡镇东山岭—东澳镇厚福村	锆英石、钛铁矿	中型	第四纪	0.94kg/m^3	3.43 kg/m^3	烟墩组、八所组	普查
陵水	铜岭	锆英石、钛铁矿	小型	第四纪	0.96kg/m^3	12kg/m^3	烟墩组	详查
陵水	新村港	锆英石、钛铁矿	大型	第四纪	2.79kg/m^3	3.42kg/m^3	烟墩组、八所组	详查
陵水	万州坡	锆英石、钛铁矿	中型	第四纪	64.90%	47.40%	烟墩组	详查
文昌	烟墩	锆英石、钛铁矿	中型	第四纪	1.93kg/m^3	7kg/m^3	烟墩组	普查

续表

市/县	矿产地名称	矿种	矿床规模	成矿时代	品位		赋矿地层	工作程度
					锆英石	钛铁矿		
文昌	昌洒镇白岭	锆英石、钛铁矿	中型	第四纪	0.76 kg/m^3	2.46 kg/m^3	烟墩组	详查
文昌	冯坡	锆英石、钛铁矿	小型	第四纪	0.66kg/m^3	1.53kg/m^3	烟墩组	详查
文昌	昌洒镇鹿马岭	锆英石、钛铁矿	小型	第四纪	1.08kg/m^3		烟墩组	普查
文昌	昌洒镇昌茂	锆英石、钛铁矿	中型	第四纪	1.08kg/m^3		烟墩组	详查
文昌	鹿马岭家塘	锆英石、钛铁矿	小型	第四纪	1.08kg/m^3		烟墩组	详查
文昌	鹿马岭宝土	锆英石、钛铁矿	小型	第四纪	0.94kg/m^3		烟墩组	详查
文昌	鹿马岭山茶	锆英石、钛铁矿	小型	第四纪	0.90kg/m^3		烟墩组	详查
文昌	翁田镇内六村	锆英石、钛铁矿	小型	第四纪	1.04kg/m^3	4.26kg/m^3	烟墩组	详查
文昌	昌洒镇白岭南	锆英石、钛铁矿	小型	第四纪	0.94kg/m^3		八所组	详查
文昌	昌洒镇芽良	锆英石、钛铁矿	小型	第四纪	0.98kg/m^3	4.42kg/m^3	烟墩组	详查
文昌	昌洒镇白坪坡	锆英石、钛铁矿	小型	第四纪	0.93kg/m^3	2.46kg/m^3	烟墩组	详查
文昌	翁田镇第二区块	锆英石、钛铁矿	小型	第四纪	0.96kg/m^3	3.30kg/m^3	烟墩组	详查
文昌	翁田镇第三区块	锆英石、钛铁矿	小型	第四纪	1.12kg/m^3	3.99kg/m^3	烟墩组	详查
文昌	翁田镇第一区块	锆英石、钛铁矿	小型	第四纪	0.87kg/m^3		烟墩组	详查
文昌	昌洒镇东群	锆英石、钛铁矿	中型	第四纪	62.38%	52.54%	烟墩组	详查
文昌	翁田—昌洒	锆英石、钛铁矿	小型	第四纪	0.74kg/m^3	4.44kg/m^3	北海组	普查
文昌	锦山镇山雅村	锆英石、钛铁矿	小型	第四纪	3.64kg/m^3	9.61 kg/m^3	烟墩组	详查
文昌	冯坡镇上白沙村	锆英石、钛铁矿	小型	第四纪	1.15kg/m^3	3.21kg/m^3	烟墩组	详查
文昌	翁田镇美柳村	锆英石、钛铁矿	小型	第四纪	1.35kg/m^3	4.08kg/m^3	烟墩组	详查
文昌	翁田镇坡口市村	锆英石、钛铁矿	中型	第四纪	0.68kg/m^3	3.50kg/m^3	八所组	详查
文昌	翁田镇来龙村	锆英石、钛铁矿	小型	第四纪	1.04kg/m^3	4.37kg/m^3	烟墩组	详查
文昌	翁田镇龙马办事处龙北村	锆英石、钛铁矿	小型	第四纪	1.37kg/m^3	3.70kg/m^3	烟墩组	详查
文昌	昌洒镇昌烈村	锆英石、钛铁矿	大型	第四纪	1.06kg/m^3	3.49kg/m^3	八所组	详查
文昌	昌洒镇白土村	锆英石、钛铁矿	中型	第四纪	0.93kg/m^3	2.47kg/m^3	烟墩组	详查
文昌	龙楼镇木堆村	锆英石、钛铁矿	中型	第四纪	1.20kg/m^3	3.62kg/m^3	八所组	详查
文昌	龙楼镇天鹅坡	锆英石、钛铁矿	小型	第四纪	0.67kg/m^3	1.94kg/m^3	烟墩组	详查
文昌	翁田镇龙马办事处龙南村	锆英石、钛铁矿	小型	第四纪	0.64kg/m^3	6.13kg/m^3	八所组	详查
文昌	铺前	锆英石、钛铁矿	大型	第四纪	2.31 kg/m^3	4.93 kg/m^3	烟墩组	详查
文昌	东郊	锆英石、钛铁矿	中型	第四纪	2.73kg/m^3	3.83kg/m^3	烟墩组	详查
文昌	昌洒镇鹿马岭—东坡	锆英石、钛铁矿	大型	第四纪	62.68%	53.28%	烟墩组	详查
文昌	三更峙	锆英石、钛铁矿	小型	第四纪	64.68%	50.22%	烟墩组	详查
三亚	马岭	锆英石、钛铁矿	中型	第四纪	1kg/m^3	24.7kg/m^3	八所组	详查
文昌	昌洒镇昌洒作业区锆钛砂矿	锆英石、钛铁矿	小型	第四纪	0.82kg/m^3	2.88kg/m^3	八所组	详查

续表

市/县	矿产地名称	矿种	矿床规模	成矿时代	品位		赋矿地层	工作程度
					锆英石	钛铁矿		
东方	感城港浅海区	锆英石、钛铁矿	小型	第四纪	0.53kg/m^3	3.62kg/m^3	烟墩组	预查
儋州	海头—龙山	锆英石、钛铁矿	中型	第四纪	0.74kg/m^3	5.59kg/m^3	烟墩组、八所组	普查
昌江	昌化港浅海区	锆英石、钛铁矿	中型	第四纪	0.68kg/m^3	4.24kg/m^3		预查
乐东	西南部沿海	锆英石、钛铁矿	大型	第四纪	0.71kg/m^3	4.11kg/m^3	烟墩组	预查
文昌	木兰头（东段）	锆英石、钛铁矿	中型	第四纪	0.53kg/m^3	1.81kg/m^3	烟墩组	详查
文昌	木兰头（西段）	锆英石、钛铁矿	小型	第四纪	0.72kg/m^3	3.90kg/m^3	烟墩组	详查
昌江	南罗—海尾	锆英石、钛铁矿	小型	第四纪	0.41kg/m^3	3.24kg/m^3	烟墩组	详查

二、石英砂砂矿

海南省石英砂矿资源丰富，已发现石英砂矿床 24 处，其中大型矿床 19 处，中型矿床 4 处、小型矿床 1 处（表 3-15-4）。

表 3-15-4　海南省石英砂矿床基本特征一览表

序号	矿区名称	勘查程度	矿床规模	赋矿地层	成矿类型	备注
1	文昌市龙马石英砂矿区	详查	特大型	八所组	滨海沉积型	
2	文昌市龙楼镇赤筠村矿区石英砂矿区	详查	特大型	八所组	滨海沉积型	
3	文昌市昌洒镇宝西石英砂矿区	详查	大型	八所组	滨海沉积型	
4	文昌市翁田镇小惠村矿区石英砂矿区	详查	特大型	八所组	滨海沉积型	
5	文昌市木兰头矿区（东段）石英砂矿区	详查	特大型	烟墩组	滨海沉积型	
6	文昌市木兰头矿区（西段）石英砂矿区	详查	大型	烟墩组、北海组	滨海沉积型、冲洪积型	
7	文昌市翁田镇敦来村矿区石英砂矿区	详查	特大型	八所组	滨海沉积型	
8	文昌市翁田镇端府村石英砂矿区北矿段	详查	大型	八所组	滨海沉积型	
9	文昌市龙楼镇竹草坡矿区石英砂矿区	详查	特大型	八所组	滨海沉积型	
10	文昌市翁田镇富堆村矿区石英砂矿区	详查	大型	八所组	滨海沉积型	
11	文昌市南玻石英砂矿龙马矿区堆富村矿段	详查	大型	八所组	滨海沉积型	
12	万宁市北坡镇白沙坡矿区	普查	中型	八所组	滨海沉积型	
13	儋州市新隆矿区玻璃用砂矿区	详查	特大型	烟墩组	滨海沉积型	
14	儋州市松鸣矿区石英砂矿区	详查	中型	八所组	滨海沉积型	
15	儋州市排浦镇沙沟村石英砂矿区	普查	中型	八所组	滨海沉积型	
16	东方市八所石英砂矿区	普查	大型	八所组、烟墩组、北海组	滨海沉积型、冲洪积型	
17	昌江县南罗—海尾石英砂矿区	详查	大型	八所组、烟墩组	滨海沉积型	
18	陵水县龙岭石英砂矿区	详查	中型	北海组	冲洪积型	
19	海南省西南部沿海陆地锆钛砂矿、石英砂矿预查区	预查	大型	八所组	滨海沉积型	共生
20	文昌市翁田镇坡口市村矿区锆钛砂矿区	详查	特大型	八所组	滨海沉积型	共生
21	文昌市昌洒镇昌烈村矿区锆钛砂矿区	详查	特大型	八所组	滨海沉积型	共生

续表

序号	矿区名称	勘查程度	矿床规模	赋矿地层	成矿类型	备注
22	文昌市龙楼镇木堆村矿区锆钛砂矿区	详查	特大型	八所组	滨海沉积型	共生
23	文昌市昌洒镇昌洒作业区锆钛砂矿区	详查	大型	八所组	滨海沉积型	共生
24	儋州市海头—龙山锆英石钛铁矿石英砂矿区	详查	小型	八所组	滨海沉积型	共生

石英砂矿是海南省的优势矿种之一，分布面积广，资源丰富，矿床规模大，矿床成因类型简单，矿体出露地表，易开发利用。海南省的石英砂矿总体具有如下特征：

（1）空间分布上，石英砂矿主要环海南岛沿海岸带分布于山前盆地、滨海阶地、沙堤、潮间带内。且主要集中分布于海南岛北东部文昌市的铺前镇、翁田镇、昌洒镇沿海一带，其次为昌江县的海尾镇一带、东方市的黄流镇、儋州市的海头镇至新盈镇一带。

（2）海南岛石英砂矿床成因类型简单，主要为滨海沉积型石英砂矿。

（3）矿床成矿时代为第四纪。

（4）石英砂矿的赋存方式为单矿物形式。

（5）赋矿地层主要为第四系八所组、烟墩组及北海组，其中以八所组最为重要。矿体规模大，形态简单，多出露地表，易开发利用。

（6）石英砂矿的成矿物质来源与岩浆岩关系密切。

（7）赋矿地貌单元：滨海堆积平原、山前堆积平原。

三、褐煤、油页岩

海南省褐煤、油页岩多共（伴）生在一起，主要分布在海南岛北部地区，含煤地层与含油页岩的地层基本一致，主要有古近系长昌组及新近系长坡组，长昌组仅分布在长昌盆地，长坡组分布在儋州市长坡盆地、临高县加来盆地、南宝盆地一带。

全省保有的资源储量约16654.27×10^4t，占全省资源储量的99.5%，其中长昌煤矿和长坡煤矿的保有资源储量分别为895.8×10^4t和15758.47×10^4t。

全省煤炭资源利用程度较低，仅长昌煤矿区于20世纪50年代末进行过小规模开发，共生产煤47.2×10^4t，煤损失量23.8×10^4t，另有部分民采。

全省共探获油页岩资源储量284971.4×10^4t，其中长昌矿区探获的资源储量为1984.4×10^4t，长坡矿区为282990×10^4t。

四、锡矿

海南省锡矿经勘查矿区有5处，其中有一处小型砂锡矿床，其余均为矿点。矿床类型主要有矽卡岩型、锡石-石英脉型、锡石-长石石英脉型、锡石-云英岩型及砂锡矿等，累计探明锡石砂矿资源储量1129.9t。

五、镍、钴矿

截至2010年底，列入《海南省矿产储量简表》的镍矿产地两处，累计探明总资源储量2457t，保有总资源储量2153t，其中基础储量1851t、资源量302t；列入《海南省矿产储量简表》的钴矿产地5处，累计探明总资源储量16857t，保有总资源储量15528t，其中基础储量9655t、资源量5873t。钴、镍矿床类型有火山-沉积变质型和风化壳型两种，前者分布于昌江县石碌、军营矿区；

后者分布在文昌市蓬莱、南阳和定安县居丁等玄武岩风化红土分布区。

文昌市蓬莱钴土矿：矿区面积 302km^2。钴土矿层赋存于新近系玄武岩风化壳内，与铝土矿共生，属风化壳型钴土矿床。矿区共有大小矿体 106 个，含矿层为砾石层和含砾红土层。矿石平均含 Co 1.63%，Ni 0.282%，Cu 0.167%，探明保有钴金属资源量 4174t，属中型钴矿床。

六、稀有金属矿产

海南稀有金属矿产有铌、钽、锆 3 种。锆已在本章介绍，本节不再重复。海南省已发现的铌钽矿仅有 1 处，为儋州市那大钽铌铁矿。根据矿区地质报告，初步查明 D 级钽铌铁矿矿物储量：表内 222.91t，表外 5.81t，合计 228.72t；伴生矿物锆石储量 19.85t，属小型矿床。该矿床规模小，品位亦不高，至今未利用。

七、分散元素矿产

海南已发现的分散元素矿产有镓、镉两种，均为伴生矿产。

镓矿：截至 2006 年底，镓矿累计探明金属资源量 578t，保有金属资源量 575t。全省有镓矿产地 1 处，属文昌市蓬莱三水型铝土矿中的伴生矿产，镓平均含量 0.0036%，探明储量达中型规模。

镉矿：截至 2006 年底，列入《海南省矿产储量简表》的矿产地 1 处，镉矿累计探明保有金属资源量 17t。全省共有镉矿产地两处，均属铅锌矿中的伴生元素，其中一处为昌江县昌化银岭铅锌矿，镉平均含量为 0.08%（光谱分析），另一处为乐东县石门山铅锌矿，平均含镉 0.017%。

八、石油、天然气

截至 2010 年底，海南省石油、天然气累计探明资源储量：天然气 2813.88×10^{8}m^3，石油（凝析油和原油）8485.70×10^{4}t。矿产地有大型和小型油气田各 7 处。

九、非金属矿产

海南省内已发现的冶金辅助原料、化工原料、特种非金属、建筑材料及其他非金属矿产，计有 38 种，探明储量的非金属矿产 28 种（亚矿种 35 种），其中化肥用石灰岩、石英砂矿、水晶矿、蓝宝石矿、高岭土等探明的储量位居国内前列。它们分别分布于全省各市县以及西沙群岛。

（1）冶金辅助原料矿产。

海南省冶金辅助原料矿产已探明储量的主要有冶金用白云岩、冶金用石英岩、冶金用脉石英、耐火黏土、熔剂用灰岩、萤石、膨润土等 7 种，主要分布在昌江、澄迈、儋州、屯昌、保亭等地。

1）白云岩：省内白云岩矿床仅探明一处，另矿点一处。累计探明总资源储量 16413×10^{4}t，2010 年底保有总资源储量 16311×10^{4}t，其中资源量 16311×10^{4}t，位居全国第 18 位。

2）硅石：硅石矿主要分布在昌江、澄迈、屯昌、万宁等地。目前已发现矿床（点）4 处，其中大型矿床 1 处（冶金用脉石英）、中型矿床 1 处（冶金用石英岩）、矿点两处。累计探明总资源储量 756.6×10^{4}t，2010 年底保有总资源储量 756.6×10^{4}t，其中储量 118.4×10^{4}t、基础储量 148×10^{4}t、资源量 608.6×10^{4}t。

已发现的硅石矿根据其矿床成因可分为两种类型。

沉积变质型矿床：矿床产于新元古界青白口系石碌群第四层中，如昌江县石碌石英岩矿。呈层状，长 400m、宽 220m，平均厚 80m，矿石品质较好，属工业类型耐火材料Ⅰ、Ⅱ级品，探明矿石资源量 494.6×10^{4}t。

热液石英脉型矿床：澄迈县南蛇岭硅石矿，2010 年底保有总资源储量 262×10^{4}t，其中基础储量 148×10^4t、资源量 114×10^4t，为大型矿床。

3）耐火黏土矿：耐火黏土矿已探明资源储量 6485×10^4t，目前矿产地仅临高县加来、海口长昌两处，其中一处为大型矿床，另一处为中型矿床。

已探明的耐火黏土矿均产于煤系地层中。加来黏土矿产于新近系上新统长坡组加来煤段，为软质耐火黏土，底板为煤层，呈层状产出，面积达 15km^2，探明储量 5955.04×10^4t，达大型矿床。

长昌耐火黏土矿则产于古近系始新统长昌组油页岩风化带和瓦窖组白色砂岩中，与褐煤伴生，为风化作用形成的软质耐火黏土，矿体呈透镜状，探明储量 530×10^4t，属中型矿床。

（2）特种非金属矿产。

海南省内探明的特种非金属矿产主要有水晶矿及蓝宝石矿两种。其中羊角岭水晶矿储量位居远东地区第一，为罕见的优质大型压电水晶矿床，而蓬莱宝石矿的蓝宝石、红锆宝石矿物原料储量也位居全国前列。

1）水晶矿：包括压电水晶和熔炼水晶，是海南省的重要矿种之一，位居全国第 9 位。共发现探明矿产地 13 处，其中大型矿床 2 处，中型 4 处，小型 7 处，另有矿点 11 处，按成因可分热液型、砂矿型。2010 年底累计探明熔炼水晶总资源储量 2301t，保有总资源储量 228t，其中资源量 228t。累计探明压电水晶总资源储量 10.82t，保有总资源储量 2.68t，其中资源量 2.68t。

2）宝石矿：宝石矿累计探明宝石矿物原料储量 34700.4kg，其中蓝宝石矿物原料 2471.69kg，红宝石矿物原料 8.54kg，红锆宝石矿物原料 32228.72kg，储量居全国第 4 位，是我省的优势矿种之一。蓬莱宝石矿是海南省唯一探明的宝石矿床，为一宝石、铝土矿、钴土矿共生的矿床。

（3）建材及其他非金属矿产。

海南省建材及其他非金属矿产资源较为丰富，主要有高岭土矿、石墨矿、水泥用石灰岩矿、石英砂矿、硅灰石矿、水泥用大理岩、饰面石材、沸石矿、硅藻土矿、黏土矿、云母、水泥配料用页岩、火山灰等各类矿床（点）近百处。

1）高岭土矿。

截至 2010 年底共发现矿床（点）14 处，其中中型矿床 3 处，其余均为矿点，主要分布在文昌、海口、屯昌、乐东、保亭等地。累计探明总资源储量 3162×10^4t，保有总资源储量 3162×10^4t，其中基础储量 1897×10^4t、资源量 1265×10^4t。

高岭土矿床主要以风化残积型高岭土矿床为主，根据成矿母岩又可分为砂岩风化残积型和花岗岩风化残积型两种，两者的矿石类型均为砂质高岭土。砂岩风化残积型以长昌高岭土矿床为代表，矿床规模中型，以鳞片状、叠片状高岭石为主，少量伊利石、埃洛石、石英等。探明矿石资源储量 1359.34×10^4t，淘洗精矿（-325 目）储量 264.88×10^4t，其中Ⅰ级品（造纸涂布级）淘洗精矿储量 87.69×10^4t。

2）石墨矿。

目前已发现石墨矿床（点）4 处，其中中型矿床 1 处，小型矿床 2 处，矿点 1 处。主要分布在琼海、乐东等县市。截至 2010 年底，累计探明石墨总资源储量 60×10^4t，保有总资源储量 58.8×10^4t，其中基础储量 8.5×10^4t、资源量 50.3×10^4t。已知的石墨矿均属沉积变质晶质石墨矿床。石墨矿的赋存层位主要为中元古界长城系抱扳群峨文岭组，含矿岩性有二云母石英片岩、石英片岩、石墨绢云母片岩等，石墨矿化普遍，石墨均为鳞片状晶质石墨，含固定碳 3.33%~38.66%。

3）水泥用石灰岩。

水泥用石灰岩矿是海南省的重要矿产之一。截至 2010 年底，全省共发现石灰岩矿床（点）31 处，其中大型 3 处、中型 3 处、小型 10 处、矿点 15 处。主要分布在东方、昌江、儋州、白沙、三亚、保亭、澄迈、琼中、屯昌等地。累计探明总资源储量 110364×10^4t，保有总资源储量 104839×10^4t，其中基础储量 34208×10^4t、资源量 70631×10^4t，石灰岩矿主要赋存在奥陶系、志留系、石炭系和二叠系中。

4）玻璃用石英砂。

海南省海岸线漫长，具有良好的石英砂矿找矿前景，目前，全省已有矿床（点）14处，其中大型矿床9处（砂钛矿伴生矿一处），矿点5处。累计探明总资源储量118735×10^4t，截至2010年底保有总资源储量116028×10^4t，其中基础储量40043×10^4t、资源量75985×10^4t，位居全国第一位。

石英砂矿床主要分布在东西部海岸，一般处于海成二级阶地上。典型代表为文昌市龙马石英砂矿，矿区面积达$20km^2$，矿床赋存于中更新统北海组上部和上更新统八所组中，矿体呈水平层状产出，埋深0~0.9m，矿石矿物以石英为主，占90%~98%，该矿探明总资源储量33259×10^4t，2010年底保有总资源储量33255×10^4t，其中基础储量6417×10^4t、资源量26838×10^4t。矿石品级以一类Ⅱ级品为主，矿石易选易采，可作为特种玻璃生产原料。

5）饰面石材。

省内已探明的饰面石材有花岗石和大理石两大类，以花岗石类为主，探明的荒料量$3.74\times10^8m^3$，矿石储量为$8\times10^8m^3$。

花岗石类饰面石材：海南岛的侵入岩出露面积在$12200km^2$以上，约占全省陆地面积的37%，其中99%以上为花岗岩类岩石，饰面石材资源十分丰富，先后在琼海、澄迈、五指山、陵水、乐东、三亚等地相继探明了一批大中型矿床。截至2010年底，已探明矿产地29处，其中大型4处、中型10处、小型15处。

目前已探明的花岗石类饰面石材矿包括：黑云母二长花岗岩、二长花岗岩、花岗闪长岩、钾长花岗岩、闪长岩、正长变辉长岩、变辉长岩、闪长玢岩、辉长辉绿岩、橄苏辉长岩、含晶屑凝灰熔岩、次流纹岩、黑耀岩等十多种。这些岩石加工后的板材，板面光洁、色泽鲜艳，有白、灰、红、青、绿、黑等一系列色彩，产品俗称有芝麻黑、玫瑰红、黑金刚等。多为中高档类建筑装饰材料。

第四章　海南省各类矿种典型矿床及其成矿模式

本次研究中，对铁、铝、金、铜、铅锌、钨、磷、稀土、钼、锰、银、硫、萤石、重晶石等15个矿种选取31个典型矿床（图4-0-1），其中铁矿典型矿床3处（石碌沉积变质型铁矿、红石和田独矽卡岩型铁矿）、铝矿典型矿床1处（文昌蓬莱三水型铝土矿）、金矿典型矿床3处（二甲构造破碎蚀变岩型金矿、抱伦热液型金矿、定安富文石英脉型金矿）、铜矿典型矿床2处（石碌沉积变质型铁铜矿、岭曲陆相火山岩浆热液型铜矿）、铅锌矿典型矿床1处（后万岭热液型铅锌矿）、钨矿典型矿床2处（尖峰红门岭中高温型热液钨矿、儋州蓝洋矽卡岩型钨矿）、磷矿典型矿床1处（三亚大茅浅变质型磷矿）、稀土矿典型矿床1处（昌江坝王岭离子吸附型稀土矿）、银矿典型矿床3处（石碌沉积变质型银矿、定安富文石英脉型银矿、南报热液型银矿）、钼矿典型矿床7处（高通岭钼矿、龙门岭钼矿、石门山钼矿、报告村钼矿、红门岭钼矿、梅岭铜钼矿、罗葵洞钼矿）、硫

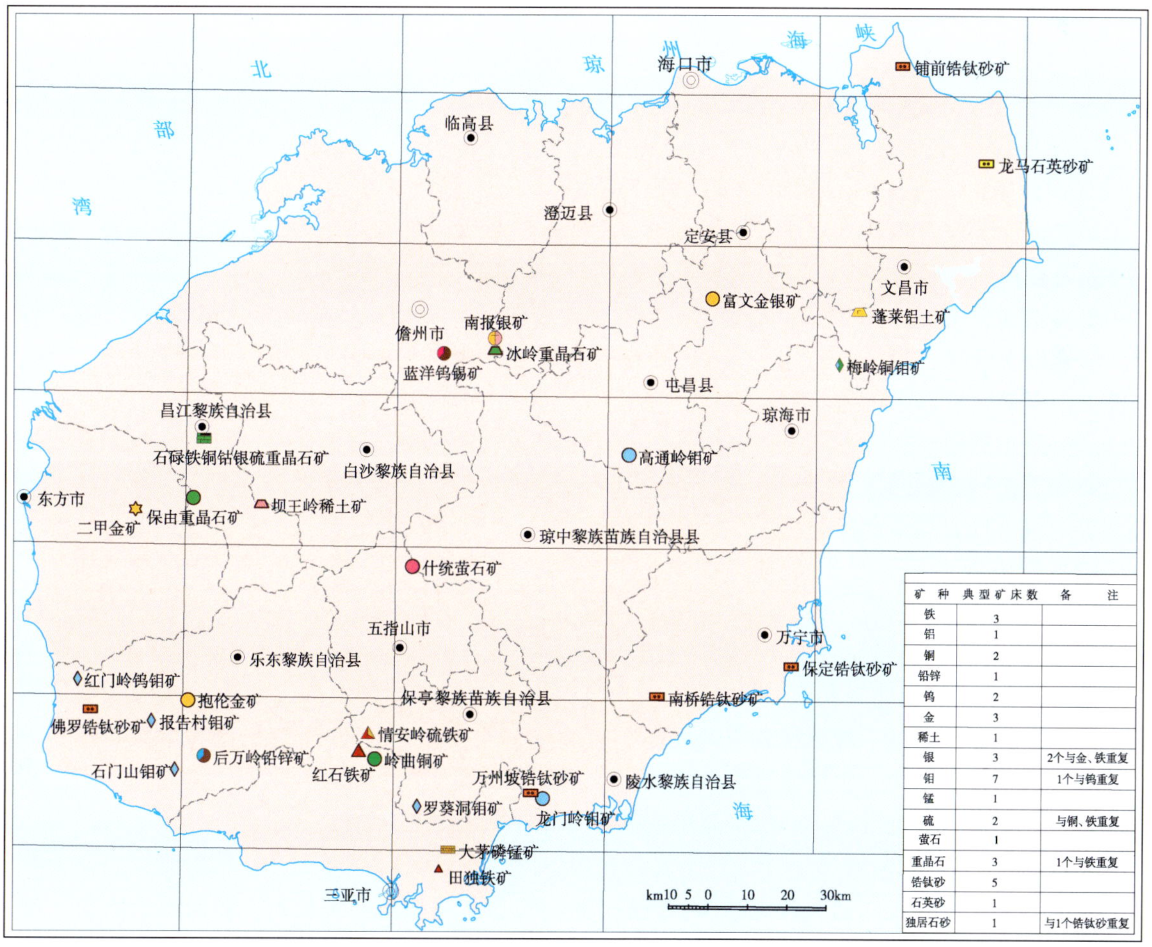

图4-0-1　海南岛铁铜金等15个矿种31处典型矿床分布图

矿典型矿床2处（石碌沉积变质型铁铜硫矿、保亭情安岭型矽卡岩型硫铁矿）、萤石矿典型矿床1处（什统热液型萤石矿）、锰矿典型矿床1处（三亚大茅浅变质型磷锰矿）、重晶石矿典型矿床3处（昌江石碌重晶石矿、儋洲冰岭重晶石矿、昌江保由重晶石矿）。

第一节　金矿种典型矿床及其成矿模式

一、矿床概况

在全岛已发现的56个金矿床（点）中，成因类型存在破碎-蚀变岩型、热液型（狭义）、砂矿型3种。本次选择了二甲金矿、抱伦金矿和富文金银矿作为本次典型矿床进行研究。

二甲金矿床位于东方市大田乡，属于破碎-蚀变岩型金矿，金储量C+D+E 26830kg，伴生Ag 189.77kg，样品最高品位Au 627g/t，平均品位Au 13.15g/t，属中型矿床。

抱伦金矿床位于乐东县抱由镇，成因类型属于热液型（狭义），（$333+334_1$）金资源量80186kg，矿体平均品位Au 29.30g/t，最高为Au 282.70g/t，属大型矿床。

富文金银矿床位于定安县富文镇，成因属于热液型（狭义），探明的D级金属储量Au 4595kg，Ag 13331kg，平均品位Au 53.67g/t，Ag 155.70g/t，属中型矿床。

二、典型矿床地质特征

（一）二甲金矿

1. 矿区特征

（1）地层。

矿区地层主要有长城系抱板群峨文岭组，岩性段主要为云母石英片岩、石英云母片岩、粉砂质千枚岩及变质石英粉砂岩等，与上覆奥陶系南碧沟组呈断层接触。

奥陶系南碧沟组（On），一套浅变质碎屑岩夹变质基性火山熔岩和基性火山碎屑岩的岩石组合。岩性以千枚岩、绢云板岩为主，夹变质粉砂岩、细砂岩、炭质板岩；中上部夹基性火山熔岩、基性火山碎屑岩。与上覆陀烈组呈整合接触。

志留系陀烈组，岩性下部为变质石英细砂岩、绢云板岩夹灰岩透镜体；中段以硅质绢云板岩为主，夹变质粉砂岩及深灰色绢云板岩；上部为绢云板岩夹变质粉砂岩条带。底部以变质石英细砂岩与南碧沟组千枚岩呈整合接触。

（2）岩浆岩。

矿区内岩浆活动强烈，主要有大田混合花岗岩，其次是居便花岗斑岩，少量闪长玢岩、辉绿玢岩和煌斑岩等岩脉。

1）片麻状二长花岗岩和花岗闪长岩（γPt_2）：主要分布在测区西部二甲村、抱板一带及西南部大村一带，形态上呈不规则状北东向展布，总面积约153km^2，其岩性为二长花岗岩和花岗闪长岩，糜棱岩化变晶结构，矿物组成为：钾长石、斜长石、黑云母、石英，副矿物为石榴子石、磷灰石、锆石、褐帘石和电气石。同位素测年数据为1397±46Ma（Pb-Pb）。

2）黑云母二长花岗岩（$\eta\gamma^d P_3$）：主要为大田岩体，在矿区西南路兹岭一带出露，出露面积约3km^2，其岩性为二长花岗岩，含斑结构，斑晶2%~4%，矿物组成：钾长石、斜长石、石英、黑云母、角闪石，副矿物电气石、石榴子石、红柱石。

3）脉岩：矿区出露脉岩主要有花岗闪长斑岩、闪长岩、辉绿玢岩和伟晶岩等。

（3）构造。

矿区构造主要表现为不同方向的脆性断裂，北东向韧性剪切带及北东—东西向的韧性—脆性断裂破碎带，另外地层中尚见有小的褶曲（图 4-1-1）。

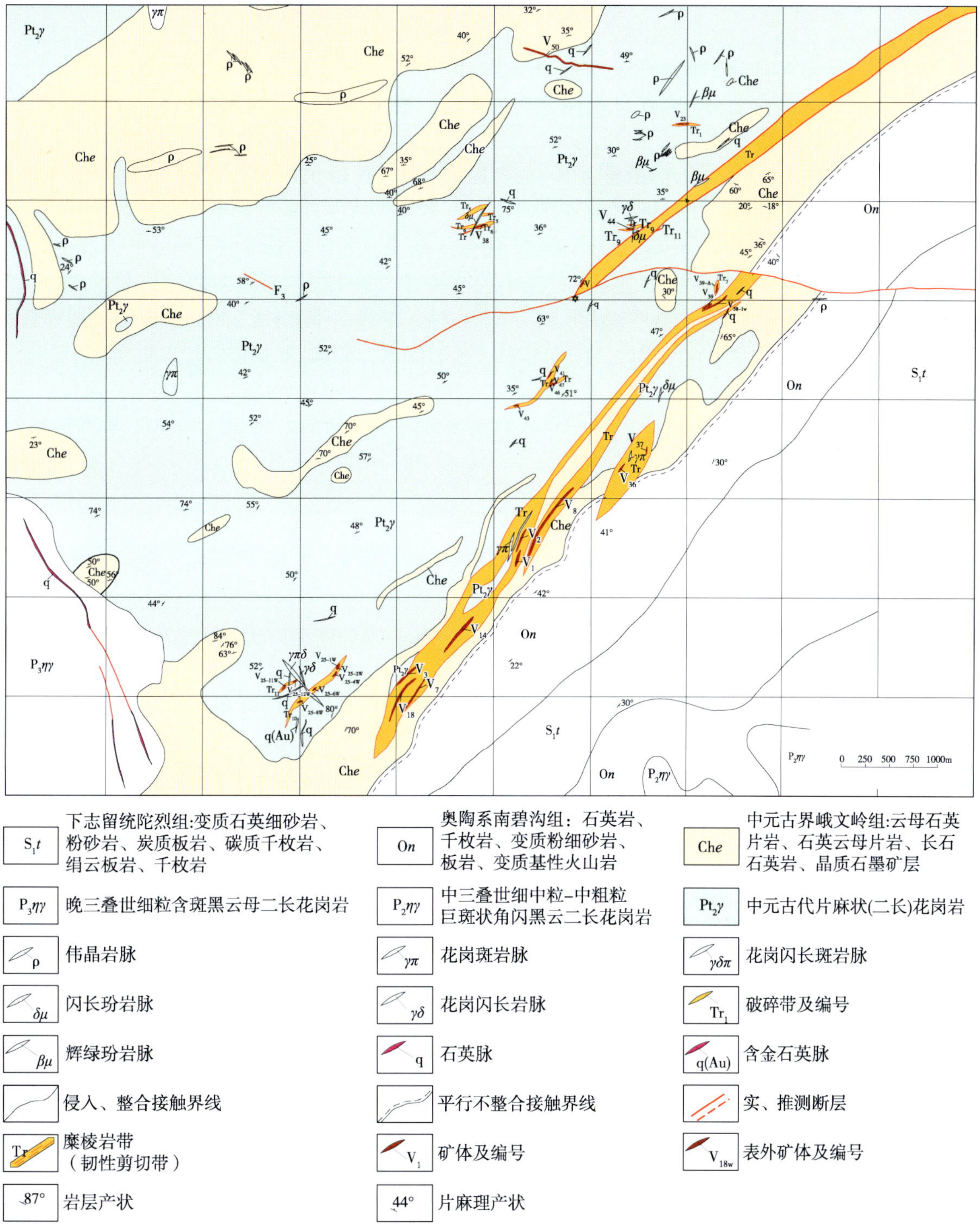

图 4-1-1　海南省东方市二甲金矿矿区地质简图

1）脆性断裂。

矿区内可分为东西、北西、北东、北北东及南北向等 5 组断裂。

A. 东西向断裂：二甲断裂位于二甲村和广坝农场九队的南侧，走向 80°～110°，矿区出露长度大于 5.5km，向东延伸出矿区。在地貌上表现为二甲河呈近东西流向，平面上呈波状弯曲，并切割戈枕断裂带。该断裂面的产状：倾向 8°，倾角 34°，断裂性质可能属于逆冲断层。

在打栏山西侧，广坝四队南侧及广坝五队东南等地，有 6 条小的东西向断裂，长 50~150m，走向 80°~110°，倾向北，倾角 44°~62°，为石英脉充填，其中有 2 条含金的石英脉。在矿区北部居便村的南部有 5 条、广坝六队南侧有 1 条，80~1000m 的近东西向断裂，在广坝五队东南部有一条长约 70m，走向 80°的东西向断裂，有辉绿玢岩岩脉充填。

B. 北西向断裂：主要分布在矿区西南方向的路兹岭断裂和五牙岭断裂及控制北西向石英脉、伟晶岩岩脉的断裂。

路兹岭断裂位于矿区西南部的路兹岭、打柴山一带，长约 2700m，宽 15~50m。总体走向 330°，倾向南西，倾角 70°，断裂西北端和东南端有石英脉充填，石英脉膨缩变化明显，石英晶洞发育。中段可见碎斑岩、构造角砾岩及碎裂岩，属张性断裂。五牙岭断裂位于路兹岭断裂的西侧，长约 1200m，特征与路兹岭断裂相似。在打栏山的西侧有一条花岗闪长斑岩岩脉充填的北西向断裂，长 65m，宽 10~40m，倾向 50°，倾角 65°，矿区 15~17 线一带有长约 40m 的剪性断裂（F_1），走向 335°，倾向南西，倾角 66°~71°，在坑道中可见断层泥，矿体逆时针错动 22m。该断层对 V_9 矿体有破坏作用，属成矿后期断裂。

在矿区北部居便村南部有 4 条为伟晶岩岩脉充填的北西向断裂，长 50~100m，呈雁行排列。在矿区中部广坝四队北部有 1 条北西向断裂，长 150m，倾向南西，倾角 78°，在广坝八队的北部有 2 条北西向断裂，长 50m，倾向西南，倾角 72°，为辉绿玢岩岩脉充填。此外，在二甲断裂南侧有长约 170m 的北西向断裂，为石英脉充填。

C. 北东向断裂：分布在戈枕断裂带的两侧。石英脉充填的有 14 条，长 30~200m，倾向南东，倾角 20°~60°，其中 6 条含金。此外，在戈枕断裂带两侧或主要在戈枕断裂带的西部尚有伟晶岩岩脉充填的断裂、辉绿玢岩岩脉充填的断裂和闪长玢岩岩脉充填的断裂，大小共有 19 条，长度 50~220m，厚度最大可达到 16m，倾向南东或北西，倾角 45°~85°。

D. 南北向断裂：主要表现为控制南北向花岗斑岩岩脉、闪长玢岩岩脉和石英脉的断裂。

花岗斑岩岩脉位于广坝四队东侧，长约 200m，宽 10~20m，走向南北。鹅蛋岭有长度大于 1200m，宽 10~20m 的南北向断裂，走向变化较大，南端为南北向，中段转向北东东向，北端转向北北西向，总体走向近南北，倾向东，为石英脉充填，脉中晶洞发育，膨缩变化现象明显，属张性断裂。在打栏山西侧有 3 条南北向断裂，长 100~270m，为石英脉充填，其中 2 条含金。此外，在广坝十队西北侧有 1 条闪长玢岩岩脉充填的南北向断裂，长约 150m。

E. 北北东向断裂：主要见于坑道中的穿脉断裂，长约 35m，产状 165°∠50°，切割 V_9 矿体，断距不大，错动方向顺时针，属成矿后的剪性断裂。在广坝八队见有一条闪长玢岩岩脉充填的北北东向断裂，长约 150m。

2）韧性剪切带。

戈枕韧性剪切带是矿区中 1 条重要的北东向构造带，处在矿区的中偏东部，分布在中元古界抱板群上部，戈枕韧性剪切带宽 90~700m，以北东 30°方向延伸，平面上呈舒缓波状，倾向以南东为主，北部部分地段倾向北西，倾角 60°~75°。戈枕韧性剪切带在矿区的北部被后期东西向二甲断裂所切割，错距 1.7km。剪切带中发育超糜棱岩（硅化岩）、糜棱岩、千糜岩，是主要成矿构造。

剪切带与围岩无明显的界面，二者呈渐变过渡关系，其剪切应变强度由边缘向中心增强，即在糜棱岩中心分布着超糜棱岩（硅化岩）。各糜棱岩带中应变强度从弱应变带到强应变带，随着应变的增强，金矿化作用也显著增强。因而在糜棱岩或超糜棱岩中形成了矿体或富矿体。

3）韧性—脆性破碎带。

矿区中韧性—脆性断裂破碎带发育，主要呈东西向和北东向分布于戈枕剪切带西侧的抱板群中，属次一级断裂破碎带。

A. 北东向韧性—脆性破碎带：编号有 Tr_4、Tr_7、Tr_{10}、Tr_{11} 等 4 个碎裂岩带。

Tr_4 碎裂岩带位于矿区的中部，广坝四队南侧，带长 850m，宽 30~70m，总体走向 57°，带的西端走向为 75°，为舒缓波状展布，倾角 40°~45°，碎裂岩带中构造岩主要为硅化碎裂岩夹薄层状石英蚀变岩，该碎裂岩带控制着 V_{41}、V_{42}、V_{43} 和 V_{46} 矿体的分布，矿体呈透镜状。

Tr_7 碎裂岩带位于广坝十队东南侧，长 160m，宽 40m，总体走向 70°，倾角 56°，呈透镜状。其构造岩主要为硅化碎裂岩等，它控制 V_{39-4} 矿体的分布，矿体呈透镜状。

Tr_{10}、Tr_{11} 碎裂岩带分布于矿区的南部，这 2 个碎裂岩带呈北东 50°方向平行分布，其中 Tr_{10} 规模较大，长度 950m，宽 45~65m，倾向北西，倾角 63°~78°。Tr_{11} 碎裂岩带位于 Tr_{10} 的北侧 160m 处，其规模小，长度 245m，宽 20~40m，倾向北西，倾角 50°~65°。Tr_{10}、Tr_{11} 碎裂岩带主要为碎裂混合岩和硅化碎裂混合岩。Tr_{10} 控制着 V_{25-1}~V_{25-10} 等矿体的分布，矿体呈脉状或透镜状，为石英脉型金矿。Tr_{11} 碎裂岩带控制着 V_{25-11W}~V_{25-12W} 矿体的分布，为蚀变碎裂岩型金矿。Tr_{10}、Tr_{11} 碎裂岩带被后期花岗闪长斑岩所切割。

B. 东西向韧性—脆性破碎带：编号为 Tr_1、Tr_2、Tr_3、Tr_5、Tr_6、Tr_8、Tr_9 等 7 个碎裂岩带。

Tr_1、Tr_2、Tr_3 碎裂岩带分布在矿区的北部、北牛矿段中部，地表由两个碎裂岩带呈近东西向尖灭侧现排列（Tr_1、Tr_2），总长度 400m。其中 Tr_1 碎裂岩带规模较大，长度 295m，宽约 12~18m，走向 85°~65°，倾向 355°，倾角 32°~60°，局部变陡为 70°~72°，具有南西侧伏特点，侧伏角 40°~45°。工程控制侧伏斜长 380m，斜深 255m。断裂碎裂岩中部一般为黑色石英蚀变岩，两侧为硅化碎裂岩及碎裂岩，它控制主矿体（V_{23}）空间展布，与围岩界线不甚清晰，多为渐变过渡关系。

Tr_2 碎裂岩带位于 Tr_1 碎裂岩带东侧尖灭处，长 60~70m，宽 5~10m，产状与 Tr_1 相同。Tr_3 碎裂岩带是 Tr_1 碎裂岩带旁侧出现的小的碎裂岩带，它控制着 V_{23-6} 小矿脉空间位置。

Tr_5、Tr_6 碎裂岩带位于二甲村北部约 900m 处，两个碎裂岩带呈平行产出，相距约 70m。

Tr_5 碎裂岩带长度大于 370m，宽度 20~75m，走向 70°~90°，倾向 340°~360°，倾角 50°~65°。

Tr_6 碎裂岩带分布于 Tr_5 的南侧，长度大于 330m，宽 12~30m，工程控制斜长 125m，垂深 95m。产状与 Tr_5 碎裂岩带基本相同。Tr_5 和 Tr_6 两个碎裂岩带的构造岩与北牛矿段 Tr_1 碎裂岩带构造岩基本相似。Tr_6 碎裂岩带控制了 V_{38} 矿体的展布，矿体呈透镜状。Tr_5 和 Tr_6 碎裂岩带都被后期同一条北东向辉绿玢岩岩脉所切割，其中 Tr_5 碎裂岩带被切割错距较大，为 45m，Tr_6 碎裂岩带错距较小，为 5m。

Tr_8、Tr_9 碎裂岩带分布于广坝十队的西北侧戈枕剪切带的旁侧，呈平行产出，其中 Tr_9 碎裂岩带规模较大，长度 350m，宽 20~25m，该碎裂岩带被后期南北和北东向辉绿玢岩岩脉切断。碎裂岩带构造岩为碎裂混合岩、碎裂岩、硅化碎裂混合岩、硅化碎裂岩，它控制着 V_{40} 矿体的分布，矿体呈脉状。Tr_8 碎裂岩带分布于 Tr_9 碎裂岩带的北侧，其规模小，长 90m，宽 5~7m，产状与 Tr_9 碎裂岩带产状基本相同。

2. 矿体特征

二甲矿区金矿类型有蚀变糜棱岩型、蚀变碎裂岩和石英脉型等 3 种金矿类型。其中蚀变糜棱岩型金矿，矿体分布及其产状形态均受糜棱岩带控制，矿体数量多，规模较大，获得储量占矿区储量的大多数，是矿区最主要的金矿类型。次为蚀变碎裂岩型金矿，主要受碎裂岩带控制，矿体规模（除北牛矿段 V_{23} 号矿体外）较小，获得储量少。

（1）蚀变糜棱岩型金矿。

1）矿体产状特征。

矿体沿走向及倾向上多为舒缓波状，走向 16°~47°，一般为 30°，倾向南东，少数矿体倾向北西，倾角 60°~75°，局部变陡为 78°~89°（图 4-1-2、图 4-1-3）。

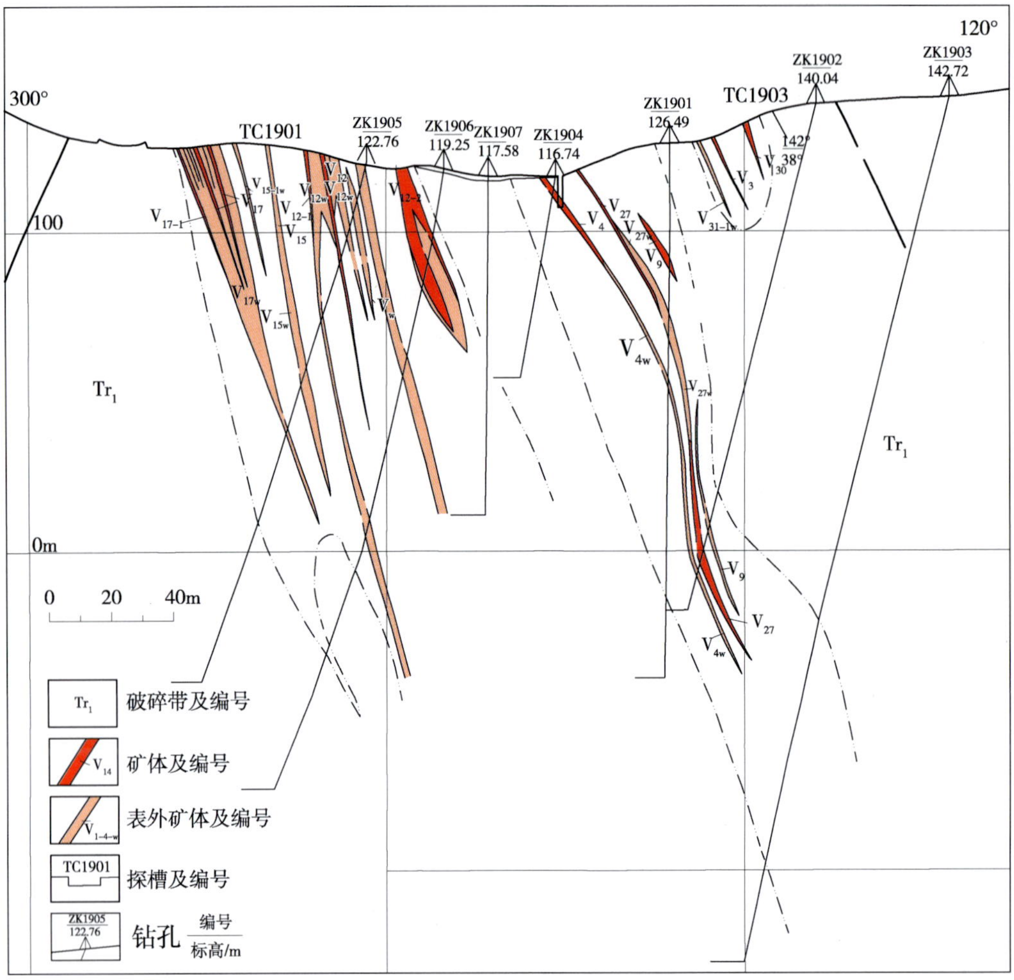

图 4-1-2 海南省东方市二甲金矿区 19 号线地质剖面简图

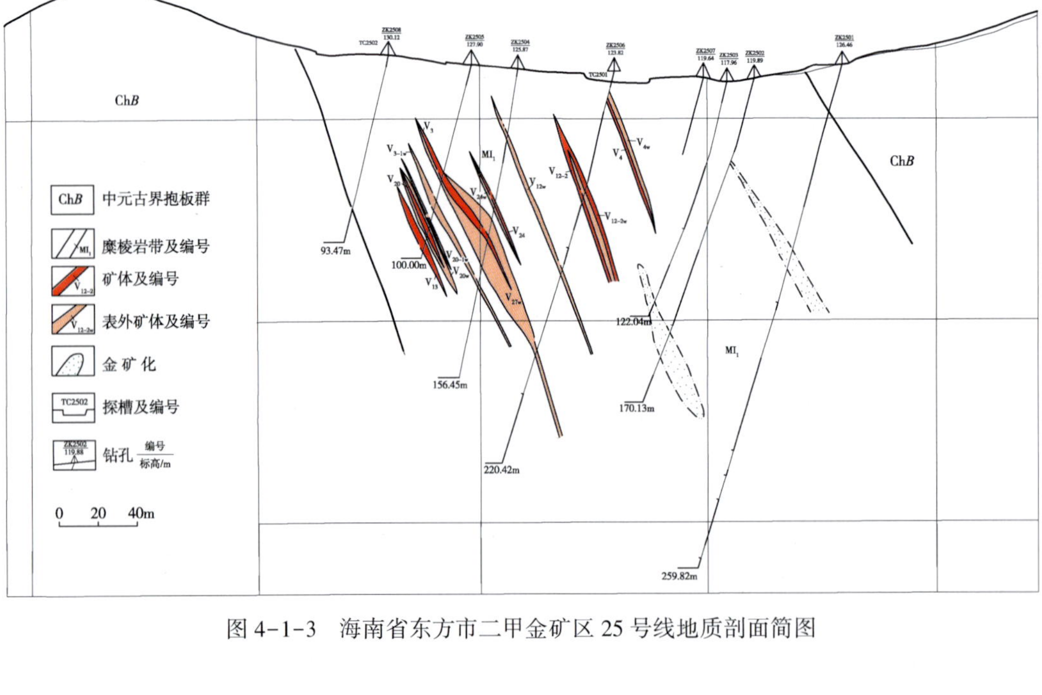

图 4-1-3 海南省东方市二甲金矿区 25 号线地质剖面简图

2）矿体规模及形态特征。

长度一般为 40~150m，少数矿体长度为 183~570m。矿体厚度 0.47~3.67m，少数矿体厚度为 4.08~7.66m，平均厚度 1.72m。矿体厚度变化系数一般为 25%~79%，少数为 85%~128%，仅个别为 172%，因此大部分矿体厚度变化属于稳定—较稳定类型。

矿体斜深不大，一般为 30~100m，少数矿体斜深可达 120~179m，最大斜深为 283m。矿体形态多呈脉状及透镜状，具分支复合、膨缩尖灭再现特点。

矿体底板界线呈港湾状弯曲，形成不规则的菱形、三角形和柱状、哑铃状。

矿体一般向北东侧伏，少数矿体向南西侧伏，侧伏角大小不一，一般为 15°~50°。个别陡侧伏，侧伏角可达 82°，侧伏斜长往往大于矿体走向长度。

3）矿体品位变化。

单个矿体金品位 3.02~27.71g/t，平均品位 5.90g/t，单样最高品位为 125.64g/t，品位变化系数一般小于 50%，少数 55%~142%，因此矿体品位变化属于均匀—较均匀类型，不均匀类型仅占 7%。

矿体品位在走向及倾向变化有一定规律，沿矿体走向中间品位较高，往两侧品位变低。在倾向上，地表品位高于深部，由于含金性很不均匀，深部亦有局部地段品位较高。

矿体与围岩呈渐变关系，工业矿体均靠品位来圈定，金矿化有下列几种情况：以超糜棱岩（硅化岩）为核心，从内往外由富变贫，矿化具对称性，矿体与围岩界线清晰；矿体与围岩无明显界线，完全靠品位确定矿体；金矿化与硅化关系密切，呈正相关。

（2）蚀变碎裂岩型金矿。

蚀变碎裂岩型金矿主要产在北牛矿段、风水山矿段，次为那都矿段。其中北牛矿段 V_{23}、V_{50} 矿体规模较大，1990 年底提交 V_{23} 矿体详查地质报告，C+D 级储量 2537kg，1993 年底提交 V_{50} 矿体普查报告，D+E 级储量 2779.85kg，两矿体均达到小型金矿床。现仅对北牛矿段、风水山矿段的矿体进行归纳描述。

1）矿体产状形态及规模。

矿体均产在碎裂岩带中，其中北牛矿段有 9 个矿体，风水山矿段有 8 个矿体。矿体走向为 75°~115°，倾向 345°~25°，倾角 32°~79°。

矿体呈脉状、透镜状，长度一般为 32~160m，矿体顶板、底板出露标高、相对高差一般为 28~130m，最大相对高差可达 274m，工程控制斜深 28~105m，最大斜深 255m。

2）矿体厚度及品位。

矿体厚度为 0.60~1.66m，少数矿体厚度为 3.82~3.97m，厚度变化系数 45%~91%，属于较稳定—不稳定类型。矿体金品位 3.31~13.15g/t，个别为 117.75g/t，单样最高品位为 627g/t，品位变化系数为 25%~95%，属于均匀—较均匀类型，个别矿体金品位变化系数最大为 336%，属于品位变化极不均匀类型。

3）主要矿体特征。

V_{50} 矿体：矿体分布该矿段 0~6 号勘探线之间，矿体呈脉状产出，矿体走向 108°~115°，倾向 18°~25°，倾角 18°~42°（图 4-1-4）。长度 60m，矿体厚度 0.17~1.12m，平均厚度为 0.60m，厚度变化系数为 95%，属于厚度变化不稳定类型，矿体金品位 3.23~609g/t，平均品位为 117.75g/t，单样最高品位为 627g/t，品位变化系数为 95%，属于品位变化较均匀类型。矿体顶板出露标高 115m，底板出露标高为-15m，相对高差 130m。

北牛矿段：矿体分布在 407~402 号勘探线之间。矿体走向 75°~105°，倾向 345°~15°，倾角 32°~60°。矿体长度 160m，矿体厚度 0.39~6.70m，平均厚度 1.66m，厚度变化系数为 91%，属于厚度变化不稳定类型。矿体金品位 3.55~57.76g/t，平均品位为 10.02g/t，单样最高品位 561.02g/t，品位变化系数为 336%，属于品位变化极不均匀类型。矿体顶板出露最高标高 114m，底板出露最低

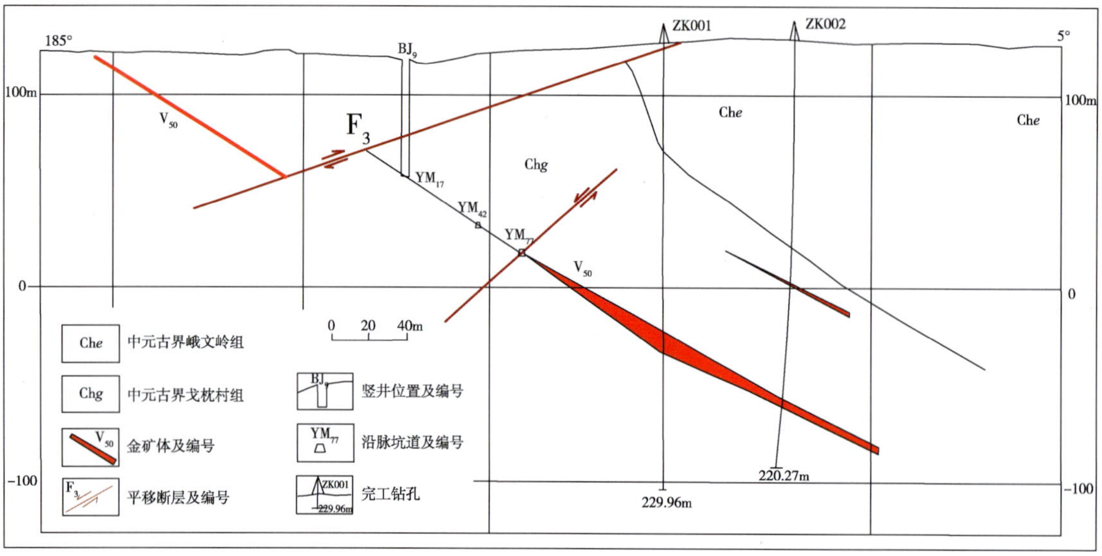

图 4-1-4 东方市二甲金矿区 50 号矿体 0 线地质剖面简图

标高-146m，相对高差 274m，矿体底板斜深 105～280m，工程控制最大斜深 255m。矿体呈脉状，形态较规则，略呈舒缓波状，向南西侧伏，侧伏角 40°～45°（图 4-1-5）。

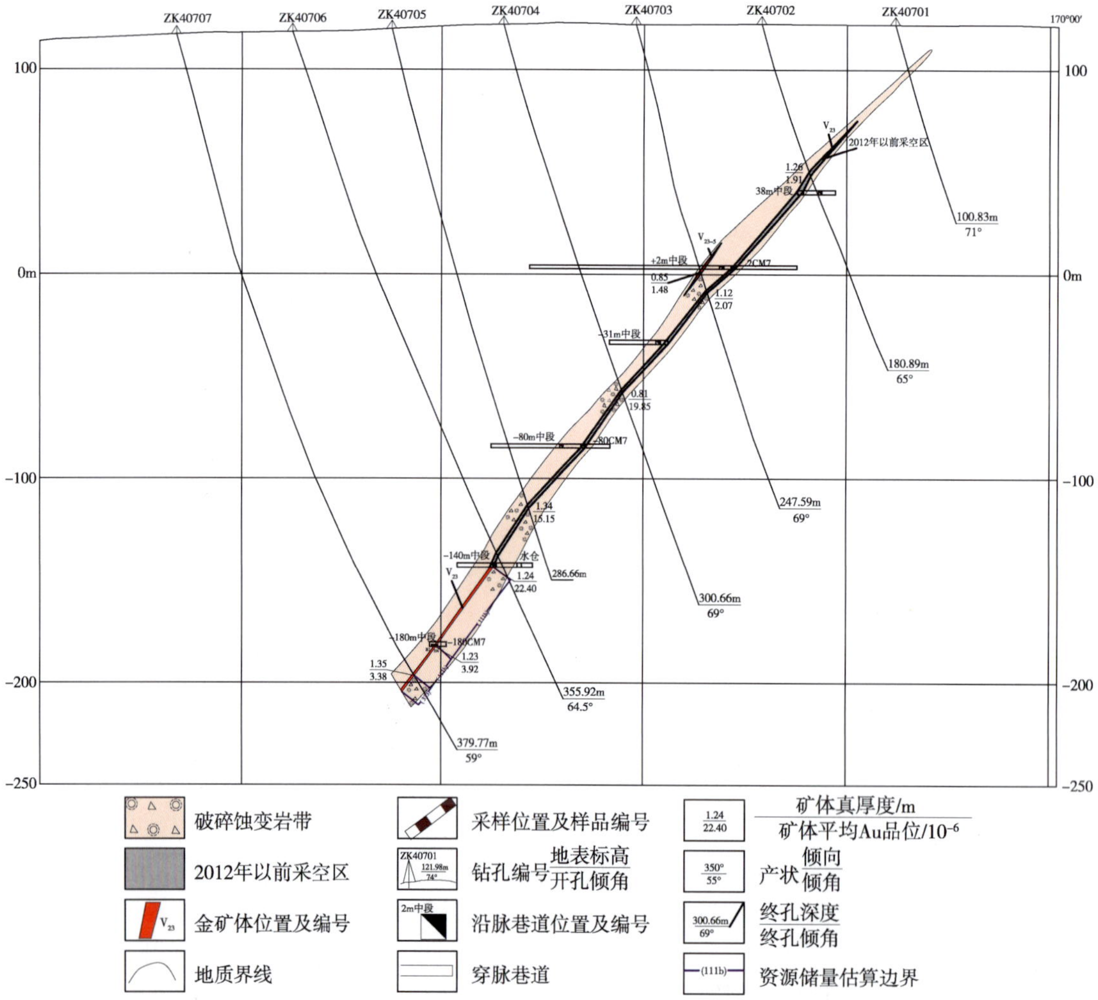

图 4-1-5 东方市二甲金矿区北牛矿段 23 号矿体 407 线地质剖面简图

（3）石英脉型金矿矿体主要分布在那都矿段 Tr_{10} 号碎裂岩带中，现仅对 V_{25-1}、V_{25-2}、V_{25-4}、V_{25-6}、V_{25-8}、V_{25-9}、V_{25-10} 等矿体进行归纳描述。

矿体走向一般为33°~60°，倾向南东，少数倾向北西，倾角一般为20°~48°，个别倾向北西者倾角较陡，可达65°~75°。矿体长度20~70m，出露标高一般为133~128m，少数为190~189m。矿体品位1.19~2.86g/t，少数矿体可达5.69~13.14g/t，单样最高品位为23.93g/t，品位变化系数一般为16%~30%，少数为84%~116%。该类型金矿民采破坏严重，普查工作程度低，矿体规模小，未进行储量计算。

3. 矿石特征

（1）矿石矿物成分。

1）蚀变糜棱岩型矿石矿物主要硫化物有黄铁矿和毒砂，其次有黄铜矿、闪锌矿、方铅矿及少量斑铜矿、辉铋矿（表4-1-1），工业利用矿物是自然金和银金矿等。金属硫化物含量一般为5%，最高可达10%，属贫硫化物型矿石。矿石的脉石矿物复杂，种类繁多，其中最主要的是石英和绢云母。

表4-1-1　糜棱岩型金矿石矿物成分统计表

矿物类型	矿石矿物			脉石矿物及副矿物	表生矿物
	金银矿物	硫化物	氧化物		
主　要	自然金	黄铁矿、毒砂		石英、绢云母	褐铁矿
次　要	银金矿	黄铜矿、闪锌矿方铅矿		方解石、绿泥石斜长石、钾长石	白钛矿
少量及微量	自然银、亮碲金矿（?）	斑铜矿、辉铋矿	钛铁矿、磁铁矿、锐钛矿、金红石、白钨矿	钠长石、绿帘石、白云母、黑云母、榍石、石榴子石、磷灰石、锆石、磷钇矿	黄铁钾矾、铜蓝、孔雀石、方解石

2）蚀变碎裂岩型矿石矿物为自然金和银金矿，主要硫化物有黄铁矿和毒砂，次为方铅矿和闪锌矿以及少量黄铜矿（表4-1-2）。金属硫化物含量一般为1%~2%，最高达5%，属贫硫化物型矿石。矿石中脉石矿物复杂种类较多，最主要的是石英，其次为微斜长石、钾长石、绢云母、绿泥石、方解石等。

表4-1-2　碎裂岩型金矿石矿物成分统计表

矿物类型	矿石矿物			脉石矿物及副矿物	表生矿物
	金银矿物	硫化物	氧化物		
主要	自然金	毒砂、铁矿		石英、微斜长石、斜长石	
次要	银金矿	方铅矿、闪锌矿		方解石、绢云母、绿泥石、正长石	褐铁矿
少量及微量	自然银	黄铜矿	磁黄铁矿、钛铁矿、钛铁矿	锆石、独居石、磷钇矿、石榴子石、磷灰石、白钨矿	自然铅、白钛矿、黄钾铁钒

综上所述，蚀变糜棱岩型金矿石和蚀变碎裂岩型金矿石矿物成分特征基本相同，均属于构造蚀变岩型金矿石特征。金属硫化物黄铁矿和毒砂都与金关系密切。黄铁矿化学成分分析，Au、As、Ag含量相对较高，随As含量增多，金含量有增高趋势，说明Au与As含量关系密切。因此，黄铁矿中As含量高低是评价其含金性的重要标志。毒砂中含金量最高达1030g/t，在同一粒级的毒砂中晶形越差，金含量越高。在不同粒级的毒砂中，粒度越细含金量越高。因此，脉状产出毒砂少，晶

形差，粒变小，伴生的金矿物较多；毒砂中 Au/Ag 值高于黄铁矿中的 Au/Ag 值，表明毒砂中金的成色高于黄铁矿中金的成色。蚀变硅质的石英和剪切作用分异的石英都与成矿关系密切，自然金大部分分布在石英晶隙之中，石英为金的载体矿物；或者与硫化物、自然金、银金矿等呈脉状产于矿石的裂隙中，与后期热液成矿关系密切。

从部分硫化物微量元素分析结果可知，微细粒状毒砂与脉状毒砂相比，早阶段的微细粒毒砂 Se、Ni 等较高温元素含量较高，Ag、As 等较低温元素含量较低，表明早期阶段的毒砂形成温度较高；毒砂中 Cu、Pb、Zn 含量明显低于黄铁矿，而 Co、Ni、Sb、Bi 则明显高于黄铁矿。

（2）矿石化学成分。

1）蚀变糜棱岩型矿石中的 SiO_2 含量 65.28%~74.32%，明显小于蚀变碎裂岩型矿石的 SiO_2 含量（76.23%~86.50%），由于蚀变糜棱岩型矿石 SiO_2 含量较低，Au 的含量也低（6.37~11.88g/t），相反蚀变碎裂岩型矿石的 SiO_2 含量较高，Au 的含量也相对增高（7.08~99.75g/t），表明 Au 与 SiO_2 的含量成正比。

2）蚀变糜棱岩型矿石中的 Al_2O_3（8.66% ~ 11.89%）、Fe_2O_3（5.00% ~ 6.62%）、MgO（1.59%~3.87%）、CaO（1.41%~2.32%）等含量均大于蚀变碎裂岩型矿石的 Al_2O_3、Fe_2O_3、MgO、CaO 等含量。

3）矿石中主要有用组分除 Au 外尚有 Ag 可综合利用，而 Cu、Pb、Zn 含量很低，无综合利用价值，S 的含量 0.44%~0.51%，平均为 0.48%，均属于贫硫矿石。

含金石英脉型矿石化学成分与蚀变构造岩型矿石相差很大，SiO_2 含量为 97.5%，其他组分含量很低。

（3）矿石的结构、构造。

蚀变糜棱岩型和蚀变碎裂岩型矿石结构、构造特征基本相同。矿石结构主要有自形粒状结构、半自形粒状结构、他形粒状结构、碎裂结构、交代结构、乳滴状结构、溶蚀结构、显微隐晶结构等。矿石构造常见的有浸染状构造（或斑杂状构造）、细条纹状构造和细脉状构造等。

（4）矿石类型。

按氧化程度划分为氧化矿石和原生矿石。氧化矿石分布在矿体浅部地表附近，土黄色、褐黄色、褐红色，土状，松散块状。由石英、长石、褐铁矿、黄钾铁钒、铜蓝、白钛矿及自然金、银金矿等组成，呈残留结构、假象结构、脉状结构，细条纹、细网脉状构造。

原生矿石包括蚀变糜棱岩型金矿原生矿石：硅化岩型、糜棱岩型、千糜岩型；蚀变碎裂岩型金矿原生矿石：石英蚀变岩型、硅化碎裂岩型。

4. 围岩蚀变

蚀变糜棱岩型金矿和蚀变碎裂岩型金矿的近矿围岩蚀变特征基本相同。其蚀变种类主要有硅化、黄铁矿化，其次为绿泥石化、碳酸盐化、绿帘石化及绢云母化等。硅化为矿区最主要的围岩蚀变，与金矿关系极为密切，亦是重要的找矿标志，一般是硅化愈强、金矿化愈好。黄铁矿多以稀疏状或细脉状产出，常与毒砂、方铅矿、闪锌矿、黄铜矿等硫化物共生与金矿化关系不甚密切。绿泥石化范围广，与糜棱岩带和碎裂岩带宽度大体一致。碳酸盐化多为大小不等的方解石脉体贯入，常切割黄铁矿细脉。

5. 矿体的控矿因素

（1）构造因素：北东向的戈枕韧性剪切带是控制蚀变糜棱岩型金矿的主要构造带，其派生的次级北东向—近东西向韧性—脆性断裂破碎带则主要控制本区碎裂岩型金矿的产出。

（2）岩浆岩因素：印支期岩浆热液提供了部分成矿物质来源和热源。

（3）地层因素：矿床主要受长城系抱板群控制。

（4）矿床类型：与剪切带有关的破碎-蚀变岩性金矿。

（二）抱伦金矿

1. 矿区特征

（1）地层。

矿区地层仅出露下志留统陀烈组中段、下段，而白垩系主要分布在矿区东南角。陀烈组主要分布于矿区中部及西南部，呈北东—南西向展布，北西侧与尖峰岩体呈侵入接触，南东侧伏于鹿母湾组之下，二者呈断层接触。陀烈组下段主要为绢云母石英千枚岩、绢云母粉砂岩，厚度大于560m。陀烈组中段主要为含炭千枚岩，厚度849m。白垩系分布于矿区东南角，由鹿母湾组及报万组组成。下白垩统鹿母湾组主要为砾质砂岩、含砾砂岩夹紫灰色厚层状含砾富晶屑凝灰岩及紫红色凝灰岩，与陀烈组呈断层接触，上部整合于上白垩统报万组之下。报万组主要为砾质砂岩、含砾砂岩（图4-1-6）。

（2）构造。

矿区断裂与褶皱构造较发育，褶皱构造主要为豪岗岭背斜。断裂构造主要有北东向的坝毫山—铁弯岭断层及北北西向控矿断裂带。

豪岗岭背斜，分布于豪岗岭一带陀烈组中，长约1.5km。区内宽0.8km，轴迹北北西向，其核部为陀烈组下段的绢云母石英千枚岩，两翼为陀烈组中段的含炭千枚岩，东翼因北东向断层切割而未出露陀烈组中段。东翼地层产状：61°~88°∠58°~88°；西翼地层产状：230°~245°∠60°~80°，向南倾伏，倾伏角48°~60°。北北西向的含矿破碎带位于豪岗岭背斜的转折端至核部，该背斜可能形成于加里东期，后又经过海西—印支期和燕山期岩浆侵入及构造运动的改造。

坝毫山—铁弯岭断裂，分布于矿区东部，呈北东走向，两端延伸出矿区，区内长9.2km，宽1~5m。断层总体走向北东27°，倾向南东，倾角34°~85°。上盘为鹿母湾组，下盘为陀烈组，为一正断层。见石英脉与硅化脉透镜体分布，局部可见其下盘发育许多次级的叠瓦状小裂隙。断裂带内绢云母化、硅化、绿泥石化较普遍。据野外露头及应变测量显示，该断裂曾遭受过强烈的挤压变形。

北北西向断裂破碎带主要分布于陀烈组中并穿过北部的晚三叠世花岗岩。

区内现已发现13条破碎带，除Tr_{13}破碎带方向不同外，其他12条破碎带基本上近等距、平行产出。破碎带间距一般为50~80m，走向330°~355°，倾向240°~265°，局部倾向60°~75°，倾角55°~82°，破碎带长400~2070m，宽一般10~50m，最宽120m，金矿脉均赋存于破碎带的Tr_1、Tr_2、Tr_3、Tr_4、Tr_5、Tr_{11}、Tr_{13}中。破碎带具有良好的分带性，一般中心为含金石英脉充填，两侧依次为硅化千糜岩、碎裂岩化硅化千枚岩。外围重烂岭区段有一组北北东向断裂破碎带Tr_{13}，走向23°~25°，倾向293°~295°，倾角65°~83°，破碎带长570m，宽12~22m，金矿脉赋存于破碎带中。

（3）岩浆岩。

主要分布在矿区西北部，为尖峰岭复式岩体，由晚二叠世至三叠世中粗粒斑状黑云母正长花岗岩和燕山晚期闪长岩等组成。中粗粒斑状黑云母正长花岗岩具块状构造，中粗粒似斑状结构，斑晶成分为钾长石，大小1~2.5cm，分布较均匀，无定向性，基质粒径2~8mm，半自形粒状结构，偶见石英呈他形晶的典型花岗结构。岩石矿物成分主要有：钾长石47%~65%，斜长石8%~20%，石英20%~26%，黑云母1%~5%。岩石化学成分为：SiO_2 75.25%、Al_2O_3 12.20%、CaO 1.02%、MgO 0.40%、Na_2O 2.72%、K_2O 5.25%、TiO_2 0.20%、Fe_2O_3 0.64%、FeO 1.74%。对花岗岩岩体的黑云母单矿物进行Ar-Ar、K-Ar法测年，岩体侵入作用年龄为209~237Ma。闪长岩为自形—半自形粒状结构，块状构造，主要矿物成为黑云母、角闪石、辉石、长石、石英，闪长岩粒度明显小于花岗岩，零星分布于花岗岩中。对闪长岩的暗色矿物黑云母单矿物和角闪石单矿物分别进行K-Ar法测年，年龄分别为97.3±5.1Ma、112.7±4.0Ma。花岗岩岩体与下志留统陀烈组呈侵入接触关系，靠近接触带分布1~5m宽的细粒黑云母二长花岗岩边缘相，陀烈组岩石揉曲强烈，并出现5~10m的角岩化带。

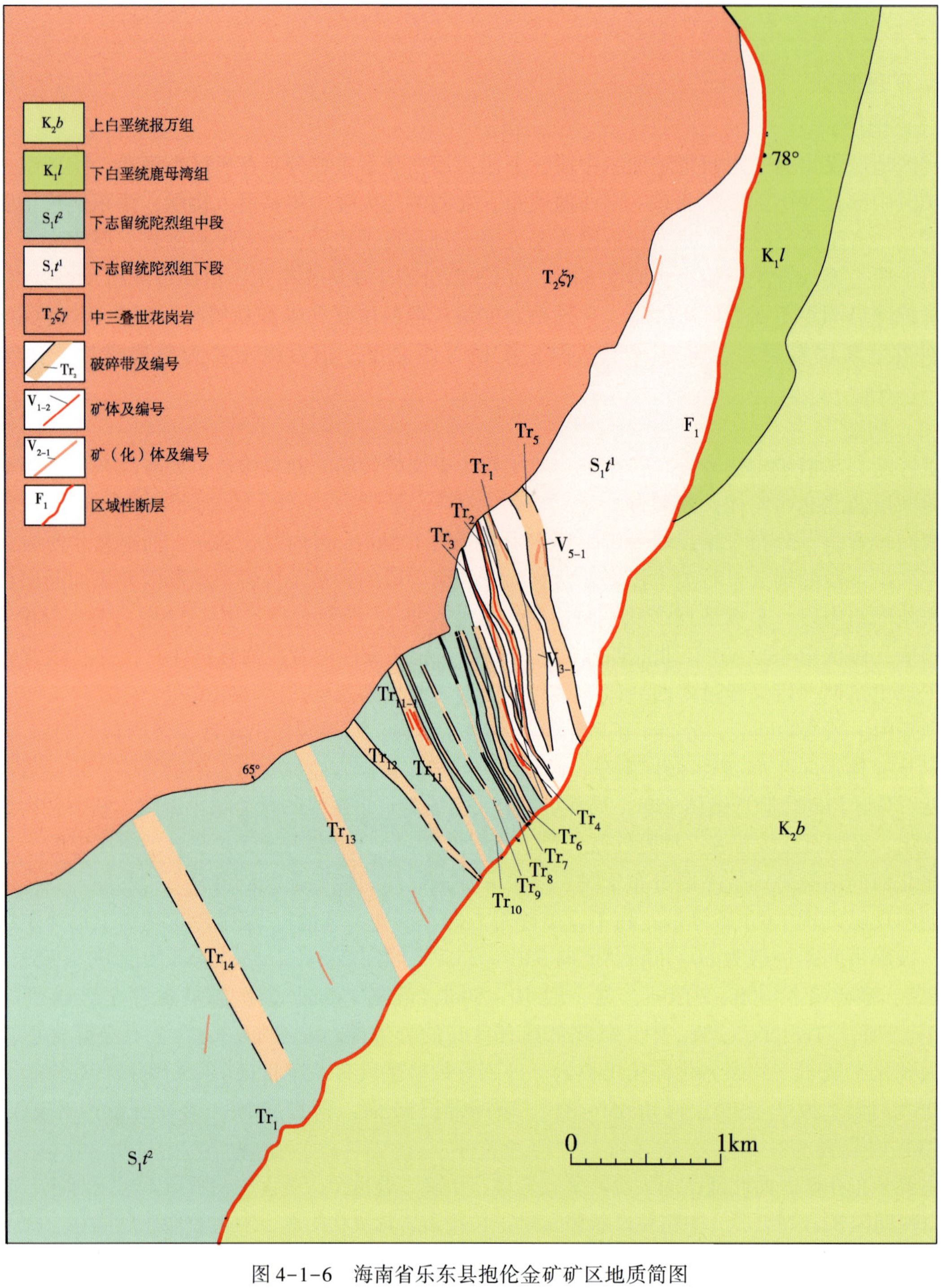

图 4-1-6　海南省乐东县抱伦金矿矿区地质简图

2. 矿体特征

抱伦及外围金矿体主要分布于豪岗岭地区及重烂岭地区，目前已圈定了 27 个矿体（抱伦金矿区 22 个，外围 5 个），由含金石英脉和含金蚀变岩组成。含金石英脉界线清楚，含金蚀变岩与围岩千枚岩界线不清，呈渐变过渡关系，主要靠品位圈定。

矿体分布于 Tr_1、Tr_2、Tr_3、Tr_4、Tr_5、Tr_{11}、Tr_{13} 含矿破碎带中，矿体多呈脉状、似透镜状、透镜状。部分矿体呈膨缩尖灭再现或尖灭侧现之特点，尖灭再现之间距一般不大，约一米至几米，主要形成右斜列尖灭再现。局部见被小断层切穿破坏现象。矿体产状与含矿破碎带基本一致，走向一般为325°~355°，倾向南西西，局部北东东，倾角一般65°~85°，Tr_{13}破碎带控制的V_{13-1}矿体，走向为23°~25°，倾向北西西，倾角65°~83°（图4-1-7，图4-1-8）。

矿体出露标高-180~525m，坑道控制矿体标高一般为300~130m，个别（V_{1-3}）控制到-60m标高。矿体长度一般70~1240m，厚度为0.20~7.84m，一般为1.06~3.03m。矿体向南侧伏，侧伏角可达50°。

矿体平均厚度为0.49~2.50m，厚度变化系数10%~102%，属于稳定—不稳定类型。矿体平均品位1.00~29.30g/t，个别为98.05g/t（V_{1-7}），单样最高品位为282.70g/t（V_{1-3}），品位变化系数为9%~193%，属于均匀—很不均匀类型。

3. 矿石特征

（1）矿石矿物成分。

主要金属矿物为黄铁矿、磁黄铁矿、自然金，次要金属矿物为毒砂、含镍黄铁矿、黄铜矿、闪锌矿、方铅矿、自然铋、黑铋金矿、硫金铋矿、辉铋矿、硫铋铅矿、斜方硫铋铅矿、柱硫铋铅矿、卡辉铋铅矿、柱辉铋铅矿、辉锑镍矿、赫碲铋矿和微量铁砷混合物、硫铁混合物、金铋混合物、硫铁砷混合物及氧化铁等。

主要脉石矿物为石英，次要脉石矿物为白云母、绢云母、绿泥石、方解石、金红石及黏土矿物等。

（2）矿石结构构造。

矿石结构主要有：自形不等粒状结构、半自形不等粒状结构、他形不等粒状结构、斑状变晶结构、交代结构、交代残留结构、环状交代结构、筛状结构、包含结构、固溶体分离结构、文象或蠕虫状结构、鳞片变晶结构、扇形（或放射状）变晶结构等。

矿石构造主要有：细脉状或网脉状构造、似条带状构造、稀疏浸染状构造、团块浸染状构造、片状构造、揉皱状构造、劈理构造、晶洞构造、梳状构造、碎裂及碎斑构造等。

（3）矿石类型。

抱伦及外围金矿石自然类型可分为两种，含金石英脉型矿石和含金蚀变岩型矿石，而前者为该矿床最主要的矿石类型。根据矿物组合特征的不同，可将石英脉型矿石自然类型进一步划分为含金石英脉型、含金碳酸岩-石英脉型和含金多金属硫化物型。

4. 围岩蚀变

矿区主要有区域变质作用、动力变质作用、气液变质作用。

区域变质作用使本区陀烈组的地层发生不同程度的变质，形成千枚岩、变质粉砂岩、石英岩等。动力变质作用主要发育于断裂构造中，形成糜棱岩化千枚岩或千糜岩、碎裂岩。气液变质作用亦发育于断裂构造中，使构造带及其围岩发生强烈的围岩蚀变和金矿化，主要蚀变类型有：硅化、绢云母化、绿泥石化、金属硫化物矿化、碳酸盐化等。

5. 矿体的控矿因素

（1）构造因素：矿体产出位置受豪岗岭背斜构造和北北西向断裂带控制。

（2）岩浆岩因素：矿体位于尖峰超单元岩体外接触带。

（3）地层因素：陀烈组地层中金-多金属硫化物元素含量较高，与金矿床的形成关系密切，矿体赋存于该组地层中。

（4）矿床类型：矿床成因类型属于热液石英脉型。

（三）富文金银矿

1. 矿区特征

（1）地层。

矿区地层出露简单，仅下白垩统鹿母湾组（K_1l），岩性为紫红、紫灰色砂砾岩、含砾长石石

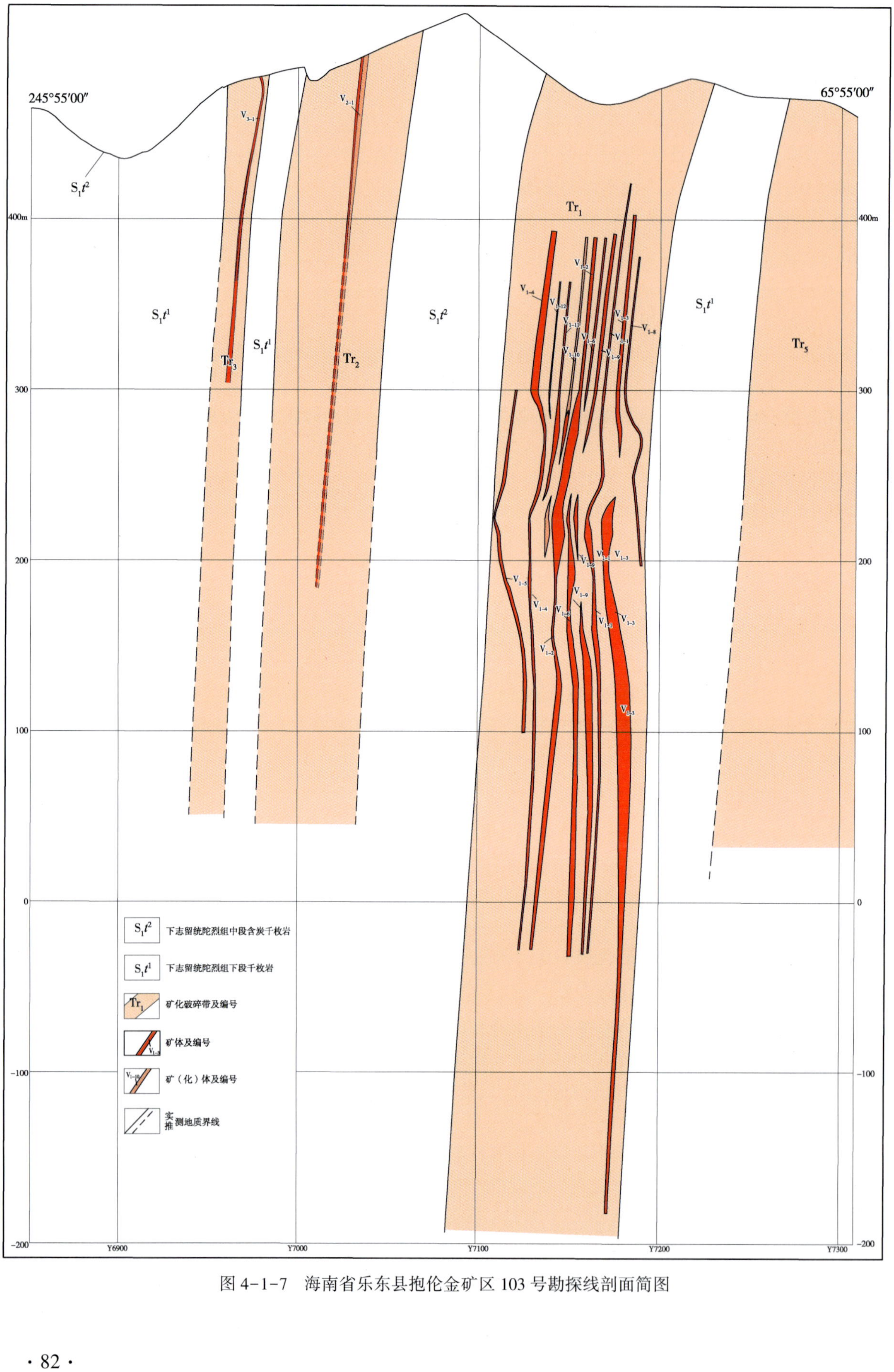

图 4-1-7　海南省乐东县抱伦金矿区 103 号勘探线剖面简图

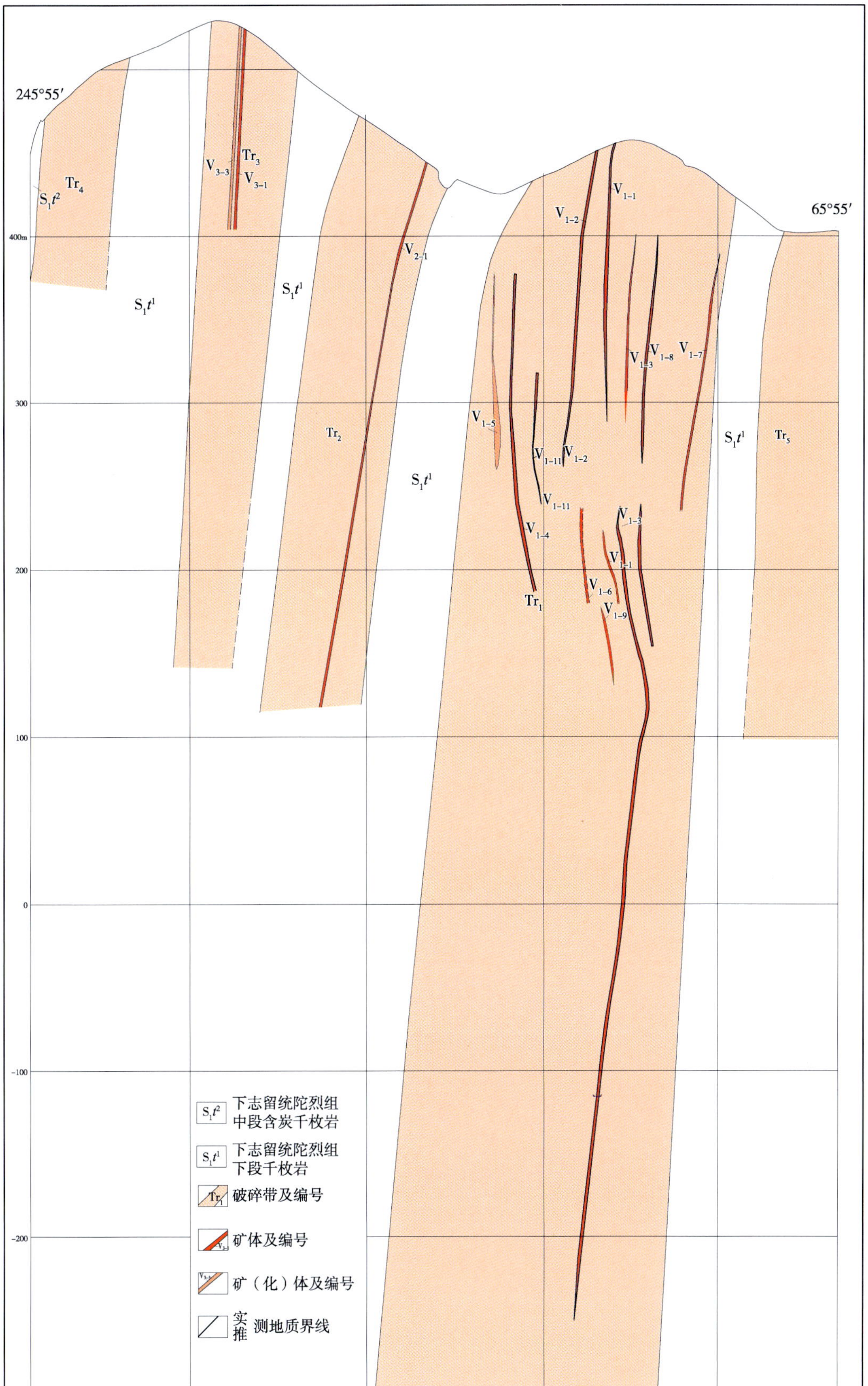

图 4-1-8　海南省乐东县抱伦金矿区 111 号勘探线剖面简图

英砂岩，夹泥质、铁质粉砂岩和泥岩。其与上覆报万组呈整合接触，底界以砂砾岩与下伏花岗岩呈侵入接触。

（2）构造。

矿区位于屯昌南北构造带东侧，区内断裂构造发育（图4-1-9），按其方向可划分为3组：

北西组：为一组层间滑动产生的层间断裂，走向北西，倾向北东，倾角10°~25°，是矿区的主要成矿构造，如V_{14}、V_{15}、V_{17}矿脉均受此组裂隙控制，属压性扭性断裂。

东西组：是斜交岩层的一组张扭性裂隙，规模小，延伸不大，由V_1、V_4、V_{13}等矿脉充填，倾向北，倾角25°~37°。是本区内次一级赋矿构造。

北北西组：为一组区域性的构造，它由多条相互平行或断继出现的呈线状分布的断层破碎带构成，并纵贯全区，目前矿区发现有F_1、F_2。其中F_2规模较大，为一正断层。已控制长度440m，破碎带宽1~5m，倾向230°，倾角78°。对区内矿脉有一定影响。一种认为是导矿构造，成矿物质途径断层充填在两侧的裂隙中；另一种认为是破矿构造，断层活动破坏矿体使成矿物质活化并在其附近富集，断层破碎带局部地段黄铁矿化强。

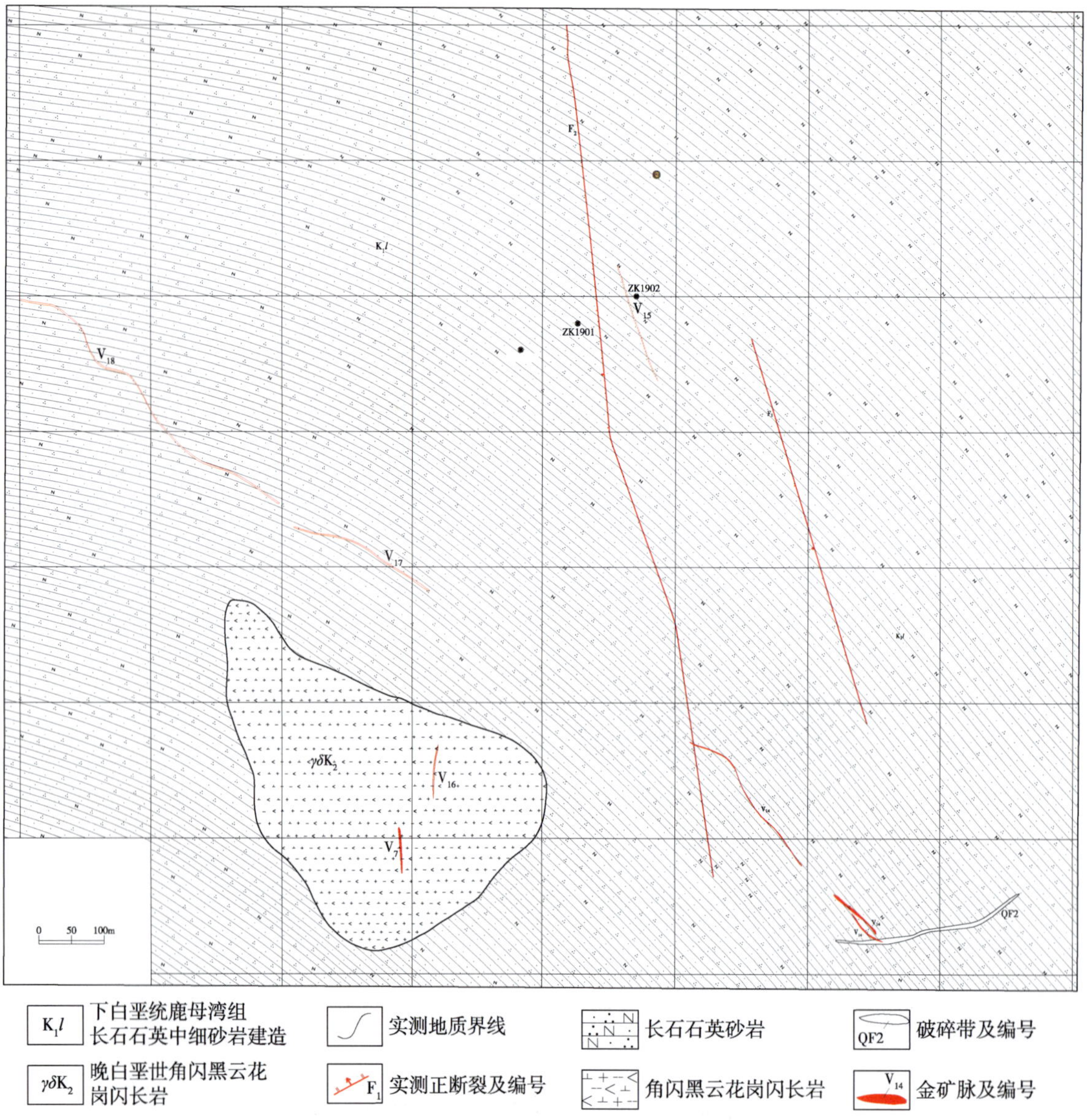

图4-1-9 海南省定安县富文金银矿矿区地质简图

（3）岩浆岩。

矿区中西部V_{17}、V_{14}脉附近和矿区中东部分别出露燕山晚期花岗闪长岩小岩体和花岗岩小岩体。花岗闪长岩岩体呈椭圆状，出露面积115920m^2，与白垩系呈侵入关系。岩体中局部见白垩系砂岩捕虏体，花岗闪长岩呈灰白、灰黑色、风化呈浅黄、灰褐色，块状构造。岩体中及岩体的边缘有黄铁矿化和金矿化石英细脉存在。金矿脉与岩体在空间上有直接成因联系。此外，在矿区中东部尚有一花岗岩岩脉出露，北北西走向，呈条带状，大约452m，面积约12000m^2，岩石为灰白色，斑状结构，块状构造。主要造岩矿物为长石、石英及少量副矿物。

2. 矿体特征

区内发现的矿脉并编号者有19条，分布在富文、南埠两区。各条矿脉的形态、产状及规模见图4-1-10。现将1996—1998年投入勘查工作并计算储量的3条矿脉（V_{17}、V_{14-1}、V_{15}）。

V_{17}：地表长640m，倾斜延伸360~680m，产状78°∠18°，厚0.10~0.46m，平均厚0.22m，金品位5.22~108.16g/t，平均品位27.74g/t。该矿脉在1989年原圈定Ⅱ、Ⅲ矿块之间及其延伸处，通过11个民采竖井控制，矿体进一步扩大，控制标高约为50~100m，新增加D级金金属量1953kg，银金属量8832kg。

V_{15}：属新发现的盲矿体，产状65°∠20°，埋深约50m，有3个竖井控制，控制标高约50~10m。矿体厚0.1~0.16m，平均厚0.13m，金品位23.94~160.99g/t，平均品位87.86g/t，计算金金属量545kg，银金属量792kg。

V_{14-1}：该矿脉为1991年民采发现，矿体埋深58~89m，见矿深度不一，主要是断层影响所致，地表未出露，产在V_{11}的底盘处，属盲矿体，长约400m，产状倾向北东，倾角14°，有6个竖井控制，控制标高约-43~100m。厚度0.14~0.27m，平均0.18m，金品位11.70~184.74g/t，平均品位94.93g/t，计算金金属量1469kg，银金属量1997kg。

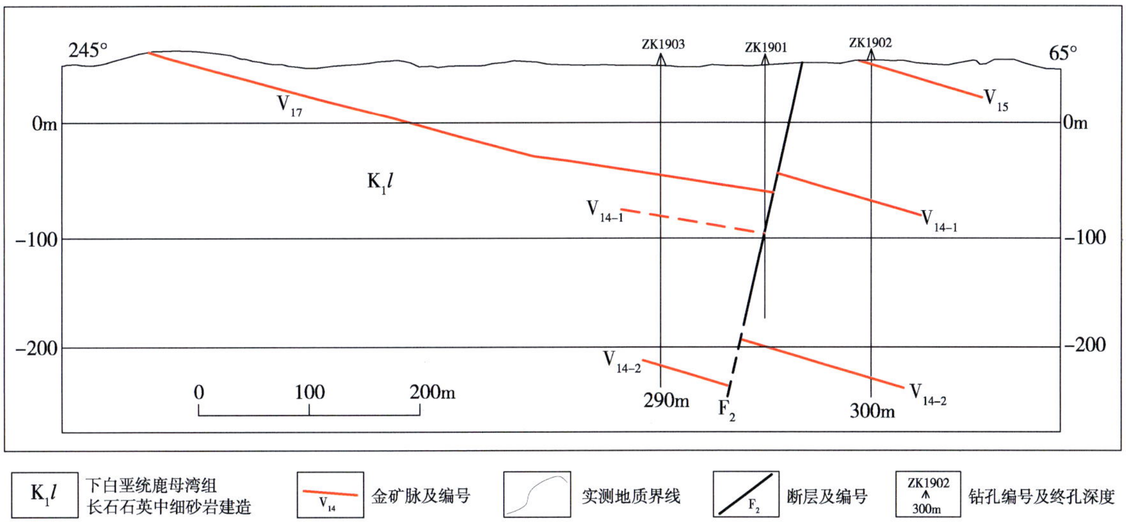

图4-1-10　海南省定安县富文金银矿矿区19号勘探线剖面简图

3. 矿石特征

矿石类型为石英脉型富金银多金属硫化物矿石。矿石中以金为主，伴生银、铅、锌，据1989年详查报告资料，还伴有微量锑、铜、砷等元素。

矿石矿物组合：脉石矿物占90%~95%，主要为石英，其次为方解石、绿泥石等，金属矿物占0~5%，主要为方铅矿、黄铁矿、黄铜矿、闪锌矿、自然金、银的Te-Sb复杂硫盐和银黝铜矿。

矿石结构有镶嵌、溶离结构等。

矿石构造主要为块状、条带状、角砾状等。

根据矿物穿插关系，其生成顺序大致是石英—黄铁矿、毒砂—方铅矿、闪锌矿、黄铜矿—自然金、银的 Te-Sb 复杂硫盐，银黝铜矿。

4. 围岩蚀变

赋矿围岩为下白垩统鹿母湾组粉砂岩，其含金量很少达到边界品位（1.5g/t）。在圈定矿体时，因其围岩与矿脉界限十分明显，但含金量不高，因此未考虑围岩的影响。

矿脉两侧的蚀变粉砂岩由粉砂、石英及绢云母钙质、黄铁矿等组成，矿脉与蚀变围岩界线清楚，近矿部位有厚 0.1～0.4m 的蚀变岩。蚀变类型有黄铁矿化、硅化、绢云母化、绿泥石化、褪色化等，其中黄铁矿化、硅化、绢云母化是重要的找矿标志，与金矿化关系密切。

5. 矿体的控矿因素

（1）构造因素：矿区位于东西向与北东—南西向两组区域构造带的交汇部位，断裂构造极其发育，导致花岗闪长岩岩体侵入和北西、东西向等裂隙的产出。矿体产于北西向鹿母湾组层间破碎带中。

（2）岩浆岩因素：燕山晚期岩浆活动对成矿作用具有很大的影响，V_{17}、V_{14} 靠近岩体，厚度大、品位高；远离岩体，矿脉变薄至尖灭。推测矿液来源于深层岩浆热液。

（3）地层因素：下白垩统鹿母湾组砂岩，含砾砂岩孔隙度大。并夹有钙质层，易被矿液充填交代。

6. 矿床类型

矿体中主要矿物有黄铁矿、方铅矿、闪锌矿、黄铜矿、毒砂，属中温矿物；另有银的 Te-Sb 复杂硫盐和银黝铜矿，属低温矿物。根据矿床地质特征和控矿因素分析，该矿床属于与构造及岩浆有关的沿层间裂隙充填的多阶段中-低温热液矿床。

三、典型矿床成矿模式

（一）二甲金矿成矿模式

1. 成矿流体类型及成矿物质来源

成矿流体是由含金构造分异热液和沿构造上升的深部含金热液组成的混合热液。片麻状二长花岗岩、细粒含斑黑云母二长花岗岩和细中粒—中粗粒巨斑状角闪黑云二长花岗岩为主要成矿物质来源。

2. 成矿时代

蚀变岩型金矿形成于印支期—燕山早期（K-Ar 年龄为 290～190Ma）；石英脉型金矿形成于燕山晚期（K-Ar 年龄为 170～80Ma）。

3. 成矿机理和成矿模式

海西期—印支期发生的韧性剪切动力变质作用导致区内抱板群不同程度的糜棱岩化，形成一套糜棱岩、千糜岩、超糜棱岩，构造分异作用及伴随的热液活动、中—酸性岩浆活动等使抱板群中的金矿物活化迁移，在剪切带中富集形成蚀变糜棱岩型金矿；韧性剪切带后期（印支期—燕山期）以韧—脆性、脆性活动为主，继承性构造热液及岩浆热液在韧性剪切带的边缘和旁侧分别形成蚀变碎裂岩型和石英脉型金矿，并对蚀变糜棱岩型金矿进一步叠加富集。其成矿模式如图 4-1-11 所示。

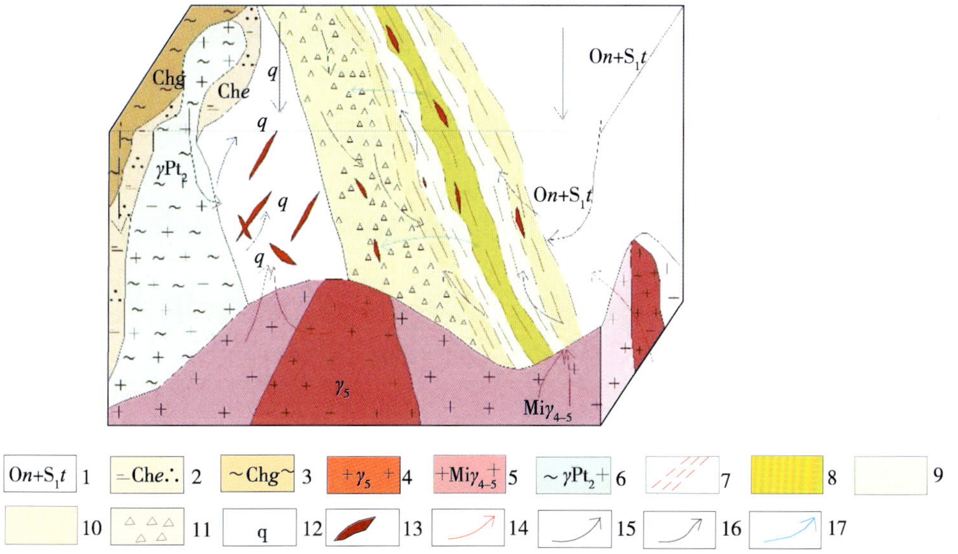

图 4-1-11　海南省东方市戈枕金矿区典型矿床成矿模式图

1—奥陶系南碧沟组和下志留统陀烈组；2—中元古界峨文岭组；3—中元古界戈枕村组；4—燕山期花岗岩；5—海西期—印支期混合花岗岩；6—中元古代片麻状（二长）花岗岩；7—韧性剪切带；8—超糜棱岩带；9—糜棱岩带；10—糜棱岩化混合岩带；11—碎裂岩带；12—石英脉带；13—金矿体；14—岩浆热液；15—大气降水；16—混合热液；17—后期部分含矿热液运移方向

（二）抱伦金矿成矿模式

1. 成矿物质来源

三叠世中粗粒斑状黑云母正长花岗岩和燕山晚期闪长岩。

2. 成矿时代

成矿时代为 236~205Ma，成矿时间延续 30Ma 左右，主成矿期为三叠纪。

3. 成矿机理和成矿模式

第一阶段前印支期的构造运动及区域变质作用，形成了豪岗岭背斜，伴随着背斜的形成，在背斜转折端形成构造裂隙，变质分异热液沿裂隙贯入，形成贫金石英脉（图 4-1-12a）。

第二阶段印支期尖峰岩体的侵入，进一步改造了豪岗岭背斜，使背斜更加紧闭，区域应力场发生重大转换，主压应力从近东西向转为近南北向，原先北北西向裂隙的挤压环境突转为引张环境，其岩浆期后含矿热液充填在构造破碎带内，为本区的主成矿期（图 4-1-12b、图 4-1-12c）。成矿流体早期以原生岩浆水为主，中期有较大部分变质水的混入，中晚期大气降水的混入比率越来越大。流体演化的过程中，随着温度、压力的降低，成矿流体富 SO_4^{2-}、相对贫 Cl^-，向富 Cl^-、贫 SO_4^{2-} 方向演化，Ca^{2+}含量增加。由于大气降水混合作用的不断增强，流体包裹体均一温度呈现成矿早期的 260~320℃，过渡到主成矿期的 220~250℃和成矿晚期的 210~170℃。相应的，流体中岩浆热液组分减少，而代表大气降水的组分增加。成矿早期以富 CO_2、K^+、SO_4^{2-}、F^-流体为特征，成矿晚期则演化为富 H_2O、Na^+、Cl^-为特征的流体。从流体压力来看，富二氧化碳三相包裹体均一压力为 339.24×10^5~2331.56×10^5Pa。这可能与成矿过程中地震泵吸作用有关，深源流体在近地表与大气降水流体相汇合，当这种混合流体进入北北西向构造破碎带内之后，由于压力骤减，氧化—还原势急剧变化，含矿流体发生沸腾和不混溶作用，围岩的热液蚀变作用也不断调整和改变流体的物理化学条件，使得其中以溶解状态运移的硅质和 Au、Ag、Bi、Pb、Zn、Fe、Cu、Sb 等元素的 Cl^-、$(HS)^-$络合物逐步分解，形成连续的大规模的矿化作用。因而含矿石英脉分阶段的充填于构造破碎带中，金矿体主要就位于陀烈组北北西向构造破碎带中。

第三阶段燕山晚期伴随着构造作用，早期形成的含金石英脉再次破碎，构造分异热液及岩浆热能改造形成的含矿热液再次充填到破碎的石英脉中，为本区金矿的进一步叠加富集起着重要的作用（图 4-1-12d）。

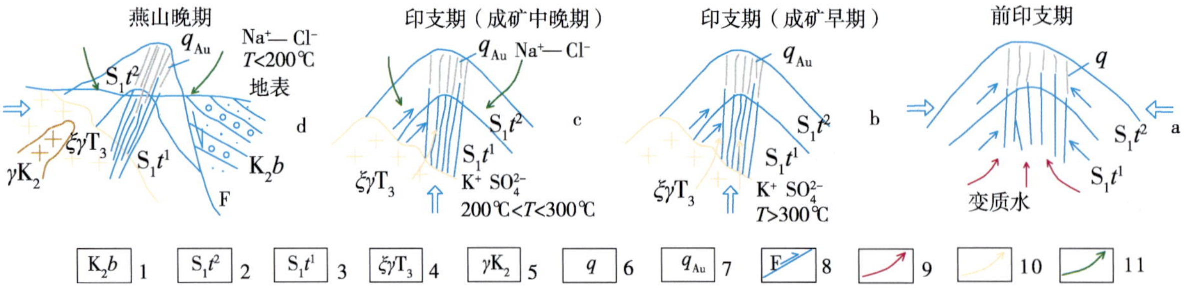

图 4-1-12　海南省乐东县抱伦金矿区典型矿床成矿模式图

1—上白垩统报万组；2—下志留统陀烈组中段；3—下志留统陀烈组下段；4—三叠纪晚世中粗粒斑状黑云母正长花岗岩；5—白垩纪晚世花岗岩；6—贫金石英脉；7—含金石英脉；8—断层；9—变质水；10—岩浆热液；11—大气降水

（三）富文金银矿成矿模式

1. 成矿物质来源

燕山晚期的花岗闪长岩是成矿物质的主要来源，进而确定成矿时代为晚燕山期。

2. 成矿机理和成矿模式

富文金银矿的成矿过程经历两个阶段。

第一阶段为下白垩统鹿母湾组含砾砂岩角度不整合沉积覆盖在下志留统陀烈组绢云母千枚岩之上；第二阶段为早白垩世沉积形成的疏松砂砾岩，受燕山运动的影响，侵入富含金、银等元素的燕山晚期的花岗闪长岩，地层发生挤压形成褶皱，上覆的松散沉积地层发生顺层滑动，形成层间的断裂破碎带。富含成矿元素的岩浆热液运移到层间破碎带遇到地表水发生物理化学变化，金银等元素沉淀富集并且成矿；花岗闪长岩岩体中部和边部也有含金石英脉的出现。其成矿模式如图 4-1-13 所示。

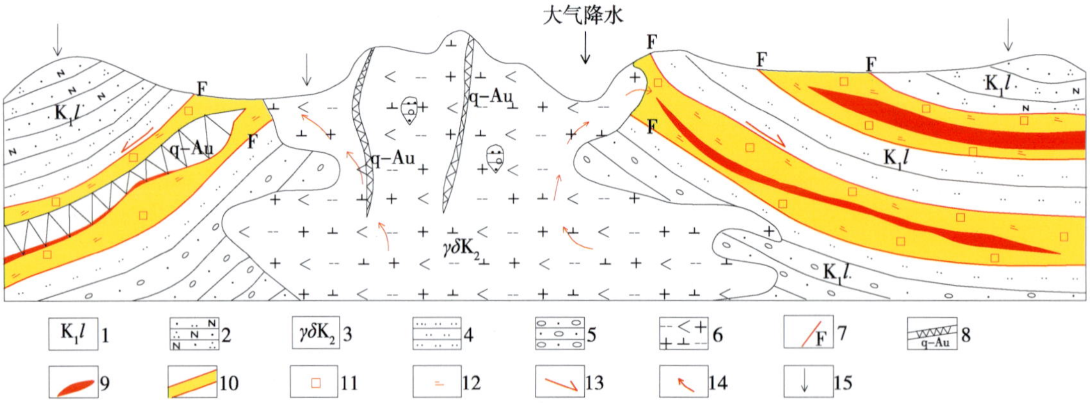

图 4-1-13　海南省定安县富文金矿区典型矿床成矿模式图

1—下白垩统鹿母湾组；2—晚白垩世角闪黑云花岗闪长岩；3—长石石英砂岩；4—粉砂岩；5—砂砾岩；6—角闪黑云花岗闪长岩；7—断层；8—金矿化石英脉；9—金矿体；10—黄铁矿化和绢云母化的层间破碎带；11—黄铁矿化；12—绢云母化；13—地层滑动方向；14—含矿体迁移方向；15—大气降水

第二节 银矿种典型矿床及其成矿模式

一、矿床概况

全岛已发现银矿床（点）12处，其中，小型矿床4处，矿点8处。均以共伴形式产出，按共伴生元素的不同可以分为两类，一类是与金矿一起产出的金银矿或银金矿，一类是与铅锌矿一起产出的铅锌银矿。成因类型有沉积变质型、热液脉型。

本次选择石碌铁铜钴（银）多金属矿、富文金银矿和南报银金矿分别作为石碌式沉积变质型、富文式热液脉型、南报式热液脉型银矿的典型矿床进行研究。

石碌铁铜钴（银）多金属矿床位于昌江县石碌镇，属于沉积变质型银矿，Ag金属储量67.768t、Cu金属储量11.1125×10^4t、Co金属储量1.3337×10^4t，平均品位：Ag 8.58g/t、Cu 1.096%、Co 0.313%，属小型矿床。

富文金银矿床位于定安县富文镇，属于富文式热液脉型银矿，D级Ag金属储量13.331t，D级Au金属储量4595kg，Ag平均品位155.70g/t，Au平均品位53.67g/t，属小型矿床。

南报银金矿床位于儋州市兰洋镇，属于南报式热液脉型银矿，D级金属储量：Ag 12.021t、Au 263kg，Ag平均品位143.23g/t，Au平均品位3.13g/t，属小型矿床。

二、典型矿床地质特征

（一）石碌铁钴铜（银）多金属矿

1. 矿区特征

（1）地层。

矿区出露地层主要有青白口系石碌群、震旦系石灰顶组、志留系空列村组、石炭系南好组—青天峡组、二叠系峨查组—鹅顶组和南龙组。

青白口系石碌群：由下至上可分为6层，第1~5层为绢云母石英片岩、石英绢云母片岩夹白云质结晶灰岩、石英岩，主要分布于金牛沟、二阶沟西及昌化江、西南马鞍岭、茅安村及黎东公路、歌杭岭、鸡心坳、鸡心村一带，第6层为主要含矿层位，主要分布在石碌岭、保秀山、正美山、大英山、鸡心坳及枫树下等地。该层自下而上又可分为下、中、上3段：下段以二透岩化白云岩及白云岩为主，夹钴铜（银）矿2~3层，是重要的含钴、铜（银）岩性段；中段是含铁主要层位，由含钾长石眼球的条带状二透岩和含石榴子石的条带状二透岩、条带状二透岩化白云岩组成，中夹赤铁矿（局部含磁铁矿、假象赤铁矿）多层；上段主要由白云岩、含泥质或炭质白云岩及二透岩组成。

震旦系石灰顶组：岩性主要为含赤铁矿石英砂岩，局部还出现条带状薄层铁锰质岩，岩层大体走向也是北西南东向，倾向北东，该组地层假整合于石碌群地层之上，主要分布在石灰岭、红房山及石灰顶等处。

下志留统空列村组：岩性主要为炭质泥岩、板岩、千枚岩、片岩、砂岩，北东方向与石碌群第4层平行不整合接触，其他部位均与花岗岩沉积不整合接触，分布较少，仅出露在石碌矿区的西南角。

下石炭统南好组：该组由下向上可分为两层，第1层岩性主要为千枚岩、斑点状千枚岩，主要分布在三棱山、鸡心岭、朝阳、鸡心村一带，岩层走向为北西—南东向，在叉河农场二队沿 F_{55} 断裂西侧呈南北向展布；第 2 层主要为千枚岩、含炭千枚岩，主要分布在 F_{51} 断裂与 F_{32} 断裂之间靠近北侧，鸡心岭方向呈北西—南东向展布，红头山方向呈北东—南西向展布。

上石炭统青天峡组：岩性主要为白云岩、白云质灰岩、透辉石透闪石岩、含燧石结核灰岩夹千枚岩、粉砂岩，主要分布在石碌矿区花梨山，在 F_{31} 断层的上盘，东侧与二叠系峨查组整合接触。

下二叠统峨查组与鹅顶组：岩性主要为砂岩、千枚岩夹灰岩，鹅顶组岩性主要为泥质条带状灰岩。主要分布在石碌矿区的东部叉河农场附近，为水泥采石场的主要采矿层位，岩层走向呈近南北向展布，在鸡心村的东北角也有峨查组出露。

下—上二叠统南龙组：岩性主要为砂岩、粉砂质千枚岩，主要分布在石碌水库的南侧，分布范围较大。

（2）构造。

矿区构造主要表现为褶皱及断裂，褶皱主要有山棱山向斜、鸡心岭背斜、北一向斜、红房山背斜、石灰顶向斜，断裂主要有北西—北北西、北东东—东西及北北东至近南北向 3 组。

1）褶皱。

石碌矿区褶皱构造为一轴向近北西—南东向的复式向斜构造。该复式向斜自北而南，由三棱山向斜、鸡心岭背斜、北—向斜、红房山背斜和石灰顶向斜等次级褶皱组成（图 4-2-1）。

三棱山向斜轴向近北东东，该区地层的产状、矿体的赋存形态证实了该向斜的存在；鸡心岭背斜轴向为北西—南东向，该背斜的存在，导致矿体厚度变薄变差；红房山背斜在平面上呈窄条状隔挡式展布为特征，背斜枢纽自西向东倾伏，潜入深部渐趋消失；石灰顶向斜与北一向斜复合为一宽缓的向斜、复向斜在矿区的东部为 F_7 断层横切，在 F_7 断层以东被石炭系—二叠系覆盖。复式向斜的南翼地层出露完整，产状也比较稳定，除近 F_1 断层一带受构造及滑坡作用影响，局部呈反倾外，皆呈北西南东向延伸，倾向北东，翼部次级褶曲不明显。复向斜的北翼，亦即北一向斜北翼地层出露不完整，石碌群第 1 层、第 2 层及部分第 4 层为岩浆岩破坏，产状很不稳定，除北一向斜西段发育有两个低序次的平行于复向斜之背斜、向斜外，北翼地层普遍向南倒转，形成斜歪褶皱，唯保秀区段较为正常，走向东西，倾向南，而正美区段因 F_{32} 断层之东盘向南推移及岩浆岩侵入挤压影响，次级褶曲发育，岩层沿倾斜波状起伏。

2）断裂。

矿区内可分为北西—北北西向、北东东—东西向、北北东至近南北向 3 组断裂构造。

A. 北西—北北西向：主要以分布于北一向斜西段的 F_{20}、F_{21}，北一向斜东段的 F_{25}、F_{30}、F_{31}，南矿枫树下的 F_{22}、F_1、F_2 等断裂为代表，断裂规模不一，多属压扭性断层。断层面舒缓波状，沿断裂发育有片理化带、构造透镜体等挤压构造形迹。该组断裂部分多次活动，并转化为张性，先后为中酸性、基性岩岩脉贯入。

B. 北东东—东西向：主要以分布于北一向斜东段的 F_{26}、F_{27}，正美区段的 F_5，南矿区段的 F_{23}、F_{24} 等断裂为代表，规模不一。倾向南—南东或北—北西，倾角较陡。断层带内见挤压片理、破劈理及构造透镜体，亦见棱角明显的构造角砾，并时有岩脉充填，或属张压性正断层，或为压扭性逆断层。

C. 北北东至近南北向：主要以分布于北一向斜西段的 F_{19}，北一向斜东段的 F_{29}，南矿区段的 F_8 及矿区东段的 F_6、F_{32}、F_7 等断裂为代表。该组断裂形成较晚，规模较大。断裂带内可见大小不一、棱角明显的构造角砾，挤压片理、构造透镜体及有岩脉、石英脉充填，力学性质既有张性，也有压扭性，其中南北向多为西盘上升，东盘下降的正断层。

上述断裂对矿体的分布、赋存均不起控制作用，反而不同程度地破坏了褶皱构造、含矿岩系以及矿体的连续完整。尤其以南北向断裂为甚，造成复向斜往东先呈阶梯状下陷。

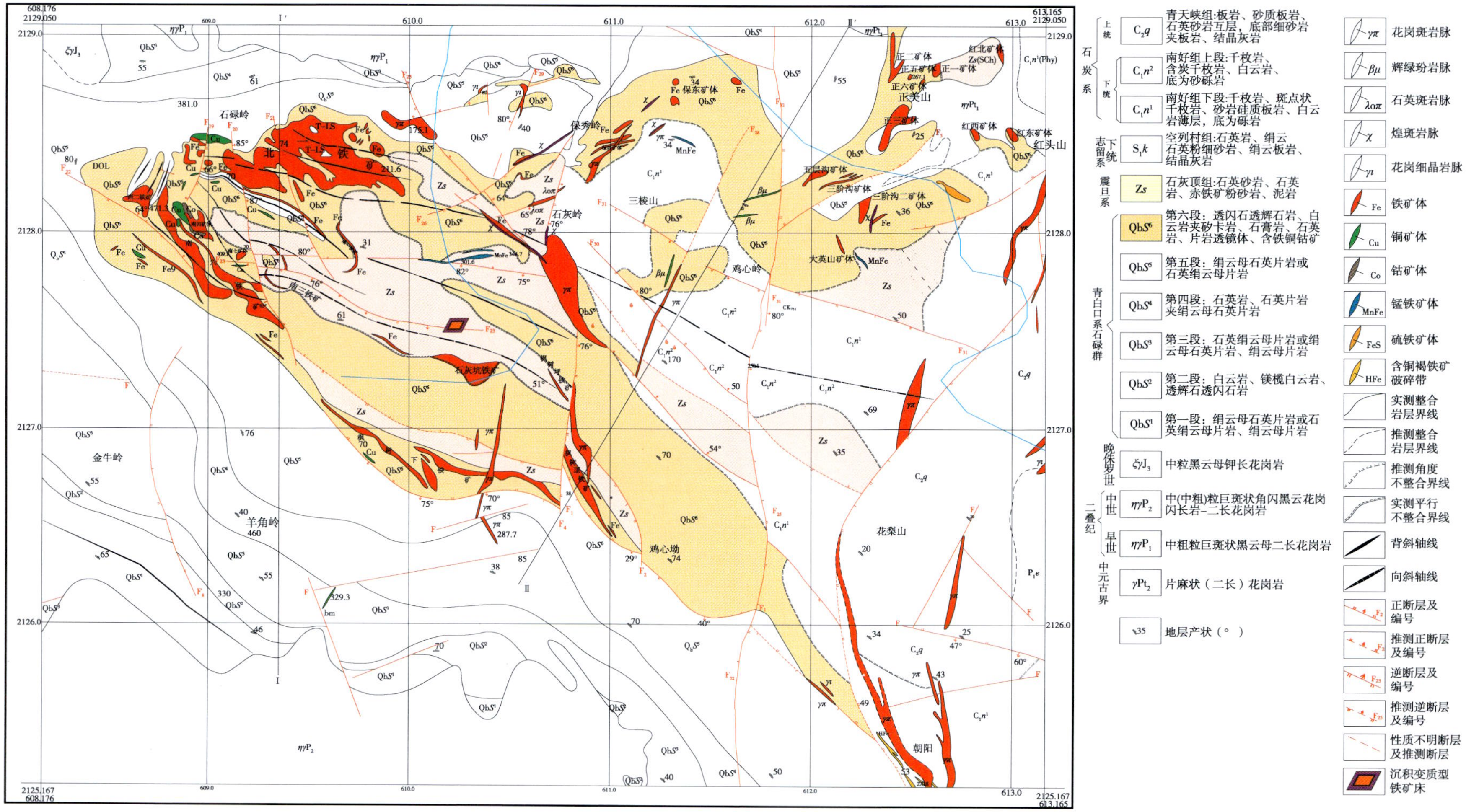

图 4-2-1　海南省石碌铁钴铜（银）多金属矿区及邻区构造纲要图

（3）岩浆岩。

矿区内岩浆活动强烈，发育海西—印支期、燕山晚期岩体及燕山晚期各种岩脉，海西—印支期岩体岩石类型主要为斑状/似斑状黑云母二长花岗岩、花岗闪长岩，燕山晚期岩体岩石类型主要为花岗斑岩，燕山晚期岩脉主要为花岗斑岩、伟晶岩、石英斑岩、闪长岩、煌斑岩、辉绿岩等。

1）海西—印支期岩体：海西—印支期岩体主要分布于矿区南部、北部，岩性以斑状/似斑状（角闪）黑云母二长花岗岩、花岗闪长岩为主，普遍具片麻状构造，部分为条带状、眼球状构造，片理方向与岩体展布方向一致，即与北东—南西向构造线吻合，K-Ar、Rb-Sr和锆石U-Pb同位素年龄为320~190 Ma，该期岩体属陆壳改造型钙碱性花岗岩，物质成分以壳源物质为主，但有下地壳或幔源组分的加入。

2）燕山晚期岩体：燕山晚期岩体主要分布于矿区西部，属黑岭及三狮岭岩体，岩石类型主要为花岗斑岩、角闪黑云母二长花岗岩，K-Ar同位素年龄为134~128Ma，该期岩体属同熔型钙碱性—碱性花岗岩，物质成分以壳源物质为主，但有下地壳或幔源组分的加入，且幔源组分比海西—印支期岩体更多。

3）燕山晚期岩脉：矿区内发育花岗斑岩、伟晶岩、石英斑岩、闪长岩、煌斑岩、辉绿岩等燕山晚期岩脉，以花岗斑岩岩脉分布最广，石英斑岩、闪长岩、煌斑岩岩脉等基性岩岩脉次之（K-Ar年龄100~97 Ma），平面上这些斑岩岩脉呈“S”形，主要沿北北西—北西向和北北东—北东向两组断裂或不同岩层接触带分布，侵入中心则位于矿区东南面；垂向上侵位于第六层主含矿层位的系列岩脉则位于矿体上方或旁侧，且呈小型透镜体作雁列式左行斜列，指示与北北西—北西向逆冲断层运动方向一致。

（4）变质、蚀变作用（岩）。

石碌矿区经历了多种变质、蚀变作用，主要包括区域变质作用、（热）动力变质作用、接触变质作用和热液蚀变作用。根据矿物共生组合和衍生次序，石碌矿区变质/蚀变作用可初步划分为以下4个阶段。

1）区域变质作用阶段：在矿区发育最为广泛，使石碌群地层普遍具有（低）绿片岩相变质特点，并以片岩、千枚岩和变石英砂岩、石英岩等岩性出现。

2）动力变质作用阶段：在矿区较为发育，主要表现为鳞片变晶结构的赤铁矿石以及具多种剪切构造变形的糜棱岩。

3）接触变质作用阶段：与印支—燕山早期花岗岩侵入有关，主要表现近花岗岩接触带的石碌群第一层至第五层赋矿围岩中出现红柱石和电气石、部分赤铁矿体转变为磁铁矿以及少量石榴子石和透辉石矿物出现。

4）热液蚀变阶段：该阶段又可以细分为镁钙质矽卡岩成岩阶段、类似于青磐岩化热液蚀变阶段以及与北北东—北东向和北北西—北西向共轭断裂活动及燕山晚期花岗斑岩岩脉侵位有关的热液蚀变阶段。

2. 矿体特征

石碌铁钴铜（银）多金属矿区无独立银矿体产出，仅作为钴铜矿体的伴生元素而被综合利用，已发现钴铜矿体58个，主要呈层状、似层状、透镜状，分布在北一、北一东与南矿区段，从平面分布看，大致以北一向斜轴为中心，分北、中、南3个矿带，北矿带分布于保秀—正美—红头山一带；中矿带分布于石碌岭（包括红房山背斜南翼）—小英山—三棱山—大英山一带；南矿带分布于南矿—枫树下一带，中矿带位于复向斜的槽部，南、北矿带分别位于复向斜的南翼和北翼；从垂向分布看，铁矿体在上，钴铜（银）矿体在下。

（1）矿体的产状特征。

石碌矿区累计发现钴铜（银）矿体共计58个，其中，一号、四号钴（银）矿体、一号、八号、九号、十六号、十七号铜（银）矿体为主矿体，约占探明储量的90%，钴铜（银）矿体呈层状或似层状、透镜状位于铁矿体之下3~61m，分布于向斜的轴部或轴部向两翼过渡部位的应力扩张区，且与围岩呈整合接触并同步褶皱（图4-2-2至图4-2-4）。

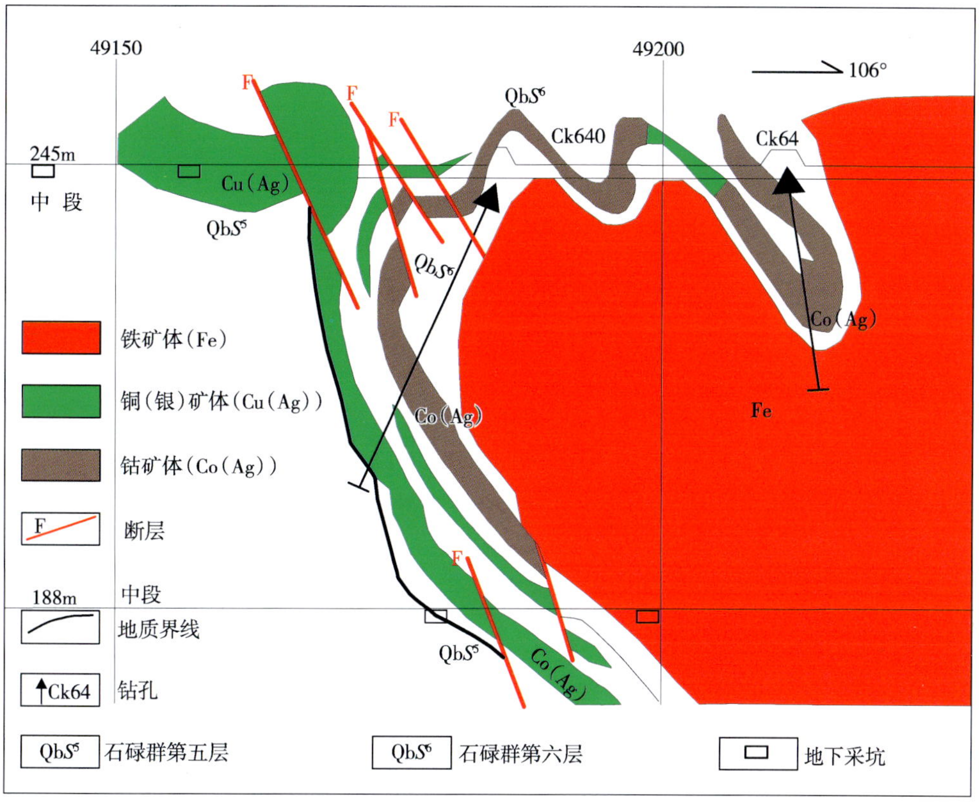

图4-2-2 石碌铁钴铜（银）多金属矿区铁矿体与钴铜（银）矿体垂直空间关系

铁矿体与钴铜（银）矿体两者显示同揉皱变形特征

（2）矿体规模及形态特征。

一号钴（银）矿体和一号铜（银）矿体往南东隐伏延伸，从E6~E23勘探线走向延长1750m，在LE12~E11勘探线水平投影最大宽度达500m，厚度一般2~3m，最厚12.93m，分布于标高51.81~-427.86m范围，以含钴铜黄铁矿矿体为主，硫化物矿体较少。

（3）矿体品位变化。

钴、铜（银）矿体单工程平均Co含量变化范围0.111%（ZK1307）~0.557%（ZKL1001），平均为0.168%，单工程Cu含量的变化范围0.35%（ZK0605）~2.88%（ZK0902），平均为1.04%，钴铜矿体伴生的银可综合利用，全区钴铜矿石平均银含量8.58g/t。

（4）主要矿体特征。

1）北一区段具体包括Ⅻa线至E_6线，面积约3.84km^2，主要包括一号、四号钴（银）矿体、八号、九号、十六号、十七号铜（银）矿体。

一号钴（银）矿体（Co_1）：矿体分布Ⅸa线以西15m至E8线以东25m，矿体全长1221m，为一隐伏盲矿体，矿体宽50~557m，平均191m，矿体轴向延伸方向Ⅵ线以西为东西向，Ⅵ线以东向南转折为120°方向，总体呈延长大于宽的带状展布，矿体产状随褶皱向西扬起，向南东倾伏，倾伏角在Ⅵ线以西平均42°，Ⅵ线以东平均10°左右。矿体厚度最大34.44m，一般在2~5m，平均4.35m，有沿走向及倾斜中部地段较厚，向两端及边缘变薄的特点，厚度变化系数115。赋存标高以西部最高为300m，东部最低-262m，整体高度为562m。

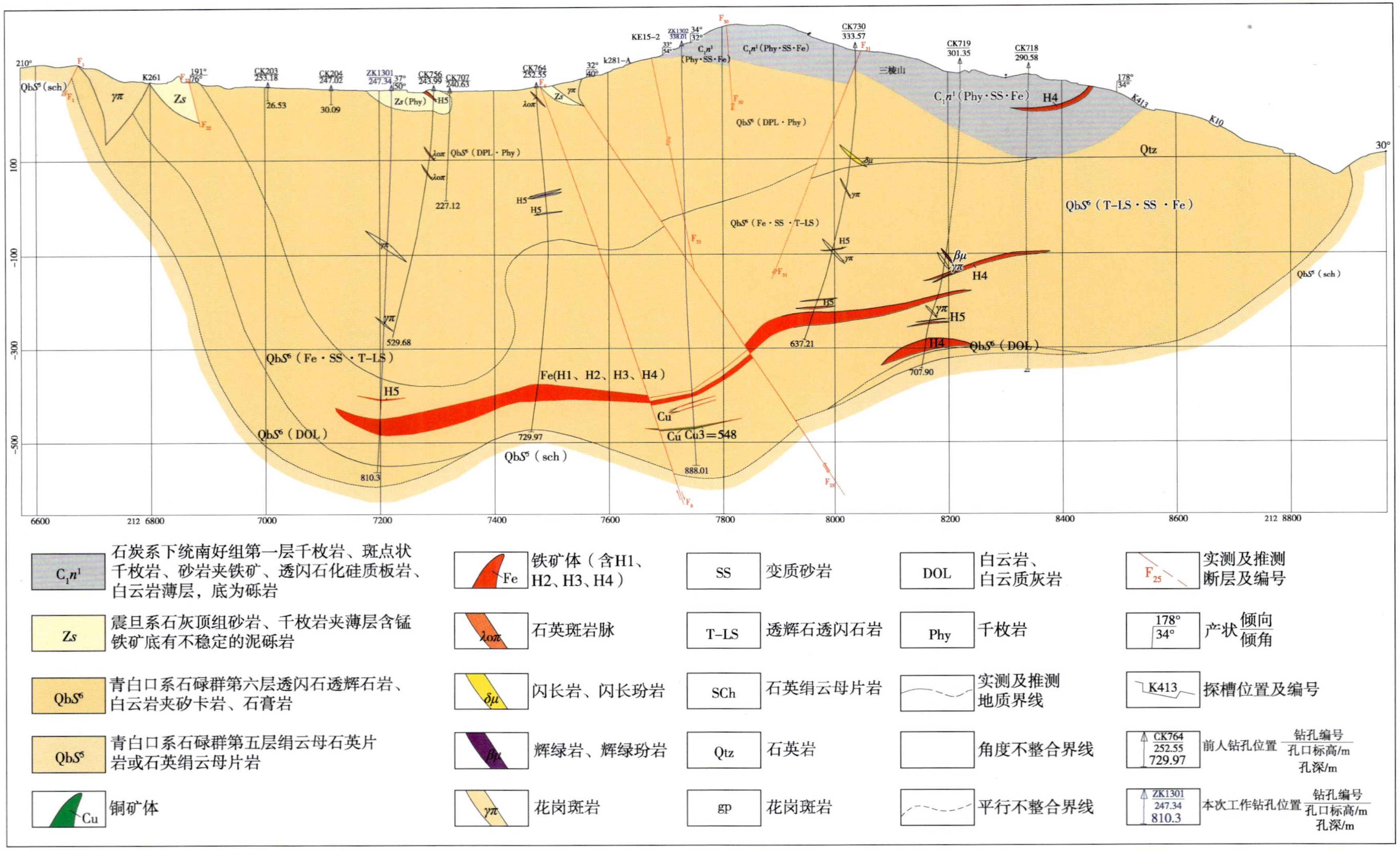

图 4-2-3 海南省昌江县石碌铁钴铜（银）多金属矿 E13 勘查线剖面图

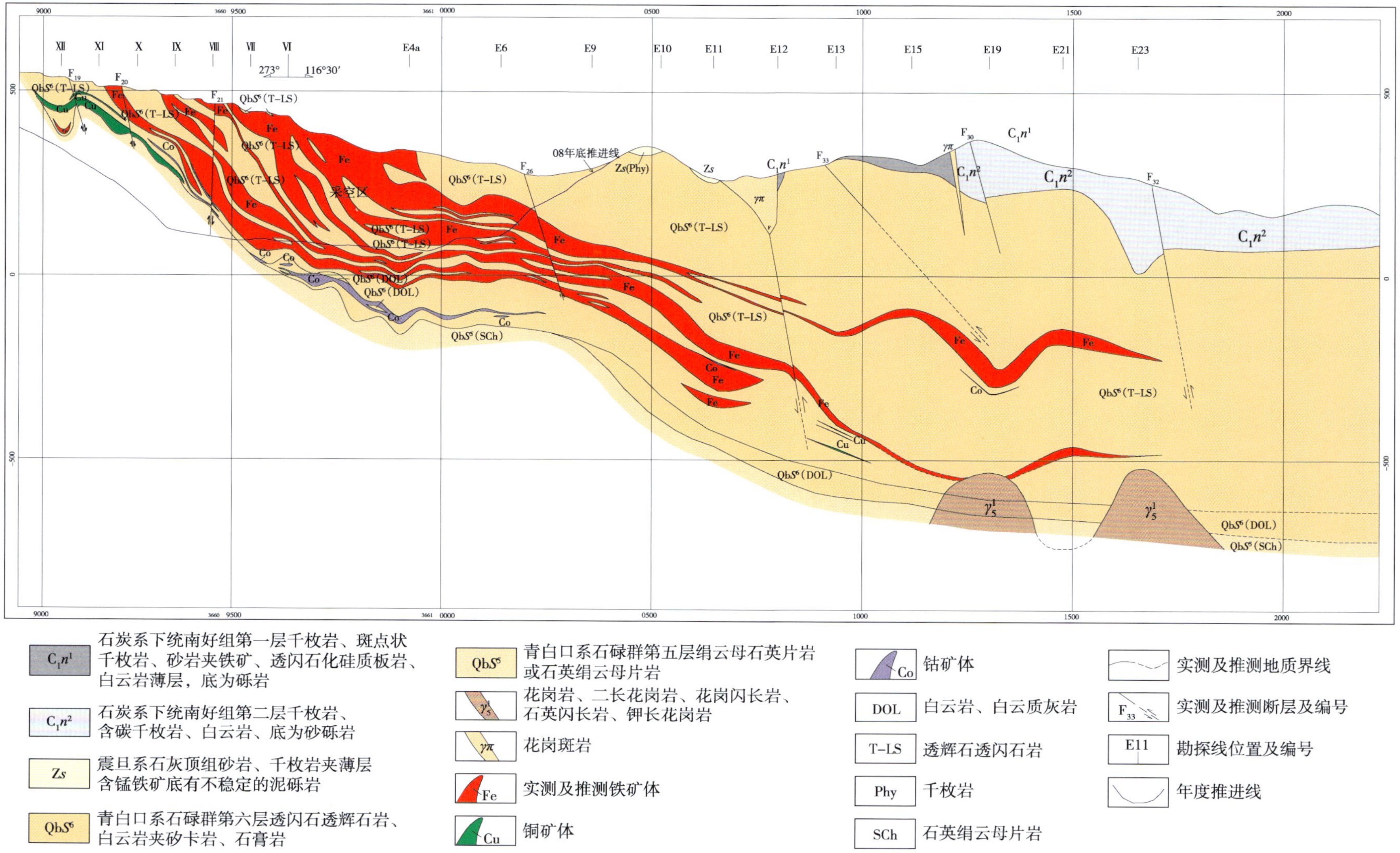

图 4-2-4　海南省昌江县石碌铁钴铜（银）多金属矿北一矿段 A-A′剖面图

四号钴（银）矿体（Co_{1-4}）：分布于Ⅵ线至E0线之间，平行叠置于Co_1之上，为透镜状小矿体，南北向展布，长190m，宽80m。其产状与下伏的Co_1相应部位基本一致，走向北东，倾向南偏东，倾角28°~64°，厚度最大10.4m，平均4.3m，赋存标高在-31~-91m之间。

一号铜（银）矿体（Cu_1）：矿体分布于Ⅻa线之西20m至Ⅷa线以东21m之间，呈层状、似层状或透镜状产出，全长440m，宽20~467m，平均宽257m，矿体在Ⅹ线以西出露地表，Ⅹ线往东向地下倾伏，整体由西向东倾伏，倾伏角平均35°。矿体厚度3~35.71m，平均6.11m，厚度变化系数118。矿体平均品位：Cu 1.69%、Co 0.004%，Ag 8.58g/t。矿体出露标高最高450m，最低160m，整个矿体高度290m，上部铜矿体大部分随铁矿的露采而采出。矿体的保有部分主要分布在北一露采坑底板以下地段的硫化铜矿及钴矿中伴生的铜矿。

八号铜（银）矿体（Cu_8）：包括Cu_{8-1}、Cu_{8-2}两个平行矿体，以Cu_{8-1}为主分布于Ⅷa~Ⅷ线间，赋存于北一向斜构造北翼凹陷部位，形态产状变化复杂，水平断面及沿倾斜都发生挠曲。矿体长约30m，走向北50°东，倾向南东，倾角65°，厚度最大15.43m，平均厚2.38m。埋藏标高最高为275m，最低为125m，高度为150m。

九号铜（银）矿体（Cu_9）：位于Ⅷa~Ⅷ线间向斜谷部，一号钴矿体下盘的平行小矿体，矿体长102m，宽49m，走向北40°西，倾向北东，倾角43°。厚度最大1.39m，平均0.97m，赋存标高77~128m，高度51m。

十六号铜（银）矿体（Cu_{16}）：分布于Ⅶ~Ⅵ线之间向斜谷部偏北翼，为一号钴矿体上盘的平行矿体，矿体长142m，宽55m，近东西走向，倾向南偏东，倾角48°。厚度最大3.58m，平均厚度2.21m，赋存标高32~-57m，高度89m。

十七号铜（银）矿体（Cu_{17}）：分布于Ⅵ~E_0线之间向斜谷部偏南翼，是四号钴矿体上盘的平行小矿体。北30°东方向伸延178m，宽度最大140m，总体为向西突出的弧形展布，北侧走向北东，南侧走向北西，倾向东，倾角28°~49°。厚度最大6.68m，平均4.96m，赋存标高-44~-81m，高度37m。

南矿区段分布于ⅩⅩⅧb线至ⅩⅩⅫ线之间，北至红房山背斜，南至金牛桥—291会让站1km^{2}范围内，主要包括四号、南一、十五号3个铜（银）矿体。

四号铜（银）矿体：分布于ⅩⅩⅧa至ⅩⅩⅦ线一带，赋存于石灰顶向斜构造北翼偏凹部。其北西端扬起，成弧形断续出露地表，自ⅩⅩⅧ线潜入地下。横断面为中部厚大，向两侧尖灭，凹部朝下之透镜体。

2）南一铜（银）矿体：分布于ⅩⅩⅧa至ⅩⅩⅥa线的南四、南六铁矿体之间，为与之连生或相距约5~10m的氧化矿体，形态为透镜状。

十五号铜（银）矿体：位于南六铁矿体下盘，分布西起ⅩⅩⅧa线之西，至ⅩⅩⅢ线趋于尖灭，局部出露地表。亦为氧化矿体，并局部含钴甚高，形态为透镜状。

3）北一东段分布于E6~E23线间，地理上分布于石灰岭至鸡心坳一带，是北一一号矿体的东延部分。走向断续延长1750m，矿体宽度各处不一，以LE12、E11一带宽度较大，水平投影宽度达500m，矿体累计厚度一般为2~3m，最厚23.93m。矿体标高从51.8~-427.86m。

3. 矿石特征

（1）矿石矿物成分。

铁矿矿石类型以赤铁矿矿石为主，其次为鲕状赤铁矿、磁赤铁矿、褐铁矿。钴铜矿矿石类型主要为含钴黄铁矿矿石、黄铜矿矿石。

赤铁矿金属矿物为鳞片赤铁矿、磁铁矿，非金属矿物为石英、硅质、石髓、绢云母、绿泥石、透闪石等；含钴黄铁矿金属矿物为含钴黄铁矿，其次为黄铜矿、白铁矿、硫铜钴矿，非金属矿物为白云石、石英、透闪石、绿泥石、蛇纹石、绢云母等；黄铜矿主要矿石矿物为黄铜矿，其次为含钴黄铁矿、硫铜钴矿、硫银铋矿，主要非金属矿物为透闪石、方解石、白云石、石英、钾长石、绿泥石、绢云母。

（2）矿石化学成分。

矿石化学成分主要是Co、Cu，伴生组分有Ni、Ag、S等。一般钴矿石不含铜，铜矿石不含钴，并随之不含镍，钴铜矿石则既含钴、镍，也含铜。钴镍成正相关关系，钴镍比为3∶1。银含量在不同类型矿石中差异不大，为9.5~15.3g/t，硫含量为2.00%~2.90%。

（3）矿石的结构、构造。

本区矿石既有原生沉积的特点，又有变质改造作用的叠加影响，矿石结构构造类型比较复杂。主要的矿石结构有胶状结构、隐晶（微晶）致密状结构、中细粒晶状结构、他形—半自形粒状结构及填隙、填晶结构。此外，尚有团粒结构、交代残留结构、骸晶结构、文象结构、包含结构、环带状结构等；主要的矿石构造类型有网脉状、细脉状构造条带状构造、块状构造以及浸染状构造，局部为角砾状构造等。

（4）矿石类型。

按矿石自然类型可分为氧化矿石和硫化矿石两大类；按矿石有用矿物组成分为黄铜矿矿石、辉铜矿矿石两亚类；按矿石工业类型分为钴矿石、铜矿石、钴铜矿石3类。

4. 围岩蚀变

（1）围岩。

钴铜（银）矿体的直接顶底围岩主要是块状钾长石透闪石透辉石岩，岩石呈条带状、条纹状、纹层状等构造。由于矿层一般较薄，夹石较少，夹石岩性大多也是钾长石透闪石透辉石岩。

（2）蚀变。

主要为矽卡岩化，包括二透岩化、阳起石化、石榴子石化、绿帘石化等，特别是二透岩化，不仅与矿体有关，而且在陀烈组与石炭系白云质灰岩中，均有此蚀变矿物，此外，还有黄铁矿化、黑云母化、绿泥石化、蛇纹石化、磁黄铁矿化、方铅矿化等。

5. 矿体的控矿因素

（1）地层因素。

钴铜（银）矿体主要赋存于青白口系石碌群第六层的下段，为一套钙镁质、泥质、砂质、硅质的含铁建造。截至目前，尚未在石碌群其他岩层发现有铁矿、钴铜矿或其他金属矿产，因此，石碌铁钴铜（银）多金属矿严格受石碌群第六层控制。

（2）构造因素。

矿区内褶皱及断裂构造均十分发育，褶皱构造为一轴向近北西—南东向的复式向斜构造，该复式向斜由三棱山向斜、枫树下向斜、鸡心岭背斜、北一向斜、北一花梨山向斜、红房山背斜和石灰顶向斜等次级褶皱组成，铁、钴铜（银）矿体主要赋存于次级向斜的槽部及两翼同构造应力扩张区，断裂构造可分为北西—北北西向、北东东—东西向、北北东至近南北向3组断裂构造，3组断裂对矿体的分布、赋存均未起控制作用，反而不同程度地破坏了褶皱构造、含矿岩系以及矿体的连续完整，尤其以南北组断裂为甚，造成复向斜往东呈阶梯状下陷。

（二）富文金银矿

1. 矿区特征

（1）地层。

矿区地层出露单一，仅下白垩统鹿母湾组，岩性为紫红、紫灰色砂砾岩、含砾长石石英砂岩，夹泥质、铁质粉砂岩和泥岩。其与上覆报万组呈整合接触，底界以砂砾岩与下伏花岗岩呈侵入接触。

（2）构造。

矿区位于屯昌南北构造带东侧，区内断裂构造发育，按其方向可划分为3组。

北西组：为一组层间滑动产生的层间断裂，走向北西，倾向北东，倾角 10°~25°，是矿区的主要成矿构造，如 V_{14}、V_{15}、V_{17} 矿脉均受此组裂隙控制，属压性扭性断裂。

东西组：是斜交岩层的一组张扭性裂隙，规模小，延伸不大，由 V_1、V_4、V_{13} 等矿脉充填，倾向北，倾角 25°~37°。是本区内次一级赋矿构造。

北北西组：为一组区域性的构造，由多条相互平行或断继出现的呈线状分布的断层破碎带构成，并纵贯全区，目前矿区发现有 F_1、F_2。其中 F_2 规模较大，为一正断层。已控制长度 440m，破碎带宽 1~5m，倾向 230°，倾角 78°。对区内矿脉有一定影响。一种认为是导矿构造，成矿物质途径断层充填在两侧的裂隙中；另一种认为是破矿构造，断层活动破坏矿体和使成矿物质活化并在其附近富集，断层破碎带局部地段黄铁矿化强。

（3）岩浆岩。

矿区中西部 V_{17}、V_{14} 脉附近和矿区中东部分别出露燕山晚期花岗闪长岩小岩体和花岗岩小岩体。花岗闪长岩岩体呈椭圆状，出露面积 115920m²，与白垩系呈侵入关系。岩体中局部见白垩系砂岩捕虏体，花岗闪长岩呈灰白、灰黑色，风化面呈浅黄、灰褐色，块状构造。岩体中及岩体边缘有黄铁矿化和银矿化石英细脉存在。金银矿脉与岩体在空间上有直接成因联系。此外，在矿区中东部尚有出露一花岗岩岩脉，北北西走向，呈条带状，大约 452m，面积约 12000m²，岩石为灰白色，斑状结构，块状构造。主要造岩矿物为长石、石英，含少量副矿物。

2. 矿体特征

区内发现的矿脉并编号者有 19 条，分布在富文、南埠两区。现将 1996—1998 年投入勘查工作并计算储量的 3 条矿脉（V_{17}、V_{14-1}、V_{15}）。

V_{17}：地表长 640m，倾斜延伸 360~680m，产状 78°∠18°，厚 0. 10~0. 46m（图 4-2-5），平均厚 0. 22m，金品位 5. 22~108. 16g/t，平均品位 27. 74g/t。该矿脉在 1989 年原圈定Ⅱ、Ⅲ矿块之间及其延伸处，通过 11 个民采竖井控制，矿体进一步扩大，控制标高约为 50~100m，新增加 D 级金金属量 1953kg，银金属量 8. 832t。

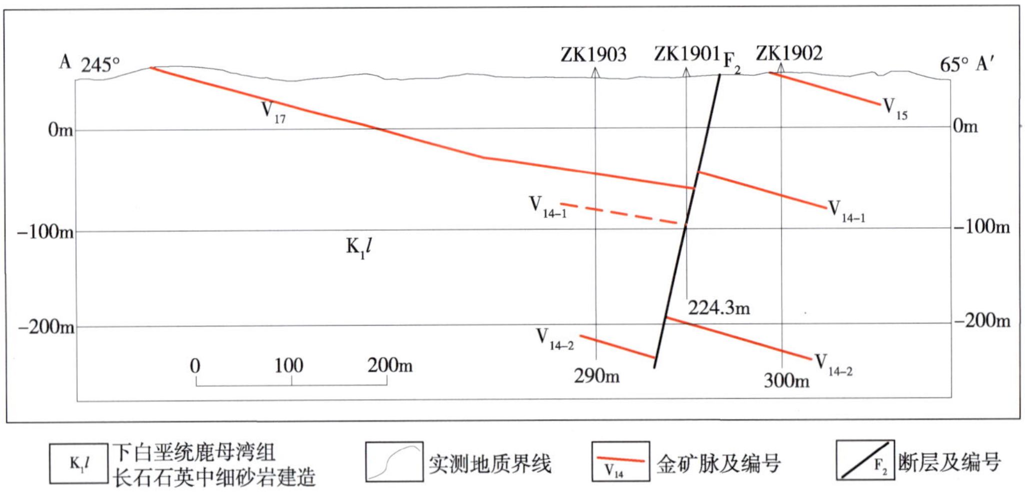

图 4-2-5 海南省定安县富文金银矿区 19 号勘探线剖面简图

V_{15}：属新发现的盲矿体，产状 65°∠20°，埋深约 50m，有 3 个竖井控制，控制标高约 50~100m。矿体厚 0. 1~0. 16m，平均厚 0. 13m，金品位 23. 94~160. 99g/t，平均品位 87. 86g/t，计算金金属量 545kg，银金属量 0. 792t。

V_{14-1}：该矿脉为 1991 年民采发现，矿体埋深 58~89m，见矿深度不一，主要是受断层影响所致，地表未出露，产在 V_{11} 的底盘处，属盲矿体，长约 400m，产状倾向北东，倾角 14°，有 6 个竖井控制，控制标高约-43~100m。厚度0.14~0.27m，平均0.18m，银品位11.70~184.74g/t，平均品位94.93g/t，计算金金属量1469kg，银金属量1.997t。

3. 矿石特征

（1）矿石矿物成分。

脉石矿物占90%~95%，主要为石英，其次为方解石、绿泥石等，金属矿物占5%~10%，主要为方铅矿、黄铁矿、黄铜矿、闪锌矿、自然银、银的Te-Sb复杂硫盐和银黝铜矿。

（2）矿石的结构、构造。

矿石结构有镶嵌、溶离结构等。

矿石构造主要为块状、条带状、角砾状等。

（3）矿石类型。

矿石类型为石英脉型富金银多金属硫化物矿石。矿石中以金为主，伴生银、铅、锌，据1989年详查报告资料，还伴有微量锑、铜、砷等元素。

4. 围岩蚀变

赋矿围岩为下白垩统鹿母湾组粉砂岩，其含金量很少达到边界品位（1.5g/t）。在圈定矿体时，因其围岩与矿脉界限十分明显，因此未考虑围岩的影响。

矿脉两侧的蚀变粉砂岩，由粉砂、石英及钙质绢云母、黄铁矿等组成，矿脉与蚀变围岩界线清楚，近矿部位有厚0.1~0.4m的蚀变岩。蚀变类型有黄铁矿化、硅化、绢云母化、绿泥石化等，其中黄铁矿化、硅化、绢云母化是重要的找矿标志，与金银矿化关系密切。

5. 矿体的控矿因素

（1）构造因素：矿区位于东西向与北东—南西向两组区域构造带的交汇部位，断裂构造极其发育，侵入花岗闪长岩岩体和北西、东西向等裂隙的产出。矿体产于北西向鹿母湾组层间破碎带中。

（2）岩浆岩因素：燕山晚期岩浆活动对成矿作用具有很大的影响，V_{17}、V_{14}靠近岩体，厚度大、品位高；远离矿体，矿脉变薄至尖灭。推测矿液来源于深层岩浆热液。

（3）地层因素：下白垩统鹿母湾组砂岩，含砾砂岩孔隙度大，并夹有钙质层，易被矿液充填交代。

（三）南报银金矿

1. 矿区特征

（1）地层。

区内出露的地层主要有古生界上石炭统青天峡组、下二叠统峨查组和中生界下白垩统鹿母湾组，上石炭统呈孤岛状分布于北部，岩性主要为石英角岩、二透石英角岩，下二叠统主要分布于矿区南部，面积较大，岩性主要为云母石英片岩、含炭绢云母千枚岩夹变质粉砂岩、绢云母千枚岩，总厚度大于1212m，而下白垩统主要分布于矿区东南角，与下二叠统峨查组呈角度不整合接触关系，岩性主要为紫色复成分砾岩夹杂砂岩，厚度大于457m。

（2）构造。

矿区构造比较发育，主要表现为断裂及构造破碎带，断裂构造主要有北北东向和北西向两组，其中北北东向断裂构造规模较大，充填的侵入岩岩脉平直、光滑，具压扭特征，北西组断裂构造发育有构造角砾岩，碎斑岩透镜体和形态复杂的脉体，具张扭特征。构造破碎带主要有北北东、北西、近东西向3组，北北东组构造最为发育，与成矿关系最为密切，北西次之，近东西向最少（图4-2-6）。

1）北北东向断裂有 F_1、F_4，北西向断裂有 F_2、F_3。

F_1 断裂：位于矿区东部，几乎斜贯全区。北穿白石岭，南穿斧头岭，往南延伸被浮土覆盖，是矿区规模最大的断裂，长约 5.7km，总体走向北北东 10°～20°，倾向以北北西为主，倾角一般 70°～80°，沿断裂面有石英脉断续充填，石英脉较为破碎，并有晚期石英细脉、硅化岩岩脉穿插胶结其中，说明该断裂具明显多次构造活动。

F_2断裂：位于矿区西部，西穿南极村，东穿斧头岭，其规模仅次于 F_1断裂，长约 3.4km，总体走向 320°～330°，倾向南西，倾角一般 70°～80°，断裂面连续性较差，沿着断裂发育有石英—煌斑岩复合脉、石英脉、碎裂岩、构造角砾岩等，脉体极为破碎，形态变化复杂，脉体裂隙中充填晚期石英细脉及方解石细脉，说明该断裂具有明显的多次构造活动。

F_3断裂：位于矿区西南部，几乎被浮土覆盖，根据地质点描述的构造角砾岩及充填的石英脉特征，结合峨查组错动等现象分析，推测该处为一正断层，长约 1.85km，总体走向 310°～320°，倾向北东。

F_4断裂：位于矿区南部，几乎被浮土覆盖，根据地质点描述的煌斑岩—石英复合脉及石英脉特征，并结合峨查组错动等现象，推测有一断层存在。长约 2.8km，总体走向 15°～20°，大致倾向西西北。

2）矿区发育北北东、北西、近东西向 3 组构造破碎带，现将各组构造破碎带特征简述如下。

北北东组构造破碎带主要分布于矿区西北部，破碎带走向 10°～20°，大多倾向北西，倾角 70°～85°，破碎带长 100～2000m，宽 5～20m。破碎带中常有石英脉、煌斑岩岩脉、石英—煌斑岩复合岩脉等脉体充填，充填的脉体通常较为破碎，并有后期石英细脉、煌斑岩岩脉穿插其中，显示了构造运动的多次性，同时破碎带中还可见有构造角砾岩，构造角砾成分为破碎带两侧岩石或充填其中的脉体，常呈近平行排列延伸，尖灭再现现象常见，破碎面平直光滑或呈舒缓波状弯曲，可见擦痕，破碎带内物质具有定向排列，有明显被挤压现象，石英具有波状消光，表明该造破碎带具有压扭性质。本组破碎带与矿产关系最为密切，矿区内的银金矿、萤石矿等多产于该组破碎带中。

北西组构造破碎带主要分布于矿区南部，总体走向 310°～325°，倾向南西，倾角 50°～70°，破碎带延伸最长 750m，最短 70m，一般 200～300m，宽一般 5～10m。破碎带中充填有石英脉、煌斑岩岩脉、石英—煌斑岩复合岩脉、细晶岩岩脉等，充填的岩脉普遍破碎，并常见有晶簇状、细网脉状的后期石英脉穿插其中，这些后期石英脉常富含高铁锰质氧化物或硫化物等物质。岩石破碎后的角砾呈棱角状且大小混杂，无定向，说明北西组破碎带为张扭性，且多次活动。

近东西组构造破碎带主要分布于矿区南部，总体走向近东西向，倾向南，倾角 30°～50°，长 100～1400m，宽 10～20m，破碎带中常充填有石英脉，脉壁粗糙，脉体破碎，且常见后期富含铁锰质的石英细脉充填穿插于早期石英脉体中，表明该组破碎带多次活动，破碎带性质为张扭性。

本区发育的各种构造破碎带为矿液的运移和沉淀提供了通道和空间，并且控制了矿床的形成和矿体的形态。

（3）岩浆岩。

矿区岩浆活动频繁，岩浆岩大面积出露，主要分布于矿区北部，按岩性、产状划分为侵入岩和脉岩。

1）侵入岩。

矿区侵入岩属于儋县岩基的一部分，岩性以中细粒斑状黑云母二长花岗岩（$\eta\gamma^{ch}P_2$）、中细粒黑云母正长花岗岩（$\varepsilon\gamma^{h}P_2$）、中粗粒斑状黑云母二长花岗岩（$\eta\gamma^{l}T_1$）。

中细粒黑云母二长花岗岩遍布矿区北部、南部各处，岩石呈灰白色，中细粒花岗结构，块状构造。矿物成分为钾长石 33%，斜长石 33%，石英 25% 和黑云母 5%，含少量绢云母、绿泥石等矿

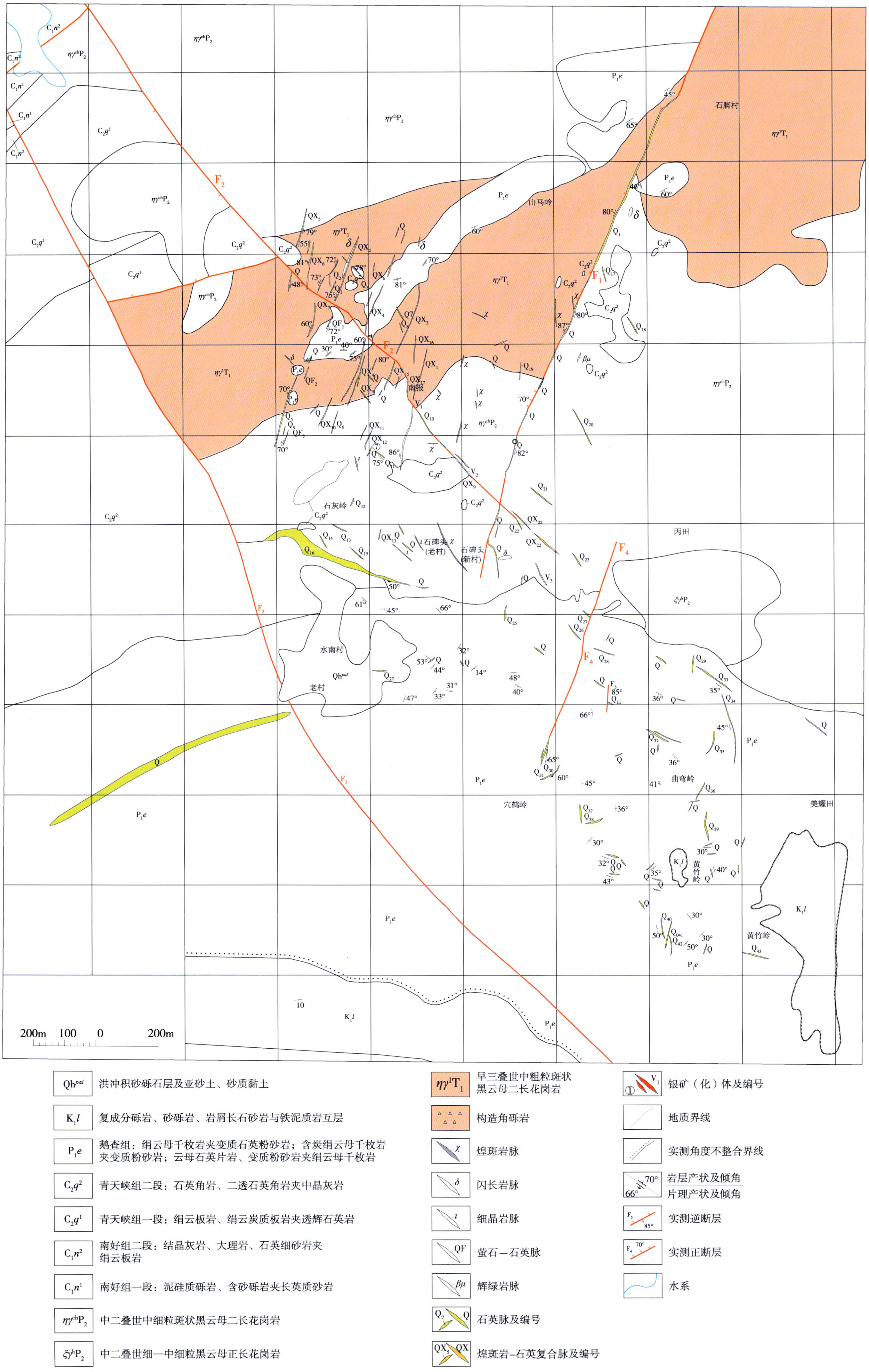

图 4-2-6 海南省儋州市南报银金矿区地质简图

物。石英、长石多呈他形粒状，部分长石呈半自形粒状，长石多发生绢云母化和高岭土化，石英挤压拉长明显，波状消光也常见，黑云母部分发生绿泥石化，且具有定向排列特征；中细粒黑云母正长花岗岩仅分布于矿区南部，平面上呈椭圆形；中粗粒斑状黑云母二长花岗岩主要分布于矿区东北部，岩石呈灰白色，中粗粒斑状结构，块状构造，矿物主要成分钾长石35%，斜长石32%，石英25%，黑云母5%，含少量电气石、磷灰石等。斑晶为长石，以钾长石为主，含量一般5%~15%，基质主要由石英、长石和黑云母组成，含量85%~95%。

2）脉岩。

矿区岩脉极为发育，主要有北北东向，北西向和东西向3组，前者主要集中分布于矿区西部，后两者主要分布于矿区南部，脉岩严格受断裂、破碎带控制，呈北北东向者常平行成带分布，脉带间距一般300~400m，主要脉岩类型有石英脉、煌斑岩岩脉、闪长岩岩脉、细晶岩岩脉、辉绿岩岩脉和花岗岩岩脉、闪长岩岩脉、细晶岩岩脉、辉绿岩岩脉和花岗岩岩脉。矿区北部以石英—煌斑岩岩脉为主，南部以石英脉为主。矿区脉体走向发育情况见走向玫瑰花图（图4-2-7）。

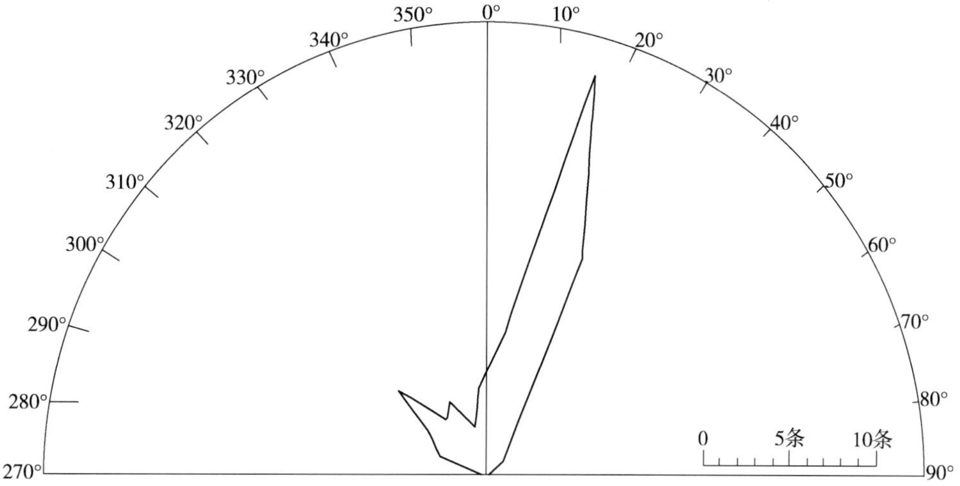

图4-2-7　海南省儋州市南报银金矿区脉体走向玫瑰花图

（4）变质作用。

区内变质作用主要有区域变质作用、接触热变质作用和动力变质作用。

区域变质作用主要发生于上石炭统青天峡组、下二叠统峨查组，形成的变质岩主要为娟云钼千枚岩、云母石英片岩和变质石英粉砂岩，原岩为泥质粉砂岩；接触热变质作用主要发生于青天峡组与花岗岩侵入接触带上，形成石英角岩、二透石英角岩；动力变质作用主要发生于断裂带中，形成岩石主要是构造角砾岩，花岗斑岩、千糜岩和糜棱岩。

2. 矿体特征

区内发现并圈出的银金矿（化）脉共21条，达到银或金边界品位的有11条，构成工业矿体的有3条，即QX_1（1号脉）、QX_9、QX_{24}（3号脉）。21条矿（化）脉中，按其产状分北北东组、北西组和北西西组，前者有15条，主要分布于矿区西北部，北西组有4条，主要分布于矿区南部，北西西组有两条，主要分布于矿区南部，上述矿（化）脉严格受断裂、破碎带控制。现将达到边界品位以上的11条矿脉的形态、产状及规模列于表4-2-1，现将构成工业矿体的QX_1、QX_9、QX_{24} 3条矿脉中的4个矿体（V_1、V_2、V_3、V_{3-1}）。

V_1：地表长度110m，矿体平均厚1.37m，厚度由地表到深部有由大变小的趋势。出露标高195~203m，倾向延深工程控制160m，总体走向北北东10°~25°，倾向北西西，倾角70°~85°，向深部有变陡趋势，局部直立。矿体形态总体呈脉状，沿走向有明显膨胀缩小现象，局部有复合，尖灭再现现象。矿体平均金品位 3.69×10^{-6}，平均银品位 226.64×10^{-6}。

V_2：矿体断续出露地表，长 167m，有尖灭再现现象，矿体平均厚 1.04m，出露标高 168～185m，矿体倾向延深工程控制 43m，矿体总体走向 320°，倾向南西，倾角一般 70°～80°，矿体平均金品位 1.84×10^{-6}，平均银品位 71.31×10^{-6}。

V_3：地表未见出露。据钻孔 ZK401 资料表明，矿体赋存于硅化构造角砾岩和硅化花岗碎斑岩组成的破碎带中，金银矿化富集于烟灰色碎裂硅化石英脉中。矿体总体走向为 320°～325°，倾向南西，倾角 45°～75°，于 ZK401 中孔深 75.61m 和 81.20m 处发现两个近平行的脉状矿体（V_3 和 V_{3-1}），前者长 80m，厚 1.95m；后者长 80m，厚 0.66m。

3. 矿石特征

（1）矿石矿物成分。

矿石矿物有自然金、自然银、银金矿、辉银矿、黄铁矿、银黝铜矿和褐铁矿等。脉石矿物有石英、绢云母、绿泥石、高岭石、方解石等。主要矿石矿物为黄铁矿，含量 50%以上，次为方铅矿、闪锌矿，其他矿物含量较少，矿石中有用矿物主要为自然金、自然银、银金矿、辉银矿等。脉石矿石中石英含量变化较大，但一般都在 30%以上，其次为绢云母，绿泥石等。

（2）矿石的结构构造。

主要有他形粒状结构、溶蚀交代结构，其次为包含结构和碎裂结构，矿石构造常见有浸染状构造、斑点状构造、脉状构造、角砾状构造和块状构造。

（3）矿石类型。

按氧化程度，矿石分为氧化矿石和原生矿石两种类型。

1）氧化矿石：呈松散状分布于矿体地表附近，呈深褐色或绛红色，土状、松散状，矿物成分为石英，高岭石、褐铁矿、金银矿物等，为残留结构，角砾状构造和晶洞状构造。

2）原生矿石：是主要矿石类型，位于氧化带以下，主要有含银金石英脉型，含银金构造角砾岩，其次为含银金煌斑岩型和含银金石英—煌斑岩复合脉型。其中银金最富集的是含银金石英脉型。

表 4-2-1　南报银金矿区矿（化）脉产状、规模及矿化特征一览表

编号	类型	长度/m	宽度/m			产状			品位/(g·t^{-1})	
			最宽	最小	一般	走向/(°)	倾向/(°)	倾角/(°)	Au	Ag
QX_1	石英煌斑岩复合脉	1550	1.35	0.02	0.2～0.7	11～15	北西	70～85	一般 0.1～0.5；矿体分布区平均 19.06	一般 0.5～2.0；矿体分布区平均 381.5
QX_4	石英煌斑岩复合脉	2050	1.90	0.05	0.1～0.7	12～26	北西	60～85	最高 5.75；一般 1.00	最高 71.38；一般 2.90
QX_5	石英煌斑岩复合脉	450	0.25	0.06	0.1～0.2	17	南东	55～79	最高 11.88；一般 0.1 左右	一般 0.75～9.38
QX_6	石英煌斑岩复合脉	500	0.25	0.02	0.05～0.1	6～11	北西	80	最高 11.00；一般 0.1	最高 1372.5；一般 28.75

续表

编号	类型	长度 m	宽度/m			产状			品位/(g·t^{-1})	
			最宽	最小	一般	走向 (°)	倾向 (°)	倾角 (°)	Au	Ag
QX_9	石英煌斑岩复合脉	350	3.40	0.10	0.2~1.5	317	南西	67~80	一般 0.10~2.56	一般 2.25~32.64
QX_{14}	石英煌斑岩复合脉	170	0.25	0.05	0.1	21	北西	55~65	一般 0.38~3.65	一般 0.75~120.0
Q_4	石英脉	220	0.35	0.05	0.1~0.2	24	北西	76	一般 1.15~1.50	一般 0.25~48.0
Q_{11}	石英脉	100	0.50	0.10	0.3~0.4	304	南西	75	一般 0~1.7	一般 4.5~60.25
Q_{24}	石英脉	150	1.40	0.10	0.3~1.0	334	南西	35~75	一般 2.27~5.92	一般 7.30~183.0
Q_{34}	石英脉	750	1.30	0.60	0.6~0.8	340	南西	45~58	最高 4.93；一般<0.10	最高 280.0；一般<0.10
Q_{32}	石英脉	280	3.50	0.50	1~2	305	南西	65	最高 0.18；一般<0.2	最高 71.99；一般<10

4. 围岩蚀变

赋矿围岩主要为下二叠统峨查组和黑云母二长花岗岩，在圈定矿体时，因其围岩与矿脉界限十分明显，因此未考虑围岩的影响。矿脉与蚀变围岩界线清楚，其蚀变类型有黄铁矿化、硅化、绢云母化、绿泥石化、褪色化等，其中黄铁矿化、硅化、绢云母化是重要的找矿标志，与银矿化关系密切。

5. 矿体的控矿条件

构造条件：区内发育的断裂构造及构造破碎带决定了矿体的空间分布、规模、形态、产状，为矿液的运移提供了通道及容矿场所。

岩浆岩条件：区内岩浆活动强烈，先后有海西—印支期、印支及燕山期岩浆活动，岩性以黑云母二长花岗岩为主，其中，燕山期岩浆活动推测与南报银金矿关系密切。

三、典型矿床成矿模式

（一）石碌铁钴铜（银）多金属矿床成矿模式

1. 成矿物质来源

主要来源于石碌群，尤其是与二透岩为同一源区的原岩，直接来源于壳内分异的火山岩或火成杂岩。

2. 成矿机制

加里东运动及海西运动使石碌群发生变形变质作用，伴随着变形变质作用，已形成的层状、似层状矿体或含矿建造进一步发生构造动力分异作用，使矿质分异并在应力梯度支配下向低应力带运移、富集。

3. 成矿时代

石碌铁钴铜（银）多金属矿形成于晋宁晚期（Sm-Nd 等时线年龄为 841±20Ma）。

4. 成矿机理和成矿模式

石碌铁钴铜（银）多金属矿床形成过程经过 3 个阶段。

第一阶段为海相火山喷发沉积阶段：青白口纪海底火山喷发，火山活动形成的碎屑物质搬运到与生物礁台围成的具有较高盐度的封闭和半封闭的弧后盆地中沉积下来。火山活动不仅为弧后盆地提供大量的热能，同时也提供了大部分的成矿物质。

第二阶段为晋宁运动变质期：晋宁运动使石碌群发生变质变形作用，伴随变质作用，已形成的层状、似层状矿体或含矿建造进一步发生构造动力分异作用，使矿质分异并在应力梯度支配下向向斜聚集加厚或湾流作用下机械加厚等低应力带运移富集。

第三阶段为海西—印支构造运动、岩浆热液活动改造期：海西—印支期，海南岛岩浆活动强烈，受岩浆作用的影响，与围岩接触带附近发生较强的蚀变，对矿区的矿体进行了叠加改造。其成矿模式如图 4-2-8 所示。

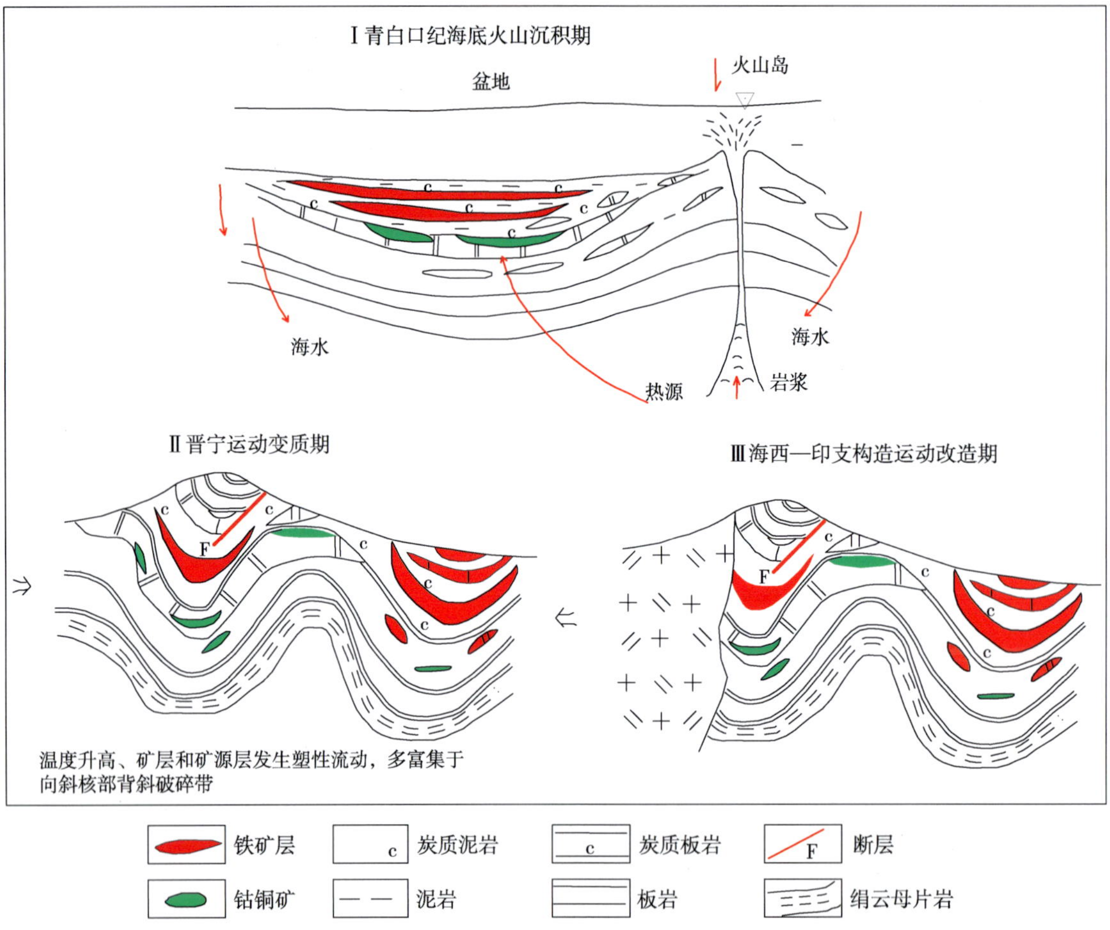

图 4-2-8　海南省昌江县石碌铁钴铜（银）多金属矿区典型矿床成矿模式图

矿质在海盆中以热卤水的形式进行搬运、沉积，在此期间的火山活动为其提供了大量的热和大部分的矿质。之后晋宁运动及海西运动使石碌群发生变质变形作用，此过程使已形成的矿体发生构造动力分异作用，使矿质重新分异、聚集在向斜槽部，从而使矿体加厚，形成矿床

（二）富文金银矿成矿模式

1. 成矿物质来源

燕山晚期的花岗闪长岩是成矿物质的主要来源。

2. 成矿时代

成矿时代为晚燕山期。

3. 成矿机理和成矿模式

富文金银矿成矿过程包括两个阶段。

第一阶段为下白垩统鹿母湾组含砾砂岩角度不整合沉积覆盖在下志留统陀烈组绢云母千枚岩上。

第二阶段为下白垩统沉积形成的疏松砂砾岩，受燕山运动的影响，侵入富含金银等元素的燕山晚期的花岗闪长岩，地层发生挤压形成褶皱，上覆的松散沉积地层发生顺层滑动，形成层间的断裂破碎带。富含成矿元素的岩浆热液运移到层间破碎带遇到地表水，从而发生物理化学变化使金银等元素沉淀富集并且成矿；花岗闪长岩体中部和边部也有含金石英脉的出现。

（三）南报银金矿成矿模式

1. 成矿物质来源

主要为燕山期花岗岩岩体。

2. 成矿时代

南报银金矿受北北东及北西向断裂构造控制，矿体产于北北东、北西及东西向石英脉、石英煌斑岩复合脉中，这些矿（化）脉体对围岩没有选择性，在二叠系及海西—印支期岩体中均有分布，且穿切地层及岩体，推测南报银金矿成矿时代为燕山期。

3. 成矿机理和成矿模式

南报银金矿成矿过程包括两个阶段。

第一阶段为成矿物质预富集阶段，早三叠世黑云母二长花岗岩侵入到上石炭统青天峡组、下二叠统峨查组以及中二叠世黑云母二长花岗岩中，该期岩浆提供了少量成矿物质，为成矿物质预富集阶段。

第二阶段为南报银金矿主成矿阶段，燕山期花岗岩岩体，沿早期北西及北北东向断裂及构造破碎带，形成石英脉型银金矿。其成矿模式如图 4-2-9 所示。

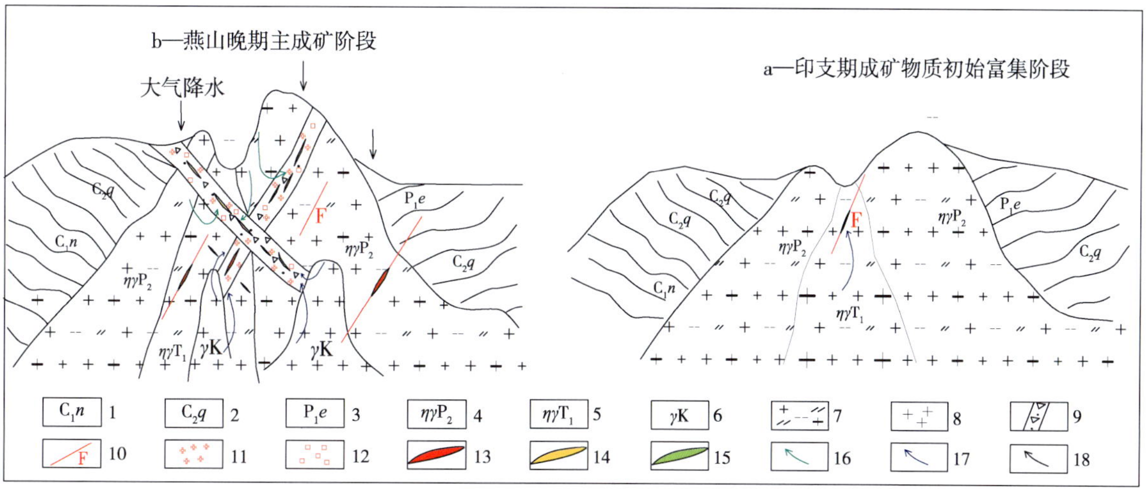

图 4-2-9　海南省儋州市南报银金矿区典型矿床成矿模式图

1—下石炭统南好组；2—中石炭统青天峡组；3—下二叠统峨查组；4—晚二叠世中细粒黑云母二长花岗岩；5—早三叠世中粗粒黑云母二长花岗岩；6—白垩纪花岗岩；7—黑云母二长花岗岩；8—花岗岩；9—构造破碎带；10—断层；11—硅化；12—黄铁矿化；13—银矿体；14—煌斑岩岩脉；15—石英脉；16—岩浆热液和/或大气降水；17—岩浆热液；18—大气降水

第三节 铜矿种典型矿床及其成矿模式

一、矿床概况

海南省迄今已发现21个铜矿床（点），所属成因类型复杂多样，有陆相火山岩型、接触交代型、热液脉型、沉积—变质型、斑岩型。省内铜矿床规模不大，中型矿床1个，小型矿床仅有4个。选取石碌铁钴铜多金属矿床和岭曲铜矿床为典型矿床。

石碌铁钴铜多金属矿床位于昌江县石碌镇，属于沉积变质型铜矿，储量Cu 11.1125×10^4t（金属量）；Co 1.3337×10^4t（金属量），平均品位Cu 1.096%；Co 0.313%，属中型矿床。

岭曲铜矿床位于三亚市凤凰镇，属于岭曲式陆相火山岩型铜矿，储量铜1.245714×10^4t，银50.1912t，金0.4297t，平均品位铜矿体平均品位0.22%~0.95%，银矿体平均品位2.10~215.05g/t，金矿体平均品位1.24~1.34g/t，属小型矿床。

二、典型矿床地质特征

（一）石碌铁钴铜多金属矿床

1. 矿区特征

（1）地层。

矿区及其外围出露的地层主要有长城系抱板群、青白口系石碌群、震旦系石灰顶组、志留系空列村组、石炭系南好组—青天峡组、二叠系峨查组—鹅顶组和南龙组等。

（2）构造。

石碌矿区褶皱、断裂构造都较为发育。褶皱构造主要由青白口系石碌群、震旦系石灰顶组和下石炭统南好组共同构成的轴向为北西—南东向的复式向斜构造，且在复式褶皱还叠加有北北东至近南北向的次级横跨褶皱，在北一向斜中表现最为明显，反映在复式向斜不仅东西向次级褶皱发育，且沿纵向延伸也呈波状起伏。断裂构造主要有北西—北北西、北东东—东西及北北东至近南北向3组。

（3）岩浆岩。

区内岩浆岩多期次侵入，大面积出露，岩石类型以花岗岩类为主，主要包括印支—燕山早期（岩性为晚二叠世黑云母二长花岗岩、早和晚三叠世黑云母正长花岗岩、中三叠世黑云母二长花岗岩）和燕山晚期花岗岩。

此外，矿区内尚发育花岗斑岩、伟晶岩、石英斑岩、闪长岩、煌斑岩、辉绿岩、细粒花岗岩等燕山晚期岩脉。

（4）变质作用。

石碌矿区经历了多期次、多类型的变质、蚀变作用，主要包括区域变质作用、（热）动力变质作用、接触变质作用和热液蚀变作用。

2. 矿体特征

石碌矿区范围内，按矿体的分布情况分为北一、北一东、南矿、枫树下、保秀、正美—大英山、鸡心坳等区段。铜矿体主要分布在北一、北一东与南矿区段，并以北一区段规模最大。截至

2010 年 3 月底，在西起石碌岭，东止红头山，北临石碌河，南至枫树顶约 11km² 范围内，石碌矿区共圈定铜矿体 41 个，但规模较大者仅有一号、四号铜矿体，占总储量的 90% 以上。铁钴铜矿体从平面分布看，大致以北一复向斜轴为中心，分北、中、南 3 个矿带。北矿带分布于保秀—正美—红头山一带；中矿带分布于石碌岭（包括红房山背斜南翼）—小英山—三棱山—大英山一带；南矿带分布于南矿—枫树下一带。中矿带位于复向斜的槽部，南、北矿带分别位于复向斜的南翼和北翼。从垂向看，铁矿体在上，钴、铜矿体在下，除一些零星小铜矿体外，自上而下大致为铁—钴—铜的顺序排列，平行叠置，空间分布上有极大一致性（图 4-3-1）。

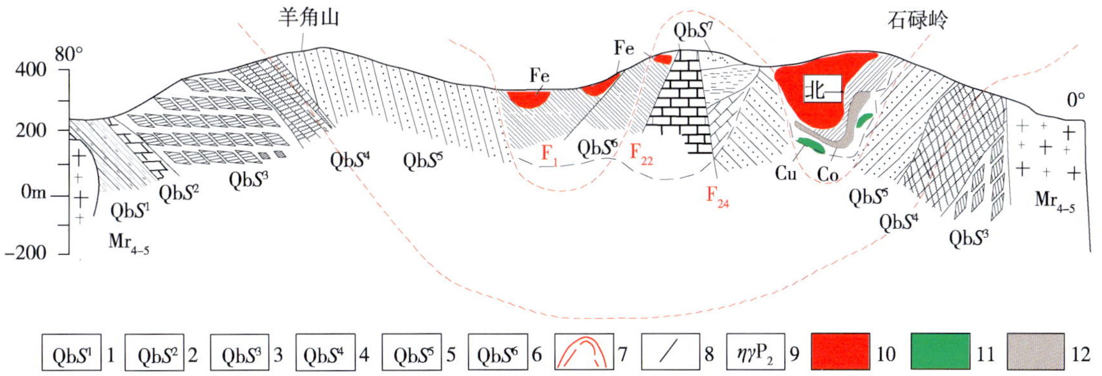

图 4-3-1 羊角山—石碌岭地质剖面图

1—石英绢云母片岩；2—含燧石结核结晶灰岩；3—绢云母石英片岩及绢云母片岩；4—绢云母片岩及部分石英绢云母片岩；5—石英片岩；6—二透岩化白云岩及白云岩为主；7—褶皱；8—断裂；9—二长花岗岩；10—铁矿体；11—铜矿体；12—钴矿体

（1）北一区段。

具体包括Ⅻa 线至 E6 线，面积约 3.84km²，以一号铜矿体为主。

一号铜矿体（Cu_1）：分布在北一区段，西起Ⅻa 线之西 20m，向东延至Ⅷa 线以东 21m，长 440m。矿体在Ⅹ线以西出露地表，Ⅹ线往东向地下倾伏。整体由西向东倾伏，倾伏角平均 35°。出露标高最高 450m，最低 160m，整个矿体高度 290m。矿体展开宽度 20~467m，平均为 257m。矿体真厚度 3~35.71m，平均 6.11m，厚度变化系数 118。矿体在Ⅻa~Ⅻ线之间仅见于的北一向斜北翼，Ⅺa~Ⅸa 线之间，扩延至谷部及两翼都有分布，既宽且厚，往东至Ⅸ~Ⅷa 线一带，北翼矿体不复存在，仅赋于谷部及南翼，Ⅷa 线往东急骤尖灭于 188 中段往下 160m 标高处。矿体形态总体为向西扬起，向东倾伏的箕斗形。矿体产状总体走向与向斜轴一致，向斜部位的不同部位倾角不等。总体看，本铜矿体为厚度不稳定，形态变化复杂，中型规模之层状—透镜状矿体。矿体平均品位：Cu 1.69%、Co 0.004%，基本不含镍。上部铜矿体大部分随铁矿的露采而采出。矿体的保有部分主要分布在北一露采坑底板以下地段的硫化铜矿及钴矿中伴生的铜矿。

八号铜矿体（Cu_8）：包括 Cu_{8-1}、Cu_{8-2} 两平行矿体，以 Cu_{8-1} 为主分布于Ⅷa~Ⅷ线间，赋存于北一向斜构造北翼凹陷部位。形态产状变化复杂，水平断面及沿倾斜都发生挠曲。埋藏标高最高为 275m，最低为 125m，高度为 150m。走向长约 30m，为一倾向延深大于走向延长的舌状矿体。厚度最大 15.43m，平均 2.38m。产状为走向北东 50°，倾向南东，倾角 65°。

九号铜矿体（Cu_9）：位于Ⅷa~Ⅷ线间向斜谷部，一号钴矿体下盘的平行小矿体。北西 45°方向延伸，长 102m，宽 49m，赋存标高 77~128m，高度 51m。厚度最大 1.39m，平均 0.97m。产状走向北西 40°，倾向北东，倾角 43°。

十六号铜矿体（Cu_{16}）：分布于Ⅶ~Ⅵ线之间向斜谷部偏北翼，为一号钴矿体上盘的平行矿体。南北向延伸长度 142m，东西宽平均 55m。赋存标高-57~32m，高度 89m，厚度最大 3.58m，平均

2.21m。近东西走向，倾向南偏东，倾角48°。

十七号铜矿体（Cu_{17}）：分布于Ⅵ~E_0线之间向斜谷部偏南翼，是四号钴矿体上盘的平行小矿体。北东30°方向伸延178m，宽度最大140m。赋存标高-44~-81m，高度37m。厚度最大6.68m，平均4.96m。产状：总体为向西突出的弧形展布，北侧走向北东，南侧走向北西，倾向东，倾角28°~49°。

除以上铜矿，尚有以下一些平行于一号铜矿体产出的零星小矿体，包括：Cu_5、Cu_6、Cu_7、Cu_{10}、Cu_{11}、Cu_{12-1}、Cu_{12-2}、Cu_{13}、Cu_{14-1}、Cu_{14-2}、Cu_{14-3}、Cu_{14-4}、Cu_{17-1}、Cu_{17-2}、Cu_{19}、Cu_{21}、Cu_{23}、Cu_{23-1}、Cu_{24}、Cu_{27}等。仅为单工程见矿，形态产状及规模不够清楚。

（2）南矿区段。

南矿区段在西起ⅩⅩⅧb线，东至ⅩⅩⅫ线，北至红房山背斜，南至金牛桥—291会让站1km²范围内，计有四号、南一、十五号3个铜矿体，均产于石碌群第六层中。其中以四号铜矿体规模最大。

四号铜矿体：分布于ⅩⅩⅧa至ⅩⅩⅦ线一带，赋于石灰顶向斜构造北翼偏凹部。其北西端扬起，成弧形断续出露地表，自ⅩⅩⅧ线潜入地下。横断面为中部厚大，向两侧尖灭，凹部朝下之透镜体。至ⅩⅩⅦ线变为多层而趋尖灭。

南一铜矿体：分布于ⅩⅩⅧa至ⅩⅩⅥa线的南四、南六铁矿体之间，为与之连生或相距约5~10m的氧化矿体，形态为透镜状。

十五号铜矿体：位于南六铁矿体下盘，分布西起ⅩⅩⅧa线之西，至ⅩⅩⅢ线趋于尖灭，局部出露地表。亦为氧化矿体，并局部含钴甚高。形态为透镜状。

除上述铜矿体外，在四号铜矿体上盘及延伸方向、南六铁矿体下盘分别见零星小铜矿体，如Cu_{4-1}、Cu_{4-2}。均为单工程见矿，规模甚小。

（3）北一东区段。

北一东铜矿体是北一一号铜矿体的东延部分。该矿体北西从E_6线起，南东至E_{23}线止，地理上分布于石灰岭至鸡心坳一带，构造上主要赋存于北一复向斜的槽部，层位上大多处于主铁矿层之下，与主铁矿层分布区域大体一致。矿体规模：从E_6线至E_{23}线，走向断续延长1750m，矿体宽度各处不一，以LE_{12}、E_{11}一带宽度较大，水平投影宽度达500m。钴铜矿一般1~2层，最多见4层（ZK1105孔），矿体累计厚度一般2~3m，最厚23.93m（ZK1109孔）。矿体标高从-427.86m（ZKL1402孔）至1.81m（ZKL1602孔）。钴、铜矿体时分时合，多数以钴矿为主，同时含铜矿，单纯的铜矿体较少。矿体形态呈透镜状、似层状，受构造控制较明显，与地层同步褶皱（图4-3-2）。

3. 矿石特征

（1）矿石矿物成分。

铜矿石的主要金属矿物为黄铜矿、（含钴）黄铁矿、（含钴）磁黄铁矿，少量辉铜矿和斑铜矿。主要非金属矿物有白云石、石英、透闪石、方解石等，其次为钾长石、绿泥石、绢云母、重晶石、滑石等。

（2）矿石化学成分。

矿石化学成分主要是Co、Cu，伴生组分有Ni、Ag、S等。一般钴矿石不含铜，铜矿石不含钴，并随之不含镍，钴铜矿石则既含钴、镍，也含铜。钴镍成正相关关系，钴镍比为3：1。银含量在不同类型矿石中差异不大，为9.5~15.3g/t。硫含量为2.00%~2.90%。

（3）矿石的结构构造。

本区铜矿石既有原生沉积的特点，又有变质改造作用叠加影响，故矿石结构构造类型比较复杂。主要的矿石结构有胶状结构、隐晶（微晶）致密状结构、中细粒晶状结构、他形—半自形粒状结构及填隙、填晶结构。此外，尚有团粒结构、交代残留结构、骸晶结构、文象结构、包含结构、环带状结构等；主要的矿石构造类型有网脉状、细脉状构造、条带状构造、块状构造以及浸染

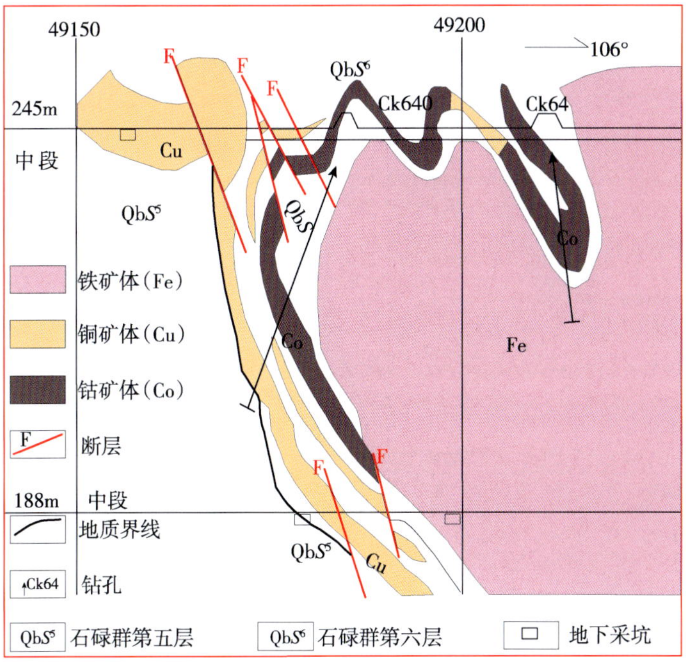

图 4-3-2　石碌矿区北一矿段铁矿体与钴铜矿体的垂直空间关系示意图

状构造，局部为角砾状构造等。

（4）矿石类型。

铜矿石按自然类型可分为氧化矿石和硫化矿石两大类（铜矿体在西段地表有氧化矿石，主要矿物有孔雀石、黑铜矿等）；按矿石有用矿物组成分为黄铜矿矿石、辉铜矿矿石两亚类；按矿石工业类型分为钴矿石、铜矿石、钴铜矿石 3 类。

4. 围岩蚀变

主要的围岩蚀变有硅化、绿帘石化、透辉石—透闪石化、矽卡岩化、绿泥石化、黄铁矿化等。

5. 矿体的控矿条件

地层控矿：矿床赋存于石碌群第六层，富铁矿体和钴铜矿体围岩皆为含透辉石透闪石白云岩。

构造控矿：矿体受褶皱控制作用较为明显，多位于向斜的谷（槽）部、向斜轴部附近的层间剥离带或湾流作用下机械加厚等部位。

（二）岭曲铜矿

1. 矿区特征

（1）地层。

矿区内出露的地层有白垩系岭壳村组中下部。根据其岩石特征并按照从下向上的层序，可划分为流纹斑岩建造（K_1lk^1）、英安斑岩建造（K_1lk^2）、流纹斑岩建造（K_1lk^3）、流纹质角砾熔岩建造（K_1lk^4）、流纹斑岩建造（K_1lk^5）、含角砾流纹斑岩建造（K_1lk^6）、流纹质角砾熔岩建造（K_1lk^7）共 7 个岩性段。铜矿体赋存于岭壳村三、四段的火山岩中（图 4-3-3 至图 4-3-6），现将这两段地层分述如下：

岭壳村三段：主要分布在矿区的中部，约占矿区的面积 5%，主要岩性为：流纹斑岩，夹透镜状英安斑岩。

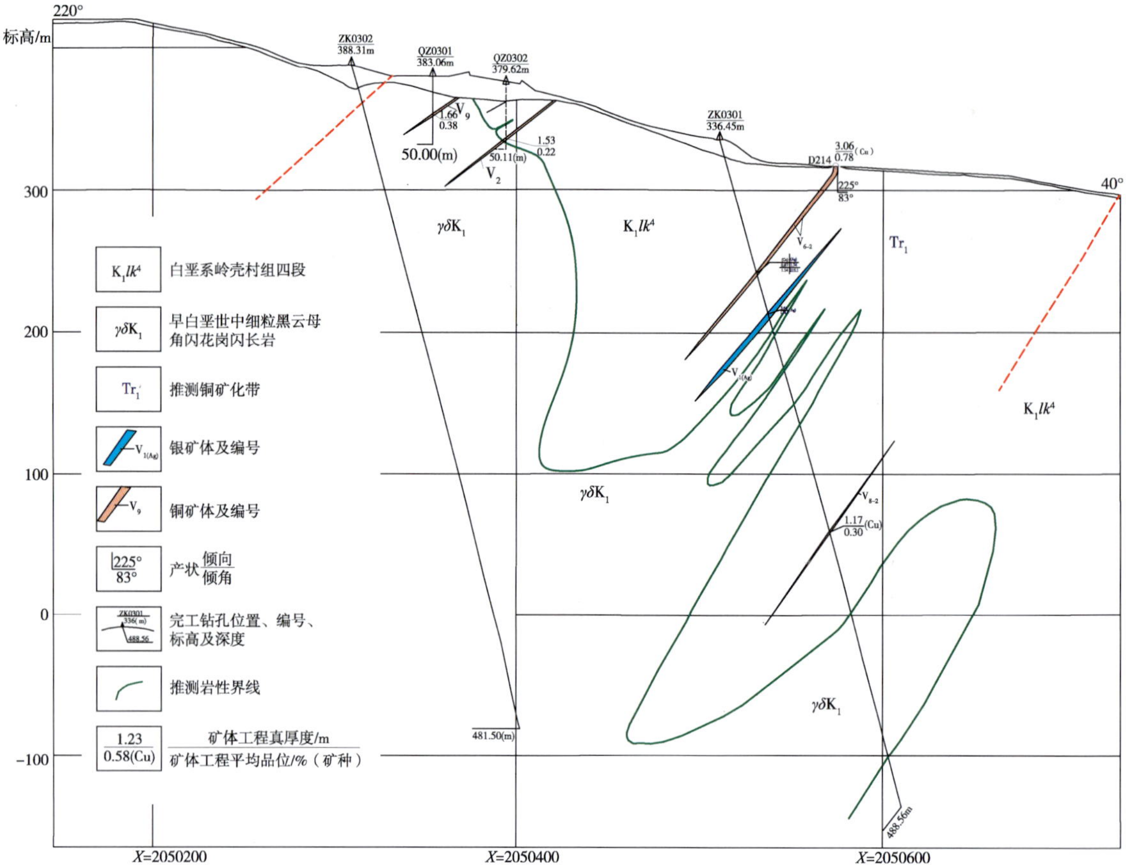

图 4-3-3　三亚市岭曲铜多金属矿区 3 号勘探线地质剖面图

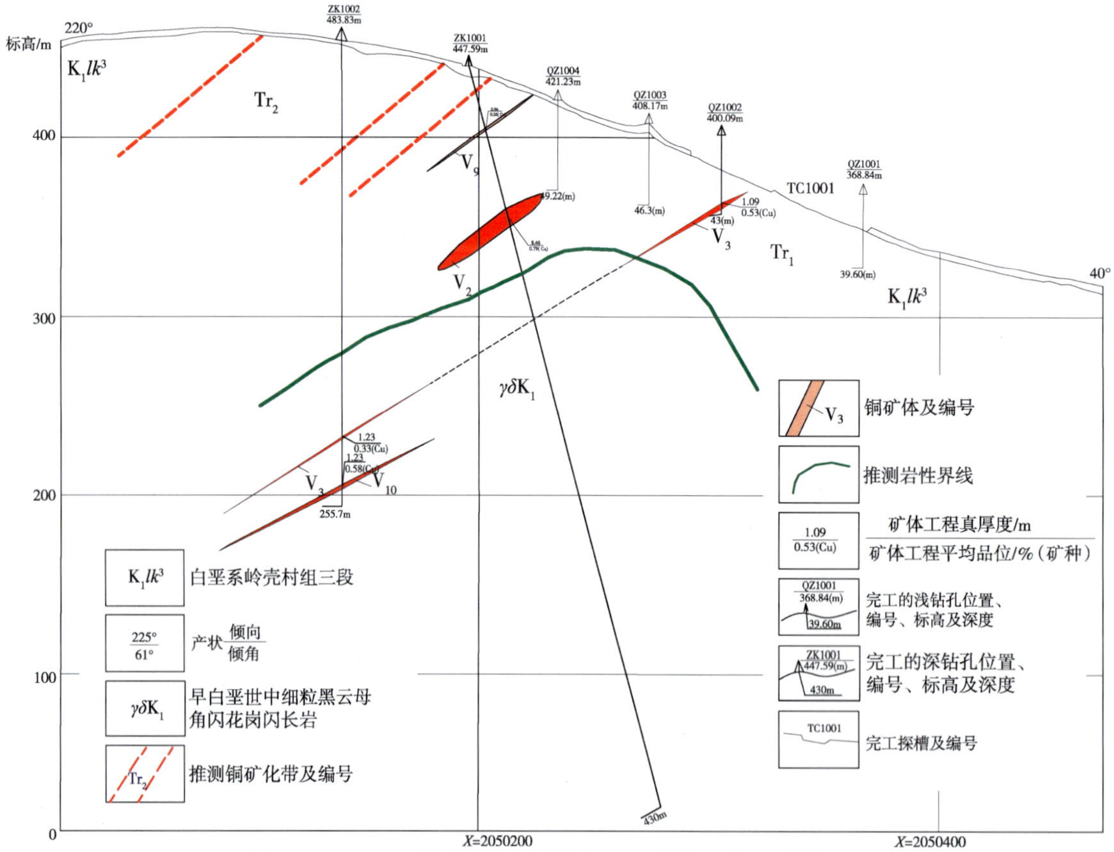

图 4-3-4　三亚市岭曲铜多金属矿区 10 号勘探线地质剖面图

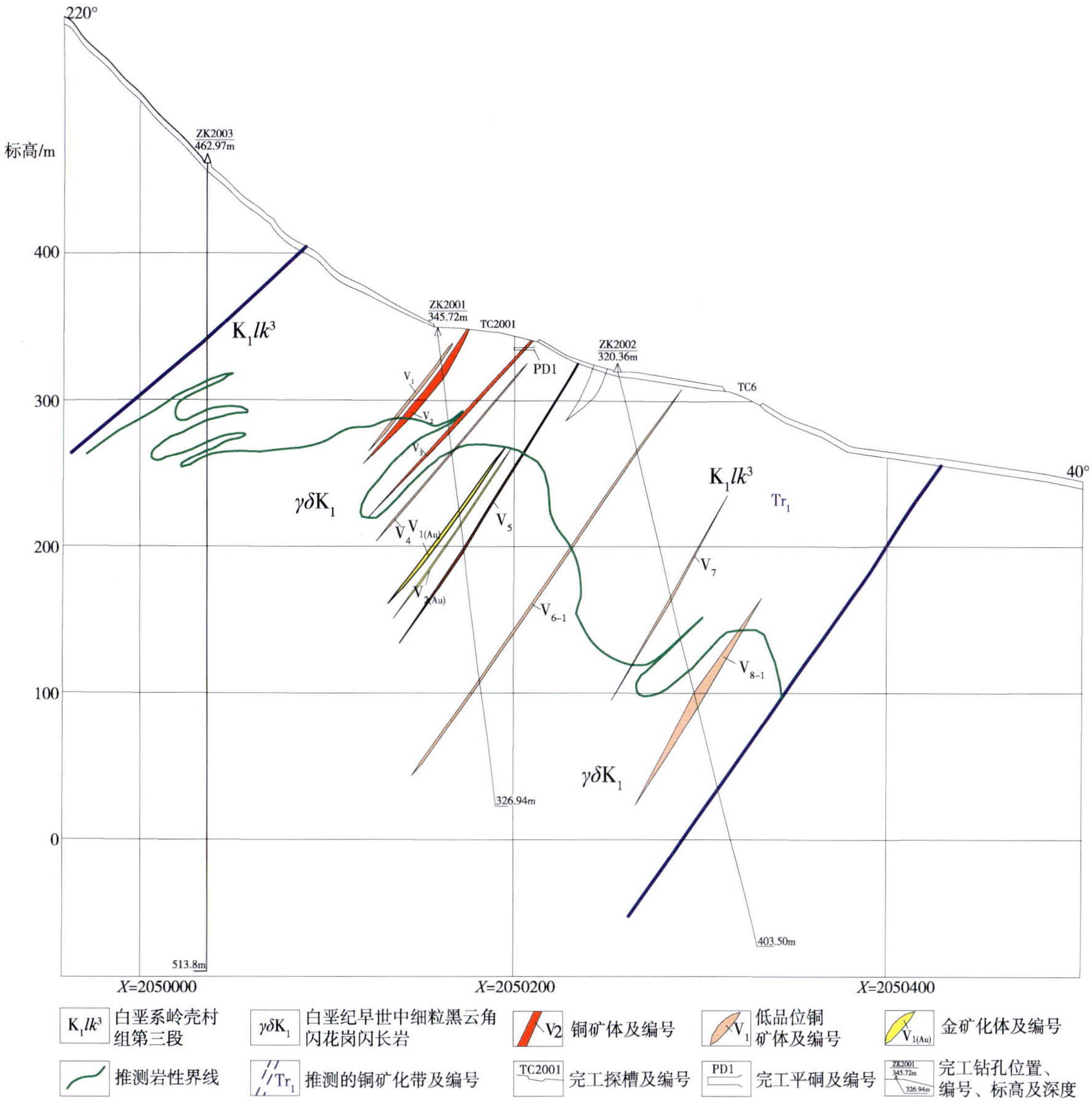

图 4-3-5　三亚市岭曲铜多金属矿区 20 号勘探线地质剖面图

流纹斑岩，呈浅灰—深灰色，斑状结构，块状构造，斑晶成分为正长石，钠长石、石英，含量约 10%，基质成分为长英质，岩石局部含少量黄铁矿。

英安斑岩，呈黑灰、黑色，斑状结构，块状构造，斑晶成分为斜长石、石英、黑云母、角闪石，含量约占 13%，基质成分为长英质，呈隐晶结构。

岭壳村四段：主要分布在矿区的中部，呈东西向长带状，约占矿区面积的 6%。主要岩性为流纹质角砾凝灰熔岩，底部为砂岩与砾岩互层，简述如下：

流纹质角砾凝灰熔岩，呈灰—深灰色，火山角砾状结构，块状构造，角砾含量 5%～12%，角砾成分为黑色的流纹岩、闪长玢岩、花岗斑岩、角岩、石英岩等，呈棱角状，大小 0.5～5cm，局部见少量长石、石英斑晶的晶屑，大小 0.1～0.3mm。

（2）构造。

矿区内构造主要表现为断裂构造，其中北西向岭曲断裂（F_1）规模最大，延伸最远。另外发育北东向、近南北向、北西向和近东西向 4 组次一级小规模断裂，它们常表现为蚀变破碎带或被石英脉等岩脉充填。与铜矿化关系密切的是北西向断裂带。

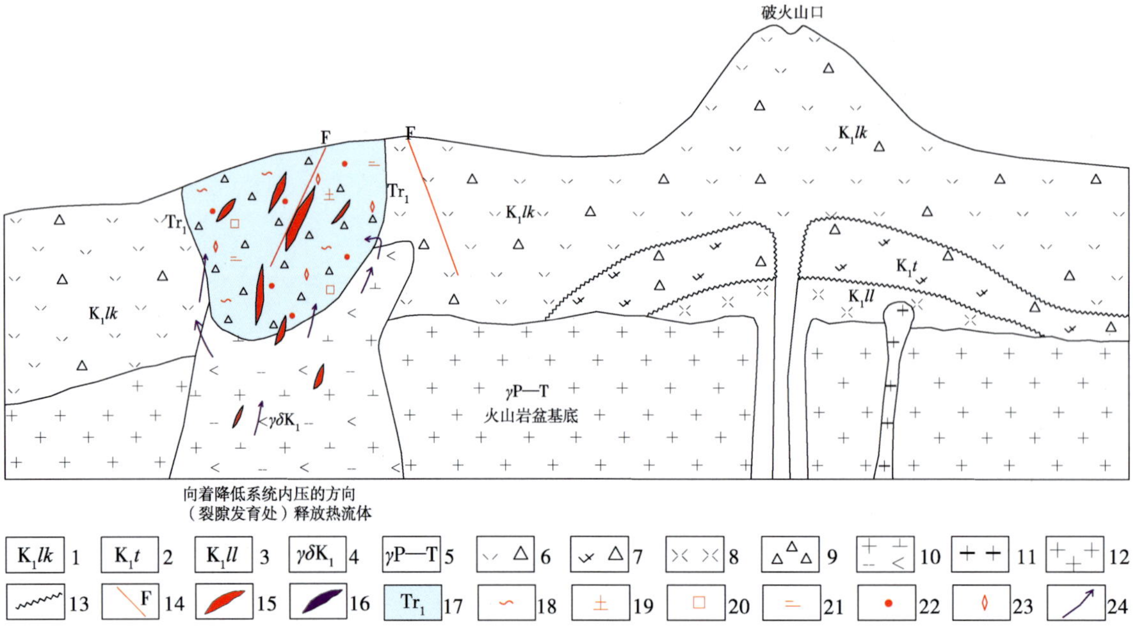

图 4-3-6 海南省三亚市岭曲铜矿区典型矿床成矿模式图

1—岭壳村组；2—汤他大岭组；3—六罗村组；4—早白垩世黑云角闪花岗闪长岩；5—二叠纪—三叠纪花岗岩；6—英安斑岩、流纹岩、安山岩、玄武岩；7—英安岩、安山岩、流纹斑岩；8—流纹岩、安山岩、玄武岩；9—隐爆角砾岩；10—黑云角闪花岗闪长岩；11—花岗斑岩；12—花岗岩；13—火山喷发不整合接触；14—断层；15—铜矿体；16—银矿体；17—蚀变带范围；18—绿泥石化；19—高岭土化；20—黄铁矿化；21—绢云母化；22—黄铜矿化；23—碳酸盐化；24—含矿流体迁移方向

北西向岭曲断裂（F_1）：该构造为张扭性断裂，产在岭曲村一带的白垩系岭壳村组第三段、第四段和第五段中，出露长度大于 2.5km，向东延伸出图外，宽度一般为几米到几十米。总体走向为 290°~320°，倾向北东向。该断裂带内除少数被石英脉、安山玢岩岩脉等充填外，多发育着硅化蚀变岩、云英岩化蚀变岩、碎裂岩、角砾岩等构造岩，带中有较强的黄铁矿、黄铜矿等多金属矿化。围岩蚀变主要有硅化、云英岩化、绿泥石化、绢云母化和碳酸盐化等。

Tr_1 蚀变矿化破碎带：位于 F_1 岭曲断裂带的南侧，产在白垩系岭壳村组三段、第四段和与岭壳村组属同源岩浆分异演化的早白垩世花岗闪长岩（$\gamma\delta K_1$）中。长度约 1500m，宽度 200~520m，目前，矿区勘探工作主要集中于 20 号勘探线（图 4-3-5）以西。在 20 线以西，Tr_1 蚀变矿化破碎带总体走向 310°~315°展布，向东总体走向变为约 165°，且向东有延伸和深度潜伏的趋势；Tr_1 带内的构造岩主要为硅化等蚀变岩、硅化碎裂岩、构造角砾岩、石英脉、碎裂英安流纹岩、碎裂流纹质角砾凝灰熔岩、硅化碎裂黑云母角闪花岗闪长岩等；带内普遍见到硅化、绿泥石化、绢云母化、云英岩化、碳酸盐化、黄铁矿化、黄铜矿化等蚀变现象，局部可见钾长石、钠长石化。目前矿区内所发现的 15 个矿体均位于 Tr_1 蚀变矿化破碎带。

（3）岩浆岩。

区内出露的岩浆岩为早白垩世晚期花岗闪长岩，也是铜矿体的容矿岩石，主要分布在矿区的南西部和北西部，约占矿区出露面积的 25%，与白垩纪火山岩和岭壳村组熔岩均呈侵入接触，两者系同源岩浆分异演化的产物。花岗闪长岩呈灰白色，细—中粒花岗结构，块状构造。矿物成分为：钾长石（40%）、斜长石（30%）、石英（20%）、角闪石（8%）、黑云母（2%），钾长石、斜长石呈半自板状，大小 1~3mm；石英呈他形粒状，粒径 2mm；角闪石呈黑色，短柱状，大小 0.8~1.5mm；黑云母为片状，片径 1mm 左右。暗色矿物在岩石中分布不均匀。

（4）变质作用。

矿区主要有动力变质作用和气液变质作用。

动力变质作用发育于断裂构造中，气液变质作用发育于断裂构造及两侧围岩中。在断裂构造中形成碎裂岩、硅化构造角砾岩、硅化碎裂火山岩等。动力变质岩与热液蚀变往往相伴出现。主要蚀变类型有：硅化、绢云母化、绿泥石化、黄铁矿化、碳酸盐化等。

2. 矿体特征

目前，在岭曲铜矿区已圈定主矿化蚀变带1条（编号为Tr_1），并在其中发现6个工业矿体和9个低品位矿体。工业矿体为4个铜矿体（V_2、V_3、V_5、V_{10}）、1个铜银共生矿体（V_{6-2}）和1个银矿体（V_1（Ag））；低品位矿体为7个铜矿体（V_1、V_4、V_7、V_{6-1}、V_{8-1}、V_{8-2}、V_9）和2个低品位金矿体（V_1（Au）、V_2（Au））。除V_{6-2}矿体出露地表外，其他均为隐伏矿体。

各矿体主要呈脉状、网脉状、长透镜状产于Tr_1矿化蚀变破碎带中，总体走向为300°~310°，倾向南西，倾角多为40°~60°，少数大于60°。各矿体见矿标高为50~359m，长度为100~686m，最大延深为47.8~324m，平均厚度为0.93~4.47m，单工程最厚为8.99m。铜矿体平均品位为0.54%~0.94%，单工程品位最高为2.57%；低品位铜矿体平均品位为0.22%~0.34%，单工程品位最高为0.38%。银矿体平均品位分别为116.05g/t（V_1（Ag））和215.05g/t（V_{6-2}（Ag）），单工程品位最高为215.05g/t。2个低品位金矿体（V_1（Au）、V_2（Au））平均品位分别为1.34g/t和1.24g/t。矿体品位变化系数为19%~78%，厚度变化系数为28%~77%。矿（化）体间距平均15~70m、走向为300°~310°，近平行分布。目前发现的矿体中规模较大的是V_2和V_3铜矿体。

V_2铜矿体：控制范围为03线、10线和20线，脉状，呈北西—南东向展布，倾向220°，倾角50°~55°。矿体长686m，真厚度1.07~8.28m，平均真厚度4.47m，厚度变化系数72%，品位变化系数50%。出露标高340~359m，相对高差19m。矿体控制斜深25.3~45.2m，沿倾斜最大延深117.6m。

V_3铜矿体：控制范围为10线和20线，脉状，呈北西—南东向展布，倾向225°~232°，倾角37°~50°。矿体长448m，真厚度1.59~2.53m，平均真厚度1.78m，厚度变化系数36%，品位变化系数43%。出露标高332~345m，相对高差13m。矿体控制斜深72.1~84.7m，沿倾斜最大延深222.8m。

3. 矿石特征

（1）矿石矿物成分。

本区矿石矿物较简单，主要金属矿物为黄铁矿、黄铜矿、辉铋矿、铜蓝和自然银。脉石矿物主要为斜长石、钾长石和石英，次要脉石矿物为角闪石、黑云母、绿泥石、绢云母等，含少量方解石等。

辉铋矿：呈浸染状、脉状分布，局部团块状，锡白色，光泽较强，脉宽0.2~2mm。辉铋矿常以浸染状或细脉穿插交代黄铁矿。

黄铁矿：呈浸染状或团块状分布，最大团块直径约1cm，可见明显的参差不齐的断口，浅黄铜色。镜下可观察到黄铁矿与辉铋矿平直、舒缓状接触，构成共结边结构，偶见辉铋矿穿插交代黄铁矿。

黄铜矿：呈浸染状、不规则状的半球或致密块状产出，直径0.1~0.5mm，最大可达到3mm。黄铜色，表面常有斑驳的蓝、褐、紫色，不透明，金属光泽，黄铜矿常以脉状或浸染状穿插交代黄铁矿。

（2）矿石化学成分。

矿石中主要有用组分除Cu外尚有Ag、Au、S可综合利用，Pb、Zn等元素含量很低，均没有综合利用价值。

（3）矿石的结构构造。

矿石结构主要有晶屑凝灰熔岩状结构、斑状结构、花岗结构、半自形—他形粒状结构、共生结构和交代结构，其中前4种为主要矿石结构；后两种结构较少见，且多见于黄铁矿、黄铜矿和辉铋矿的接触处。

矿石构造主要有浸染状构造、脉状构造、细脉纤状构造和细脉交错构造。

根据矿石的结构构造特征可知，黄铁矿、黄铜矿、辉铋矿几乎同时结晶，只是黄铁矿结束结晶后，黄铜矿、辉铋矿继续接着结晶。

（4）矿石类型。

按矿石的主要矿物组分，可分为英安流纹岩、流纹质（英安质）角砾凝灰熔岩、英安岩、花岗闪长岩和石英脉型铜矿石；英安质角砾凝灰熔岩、流纹质角砾凝灰熔岩型银矿石；花岗闪长岩型金矿石。

按矿石的构造特征，可分为块状、浸染状、脉状、细脉状和细脉交错状铜矿石，其中浸染状和细脉状铜矿石占大多数，少量为块状和细脉交错状铜矿石；细脉状银矿石。

按矿石的氧化程度可分为氧化铜矿石、混合铜矿石和原生铜矿石。

4. 围岩蚀变

矿体顶底板围岩为英安流纹岩、流纹岩、流纹质（英安质）角砾凝灰熔岩、英安岩和黑云母角闪花岗闪长岩。矿体与围岩界线不明显，二者呈渐变过渡关系，主要靠系统采样圈定矿体。

围岩蚀变类型主要有硅化、绿泥石化、钾长石化、黄铁矿化、黄铜矿化和碳酸盐化，其中硅化、绿泥石化发育较普遍。围岩蚀变总体较弱，局部较强，且硅化、绿泥石化、钾长石化、碳酸盐化等与黄铁矿化、黄铜矿化等金属硫化物矿化呈正相关关系，即硅化、绿泥石化、钾长石化、碳酸盐化蚀变越强，黄铁矿化、黄铜矿化等金属硫化物矿化就越强，反之亦然。

5. 矿体的控矿条件

构造条件：北西向张扭性断裂构造（F_1）控制矿化蚀变破碎带。

岩浆岩条件：矿化成因上与早白垩世晚期或白垩纪中期岭壳村组中下部三、四段流纹斑岩建造和流纹质角砾熔岩建造及其同源岩浆分异演化所形成的花岗闪长质岩浆有关。

三、典型矿床成矿模式

（一）石碌铁钴铜多金属矿床

1. 成矿时代

对石碌群第六层铁矿主矿层铁矿石用Sm-Nd法测定全岩等时线年龄为841±20Ma，属晋宁期晚期。

2. 成矿机理和成矿模式

石碌铁钴铜多金属矿床的成矿经历3个阶段。

第一阶段为海相火山喷发沉积阶段：青白口纪海底火山喷发，火山活动形成的碎屑物质搬运到与生物礁台围成的具有较高盐度的封闭和半封闭的弧后盆地中沉积下来。火山活动不仅为弧后盆地提供大量的热能，同时也提供了大部分的成矿物质。

第二阶段为晋宁运动变质期：晋宁运动使石碌群发生变质变形作用，伴随变质作用，已形成的层状、似层状矿体或含矿建造进一步发生构造动力分异作用，使矿质分异并在应力梯度支配下向向斜聚集加厚或湾流作用下机械加厚等低应力带运移富集。

第三阶段为海西—印支构造运动、岩浆热液活动改造期：海西—印支期，海南岛岩浆活动强烈，受岩浆作用的影响，与围岩接触带附近发生较强的蚀变，对矿区的矿体进行了叠加改造。其成矿模式图见图4-2-8。

（二）岭曲铜矿

1. 赋矿岩石

赋矿主岩是白垩系岭壳村组中下部斑状流纹岩、英安（斑）岩、流纹质角砾凝灰熔岩以及侵位于其中的花岗闪长岩。

2. 成矿时代

推测岭曲成矿时代为早白垩世晚期或白垩纪中期。

3. 成矿机理和成矿模式

矿床成因类型属陆相火山—岩浆热液型铜矿床。

火山活动带来深源为主的热液及矿物质，深源矿物质在岭壳村组中酸性火山岩建造中得到初步富集；稍晚，火山构造复活，与火山岩属同源岩浆分异演化产物的花岗闪长岩在同安岭盆地西部地区大面积侵入，形成侵入相，同时带来新的热液和成矿物质，并使火山岩中初步富集的矿物质发生活化、转移，随后矿质在有利的构造环境中沉淀富集。其成矿模式如图 4-3-6 所示。

第四节　铅锌矿种典型矿床及其成矿模式

一、矿床概况

在全岛已发现的 54 个铅锌矿床（点）中，成因类型存在热液脉型和接触交代型（矽卡岩型）两种。选取后万岭铅锌矿床为典型矿床。

后万岭铅锌矿床位于乐东县千家镇，属于热液脉型铅锌矿，铅储量 4.4×10^4t，锌储量 24.6×10^4t，平均品位：铅 0.95%，锌 2.23%，属中型矿床。

二、典型矿床地质特征

1. 矿区特征

（1）地层。

矿区未有地层出露，主要出露的是千家岩浆岩超单元花岗岩，岩性主要为角闪石黑云母二长花岗岩和（辉石）黑云母正长花岗岩，其次可见少量花岗细晶岩岩脉和闪长玢岩岩脉（图 4-4-1）。

（2）构造。

矿区构造主要表现为千家岩浆岩超单元固结后形成的多组断裂发育，按走向方位和断裂性质可划分为以下断裂。

1）北北西向至近南北向扭张性断裂。

这组断裂为矿区的主要控矿构造，具多次继承性活动的特点，系由数条规模较大、走向北北西向至近南北向的石英脉绢云母化破碎带组成。其总体形态呈略为向北撒开而向南收敛的帚状断裂束，断续分布在后万岭—长岭的近南北向的带状山脊上。单条断裂带长度一般为数百米，最长 2500m，宽度一般为数米，最宽 20~30m。走向北北西向至近南北，倾向东（或北东），局部倾向西，倾角较陡（50°~85°）。脉带沿走向和倾向膨缩变化大，呈透镜状，局部可见石英脉有追踪弯曲、分枝、左列等现象。脉带的中心部位有较多期石英脉充填，往两侧出现有绢云岩、绢云母化碎裂岩（局部见构造角砾岩）和绢云母化二长花岗岩。根据脉带中的石英脉有多期，且早期石英脉规模大、膨缩变化明显，中期石英脉仅在局部地段出现、脉副较小且脉体较规整，晚期石英脉呈网

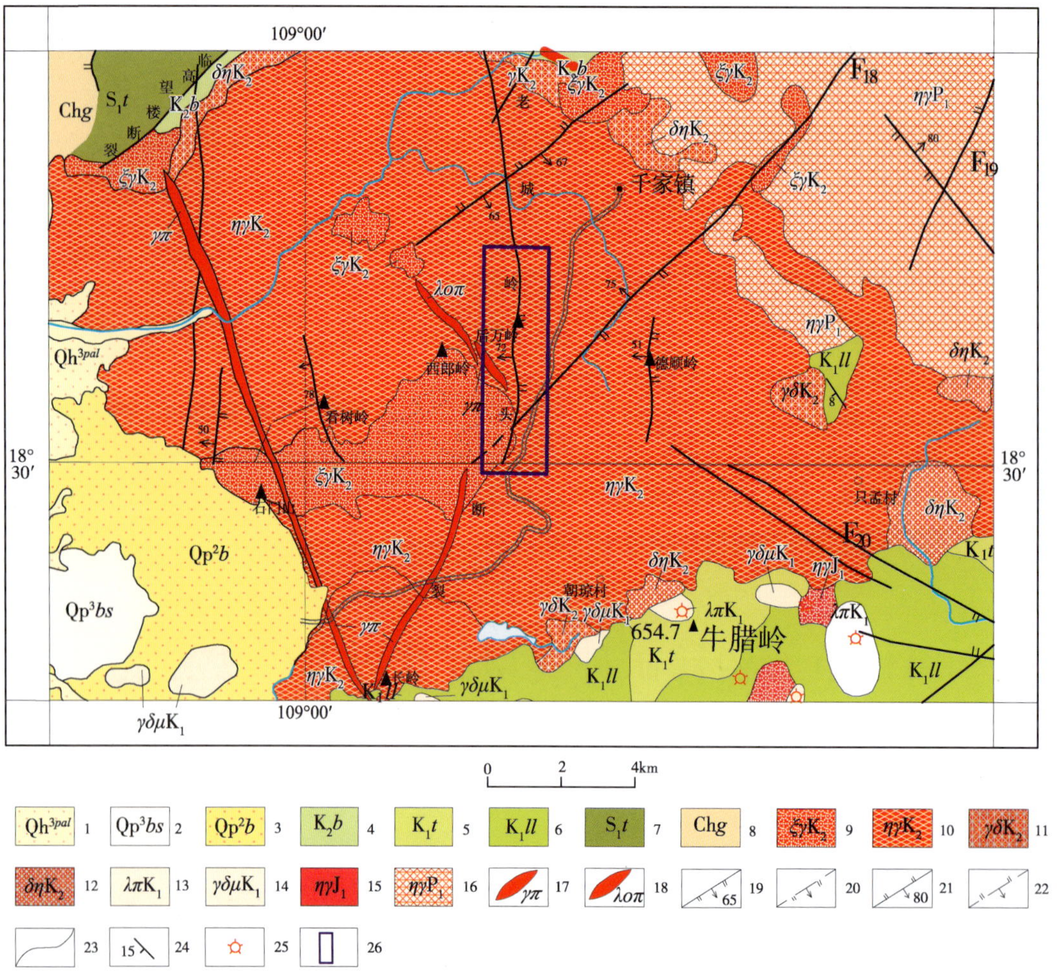

图 4-4-1　后万岭矿床区域地质简图

1—洪冲积层：砂砾石层及亚砂土、砂质黏土；2—八所组：粉细砂、含细砾中粗砂；3—北海组：亚砂土、砂、砂砾；4—报万组：长石砂岩、泥岩；5—汤他大岭组：英安岩、安山岩、流纹斑岩；6—六罗村组：流纹岩、安山岩、玄武岩；7—陀烈组：变质石英细砂岩、粉砂岩、绢云母板岩、炭质绢云板岩；8—戈枕村组：黑云母斜长片麻岩、混合片麻岩、混合花岗闪长岩；9—（辉石）黑云母正长花岗岩；10—角闪石黑云母正长花岗岩；11—角闪石黑云母花岗闪长岩；12—石英二长闪长岩；13—流纹斑岩；14—花岗闪长玢岩；15—（角闪石）黑云母二长花岗岩；16—（角闪石）黑云母花岗闪长岩；17—花岗斑岩；18—石英斑岩；19—实测正断层倾向及倾角（°）；20—推测正断层；21—实测逆断层倾向及倾角（°）；22—推测逆断层；23—地质界线；24—地层产状（°）；25—火山口；26—矿区范围

状细脉充填在脉带及早成两期石英脉的破碎裂隙中及脉带中出现碎裂岩来分析，该组断裂曾经历先扭张，后压扭的多次活动，其活动强度由强到弱，从而导致沿脉带铅锌矿化比较普遍，而铅锌工业矿体仅在局部地段富集。

2）北北东向压扭性断裂。

分布于矿区西部，是由一些规模较小的石英脉绢云母化破碎带组成，在地貌上表现为带状山脊。单条断裂长一般百米，宽数十厘米至数米，走向北北东，倾向南东，倾角 55°~80°。断裂带中有石英脉、绢英岩、构造角砾岩和绢云化二长花岗岩。其力学性质属压扭性。

3）近东西向压扭性断裂。

见于矿区中部，走向约 100°，延伸长约 500~600m，沿走向追索，见被错动了的石英脉旁侧的二长花岗岩具明显的碎裂现象，局部见宽数米的花岗质构造角砾岩。根据断裂的表现特征显示以扭为主兼压的力学性质，再根据构造角砾岩的角砾成分中含有早期形成的角砾岩的成分分析，推测该断裂经历过两次以上的构造作用。同时，该组断裂曾切断了北北西向至近南北向具铅锌矿化石英脉充填的断裂，应形成于成矿期之后。

（3）岩浆岩。

矿区出露岩浆岩主要为白垩纪晚世角闪石黑云母二长花岗岩和黑云母正长花岗岩。

1）角闪石黑云母二长花岗岩。

分布于矿区的北部豆理岭及东部公打—岛角—海棠冲一带，面积约 6km²。岩石呈肉红带灰白色，中粒似斑状结构，块状构造。斑晶粒径以 1～2cm 为主，成分为肉红色板状的微纹长石 8%～12%和灰白色板柱状的斜长石 1%～3%。基质具中粒花岗结构，成分为微纹长石 10%～13%，斜长石 45%～48%，石英 23%～27%，黑云母 4%～5%，角闪石少量。副矿物为微量的磁铁矿、榍石、金红石等。次生矿物为微量的绢云母、绿泥石、高岭土。

2）（辉石）黑云母正长花岗岩。

主要出露在矿区的中部及西南部，岩石呈浅肉红—灰白色，中粒花岗结构，块状构造。组成岩石的矿物粒径一般为 0.5～5mm，但以 2～3mm 为主。矿物成分为斜长石约 12%，钾长石约 65%，石英约 23%，黑色片状的黑云母 1%～2%。副矿物为微量的榍石、磁铁矿、磷灰石等。次生矿物为微量的绢云母、绿泥石、高岭土。

3）岩脉。

花岗细晶岩岩脉：主要分布在矿区的中部和南部，呈脉状产出。脉长几十米至几百米，宽一般 1～2m，部分十几米，走向一般北北东，部分近东西。岩石呈浅肉红—灰白色，细晶结构，块状构造。矿物粒径 0.2～1mm。矿物成分为钾长石 45%～50%，斜长石 20%～25%，石英 20%～27%，黑云母 1%～3%，磁铁矿微量。次生矿物有微量的绢云母、高岭土、绿泥石、碳酸盐矿物、白钛石。

闪长玢岩：在矿区内零星出露，呈脉状产出，脉长数十米，宽 1～2m，走向近南北。岩石由于受热液蚀变的影响而呈暗绿色，变余斑状结构，块状构造。斑晶为钾长石 6%，黑云母 1%，粒径约 0.3～1.5mm。基质为斜长石 74%，黑云母 15%，石英 2%，白钛矿 1%～2%，粒径在 0.1mm 以下。岩石常见绢云母化、绿泥石化和碳酸盐化蚀变。

2. 矿体特征

矿区共圈出铅锌矿体 13 个。其中Ⅰ号脉带的中段有 4 个，编号分别为 V_{1-1}、V_{1-2}、V_{1-3}、V_{1-4} 号矿体，南段有 1 个，编号为 V_{1-5} 号矿体；Ⅱ号脉带的北段 1 个，编号 V_{2-1} 矿体，中段 1 个，编号 V_{2-2} 矿体，南段 2 个，编号 V_{2-3}、V_{2-4} 矿体；Ⅲ号脉带的南段有 4 个矿体，编号分别为 V_{3-1}、V_{3-2}、V_{3-3}、V_{3-4} 号矿体。从而构成中型规模的铅锌矿床。

铅锌矿体均赋存在沿近南北—北北西向断裂发育的矿化脉带中的含矿石英脉及其旁侧的绢英岩、绢云母化碎裂岩或硅化绢云母化二长花岗岩中。矿体的顶底板岩石为绢云母化二长花岗岩。

V_{1-1} 铅锌矿体：分布在Ⅰ号脉带 42 线浅部（114m 标高至地表），呈陡倾斜的不规则脉状，在 TC132 出露地表，深部只有单勘探线和单孔控制。矿体长 102m，延伸 131m，走向北北西（348°），倾向东、倾角 85°。矿体沿走向用 70～130m 间距的探槽控制，只有一个工程见矿，说明沿走向变化；沿倾向，矿体的厚度变化为：地表 1.54m，深部 0.49m，平均 1.02m，品位变化情况是地表铅 0.489%，锌 0.01%，深部铅 7.28%，锌 7.18%，平均铅 2.128%，锌 1.74%。

V_{2-2} 铅锌矿体：分布在Ⅱ号脉带 0 线浅部（140m 标高至地表），呈陡倾斜透镜状，在 T211 出露地表，深部用单勘探线和两个钻孔控制。矿体长 142m，延伸 193m，走向近南北（360°），倾向东，倾角 51°～75°，矿体沿走向用 130～160m 间距的探槽控制，只有一个工程见矿，说明矿体沿走向变化大；沿倾向，地表矿体厚 0.97m，往下矿体厚度变大为 21.88m，再往下则矿体厚度又变小且有分枝（矿体厚度分别为 1.76m 和 9.01m）；矿本平均厚度为 8.41m，品位变化情况是：地表铅 0.37%，锌 0.02%，往深部铅 0.496%，锌 0.569%，再往更深部为铅 0.432%，锌 0.355%，而地下单样最高铅 1.41%，锌 1.64%，整个矿体平均品位为铅 0.46%，锌 0.473%，矿石品位偏低。

V_{2-3}矿体：分布在Ⅱ号脉带45线浅部（110m标高至地表），呈陡倾斜不规则脉状，在TC241和TC237出露地表，深部只有单勘探线单孔控制。矿体长335m，延伸110m，走向北北西（351°），倾向东，倾角约67°。沿矿体走向用140~240m间距的探槽控制，有两个工程见矿，其变化是以45线为中心，从南往北，厚度由3.15m变为0.78m，铅品位由0.664%变为0.43%，锌品位由0.166%变为0.03%；沿倾向，矿体由厚3.15m变为10.64m，平均厚度4.86m，品位从地表到深部，铅由0.664%变为0.02%，锌由0.166%变为2.606%。平均品位铅0.181%，锌1.941%。

3. 矿石特征

（1）矿石矿物成分。

矿石的金属矿物主要有方铅矿、闪锌矿、次为黄铁矿及少量黄铜矿、微量辉银矿等；脉石矿物主要为石英，其次为绢云母、绿泥石及残留的长石、磁铁矿、钛铁矿等。在地表，原生矿石矿物大部分氧化，形成褐铁矿、白铅矿、铅钒、钼铅矿、磷酸氯铅矿等。

（2）矿石结构。

矿石结构主要有他形—自形晶粒状、交代残余、乳滴状及碎裂结构。

（3）矿石构造。

矿石构造包括块状构造、脉状构造、细脉浸染状构造、浸染状构造。

（4）矿石自然类型。

矿区的氧化矿和混合矿所占比例很小，主要属原生铅锌矿石（地表有少量由钼铅矿、铅钒、磷酸钼铅矿、褐铁矿组成的氧化矿石）。因此，按矿石的结构构造，可分为块状矿石（主要由方铅矿、闪锌矿、黄铁矿等矿石矿物组成，矿石品位较高），脉状矿石、细脉浸染状矿石、浸染状矿石。按矿石的岩性，可分为含矿石英脉矿石，含矿绢英岩矿石和含矿绢云母化碎裂岩矿石。按有用组分的含量变化，则可分为铅锌矿石、铅矿石和锌矿石。

4. 围岩蚀变

矿区的围岩蚀变，主要表现为含矿热液沿构造断裂带上升，并与破碎了的围岩（中粒斑状二长花岗岩）发生交代作用形成。主要有硅化、绢云母化、绿泥石化、黄铁矿化和碳酸盐化，其特点是以矿化石英脉为中心，往两侧依次出现有绢英岩、绢云母化碎裂岩、硅化、绢云母化二长花岗岩、绢云母化花岗岩。本矿区的围岩蚀变与矿化的分带现象大致可以划分出硅化绢云母化带和绢云母化带两个矿化蚀变带。其中以硅化绢云母化与铅锌矿化关系较密切，蚀变强度与矿化强度呈正相关关系。

5. 矿体的控矿条件

构造条件：铅锌矿化严格受北北西向至近南北向扭张性断裂的控制。

岩浆岩条件：成矿物质主要来自晚白垩世花岗质岩浆侵入体（千家岩体）岩浆期后的含矿热液。

找矿标志：石英脉绢云母化破碎带是找矿的蚀变和构造标志。

三、典型矿床成矿模式

1. 成矿物质来源

成矿物质主要来源于晚白垩世侵位的千家岩浆岩超单元花岗岩，岩石类型主要为角闪石黑云母二长花岗岩和（辉石）黑云母正长花岗岩。角闪石黑云母二长花岗岩是容纳矿体最多的岩石。

2. 成矿时代

对千家似斑状二长花岗岩和花岗闪长岩用全岩—黑云母的Rb—Sr法分别获得93.3Ma和94.4Ma同位素等时线年龄，属晚白垩世（晚燕山期），因矿床的形成与岩浆活动有密切关系，所以推测成矿时代也属晚白垩世。

3. 成矿机理和成矿模式

后万岭铅锌矿床的成矿过程包括两个阶段（图4-4-2）。

第一阶段为分异岩浆上升侵位，形成的千家岩体（±94Ma）主体侵入前泥盆系沉积变质岩（戈枕村组和陀烈组）。

第二阶段为在岩浆活动的晚期阶段至中低温热液阶段，岩体受到北北西向至近南北向扭张性断裂构造影响，沿断裂形成一套以矿化石英脉为中心、对称分布的中低温热液蚀变（硅化、绢云母化、绿泥石化、黄铁矿化和碳酸盐化）岩石。矿化和蚀变为从千家岩体侵入晚期尚未完全凝固的晚白垩世花岗斑岩（$\gamma\pi K_2$）中分馏出的上升含矿热液所引起，但很可能有较多大气降水的参与。

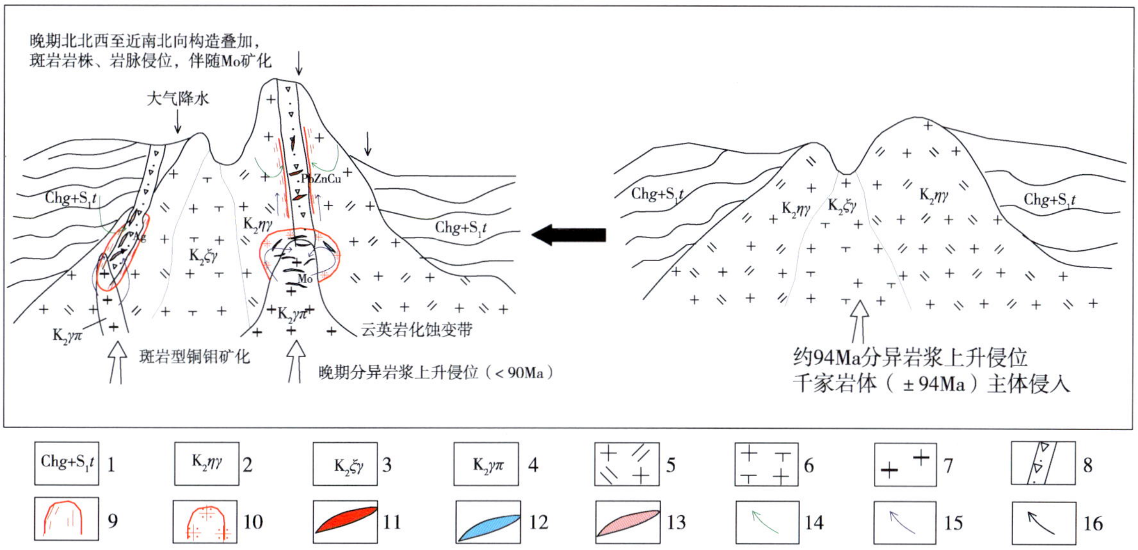

图4-4-2　海南省乐东县后万岭铅锌矿区典型矿床成矿模式图

1—前泥盆系沉积变质岩（戈枕村组和陀烈组）；2—晚白垩世二长花岗岩；3—晚白垩世正长花岗岩；4—晚白垩世岗斑岩；5—二长花岗岩；6—正长花岗岩；7—花岗斑岩；8—构造破碎带；9—组云母化蚀变带；10—云英岩化蚀变带；11—铅锌矿体（伴生铜银矿）；12—钼矿体；13—银矿体；14—岩浆热液和/或大气降水；15—岩浆热液；16—大气降水

第五节　钼矿种典型矿床及其成矿模式

一、矿床概况

在全岛已发现的10个钼矿床（点）中，成因类型有斑岩型、热液脉型、陆相火山岩型3种。本次选择了红门岭钼钨矿、报告村钼矿、石门山钼铅锌多金属矿、罗葵洞钼矿、高通岭钼矿、龙门岭钼矿和梅岭铜钼矿作为典型矿床进行研究。

红门岭钼钨矿位于乐东县尖峰镇，属于斑岩型钼矿，储量：WO_3 1654.8t，Mo 2164.2t，平均品位：WO_3 0.1713%，Mo 0.2422%，属小型矿床。

报告村钼矿床位于乐东县利国镇，成因类型为斑岩型，Mo储量1729t，平均品位0.090%，属小型矿床。

石门山钼铅锌多金属矿床位于乐东县九所镇，其成因类型为斑岩型，储量：Mo 10442.95t；Pb 6976.56t；Zn 1484.28t，平均品位：Mo 0.165%，Pb 3.211%，Zn 1.511%，规模已达中型。

罗葵洞钼矿床位于保亭黎族苗族自治县南林乡，成因类型为陆相火山岩型，Mo（金属量）储量254346t，平均品位0.047%，储量已达大型。

高通岭钼矿床位于屯昌县乌坡镇，成因类型为热液脉型，Mo储量（金属量）1697.5t，平均品位0.101%，规模为小型。

龙门岭钼矿床位于陵水黎族自治县英州镇，成因类型为热液脉型，Mo储量13617.25t（122b+333），平均品位0.1858%，规模已达中型。

梅岭铜钼矿床位于琼海市，成因类型属于爆破角砾岩筒型斑岩铜钼矿，储量：铜金属量1661t，钼金属量3311t，平均品位：铜0.53%，钼0.10%，其规模为小型。

二、典型矿床地质特征

（一）红门岭钼钨矿

1. 矿区特征

（1）地层。

除在矿区冲沟及低洼处见有少量第四系冲洪积层外，基岩表层普遍发育第四系残坡积层，主要由砾石、砾砂、含砾砂黏土层组成，厚度0~5m不等。

（2）构造。

矿区构造主要表现为岩浆固结后的岩体断裂和节理较发育。根据区域构造体系分析，应归属为与东西向构造体系配套的东西向张性断裂、晚期新华夏构造体系的区域性北北东扭张性断裂及其派生的低序次、低级别的近南北向、北东向、北北西向压扭性断裂，构成矿区构造的基本轮廓（图4-5-1）。从勘查成果看，先后形成的各组走向和发育程度各异、规模不等、力学性质不同的断裂，对矿区内花岗斑岩、闪长玢岩、石英脉等各种岩脉的侵入，以及钼、钨多金属矿化及矿体的展布，均起着重要的控制作用，其中以低序次、低级别的近南北向、北东向、北北西向压扭性断裂为主要控矿构造。

1）断裂。

A. 东西组：分布在矿区西南部，正东西走向，产状陡立，宽度1.0~5.0m不等，出露长度达1000m以上，是尖峰—吊罗大断裂的平行配套断裂之一。沿断裂带普遍见有挤压破碎带、硅化破碎带、角砾岩分布，矿化差，两侧围岩表现为碎裂化、硅化特征。从露头观测，具有压扭性断裂的特征及多期次活动的特点，该断裂往矿区中部逐渐尖灭。

B. 北东组：主要表现是红门岭断裂及分布在矿区东北部低序次的北东向小规模断裂。

红门岭断裂：编号F_2，分布在矿区中部，走向北东50°，倾向南东，倾角80°，宽度0.3~2.5m不等，长度2300m。红门岭断裂为高角度的正断层，断面由构造硅化岩组成，断裂上下盘呈现破碎特征。挤压破碎带附近见有硅化岩，具有压扭性断裂特征，矿化差。

另外，矿区东北部分布有3条北东向小规模断裂，走向40°~65°，倾向305°~335°，倾角55°~73°，宽度1~10m不等，长度达几十至数百米，沿构造带见有较大的石英脉、闪长玢岩岩脉或硅化岩充填，具压扭性断裂特征，铅锌矿化矿化较好，铅锌矿脉V_4、V_5就分布在该组断裂带中。

C. 南北组：编号F_3，分布在矿区东部，走向近南北，产状陡立，宽度1~5m不等，长500m，沿断裂带普遍见有挤压破碎带、硅化破碎带、角砾岩分布，断裂性质以张性为主，矿化差。

D. 北北西组：该组构造在矿区范围内西部和东部成群成带出现，由多条平行或侧列的小规模断裂组成，为钼钨矿主要的控矿、容矿构造，其中规模较大的有26条。总体走向332°~346°；在矿区西部其倾向北东东，倾角60°~80°，断裂带宽度可达80m，单裂面宽度0.1~5m不等，长度几十至数百米，最长达850m；在矿区东部其倾向南西西，倾角65°~80°，断裂带宽达10~80m不等，单裂面宽度0.1~3m不等，长度达450m。该组断裂是矿区最晚期的断裂，切断早期北东向的闪长岩岩脉及构造，一般断面平直，表现出压扭性力学性质；沿构造带常见挤压

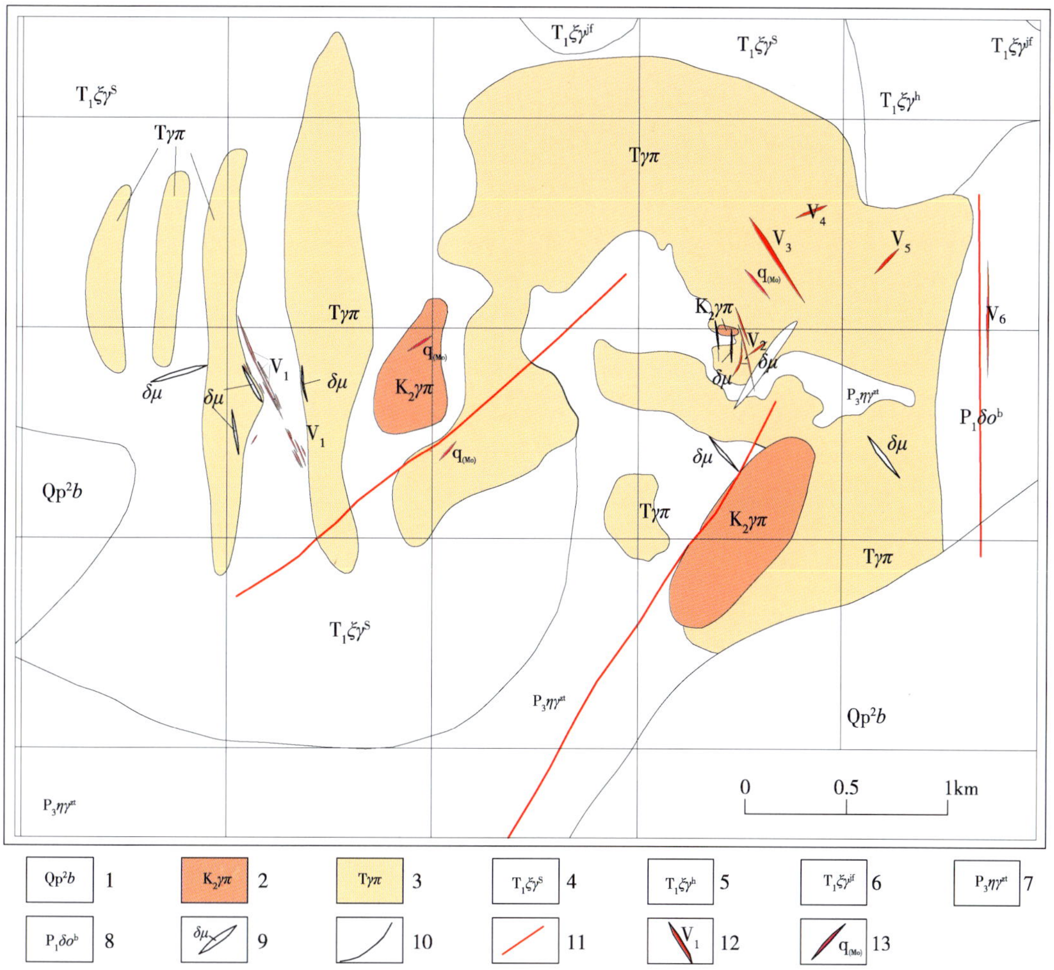

图 4-5-1　红门岭钼钨矿区地质简图

1—第四系北海组：亚砂土、砂、含玻璃陨石砂砾；2—晚白垩世花岗斑岩；3—印支期花岗斑岩；4—早三叠世细粒黑云母正长花岗岩；5—早三叠世细粒含斑—斑状黑云母正长花岗岩；6—早三叠世中粗粒斑状黑云母正长花岗岩；7—晚二叠世细中粒斑状黑云母二长花岗岩；8—早二叠世细粒-中细粒石英闪长岩；9—闪长斑岩岩脉；10—实测地质体界线；11—实测或推测断层；12—钼多金属矿脉带及编号；13—含钼石英脉

破碎带、蚀变带、石英脉、闪长玢岩岩脉分布；局部充填有粗柱粒状、梳状或放射状的含云母石英脉，表明局部具有张扭性。钼钨多金属矿化较强，并富集成工业矿段，矿区内主要矿带 V_1、V_2、V_3 均沿该构造带分布。

2）节理。

矿区岩浆岩广布，岩石坚硬，仅局部地段见有少量节理。

（3）岩浆岩。

矿区内无地层出露，广泛分布中酸性侵入岩。根据岩体的侵入接触关系和区测对岩体同位素年龄的测定，将矿区岩浆岩划分为海西期、印支期、燕山期及多期次侵入的岩脉。现分述如下：

1）海西期岩浆岩。

可划分为早二叠世细粒-中细粒石英闪长岩-闪长岩和晚二叠世细中粒斑状黑云母二长花岗岩。

A. 石英闪长岩-闪长岩（$P_1\delta o^b$）：出露于矿区红门岭东侧山坡一带，呈岩基产出，岩体的完整性被后期花岗斑岩侵入破坏。矿物成分主要由长石、石英、角闪石等组成。细粒-中细粒花岗结构、块状构造，岩体时代定为早二叠世。

B. 黑云母二长花岗岩（$P_2\eta\gamma^{zt}$）：主要分布于矿区东部，呈岩株产出，岩石呈细中粒花岗结构、块状构造，成分主要有钾长石、斜长石、石英，含少量黑云母、白云母等，时代定为晚二叠世。多被后期花岗斑岩侵入和分割，接触界线清楚，是 V_2 矿化带的主要赋存岩体之一。

2）印支期岩浆岩。

A. 黑云母正长花岗岩（$T_1\xi\gamma^h$、$T_1\xi\gamma^s$ 和 $T_1\xi\gamma^{jf}$，即早三叠世细粒含斑—斑状黑云母正长花岗岩、早三叠世细粒黑云母正长花岗岩和早三叠世中粗粒斑状黑云母正长花岗岩）：主要分布在矿区西部和中部，早三叠世中粗粒斑状黑云母正长花岗岩仅在矿区东北角及北部小面积出露，其中早三叠世细粒黑云母正长花岗岩为钨钼矿体最重要的赋矿岩石。

B. 印支期花岗斑岩（$T\gamma\pi$）：矿区内分布范围广，约占矿区面积的 1/2。产出形态复杂，在红门岭以及东部呈岩被状覆盖在海西期花岗岩之上；西部则呈岩枝、岩墙及岩脉产出为主，岩墙呈南北或北东向产出，斑状结构、块状构造。本期花岗岩与成矿关系密切，据钻孔揭露，在北北西向断裂带中及其上下盘，花岗斑岩普遍碎裂岩化，具有不同程度的钼钨多金属矿化，偶见稀散细粒状辉钼矿浸染，且局部碎裂岩化，矿化达工业品位而形成矿体。V_1 矿化带便产于花岗斑岩、正长花岗岩以及花岗斑岩与石英闪长岩—闪长岩的内、外接触带上。

3）燕山期岩浆岩。

斑状花岗岩（$K_2\pi\gamma$）：仅在矿区中部、东南部和东部呈小岩株状或小岩体产出，侵入海西—印支期花岗岩类中。岩石呈浅褐灰、浅灰、浅灰绿色，具中粒斑状和中粒巨斑状结构、块状构造。矿物成分主要由斑晶和基质两部分组成。斑晶矿物主要由石英（15%），钾长石（12%），斜长石（8%）等组成。斑晶多为聚斑状出现，呈自形—半自形，粒径大小一般是 1.0~1.5cm。其中石英多呈次圆状，边缘带见纤维状；钾长石呈板状，条纹构造发育，有些表面高岭石化而变得浑浊；斜长石多为板条状，聚片双晶发育，部分表面弱绢云母化或绿帘石化。基质占 64%，主要由长石质等矿物组成。其中石英和长石构成显微文象或晶质结构，粒径大小一般是 0.8~3.0mm。副矿物有磁铁矿、微量的锆石、榍石、磷灰石。据区域资料，岩浆成因类型为钙碱性Ⅰ型系列侵入岩，同位素年龄为 94Ma（K-Ar），时代定为晚白垩世，是燕山晚期岩浆活动的产物。

4）其他岩脉。

主要有闪长玢岩岩脉（$\delta\mu$）、石英脉（q）等，主要沿岩体内发育的北东向、北北西向构造裂隙充填，时代归属不明。根据野外穿插关系确定的侵入早晚顺序，分述如下。

A. 闪长玢岩岩脉：矿区闪长玢岩岩脉较发育，主要有北东及北北西走向，单脉宽 0.5~20m 不等。岩石呈浅灰绿色，斑状结构，块状构造，斑晶为角闪石和斜长石，基质主要为斜长石、角闪石和黑云母，偶见石英等。其规模大小不一，分布广泛，产状多变，形态较复杂，有分枝膨缩现象，边缘具绿泥石化。槽探、坑探结果表明，闪长玢岩岩脉侵入的时间比矿体形成时间早，往往被矿化石英脉或矿化体切穿，并发生破碎，且有绢云母化、硅化、绿泥石化蚀变和强弱不等的多金属矿化。同时也说明，在空间上闪长玢岩岩脉与矿体的产出关系密切。

B. 石英脉：零星分布在黑云母二长花岗岩、花岗斑岩中。脉体规模小，长半米至上百米，宽几厘米至数十厘米，产状变化大。有含钨、钼或铅锌的石英脉，也有不含矿的石英脉。

2. 矿体特征

矿体一般由含钼多金属石英脉及花岗岩组成，有膨缩、尖灭侧现、小断距错断等现象。

根据详细勘查结果，详查评价的 V_1 矿带宽度达 80m，长达 794m，总体走向北北西 339°，产状比较稳定，倾向北东东，矿体上部倾角较陡（64°~84°），下部变缓（46°~67°）。V_1 矿带内的 20 条矿脉中有 15 条矿脉出露地表，5 条矿脉为隐伏矿体。矿体最大出露标高为 188m，最大延深位于 104 线，标高为-187.6m（图 4-5-2）。

V_1 矿带内矿体形态以脉状为主，部分为透镜体状。V_1 矿带中主要以 V_{1-1} 号矿脉为主，规模最大，其次为 V_{1-4} 矿脉，再次为 V_{1-2}、V_{1-5}、V_{1-6} 等矿脉。后期构造活动对矿体没有明显的破坏，矿体也未遭受晚期岩脉侵入的切割。

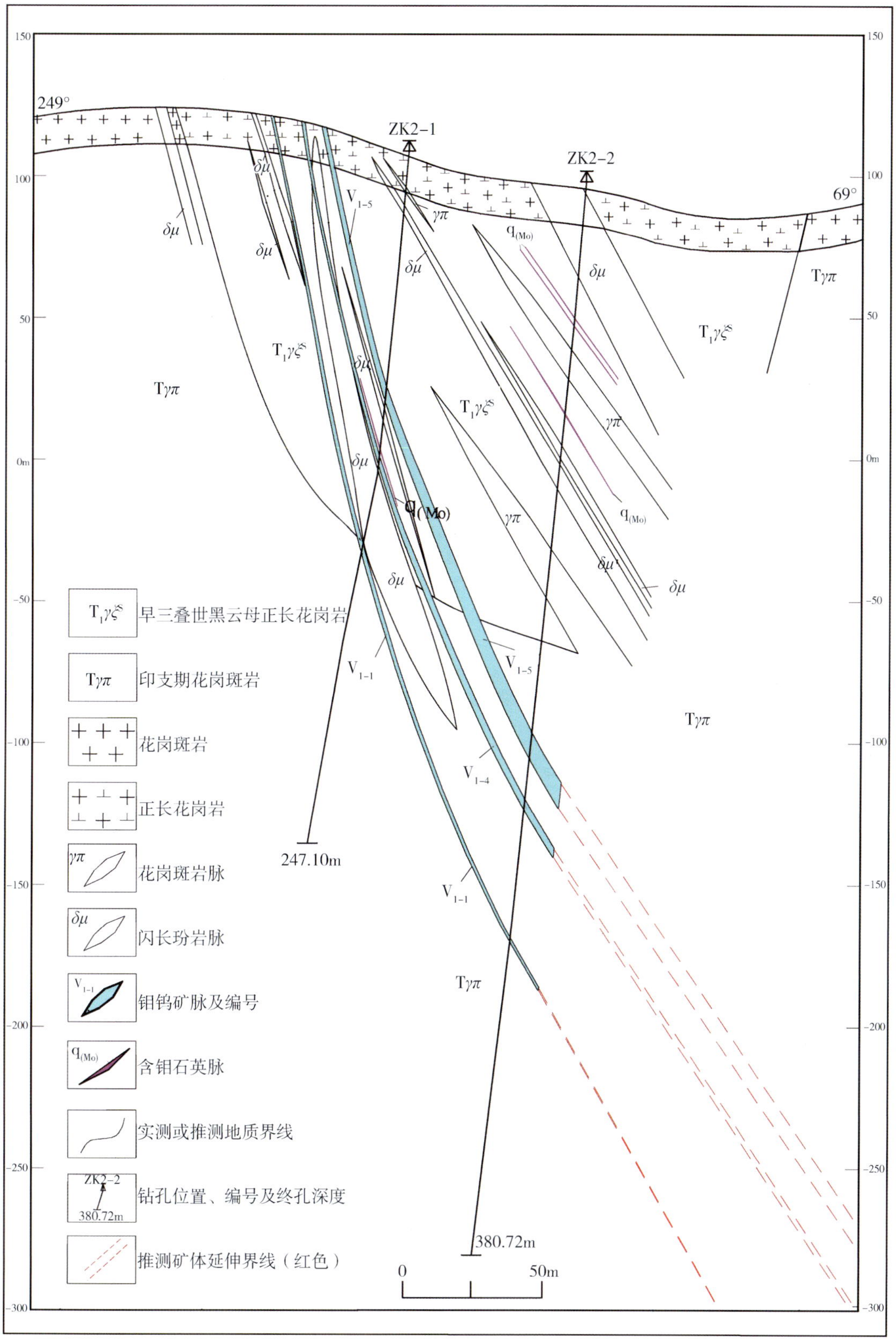

图 4-5-2　海南省乐东县红门岭钼钨矿区 104 线地质剖面简图

（1）V_{1-1} 号矿脉：分布在118~115号勘探线之间，地表总体走向为340°，倾向为70°，倾角72°~80°，平面延长达674m，倾深374m。矿体出露最高标高位于112线，标高为188m，沿倾斜钻孔揭露最大延深位于104线ZK2-2孔处的标高-187.6m。矿体呈脉状，形态简单，厚度0.31~2.08m，平均厚度0.74m，厚度变化系数为57.20%；平均品位：Mo 0.2649%，WO_3 0.1701%。（122b+333）资源储量为Mo 762.9t，占总量的34.78%；WO_3 489.9t，占总量的31.63%。

（2）V_{1-4} 号矿脉：分布在116~103号勘探线之间，地表总体走向为339°，倾向为69°，倾角70°~72°，平面延长达414m，倾深285m。矿体出露最高标高位于112线TC112号槽的标高为147m，沿倾斜钻孔揭露最大延深位于104线ZK2-2孔处的标高-139m。矿体呈脉状，形态简单，平均厚度1.49m，厚度变化系数为60.0%；平均品位Mo0.2098%，$WO_3$0.2019%。（122b+333）资源储量为Mo 646.3t，占总量的29.74%；WO_3 621.8t，占总量的40.14%。

3. 矿石特征

（1）矿石矿物成分。

矿石矿物成分较为复杂，共计有金属矿物10种，非金属矿物13种。矿石矿物主要为辉钼矿、黑钨矿、白钨矿、闪锌矿、辉铋矿、方铅矿极少量黄铁矿、黄铜矿、毒砂、锡石；脉石矿物主要为钾长石、斜长石、石英、白云母、萤石及少量绢云母、角闪石、黄玉等（表4-5-1）。

表4-5-1　矿石的矿物成分一览表

金属矿物		脉石矿物	
主要	次要	主要	次要
辉钼矿、黑钨矿、白钨矿、闪锌矿、辉铋矿、方铅矿	黄铁矿、黄铜矿、毒砂、锡石	钾长石、斜长石、石英、白云母、萤石	绢云母、角闪石、黑云母、电气石、绿泥石、绿帘石、黄玉、方解石

（2）矿石化学成分。

本区矿床成矿元素主要为Mo、W、Pb、Zn、Bi、Cu、Fe、Mn、Sn、S等10种。矿石中主要成分平均含量：SiO_2 61.56%、Al_2O_3 16.35%、K_2O 3.92%、Fe_2O_3 2.66%、CaO 2.16%、Na_2O 1.80%。微量元素平均含量：Zn 0.084%、Bi 0.085%、Sn 0.057%、Pb 0.051%。矿石的化学特征属过铝饱和类型，Al_2O_3>CaO +Na_2O+ K_2O，Q值偏高。

（3）矿石的结构、构造。

矿石的结构主要包括：鳞片花岗变晶结构、变余斑状花岗结构、自形半自形片状结构、碎裂结构；构造主要有：块状构造、团块状构造、细脉浸染状构造、角砾状构造。

（4）矿石类型。

含钼多金属正长花岗岩、含钼多金属花岗斑岩、含钼多金属石英脉。

4. 围岩蚀变

矿体顶、底板围岩主要为正长花岗岩、花岗斑岩，局部为闪长玢岩。围岩蚀变主要有钾长石化、黄玉云英岩化、硅化、高岭土化等，蚀变作用普遍较弱。其中以钾长石化、高岭土化蚀变范围广，为典型的面型蚀变；绢云母化虽也为面型蚀变，但范围小，分布不均匀；硅化基本属于线型蚀变。钾长石化、硅化与矿化关系最为密切。

5. 矿体的控矿因素

（1）构造因素：低序次、低级别的北北西向断裂成带成群产出的部位。

（2）岩浆岩因素：印支期花岗斑岩为成矿母岩，并与早三叠世正长花岗岩同为赋矿岩石，主成矿期为燕山晚期斑状花岗岩侵入阶段。

（二）报告村钼矿

1. 矿区特征

（1）地层。

矿区出露中元古界抱板群戈枕村组、峨文岭组和早古生界下志留统陀烈组（图4-5-3）。

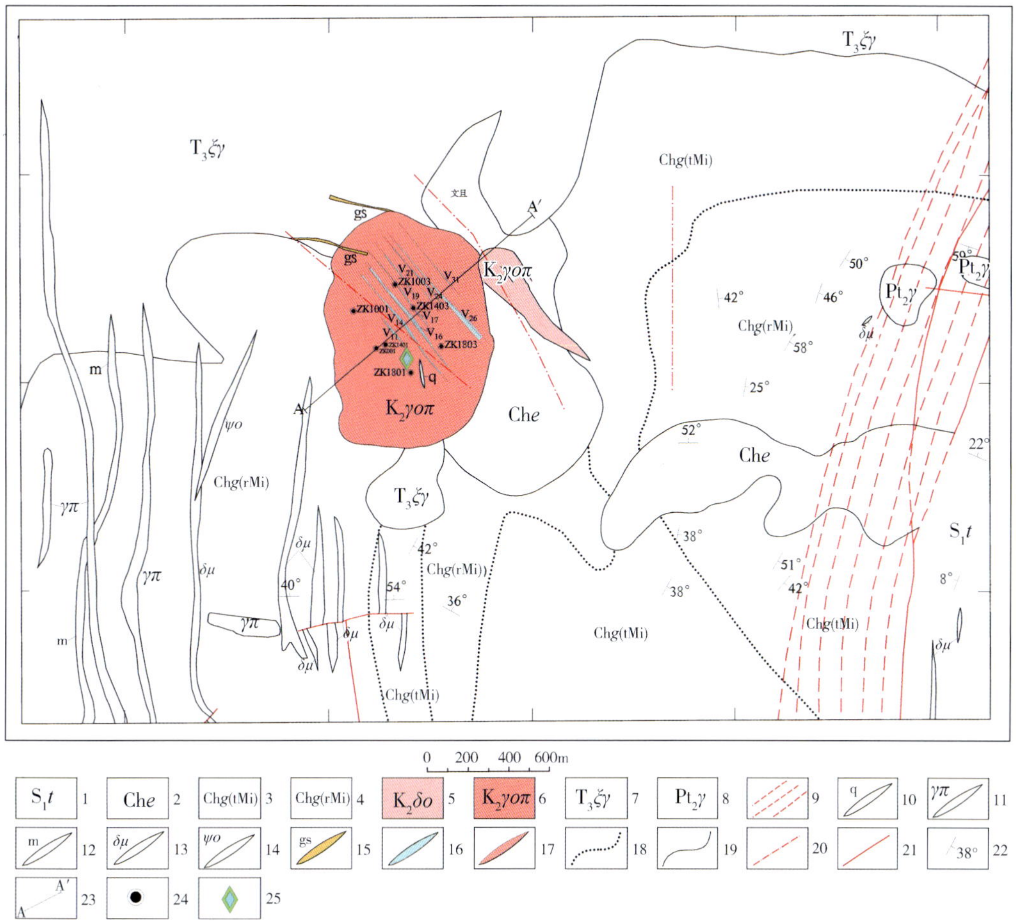

图4-5-3 报告村钼矿矿区地质简图

1—下志留统陀烈组：绢云母石英千枚岩、绢云母粉砂岩、含炭千枚岩；2—峨文岭组：变质长石石英砂岩、云母片岩；3—戈枕村组：条带状混合岩；4—戈枕村组：球眼状混合岩；5—晚白垩世石英闪长岩；6—晚白垩世斜长花岗斑岩；7—晚三叠世中粗粒黑云母正长花岗岩；8—中元古代片麻状（二长）花岗岩；9—韧性剪切带；10—石英脉；11—花岗斑岩岩脉；12—中性岩岩脉；13—闪长岩岩脉；14—角闪岩岩脉；15—云英岩岩脉；16—工业品位矿体；17—边界品位矿体；18—渐变接触界线；19—地质界线；20—物探推测断裂；21—实测性质不明断裂；22—产状；23—勘探线位置及编号；24—钻孔位置及编号；25—报告村钼矿

1）中元古界。

矿区出露的中元古界是抱板群，由一套中深度变质的混合岩类、片岩类组成，厚度不详。与岩浆岩呈侵入接触，与下志留统陀烈组断层接触（图4-5-3）。根据岩性特征自下而上分为戈枕村组和峨文岭组。

A. 戈枕村组：分布在矿区的西部、南部、中部地区，总面积达5.36km²。地层岩性以混合岩为主，按岩石特征可划分为眼球状混合岩和条带状混合岩，厚度不详。眼球状混合岩：分布西南部、东部地区，面积3.74km²，约占整个矿区一半。矿物组成为斜长石（30%）、钾长石（25%）、石英（32%）、黑云母（12%）。岩石常见绢云母化、绿泥石化、黄铁矿化蚀变，局部有弱硅化。

条带状混合岩：分布在矿区的南部、中部、北部地区，分布面积1.62km^2。岩石特征与眼球状混合岩相似，所不同的是不含或少含眼球体，与眼球状混合岩呈渐变过渡关系。

B. 峨文岭组：主要分布在矿区文且村、矿区东部一带，面积0.86km^2。岩性以云母石英片岩、石英云母片岩为主。石英云母片岩矿物组成主要为白云母10%~70%，绢云母0~50%，石英20%~40%，以及微量锆石、磷灰石、电气石、黄铁矿等；云母石英片岩矿物组成主要为白云母15%~25%，绢云母0~23%，石英50%~72%。

2）下古生界。

下古生界仅出露下志留统陀烈组，分布在矿区的东部，延伸出矿区范围，矿区出露面积0.40km^2。岩性为绢云母石英千枚岩、绢云母粉砂岩、含炭千枚岩。与中元古界抱板群呈断层接触。

（2）构造。

矿区除发育规模较大的区域性冲卒岭扭张性断裂带和大村韧性糜棱岩带以外，还发育规模较小的南北向、东西向、北东向、北西向、北西西向断裂构造，以及错综复杂的裂隙、节理构造。

1）冲卒岭扭张性断裂带：在矿区的南西角，带宽约630m，表现为4条南北向闪长岩岩脉，脉体宽30~60m，脉间距70~300m。该带被晚期近东西向的断层切割错断。该断裂带与区域上的石门山断裂带共同控制本地区的石门山、乾言村、文且、红岭等斜长花岗斑岩岩体的侵位，与本矿区的钼矿有成因关系。

2）大村韧性糜棱岩带：分布在矿区的东部戈枕村组与陀烈组的接触部位，表现为宽约550m北东向的糜棱岩带，该糜棱岩带形成较早，与本矿区的钼矿没有必然的成因联系。

3）南北向、北东向、北西向、北西西向断裂构造：主要表现为不同方向的石英脉、闪长岩岩脉和云英岩岩脉充填，规模小，宽在1~3m左右，长几十米至上百米。其中矿区北西角岩体中发育两条北西西向的云英岩岩脉，呈不规则的透镜状云英岩，脉幅6~40cm。云英岩矿物成分为石英、白云母、绢云母、黄铁矿、褐铁矿、赤铁矿、磁铁矿微量，辉钼矿含量甚微，仅含个别颗粒。云英岩岩脉与本矿区的钼矿在成因上属同一热液事件作用的产物，也是今后找矿的标志之一。

4）文且斑岩岩体形成后的构造：表现有东西向断裂和北西、北东向裂隙的产生；前者控制呈脉状产出的云英岩带分布，后者似有局限于斑岩岩体内，并被微—细石英脉、辉钼矿微细脉所充填，形成网状脉，厚度一般仅0.2~2cm，个别达1m左右，脉体密集度变化大，间距小于10cm至40~50cm，甚至更大，脉体密集处一般构成工业矿体，矿石的品位与脉体密集程度有呈正相关趋势。

（3）岩浆岩。

矿区内岩浆岩分布面积较小，主要有尖峰岩体南东早三叠世中粗粒斑状黑云母正长花岗岩（$T_1\xi\gamma^{jf}$）岩墙，以及晚期沿该岩墙及其接触部位侵入形成的晚白垩世斜长花岗斑岩（$K_2\gamma o\pi$）、石英闪长岩（$K_2\delta o$）。此外，矿区东部还发现中元古代的片麻状（二长）花岗岩（$Pt_2\gamma$）。

1）中元古代的片麻状（二长）花岗岩。

分布在矿区的东部，呈东西两个小岩体，面积分别为0.06 km^{2}和0.02km^2。岩性以片麻状（中）细粒斑状黑云母二长花岗岩为主，少量片麻状中细粒（含斑）黑云母二长-正长花岗岩。局部见片麻状中细粒黑云母花岗闪长岩、二云二长花岗岩。矿物组成及含量为：斜长石（奥长石）25%~50%，石英25%~35%，钾长石（微斜长石）20%~55%，黑云母3%~9%。副矿物主要有石榴子石（局部达2%）、磷灰石、锆石、褐帘石、榍石、钛铁矿。

2）早三叠世中粗粒斑状黑云母正长花岗岩。

分布整个矿区北西角，为尖峰岩体南东边缘。岩石为灰白色，中—粗粒斑状花岗结构，块状构造，斑晶主要是钾长石，少量斜长石，矿物成分及含量为：石英15%~20%，钾长石25%~40%，斜长石20%~25%，黑云母3%~5%，副矿物少量，主要为磁铁矿，硅灰石、磷灰石。

3）晚白垩世斜长花岗斑岩。

岩体地表呈近南北向椭圆形，长 1100m，宽 800m，面积 0.8km^2。岩体西边界与围岩接触产状为倾向 230°，倾角 68°，东部产状不明。推测深部斑岩岩体形态可能不甚规则，且向南西倾伏，构成筒状岩株。

岩石为灰—浅灰色，斑状结构，块状构造，斑晶主要为斜长石，少量钾长石、黑云母、角闪石，粒度一般 0.8~4mm，个别粗大斑晶达 30mm，含量 5%~51%，一般 20%~25%。基质具微—细粒花岗结构，粒度一般 0.05~0.1mm，部分 0.3~0.5mm，主要矿物为斜长石、石英，少量黑云母、钾长石。副矿物主要为磁铁矿、钛铁矿、锆石、磷灰石、黄玉、金红石、电气石、石榴子石、绿帘石、黝帘石等。

该岩体为该矿区钼矿的成矿母岩，岩石蚀变类型有硅化、钾化、绢云母化、碳酸盐化、绿泥石化、高岭土化、绿帘石化，其中与成矿有关的蚀变为绿泥石化、硅化、钾化等。

4）晚白垩世石英闪长岩。

晚白垩世石英闪长岩在区内分布于文且村南东方向，呈不规则岩枝状产出，总体走向北西向，延伸长度 700m 以上，宽度约 30~200m，北西宽南东窄，呈倒葫芦状。矿物成分主要有斜长石、石英、黑云母、角闪石，以及少量磁铁矿、磷灰石、金红石等。

5）岩脉。

岩脉有花岗斑岩岩脉、闪长玢岩岩脉、石英脉及方解石脉等，脉幅一般小于 5m。这些岩脉主要分布于斜长花岗斑岩岩体的南西方向冲卒岭断裂带内，以闪长玢岩岩脉为主，近南北向展布。

2. 矿体特征

矿区钼矿体赋存于晚白垩世斜长花岗斑岩中。初步控制的矿体呈北西—南东向平行展布，形成宽大于 400m、长度大于 600m 的矿化带，带中共圈出规模不等的钼矿（化）体 52 个（编号 V_1 ~ V_{52}）（图 4-5-4）。

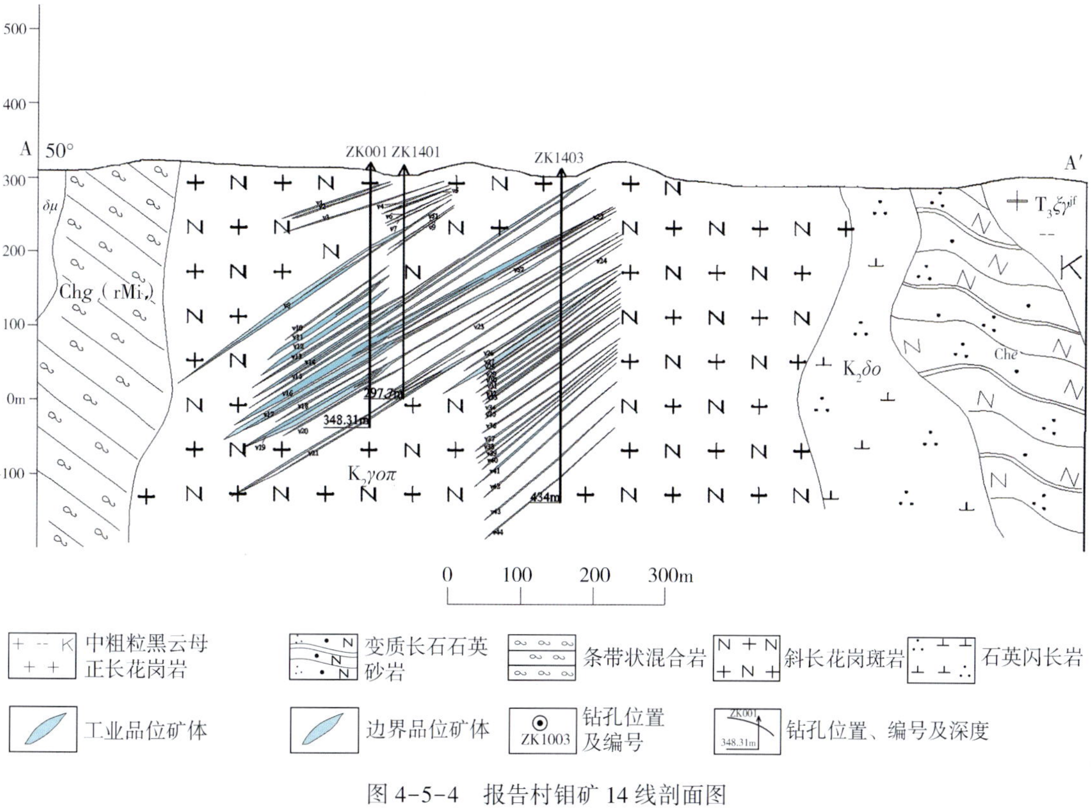

图 4-5-4　报告村钼矿 14 线剖面图

该矿化带以该花岗斑岩岩体中心地带为中心，总体走向北西，倾向南西，倾角为20°~35°，矿体产状总体较缓。由于矿区范围第四纪破残积层厚度较大，地表矿体没揭露到。矿体为半潜伏或潜伏矿体，埋深102.7~303.7m不等，一般为0~250m。矿化带中矿体呈平行脉状分布，有尖灭再现象。矿体间距一般10~30m，南西部较宽、北东部较窄。

矿体厚度一般1~3m，最厚（V_{16}）为9.69m。矿体呈平行脉状分布，总体走向为135°~145°。倾向延深一般200~400m，最大485m。钼品位一般为0.03%~0.12%，最高为0.738%，矿体平均品位最高0.738%。目前发现的矿体中规模较大的是V_{14}、V_{16}、V_{17}、V_{19}、V_{11}、V_{8}号矿体。

3. 矿石特征

（1）矿石矿物成分。

矿石矿物主要是辉钼矿，次为黄铁矿、黄铜矿；脉石矿物以石英和斜长石居多，其次是钾长石、黑云母、绿泥石和绢云母，其他微量矿物尚见金红石、磁铁矿、榍石、钛铁矿、磷灰石、黝帘石和锆石等。

1）辉钼矿：自形晶，板片状、针状、鳞片状集合体，金属光泽，硬度低，易污手，具滑感。矿物粒径大小变化大，小者为0.002mm×0.2mm~0.03mm×0.25mm，大者粒可达1cm，甚至几厘米。含量一般低于0.05%，高者可大于0.783%。呈细脉状、集合体状、浸染状分布于脉石中。

2）黄铁矿：自形、半自形等轴粒状结构，部分为不规则粒状结构，分布不均匀，常呈浸染状嵌布脉石中，少数晶粒内部可见含微细的脉石矿物，粒度变化较大，细小者小于0.03mm，个别粗者可至1.0mm左右，一般0.1~0.6mm。

3）黄铜矿：多为不规则粒状，粒度总体来说较为细小，粗者可至0.15mm左右，细小者小于0.005mm，常呈星散浸染状嵌布在脉石中。

（2）矿石化学成分。

矿石中的氧化物及含量为：SiO_2 63.89%~68.75%、Al_2O_3 13.35%~14.72%、Fe_2O_3 1.18%~2.32%、MgO 1.77%~2.46%、CaO 2.2%~3.84%、NaO 4.83%~4.89%。主成矿元素Mo一般含量在0.03%~0.12%，个别最高可达0.738%，Cu一般在0.0065%~0.0161%，平均为0.0086%；W一般在0.0006%~0.0065%，平均为0.0022%。

（3）矿石的结构构造。

矿石结构：自形半自形叶片状、他形鳞片状结构、包含结构、碎裂结构。

矿石的构造：细脉浸染状、细脉状构造、微条带状构造、交错脉状构造、薄膜状构造、星散浸染状构造、团块状构造、角砾状构造。

（4）矿石类型。

矿石以硫化矿石为主，未见氧化矿石。依据结构构造特征，其矿石类型为细脉—浸染型。硫化矿石按赋矿岩石性质不同，可分为含钼石英脉和含钼斜长花岗斑岩。

1）含钼石英脉：在石英脉中分布浸染状或细脉浸染状辉钼矿。

2）含钼斜长花岗斑岩：辉钼矿以星散状分布在斜长花岗斑岩的矿物间隙中。

4. 围岩蚀变

岩石的蚀变主要为硅化、钾化、黑云母化、云英岩化、黄铁矿化，其次是绢云母化、绿泥石化、绿帘石化、高岭土化、碳酸盐化等。与钼矿化关系最为密切的是硅化，其次是钾化、云英岩化。斜长花岗斑岩岩体辉钼矿化产出的方式有3种：①主要呈单晶或聚晶分布在硅化石英脉内，脉壁或脉内钾化、绿泥石化的蚀变岩石中；②辉钼矿呈细脉状充填在岩石微细裂隙中；③呈稀散的浸染状分布在矿物颗粒间。从目前所获得的地表、钻孔资料来看，斜长花岗斑岩岩体或强或弱普遍有钼矿化，局部矿化强的地段构成工业矿体。矿化的强弱，主要是取决于含矿石英细脉及裂隙节理的密集程度和浸染程度，两者呈正相关关系，岩体上部及边部矿化稍弱，而中部的深部矿化较强。硅化产出的主要方式裂隙充填，形成微粒结构的石英细脉，其形态有单条平行脉、不规则脉、网状脉，在硅化较为剧烈的地段，则形成不规则的团块状石英。硅化愈强，钼矿化愈强，二者存在一定的正相关关系。

5. 矿体的控矿因素

（1）构造因素：文且—冲卒岭—石门山近南北—北西西向断裂带控制了斜长花岗斑岩岩体的侵位；

（2）岩浆岩因素：斜长花岗斑岩岩体基本上达到全岩矿化，对成矿的控制作用非常明显，不论是矿体还是蚀变均发生于斜长花岗斑岩岩体内。推测斜长花岗斑岩岩体不仅提供了成矿物质，而且在斑岩岩体侵入后期为含矿热液的运移和沉淀成矿提供了空间。

（三）石门山钼铅锌多金属矿

1. 矿区特征

（1）地层。

在矿区冲沟及低洼处见有少量第四系冲洪积层外，基岩表层普遍发育第四系残坡积层，有砾石、砾砂、含砾砂黏土层，厚度0~5m不等。

（2）构造。

矿区构造主要表现为岩体固结后形成的断裂和节理，大体分为与东西向构造体系配套的北北东至近南北向张性断裂、北北西向扭张性断裂及其派生的低序次、低级别的近南北—北北西向压扭性断裂（图4-5-5）。

1）断裂。

按断裂形成的先后和走向分组描述。

A. 北北东至近南北向张性断裂：分布在矿区西部的石花岭一带，花岗斑岩呈岩墙沿该断裂侵入，地貌上呈现较低缓的带状山脊。断续延长约4km，宽8~20m。沿走向拐弯转折、膨缩变化明显；自南往北走向变化于北东25°与北西15°之间，倾向南东东或北东东，倾角64°~71°。该组断裂被沿北北西向断裂带（石门山断裂）侵入的闪长玢岩和石英斑岩切断。

B. 北北西向扭张性断裂：分布在矿区中部的石门岭—石门水库一带，延长数千米至数十千米（延出矿区之外），宽数米至四十米。走向北西10°~30°，倾向北东（或南西），倾角60°~85°。该组断裂具多期活动特点；早期活动较弱，局部有早期白色柱粒状石英脉、闪长玢岩或煌斑岩岩脉侵入；晚期活动强烈，控制了隐伏斜长花岗斑岩岩体以及晚成的花岗斑岩和石英斑岩大岩墙的侵入，地貌上呈现出大致平行的带状山脊。该组断裂被充填在晚期近东西向断裂中具粗柱粒状、梳状或放射状结构的萤石石英脉所切断。

C. 近南北—北北西向压扭性断裂：该组断裂在本区广泛发育，成群成带出现，为控制钼多金属矿床的断裂，其中规模大的有39条。断裂带延长数百米至二千六百米，宽数米至十余米。断裂走向近南北—北西30°，局部北东（10°~30°），倾向西（少数倾向东），倾角70°~88°。矿区圈出7个脉带（编号Ⅰ~Ⅶ），各脉带的间距不等，多在100~550m；属区域性北北西向扭张性断裂（中段）派生形成的低序次压扭性断裂。主断裂与分支断裂不切割，夹角20°~30°。

2）节理。

矿区岩浆岩广布，岩石脆性，节理普遍发育。根据在不同地段和形成先后不同的岩体中的节理统计及节理的相互关系，区内发育的节理主要有以下3组：①走向近东西，倾向南（少数倾向北），倾角70°~88°；②走向北西2°~30°，倾向北东东或南西西，倾角72°~87°（部分43°~60°）；③走向北东10°~20°，倾向北西西或南东东，倾角77°~88°（部分20°~39°）。其次是走向北西30°~70°，倾向北东（为主），倾角60°~88°和走向北东40°~60°，倾向北西或南东，倾角63°~79°

（少数 15°）两组。

（3）岩浆岩。

矿区内岩浆岩属晚白垩世壳—幔混源型岩浆作间歇性多次侵入构成的千家复式岩体（U-Pb 法同位素年龄分别为 87Ma、85.5~83.5Ma、82.5Ma），岩性有晚白垩世细中粒斑状（少斑）角闪黑云二长花岗岩（$K_2\eta\gamma^{bt}$）、中细粒黑云母正长花岗岩（$K_2\xi\gamma^{dx}$）、粗中粒（含斑）黑云母二长—正长花岗岩（$K_2\gamma^{d}$）及各类脉岩等。

1）细中粒斑状（少斑）角闪黑云二长花岗岩：岩石呈肉红—灰白色，细中粒似斑状结构，基质具中粒花岗结构，块状构造。斑晶为微纹长石（具显微条纹结构或卡氏双晶），含量 15%~23%。基质成分主要是斜长石，含量 32%~40%；其次是石英，含量 23%~25%；微纹长石，含量 10%~15%；黑云母，为 4%~5%；普通角闪石约 2%。副矿物以磁铁矿和榍石为主（微量~1%），其次是微量的磷灰石、锆石、独居石、金红石、绿帘石、褐帘石。次生矿物有高岭土、绢云母和绿泥石。

2）中细粒黑云母正长花岗岩：位于矿区中部的石门山一带。岩石呈肉红色—灰白色，中粒或中细粒花岗结构、块状构造。矿物成分主要是微纹长石（具不规则的显微条纹结构），含量 45%~46%；其次是斜长石（An=28%的更长石），含量 25%~28%；石英，含量 24%~28%；黑云母（少数被绿泥石交代），含量约 2%。副矿物以磁铁矿为主（微量~1%），微量榍石、锆石、磷灰石、独居石、白钛石。

3）粗中粒（含斑）黑云母二长—正长花岗岩：斑晶含量一般<5%，矿物组成：钾长石、斜长石、石英、黑云母，副矿物主要有磁铁矿、榍石、磷灰石、锆石、褐帘石。

4）矿区内各类岩脉发育，主要有以下几类：花岗细晶岩岩脉、绢云母化绿泥石化花岗斑岩岩脉、中性岩岩脉、花岗斑岩岩脉、石英斑岩岩脉、隐伏的斜长花岗斑岩岩脉。

2. 矿体特征

矿区内规模较大的钼多金属矿化脉带，共计有 7 条。其中Ⅰ号脉带北段的深部有隐伏的辉钼矿体，浅部有铅锌矿体；Ⅱ号脉带中—北段浅部有铅锌矿体赋存。其余脉带仅有钼多金属矿化现象。

石门山辉钼矿床位于 16~24 勘探线一带离地表 250m 以下的深部，赋存在已蚀变为云英岩或云英岩化的细中粒斑状（少斑）角闪黑云二长花岗岩中。该矿床共圈出规模不等的辉钼矿体 10 个，集中分布在 16~24 线Ⅰ号脉带的深部距地表 250~600m 的范围内。矿体主要赋存在云英岩岩体的边部和上部，以及云英岩化带中；而以上部富石英云英岩中矿体最为集中。矿体呈较大的扁豆状或透镜状，向西倾斜，倾角 16°~54°。按其空间位置由南（16 线）至北（24 线），自上而下的顺序编为Ⅰ~Ⅹ号矿体，共求获 122b+2S22+333 钼资源储量 10442.95t，钼的平均品位 0.165%，构成隐伏地下深处，但品位较高的中型辉钼矿床（表 4-5-2）。

3. 矿石特征

（1）矿石矿物成分。

矿石矿物主要为辉钼矿，其次是黄铁矿、闪锌矿，少量绿柱石、黑钨矿、辉铋矿、赤铁矿、镜铁矿、黄铜矿、方铅矿。脉石矿物主要是石英、白云母，少量萤石、绿泥石、方解石。

（2）矿石化学成分。

矿石的主要化学成分是 SiO_2（为 75.25%和 73.98%），其次是 Al_2O_3（为 9.97%和 10.51%），含量大于 1%的还有 Fe_2O_3，FeO、CaO、MgO、K_2O、S 等；铼在辉钼矿中含量较低，为 0.0005%~0.0009%。

（3）矿石的结构构造。

矿石结构主要为鳞片花岗变晶结构、变余似斑状花岗结构，次为自形、半自形叶片状、他形鳞片状结构、包含结构、乳浊状结构、显微鳞片花岗变晶结构、碎裂结构；矿石构造主要为细脉浸染状构造，次为浸染状构造、角砾状构造、细脉状构造、脉状和交错脉状构造。

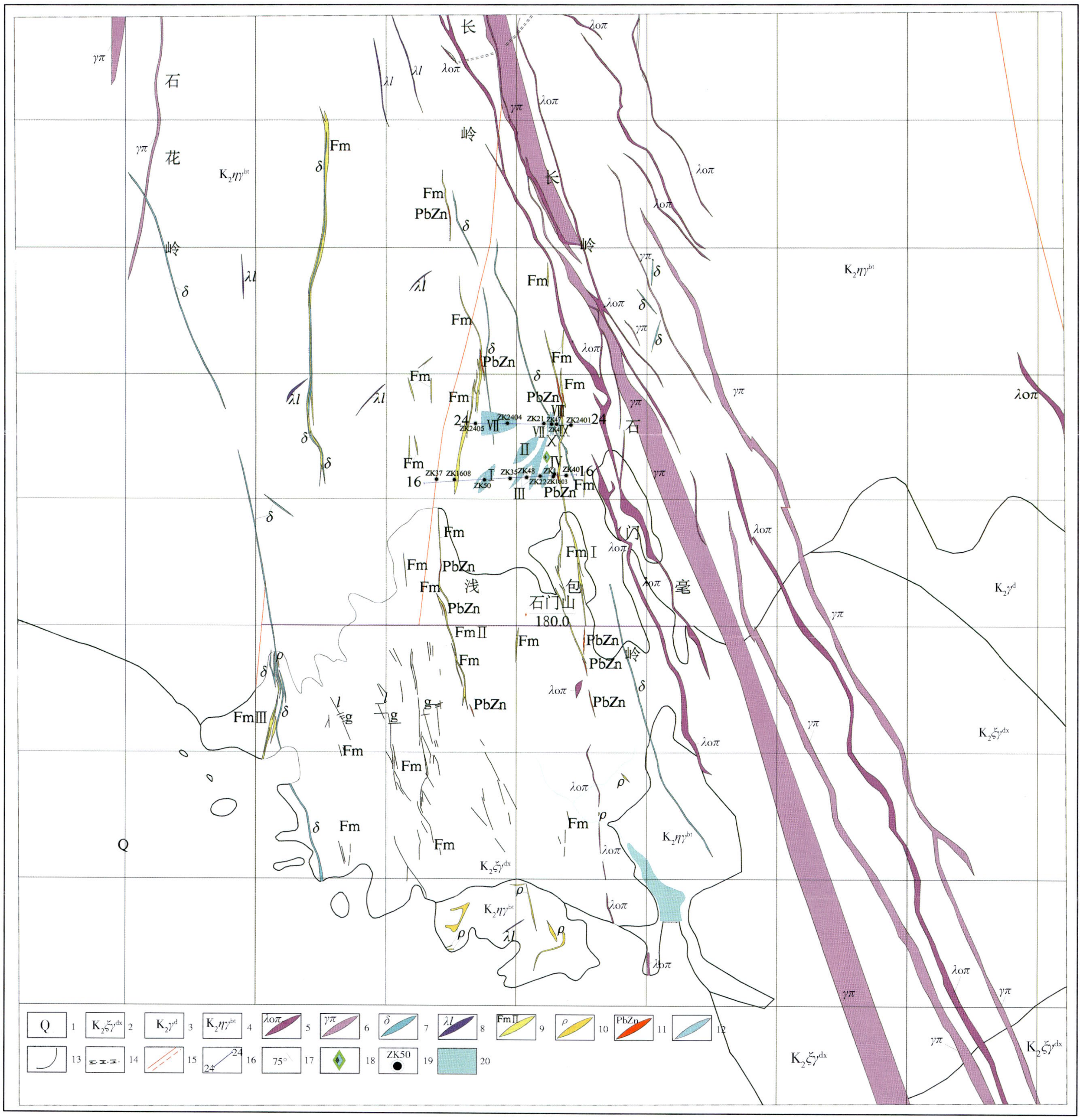

图 4-5-5 石门山钼铅锌多金属矿区地质简图

1—第四系中更新统海成四级阶地：地沉积棕红色亚砂土、砾石；2—中细粒黑云母正长花岗岩；3—粗中粒（含斑）黑云母二长—正长花岗岩；4—细中粒斑状（少斑）角闪黑云二长花岗岩；5—石英斑岩脉；6—花岗斑岩脉；7—中性岩脉；8—花岗细晶岩脉；9—石英脉绢云母化破碎带及编号；10—伟晶岩脉；11—铅锌矿（化）体；12—钼矿体；13—地质界线；14—构造角砾岩；15—实、推测性质不明断裂；16—勘探线及编号；17—产状及倾角；18—石门山钼铅锌多金属矿床（斑岩型）；19—钻孔位置及编号；20—水系

表 4-5-2　石门山辉钼矿体基本特征统计表

矿体编号	产出部位	埋藏深度/m		埋深（以地表标高78m起算）/m		与上部矿体间距/m	矿体形态	产状			矿体规模/m					
											长度	厚度				倾向延深
		自	至	自	至			走向	倾向	倾角/(°)		最大	最小	平均	变化系数/%	
Ⅰ	16 线 ZK1603 ~ ZK50 和 20 线 ZK12 ~ ZK23 的深部	-175	-464	253	542		扁豆状	28°	北西西	16~53	200	6. 78	53. 68	24. 92	58	290~473
Ⅱ	16 线 ZK1603 ~ ZK49 和 20 线 ZK20 ~ ZK23 的深部	-197	-316	275	394	10. 34~25. 80	扁豆状	13°	北西西	16~29	200	3. 00	29. 74	12. 26	80	164~217
Ⅲ	16 线 ZK1603 ~ ZK35 和 20 线 ZK20 的深部	-216	-330	294	408	7. 67~19. 43	扁豆状	16°	北西西	16~28	200	1. 55	28. 16	7. 23	121	117~207
Ⅳ	16 线 ZK1603 ~ ZK22 的深部	-264	-398	342	476	48. 07~61. 60	不规则透镜状	11°	北西西	52~54	100	4. 15	25. 02	14. 58	101	158
Ⅴ	16 线 ZK35 的深部	-439	-498	517	576		透镜体状	南北	西	44	100			7. 12		84
Ⅵ	16 线 ZK35 的深部	-453	-520	531	598	4. 61	透镜体状	南北	西	46	100			4. 42		69
Ⅶ	24 线 ZK47 ~ ZK2404 的深部	-306	-460	384	538		扁豆状	南北	西	5~42	100	3. 86	40. 26	17. 14	117	307
Ⅷ	24 线 ZK47 的深部	-326	-376	404	454	11. 14	透镜体状	南北	西	41	100			8. 61		75
Ⅸ	24 线 ZK47 的深部	-343	-403	421	481	11. 54	透镜体状	南北	西	40	100			12. 05		90
Ⅹ	24 线 ZK47 的深部	-410	-445	488	523	34. 76	透镜体状	南北	西	45	100			7. 77		62

（4）矿石类型。

按赋矿岩石可分为：含辉钼矿云英岩型矿石、含辉钼矿云英岩化二长花岗岩型矿石；按矿石的结构构造可分为：细脉浸染状矿石、浸染状矿石、细脉状矿石、角砾状矿石。

4. 围岩蚀变

矿体围岩主要为云英岩化斑状二长花岗岩、富石英云英岩、富云母云英岩和绢云母化斑状二长花岗岩，少数为云英岩化斜长花岗斑岩，云英岩化花岗质糜棱岩。

围岩蚀变类型主要为云英岩化、绢云母化、硅化、黄铁矿化，其次为绿泥石化、高岭土化、镜铁矿化、赤铁矿化等。围岩蚀变与矿化具有明显的水平和垂直分带现象。垂直分带表现为深部面状云英岩化和辉钼矿化，向浅部依次过渡为绢云母化、硅化、绿泥石化、高岭土化等中低温热液蚀变以及闪锌矿、黄铜矿、方铅矿、辉银矿矿化。水平分带表现为深部以富云母云英岩带、富石英云英岩带为中心，向外侧过渡为云英岩化带、绢云母化带；浅部以多金属矿化石英脉为中心，往两侧依次过渡为绢英岩化、硅化、绢云母化碎裂岩，绢云母化、绿泥石化二长花岗岩。

围岩蚀变类型及其强弱对应不同金属的差异性矿化。深部的富石英云英岩化蚀变与辉钼矿化关系密切，浅部的硅化、绢云母化蚀变与多金属关系密切。围岩蚀变强度与矿化强度往往呈同消长关系。

5. 矿体的控矿因素

（1）构造因素。

1）东西向九所—陵水深大断裂控制了千家复式岩体的形成。

2）北北西向断裂控制了斑岩岩体的侵位。

3）北北东至近南北向断裂带为深部辉钼矿的控矿构造。

4）近南北—北北西向断裂带为浅部铅锌银多金属的控矿构造。

（2）岩浆岩因素。

1）燕山晚期千家复式岩体是成矿母岩。

2）隐伏斜长花岗斑岩岩体直接控制了钼多金属矿床的形成。

（四）罗葵洞钼矿

1. 矿区特征

（1）地层。

矿区出露的地层为下白垩统六罗村组火山岩，约占矿区面积的2/3（图4-5-6）。根据地表填图、深部钻孔工程控制及火山岩、火山碎屑岩中的角砾成分，角砾与胶结物之间的关系，可以把本区火山岩-火山碎屑岩由上而下分为4层：

4. 流纹质熔结凝灰岩夹流纹质熔结角砾岩（K_1ll^4）	0~100m
3. 流纹质凝灰熔岩，流纹质碎斑熔岩夹流纹质角砾熔岩（K_1ll^3）	23~279m
2. 安山岩夹安山质角砾熔岩（K_1ll^2）	11~375m
1. 流纹质碎斑熔岩、英安质碎斑熔岩、安山岩互层（K_1ll^1）	0~296 m

以什保水库一带为中心，流纹质火山岩中角砾成分增加，并出现集块角砾熔岩、凝灰质集块岩，附近还有熔结凝灰熔岩、熔结角砾岩出现。该岩石组合代表了火山口相岩石特征，可以基本确定火山口相对位置。

（2）构造。

1）火山口构造。

在地貌上呈一负地形，四周为陡峭的山地，中心为相对平缓的丘陵，显示一个半封闭的小盆

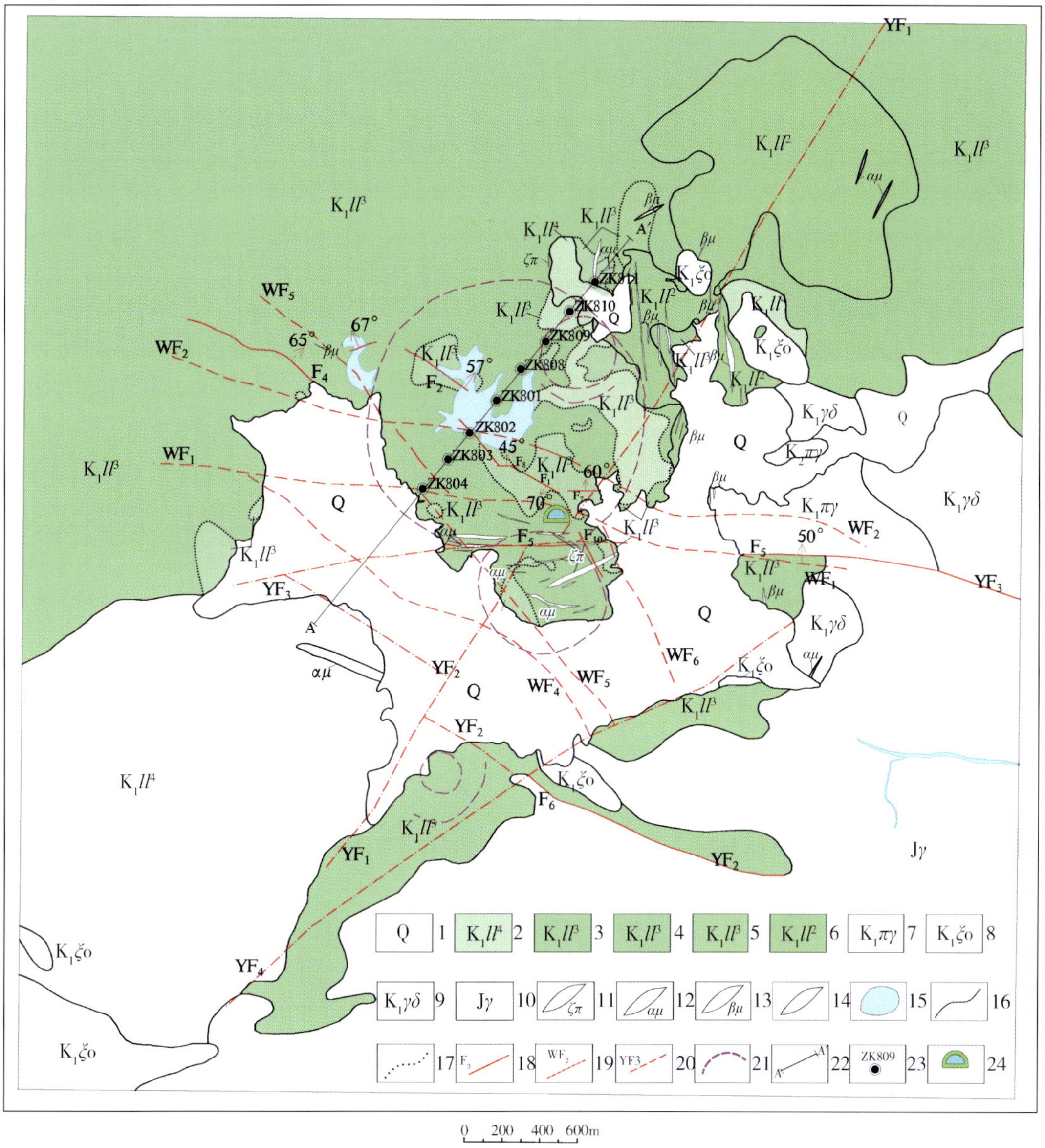

图 4-5-6　罗葵洞钼矿地质简图

1—第四系；2—下白垩统六罗村组第四段：熔结凝灰岩夹熔结角砾岩；3—下白垩统六罗村组第三段：流纹质角砾熔岩；4—下白垩统六罗村组第三段：碎斑熔岩夹凝灰熔岩；5—下白垩统六罗村组第三段：英安质凝灰熔岩；6—下白垩统六罗村组第二段：安山岩、安山质角砾岩；7—晚白垩世斑状花岗岩；8—晚白垩世石英正长岩；9—早白垩世花岗闪长岩；10—中三叠世中粒斑状黑云母正长花岗岩；11—英安斑岩；12—安山玢岩；13—辉绿岩；14—工业矿体；15—水库；16—实测地质界线；17—岩性相变界线；18—实测断层；19—物探推测断层；20—遥感推测断层；21—环形构造；22—地质剖面位置及编号；23—钻孔位置及编号；24—罗葵洞钼陆相火山岩型钼矿

地；大致以什保水库为中心，在卫星遥感影像上显示一个直径 1500m 近圆形的环型影像；在环型影像部位，特别是在东部发育火山口相岩石组合。主要岩石有流纹质角砾熔岩、含集块角砾熔岩、凝灰质集块岩、流纹质熔结凝灰岩，熔结角砾岩。

2）线性构造。

矿区内线性构造主要有北西向、北东向、近东西向及近南北向等 4 个方向。

A. 北西向构造：呈 290°~330°方向展布，实测断层有 F_1、F_2、F_3、F_4、F_6 等 5 条，其中 F_1、F_2 呈雁行排列，斜穿本区火山口相矿化地质体，断层长 500~800m，宽 2~3.8m。断层面局部较平滑，有膨缩现象，并有构造透镜体，断层中岩块有硅化、褐铁矿化，局部还有辉钼矿化，断层两侧岩石节理发育，有的部位构成节理密集带。据钻孔控制，该组断层相对位置的破碎带，既有矿化蚀变，又有新鲜的断层泥，显示断裂成矿前成矿后均有活动的特点。

B. 东西向构造：主要分布在测区中部，其中 F_5 规模较大，断续延长 3000m，宽 1~3m，倾向北，倾角 50°左右，局部地段被安山玢岩充填。与此断裂平行的还有 F_7、F_8，但规模较小，一般长 150~200m，宽 1~2.5m，断层中有褐铁矿化及钼矿化，属成矿前断层。

C. 北东向构造：从遥感影像上，反映区内有两条北东向线性构造，一条 YF_1 呈北东 35°方向斜穿测区，长 5000m，切错北西向构造；YF_4 呈北东 60°方向斜穿测区东部，长 3500m，与物探推断的 WF_3 吻合。

D. 近南北向构造：该方向的构造多分布在火山口相外侧，规模小，长 100~500m 多被辉绿岩充填。

（3）岩浆岩。

区内岩浆岩十分发育，根据其侵位深度不同，可分为喷出岩、侵入岩及脉岩三大类。

1）喷出岩。

喷出岩是区内分布最广的岩石，形成时代为早白垩世。主要岩石类型有：流纹质碎斑熔岩、流纹质角砾熔岩、英安质凝灰熔岩、流纹质熔结凝灰岩，熔结角砾岩、安山岩及安山质角砾岩。

流纹质碎斑熔岩为矿区分布最广的岩石，岩石中的矿物多呈棱角状或半自形晶与棱角状晶体并存。岩石呈浅灰色碎斑或碎屑结构，碎斑由条纹长石、条纹正长石、斜长石及石英组成，其中长石呈不完整的半自形板柱状或棱角状。流纹质角砾熔岩多分布在火山口相中及边缘，岩石呈浅灰色，碎斑角砾结构，角砾状构造，由条纹长石、斜长石、石英及少量黑云母晶屑、英安质及安山质岩屑组成，为钼矿的主要赋矿围岩。英安质碎斑熔岩分布在火山岩层序中的第一层中，厚度一般较小，常与流纹质碎斑熔岩及安山岩组成互层。岩石呈灰色，中细粒碎斑状结构，以斜长石碎斑晶为主，次为钾长石、石英斑晶，胶结物为霏细状长英质。

流纹质熔结凝灰岩，流纹质熔结角砾岩主要分布在火山口相边部及外围，岩石由碎斑晶屑、岩屑、浆屑等成分组成，其中，矿物碎斑晶屑有条纹长石、斜长石、石英及微量黑云母。

安山岩、安山质角砾岩主要分布在矿区东北部及中部，岩石靠近火山口相角砾成分增多，远离火山口相则以不含角砾的安山岩为主。岩石呈深灰绿色，细粒少斑状结构，致密块状构造，斑晶为细晶斜长石及少量角闪石，基质由斜长石、次闪石、黑云母及铁质等组成交织结构或似粗面结构。

2）侵入岩。

本区侵入岩主要分布在测区东南部及东部，主要中三叠世中粒斑状黑云母正长花岗岩、早白垩世石英正长岩、花岗闪长岩和晚白垩世斑状花岗岩等 4 种：

A. 中粒斑状黑云母正长花岗岩：分布在测区东南角，是区域石牛岭花岗岩的一部分，在区内出露面积约 6.5km^2，主要由条纹长石、斜长石、石英及少量黑云母、角闪石组成，副矿物为锆石和磷灰石。

B. 斑状花岗岩：分布在测区东部，出露面积约 0.5km^2，呈不规则岩株状，在矿区 7~24 线，−79.84~457.96m 标高隐伏产出。岩石呈灰白—灰褐色中粒似斑状结构，斑晶以斜长石为主，次为钾长石及石英，斜长石可形成 10~20mm 的大斑晶，基质为斜长石、石英、钾长石及少量黑云母、角闪石，副矿物有榍石、磷灰石。

C. 花岗闪长岩：主要分布在测区东部，在测区东西向 F_5 断裂南北两侧各出露一处。断裂南侧出露者，呈不规则岩株状，面积约 0.14km^2，与中粗粒花岗岩及流纹质火山岩呈侵入接触；断裂北侧者，在本区出露面积 0.56km^2，向东延出区外，北部及西部分别与流纹质火山岩，似斑状花岗岩呈侵入接触，南部与中粗粒花岗岩呈断层接触。岩石呈灰白色，中粒不等粒结构，主要成分为斜长石、钾长石、石英及角闪石、黑云母。

D. 石英正长岩：多呈椭圆状或不规则状的小岩株，呈北西向或近东西向展布，面积为 0.03～0.4km^2，区内出露 6 处，侵入至流纹质火山岩、安山岩及中粗粒花岗岩中。岩石呈肉红色，中粗粒不等粒结构或似斑状结构，矿物组成以条纹长石、条纹正长石、斜长石为主，次为石英及少量黑云母。在测区 12 线隐伏的斑状花岗岩顶部见有石英正长岩穿入，在其穿入部位常有厚大的钼矿。

3）脉岩。

区内出露的脉岩主要有：辉绿岩、安山玢岩、英安斑岩及石英脉等 4 类。其中矿区内石英脉分布较普遍，但规模均较小，一般宽小于 0.3m，延长不大于 50m。大致可分为 3 种：①含钼灰—灰白色石英脉；②含硫化物石英小脉、石英网脉，是矿区重要的含矿地质体；③含钨白色石英脉，呈白色块状或平行密集脉状微裂隙发育，目前对这类石英脉规模还不清。

2. 矿体特征

（1）矿体总体分布范围。

本区矿床以剥蚀程度浅，矿化范围广为特征，地表很难见到矿体露头，矿体几乎呈隐伏状产出。目前，矿体在平面上控制范围：东西方向长 1600m，南北方向宽 1400m，面积 2.24km^2。实际上矿体四周仍没有封闭，矿化范围推断约为 2.5km^2。矿体在垂向上，从接近地表 196m 至深部 -670m 标高，866m 范围均有矿体分布，也就是说从地表火山岩至深部隐伏岩体顶部内外接触带均有钼矿体赋存。其中工业矿体位于 196～-582m 标高之间。

（2）赋矿岩石。

矿区赋矿岩石主要为侵入体外带的六罗村组火山岩和内带的斑状花岗岩。外带矿体赋矿岩石主要为流纹质碎斑熔岩、流纹质角砾熔岩、安山岩、安山质角砾岩、英安质碎斑熔岩、英安质角砾熔岩等；内带赋矿岩石为斑状花岗岩及细粒正长花岗岩。

（3）矿体形态、产状。

矿体总体东西方向稍长，南北方向稍窄的近等轴形，在剖面上矿体形态受火山口相层位及斑状花岗岩顶界面联合控制。从目前工程控制发现岩体顶部有一个近东西向的"隆脊"，厚大矿体即分布在隆脊顶部及其上、下两侧。本区矿体倾角平缓，工业矿体分布在低品位矿体中，也可以独立存在。总体上矿体产状形态受隐伏斑岩岩体顶面形态控制，倾角一般为 0°～10°，个别部位在 15°～33°，形态以似层状或大扁豆状为主（图 4-5-7）。

（4）矿体规模。

本区有钼矿体 4 条，其中，外带火山岩中一条（V_1）、岩体内两条（V_3、V_4）、岩体顶界面接触带一条（V_2）。除岩体内深部 V_3、V_4 规模较小外，其余长宽都在千米以上。每一条矿又由厚度不等，品级不同的多层矿组成。全区累计共圈出工业品级矿 45 层，低品级矿 19 层，此外在 0m 标高以下还圈出钼矿化体 49 层。

V_1 矿体位于近地表浅部，埋深 2.6～436m（标高+196～-277m），为外带矿体，赋矿围岩为中—酸性火山岩，矿体东西长 1500m，南北宽 1300m，呈似层状、厚大透镜状，包含 13 层工业矿，19 层低品级矿。其中有 7 层主矿体，包括 4 层工业矿、3 层低品级矿，其长宽规模都大于 1000m，钼金属量在 5000t 以上。代表矿层为赋存在流纹质角砾熔岩内的 V_1-G_5 号矿，该矿层目前有 33 个孔控制，控制规模为 1500m×1050m，厚度一般为 4～20m，最大厚度 84m，平均厚度为 15m，厚度变化系数 102%，平均品位 0.052%，品位变化系数 17 %，赋存标高为 +196m～+78m，钼金属资源/储量 19193t。与其平行的 V_1-G_7、V_1-G_{10}、V_1-G_{17} 及 V_1-D_5、V_1-D_7、V_1-D_{10} 等矿层规模也较大，边部的其他平行矿层则规模较小。

V_2 矿体在隐伏似斑状花岗岩的顶界面附近，形态产状受岩体顶界面形态控制。埋深 260～773m（标高-75.1～-580.6m），属内带为主的矿体，东西长大于 1000m，南北宽 1000m 左右，矿体呈似层状、厚大透镜状。包含 22 层工业矿，29 层钼矿化体，其中有主矿层 3 个，全为工业矿，其钼金

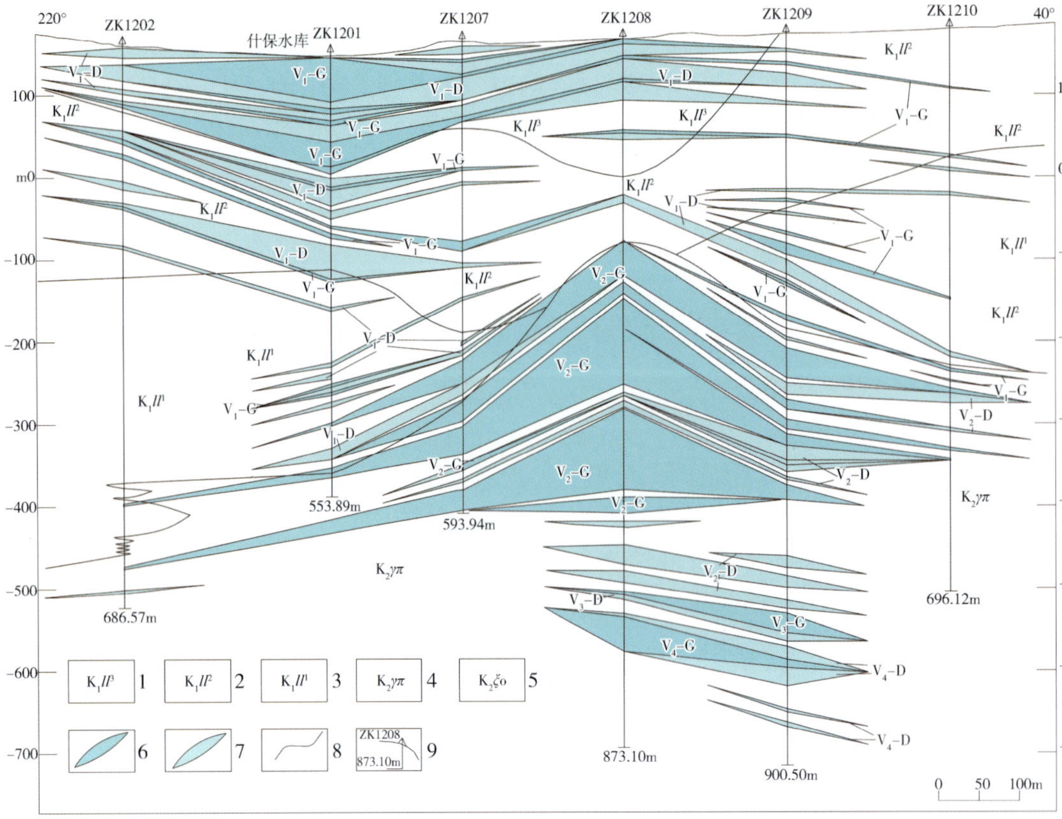

图 4-5-7　罗葵洞钼矿 12 线剖面图

1—下白垩统六罗村组第三段；2—下白垩统六罗村组第二段；3—下白垩统六罗村组第一段；4—晚白垩世斑状花岗岩；5—晚白垩世石英正长（斑）岩；6—工业矿体；7—低品位矿体；8—地质界线；9—钻孔编号及深度

属资源/储量规模都在 28000t 以上，总量占全区钼资源/储量 46.69%。V_2-G_{18} 号矿层是其中的典型代表，该矿层以厚度大为特征，分布在 7～20 线，目前有 31 个钻孔控制，控制规模为 1450m×1000m，平均厚度为 44m，最大厚度 155.8m 厚度变化系数为 97%，平均品位为 0.055%，品位变化系数为 24%，钼金属资源/储量为 51517t。与其平行相邻的 V_2-G_{14}、V_2-G_{21} 号矿层，规模仅次于 V_2-G_{18} 号矿层，其余边部矿层则规模较小。

V_3、V_4 钼矿体，赋存在岩体内，离岩体顶界面以下 240～480m，埋深 632～850m（标高-452m～669m），由于远离顶界面，容矿裂隙构造不发育，所以矿化分布范围局限，仅见于 8～12 线之间，长宽都小于 400m。

3. 矿石特征

（1）矿石矿物成分。

矿石矿物成分比较简单，以辉钼矿、黄铁矿为主，次为黄铜矿及少量闪锌矿、白钨矿、磁铁矿、赤铁矿。脉石矿物与赋矿岩石有关，流纹质岩石及花岗质岩石中的矿体，脉石以钾长石、石英、斜长石为主，次为黑云母、绿泥石、绢云母及方解石；安山质岩石中的矿体，脉石矿物以斜长石、绿泥石、次闪石、方解石、石英及部分钾长石。

（2）矿石化学成分。

矿石的化学成分多与其赋矿岩石性质有关，安山质岩石中的矿层 SiO_2、K_2O 含量偏低，CaO、MgO 及 Fe 的含量明显偏高。矿石中除含主元素 Mo 以外，还含有少量 Cu、W、等伴生组分，其中主元素 Mo 一般含量在 0.02%～0.10%，个别最高可达 1.02%；Cu 一般在 0.02～0.1%，最高为 0.29%；W 一般在 0.01%～0.065%，最高为 0.35%。

（3）矿石的结构、构造。

矿石以半自形叶片状、鳞片状结构为主，次为半自形—他形粒状结构。

矿石构造包括细脉状、充填脉状构造、微条带状构造、交错脉状构造、薄膜状构造、星散浸染状构造、团块状构造、角砾状构造。

（4）矿石类型。

本区矿石类型依据结构构造特征，其自然类型属细脉—浸染型。据矿石物相分析本区钼矿，以硫化矿石为主，不存在氧化矿石。硫化矿石按赋矿岩石不同，可分为流纹质火山岩类矿石、安山质火山岩类矿石、英安质火山岩类矿石、斑状花岗岩矿石四大类。

4. 围岩蚀变

矿区围岩可分为4类，即流纹质火山岩类、安山质火山岩类、英安质火山岩类、斑状花岗岩。罗葵洞钼矿床围岩蚀变不强，蚀变连续性较差。矿区常见的蚀变有硅化、钾化、黄铁矿化、绢云母化、绢英岩化、云英岩化、黑云母化、绿帘石化、次闪石化、绿泥石化、碳酸盐化等几种，局部尚有叶蜡石化、萤石化。与成矿相关的热液蚀变主要有硅化、钾化、黄铁矿化、云英岩化、黑云母化及绿泥石化，其中硅化、钾化与辉钼矿化关系最密切。区内硅化范围广，但强度不均匀，硅化范围常与钼矿化范围一致；钾化多与硅化相伴生，是近矿围岩的主要蚀变，但其蚀变不连续，且强弱变化较大。区内蚀变从火山口相中心自内而外大致可分为不典型的4个带：①强硅化蚀变带：该带位于火山口相的中心，主要表现为石英细脉与石英大脉并存，岩石中硅化、云英岩化、绢云母化明显；②硅钾蚀变带：该带位于强硅化带的外围，蚀变矿物为石英、钾长石、绢云母等，可见钾长石渗透交代或呈单独脉状或分布在石英脉两侧，蚀变带中石英细脉、网脉发育，少者4~5条/m，多者可达20~30条/m。该带是钼矿化主要赋存部位；③硅化蚀变带：该带位于硅钾蚀变带外侧，也可以单独出现，该带钼矿化较弱；④绿帘石、绿泥石化带：常与碳酸盐化、黄铁矿化伴生是远矿围岩蚀变，找矿中有一定指示意义。各蚀变带空间上没有严格的界线，只是在蚀变矿物组合有一定的差异。钾化、硅化带与钼矿化范围相重叠，是直接的找矿标志。

5. 矿体的控矿因素

（1）构造因素：罗葵洞破火山口构造。

（2）岩浆岩因素：下白垩统陆相火山岩与晚白垩世同源中酸性侵入体。

（五）龙门岭钼矿

1. 矿区特征

（1）地层。

矿区出露的地层为长城系抱板群云母石英片岩及下白垩统鹿母湾组、第四系全新统。依新至老分述如下。

1）第四系全新统：分布于整个矿区低洼处，分布面积8.33km^2，占矿区面积约37.88%。岩性为砾石、含砾粗砂、砂、砂质黏土等。厚度可见大于3.5m。

2）下白垩统鹿母湾组：分布于矿区西南部五岭一带。分布面积大于0.05 km^2，占矿区面积0.23%。岩石被后期岩浆岩侵入破坏，支离破碎成大小不等的块体残存于印支期花岗岩之上。岩性以砂砾岩、含砾长石石英粗砂岩为主。

3）长城系抱板群：分布于矿区东北部文建岭顶上和东部吴文岭一带。分布面积约0.06 km^2，占矿区面积0.27%。岩性为云母石英片岩。岩石呈浅褐灰白色，细粒—微粒鳞片变晶结构，块状构造。矿物成分主要有绢云母48%、石英40%、长石10%、褐铁矿2%组成。

（2）构造。

矿区发育不同程度蚀变矿化的断裂带，断裂多见压扭性挤压构造特征，表现为断裂系统沿走向、倾向呈舒缓波状，断裂面平整，局部可见挤压片理化现象，片理面上有划痕，镜下显示糜棱结构、碎斑结构。

1）东西组：分布在矿区中部高土村一带，正东西走向，产状较陡，宽度 0.5~2.0m 不等，出露长度达 300m 以上。断裂带中多见有挤压破碎、硅化破碎现象，矿化差，两侧围岩呈碎裂化、硅化特征。从露头观测，具有压扭性力学特征及多期次活动的特点。该断裂控制着本区地热泉水的分布。

2）北西组：分布于矿区中西部 42.2m 高地上，长度大于 200m，见有硅化岩充填，硅化体宽 2~3 m，走向 315°，倾向北东，倾角较陡，属晚期新华夏构造体系的区域性低序次、低级别的压扭性断裂。

3）北东组：该组构造在矿区内尤其在详查区内成群成带出现，由多条平行或侧列的小规模断裂组成，为钼矿的主要控矿、容矿构造，其中规模较大的有 13 条。总体走向 35°~45°；倾角 75°~80°，带宽达 300m 不等，单裂面宽度 1.2~12m 不等，长度几十至数百米，最长达 900m。该组断裂是矿区最晚期的断裂，可见它切断早期东西向的闪长岩岩脉，一般断面平直，表现出压扭力学性质。

（3）岩浆岩。

矿区内岩浆岩分布广，占矿区面积 61.62%（图 4-5-8），根据侵入关系和岩体同位素年龄数据（区测），将其划分为海西期、印支期、燕山期。此外，区内可晚期的闪长玢岩岩脉、花岗斑岩岩脉及少量石英脉。

1）海西期侵入岩。

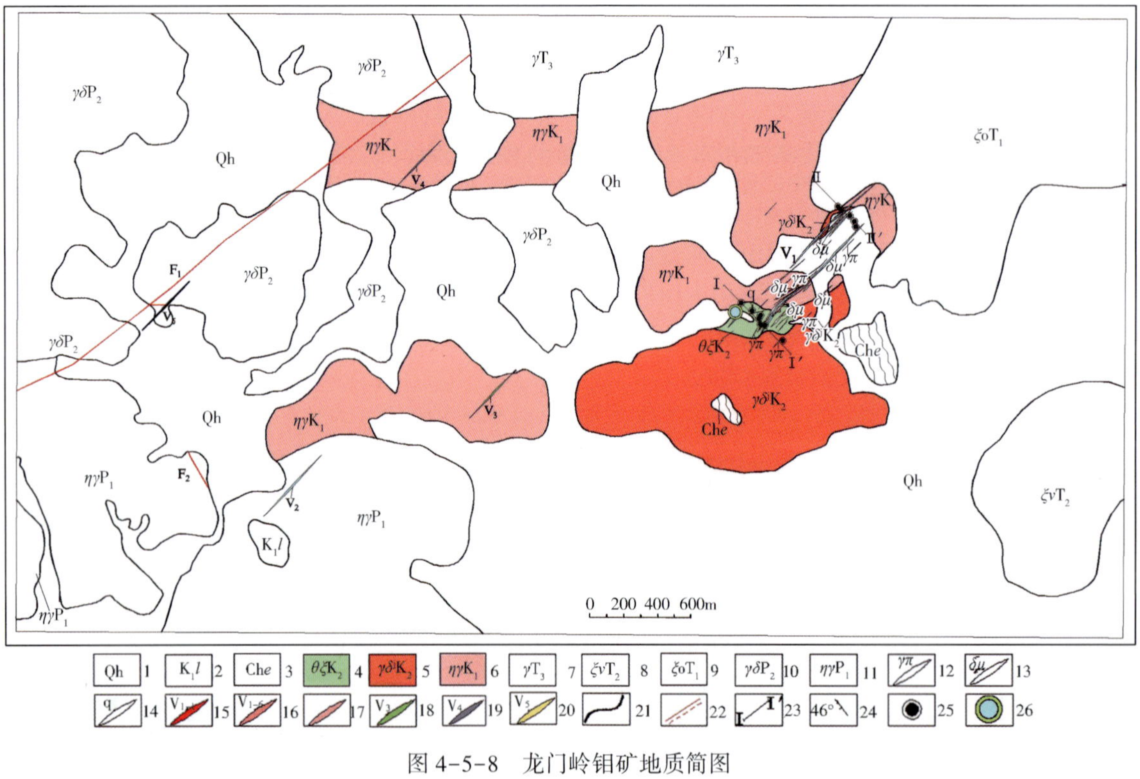

图 4-5-8 龙门岭钼矿地质简图

1—全新统（未分）：砂砾、砂、亚砂土、黏土；2—下白垩统鹿母湾组：砂砾岩、含砾长石石英粗砂岩；3—长城系抱板群峨文岭组：云母石英片岩；4—晚白垩世绢英岩；5—晚白垩世花岗闪长岩；6—早白垩世二长花岗岩；7—晚三叠世中粗粒花岗岩；8—中二叠世中粗粒含斑黑云母正长花岗岩；9—早三叠世石英正长岩；10—晚二叠世花岗闪长岩；11—早二叠世二长花岗岩；12—花岗斑岩岩脉；13—闪长玢岩岩脉；14—石英脉；15—工业品位钼矿体及编号；16—边界品位钼矿体及编号；17—钼矿化蚀变带；18—白钨矿脉及编号；19—铁铅矿脉及编号；20—金矿脉及编号；21—实测及推测地质界线；22—实测或推测压扭性断裂及编号；23—剖面线及编号；24—产状；25—钻孔位置；26—龙门岭钼矿在区内出露早二叠世黑云母二长花岗岩和晚二叠世黑云母花岗闪长岩。

A. 黑云母二长花岗岩：分布于矿区公田村以南至五岭村、村仔岭一带。岩体大体呈东西向展布，岩体在矿区出露面积4.79km²，呈岩基产出，占矿区总面积的21.78%。矿物成分主要有钾长石（约占30%）、斜长石（约占28%）、石英（约占25%）、黑云母（10%）、角闪石（约占6%）、绢云母（1%）等。同位素年龄为276Ma（U-Pb），时代定为早二叠世，认为形成于板块边缘的构造环境。

B. 黑云母花岗闪长岩：分布于矿区北东部公田岭以北至什空岭和早灶村至崩田村以南一带。岩体在矿区范围出露面积4.62 km²，呈岩基产出，占矿区面积的21%。岩石呈浅灰色，变余粒状变晶结构，块状构造。矿物成分主要由斜长石（60%）、石英（18%）、角闪石（10%）、钾长石（10%）等组成，少量黑云母、磁黄铁矿等。同位素年龄为266Ma（U-Pb），时代定为晚二叠世，认为形成于陆块间的俯冲环境。

2）印支期侵入岩。

印支期侵入岩在矿区内仅分布于北东部。出露有早三叠世石英正长岩和晚三叠世中粗粒花岗岩。

A. 石英正长岩：出露在矿区详查区东北角，面积0.09km²，呈岩基产出，仅占矿区面积的0.41%。岩石呈浅肉红白色，半自形—他形粒状结构，块状构造。矿物成分主要由钾长石（78%）、石英（13%）、斜长石（5%）及黄铁矿（3%）等组成。同位素年龄236Ma（Rb-Sr），侵入时代为早三叠世。

B. 中粗粒花岗岩分布在早灶岭至英州农场以北一带，岩体在矿区出露面积1.13 km²，占矿区总面积的5.14%，呈岩基产出。岩石呈浅灰白色，中粗粒结构，块状构造，矿物成分：钾长石（20%~30%），斜长石（20%~25%），石英（30%~35%），绢云母（6%~10%）。

3）燕山期侵入岩。

燕山期侵入岩在矿区范围内主要分布于矿区中北部崩田岭至详查区和矿区中部的糖房坡至龙门岭—文建岭一带，出露早白垩世二长花岗岩和晚白垩世花岗闪长岩、绢英岩。

A. 二长花岗岩：出露于矿区中部糖房坡一带和早灶村以北—崩田岭—详查区1~12号勘探线之间。面积约1.82km²，呈岩基产出，整体呈东西走向。岩石呈浅肉红灰色，灰白色，弱变余花岗结构，块状构造。矿物成分主要由钾长石（40%）、斜长石（28%）、石英（30%）及少量黄铁矿等矿物组成。副矿物有磁铁矿、微量的锆石、榍石、磷灰石。据区域资料，同位素年龄为120Ma（K-Ar），时代定为早白垩世。

B. 花岗闪长岩：主要见于龙门、文建岭和详查区V_1矿带6~5号勘探线南东侧地段以及8~10号勘探线北西面局部地段，呈岩基产出，面积约1.04km²。岩石呈浅灰—深灰色，变余半自形粒状变晶结构，块状构造。矿物成分主要由斜长石（60%）、石英（18%）、角闪石（10%）、钾长石（10%）等组成，少量黑云母、磁黄铁矿等。副矿物有磁铁矿、微量的锆石、榍石、磷灰石。据区域资料，同位素年龄为94Ma（K-Ar），时代定为晚白垩世，是燕山晚期岩浆活动的产物。

C. 绢英岩：绢英岩原岩归属于燕山晚期侵入的花岗闪长岩。分布在详查区V_1矿带5号至0号勘探线之间，呈带状产出，整体呈近东西走向，面积0.06 km²。岩石呈浅灰色，粒状鳞片变晶结构，块状构造。主要矿物成分由石英（48%）、绢云母（38%）、长石（3%）、黄铁矿（8%）及辉钼矿等组成。副矿物有磁铁矿、微量的锆石、榍石、磷灰石。据区域资料，同位素年龄为94Ma（K-Ar），时代定为晚白垩世，是燕山晚期岩浆活动的产物。

4）其他岩脉。

岩浆侵入后期，剩余残浆沿北东向、北西向断裂构造充填形成花岗斑岩岩脉、闪长玢岩岩脉、石英脉，时代应归属燕山晚期。根据野外穿插关系侵入顺序由早至晚为花岗斑岩岩脉、闪长玢岩岩脉、石英脉。花岗斑岩岩脉呈浅灰白色、浅灰色，变余斑状结构，基质具显微粒状结构，块状构造。斑晶矿物主要由斜长石 15%、角闪石 8%、黑云母 7%等组成，基质主要为长英质（67%）等矿物组成；闪长玢岩岩脉呈浅灰绿色，斑状结构，块状构造，斑晶为角闪石和斜长石，基质主要为斜长石、角闪石和黑云母，偶见石英等。

2. 矿体特征

（1）矿体分布及产出部位。

矿体呈北东向带状分布，共圈出 5 个矿带，包含 18 条矿脉。其中，2 个为钼金属矿带（编号 $V_1 \sim V_2$），1 个为白钨矿带（编号 V_3），1 个为含铁方铅矿带（编号 V_4），1 个为金矿带（编号 V_5）。截至目前，仅 V_1 矿带开展详查工作，其分布在矿区北偏东南区段，具体如下：

V_1 矿带：为钼金属矿带，带内共圈定了 13 个规模大小不一的矿体（编号为 $V_{1-1} \sim V_{1-13}$），其中 7 个为工业矿体（编号为 $V_{1-1} \sim V_{1-5}$和 $V_{1-10} \sim V_{1-11}$），6 个为边界品位矿体（编号为 $V_{1-6} \sim V_{1-9}$和 $V_{1-12} \sim V_{1-13}$）。分布在详查区段的 5~16 号勘探线地表 35m 至地下-346.39m 标高的范围内。矿体主要赋存在燕山晚期花岗闪长岩、绢英岩和二长花岗岩岩体中。

（2）矿体规模、形态、产状、厚度、品位及顶底板岩性。

根据勘查结果，详查评价的 V_1 矿带宽度达 300m，长达 1200m，总体走向北东 45°，产状比较稳定，倾向北西，矿体倾角较陡，大多在 65°~85°之间变化。带内已知有 13 条辉钼矿脉，其中有 9 条辉钼矿脉出露地表，4 条辉钼矿脉为隐伏矿体。矿体最大出露标高位于 2 号勘探线 35m，最大延深位于 1 号勘探线的标高-346.39m（图 4-5-9、图 4-5-10）。

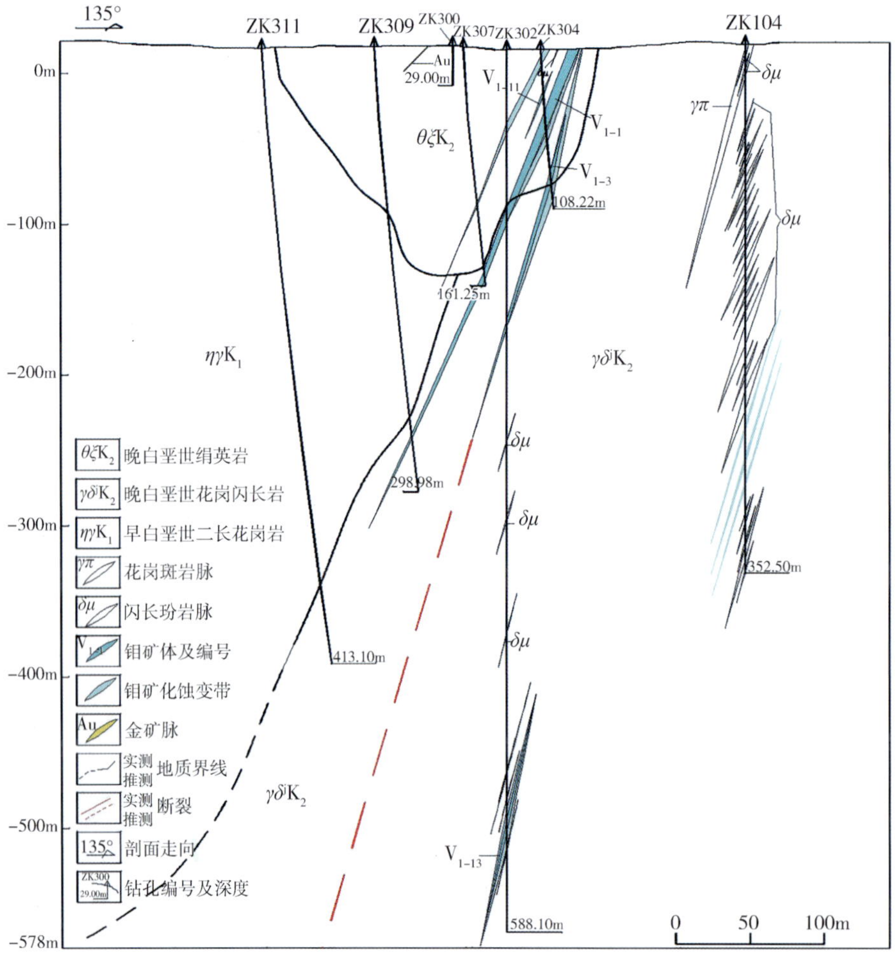

图 4-5-9　龙门岭钼矿 3 线剖面图

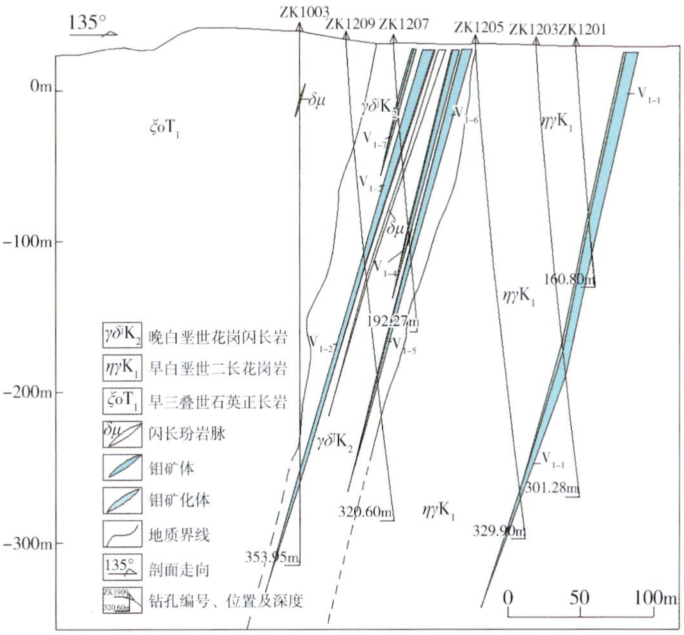

图 4-5-10　龙门岭钼矿区 12 线剖面图

V_1 矿带内矿体形态主要以脉状产出。V_1 矿带中以 V_{1-1} 号矿脉规模最大，其次为 V_{1-2}、V_{1-3} 矿脉。后期构造活动对矿体没有明显的破坏，矿体也未遭受晚期岩脉侵入的切割。

A. V_{1-1} 号矿脉：分布在 5～14 号勘探线之间，地表总体走向为 45°，倾向为 315°，倾角 65°～85°，平面延长达 922m，倾深 376m。矿体出露最高标高位于 2 号勘探线 TC201 号槽的标高为 30m，沿倾斜钻孔揭露最大延深位于 1 号勘探线 ZK125 孔处的标高-346m。矿体呈脉状，形态简单，厚度 1.94～8.32m，平均厚度 5.36m，厚度变化系数为 51.09%；平均品位 0.1877%。(122b+333) 资源储量为 7644.67t，占总量的 56.14%。

B. V_{1-2} 号矿脉：分布在 2～18 号勘探线之间，地表总体走向为 45°，倾向为 315°，倾角 73°～80°，平面延长达 709m，倾深 350m。矿体出露最高标高位于 16 号勘探线 TC1601 号槽的标高为 37m，沿倾斜钻孔揭露最大延深位于 6 号勘探线 ZK617 孔处的标高-313m。矿体呈脉状，形态简单，厚度 2.98～6.55m，平均厚度 4.48m，厚度变化系数 45. 27%；平均品位 0.2045%。(122b+333) 资源储量为 4170.10t，占总量的 30.62%。

C. V_{1-3} 号矿脉：分布在 5～4 号勘探线之间，地表总体走向为 47°，倾向为 317°，倾角 74°～79°，平面延长达 444m，倾深 366m。矿体出露最高标高位于 0～2 号勘探线之间，其标高为 37m，沿倾斜钻孔揭露最大延深位于 1 号勘探线 ZK121 孔处的标高-329m。矿体呈脉状，形态简单，厚度 1.26～4.88m，平均厚度 2.74m，厚度变化系数为 69.92%；平均品位 0.1444%。(122b+333) 资源储量为 735.52t，占总量的 5.40%。

以上 3 条矿脉 (122b+333) 资源储量为：矿石量 662.45×10^4t，金属量 12554.29t，平均品位 0.1895%。占详查区 V_1 矿带矿石量的 90.37%，金属量的 92.19%。其中，控制的经济基础储量 (122b) 矿石量为 275.74×10^4t，金属量为 5467.65t，平均品位 0.1983%，占 (122b) 矿石总量的 100%，占 (122b) 金属量的 100%；推断的内蕴经济资源量 (333) 矿石量为 386.71×10^4t，金属量为 7086.63t，平均品位 0.1833%，占 (333) 矿石量的 84.57%，占 (333) 金属量的 86.96%。

3. 矿石特征

(1) 矿石矿物成分。

矿石矿物主要为辉钼矿、黄铁矿、磁铁矿、黄铜矿，次为辉铜矿、铜蓝、褐铁矿、钛铁矿金红石、白钛石（表4-5-3），脉石矿物主要为钾长石、斜长石、石英、绢云母、白云母，次要为绿泥石、黑云母、绿帘石、红柱石、电气石、锆石、磷灰石。

表 4-5-3 矿石矿物成分一览表

金属矿物		脉石矿物	
主要	次要	主要	次要
辉钼矿、黄铁矿、磁铁矿、黄铜矿	辉铜矿、铜蓝、褐铁矿、钛铁矿金红石、白钛石	钾长石、斜长石、石英、绢云母、白云母	绿泥石、黑云母、绿帘石、红柱石、电气石、锆石、磷灰石

（2）矿石化学成分。

矿石中主要成分平均含量 SiO_2：54.96%、Al_2O_3：14.83%、Fe_2O_3：11.08%、FeO：4.47%、K_2O：3.92%。微量元素平均含量：Na_2O：0.55%、MgO：0.49%、TiO_2：0.37%、CaO：0.35%、P_2O_5：0.08%、CO_2：0.05%、MnO：0.037%。矿石的化学特征属铝过饱和类型，$Al_2O_3 > CaO + Na_2O + K_2O$，Q 值偏高。

（3）矿石的结构构造。

矿石的主要结构有：他形及半自形粒状变晶结构，显微鳞片、叶片变晶结构，变余花岗结构，交代残留结构，碎裂结构。

矿石的主要构造有块状构造、星散浸染状构造、稀疏浸染状构造、稠密浸染状构造、条纹—浸染状构造、斑团状构造、无定向构造。

（4）矿石类型。

按赋矿岩石的性质可分为含钼花岗闪长岩或绢英岩和二长花岗岩两种类型。勘探中发现，同一矿脉在不同部位或深度，不同的矿石类型之间相互转变及过渡的特性，一般上部为含钼绢英岩、含钼花岗闪长岩型，深部为含钼二长花岗岩型。

4. 围岩蚀变

矿体围岩主要为晚白垩世绢英岩、花岗闪长岩和早白垩世二长花岗岩以及闪长玢岩，矿区围岩蚀变强烈，蚀变类型主要有绢英岩化、硅化、黄铁矿化、钾化、绢云母化、绿泥石化、碳酸盐化等。硅化、黄铁矿化常呈细脉状、网脉状穿入岩石裂隙，其他蚀变多分布于岩石的节理面、碎裂面和裂隙缝隙间。绢英岩化、硅化、黄铁矿化、钾化、绢云母化与成矿关系最为密切，蚀变作用增强，矿化蚀变带伸延的范围及其宽度越大，矿体的规模便越大，矿化蚀变带延深越大则矿体延深就越深，辉钼矿品位便越高。

5. 矿体的控矿因素

（1）岩浆岩条件：燕山晚期绢英岩、花岗闪长岩、二长花岗岩岩体为赋矿岩石，同时前两者也为成矿母岩。

（2）构造条件：低序次、低级别的北东向断裂构造带成带成群产出的部位。

（六）高通岭钼矿

1. 矿区特征

（1）地层。

矿区内地层不发育，仅有少量第四系残坡积层。

（2）构造。

矿区内断裂构造较发育，主要有近南北向的 F_1 断裂和北西向的 F_2 断裂。构造带中节理发育，热液蚀变较强烈（图4-5-11）。

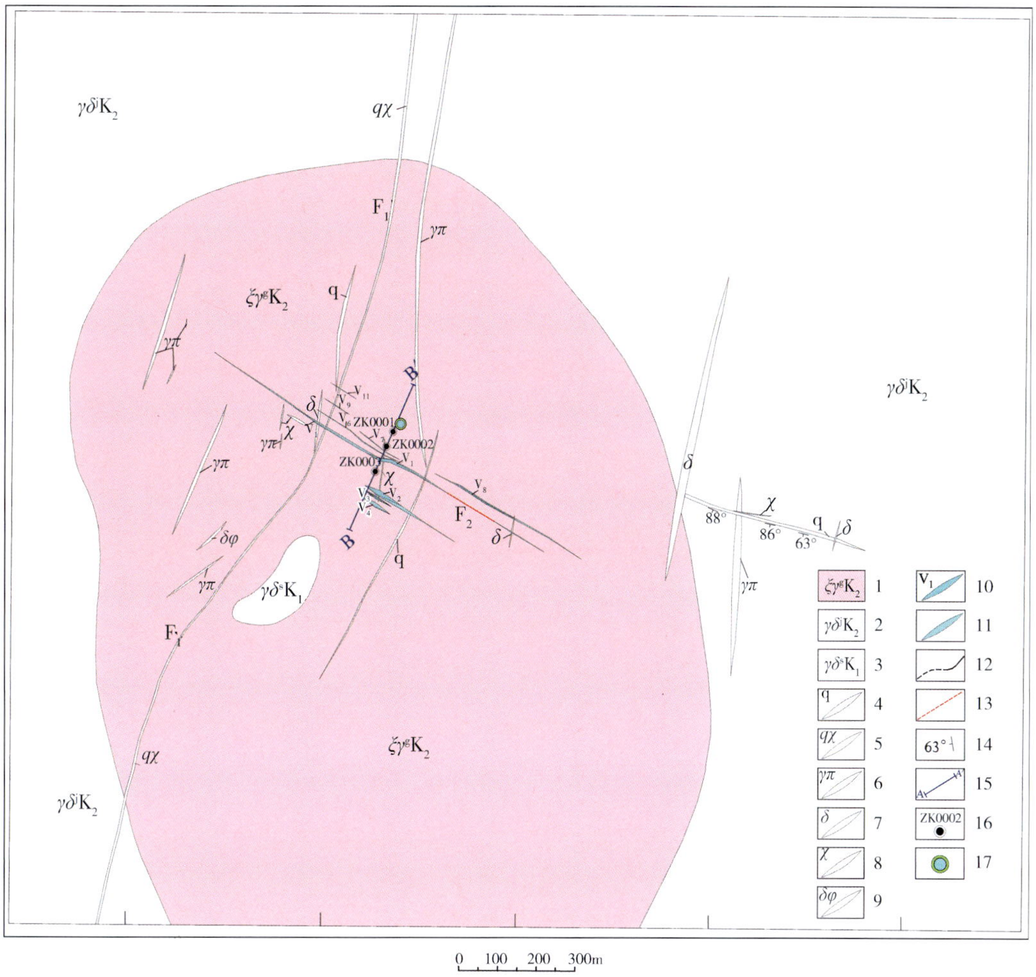

图 4-5-11　高通岭钼矿区地质简图

1—晚白垩世细粒黑云母正长花岗岩；2—晚白垩世细粒角闪黑云花岗闪长岩；3—早白垩世细中粒角闪黑云花岗闪长岩；4—石英脉；5—石英、煌斑岩岩脉；6—花岗斑岩岩脉；7—闪长岩岩脉；8—煌斑岩岩脉；9—辉石闪长岩岩脉；10—矿体及编号；11—矿化体及编号；12—实测及推测地质界线；13—断裂及编号；14—产状；15—剖面线位置及编号；16—钻孔位置及编号；17—高通岭钼矿

1）断裂。

A. 近南北向断裂（F_1）：通过高通岭穿越矿区，在矿区内长约2.5km，出露宽度几十厘米至几十米，产状280～300°∠57°～66°。断裂带中充填煌斑岩岩脉、石英脉、构造角砾岩。煌斑岩岩脉与石英脉交错混杂，均较为破碎。该构造形成期有3期，早期张性作用形成煌斑岩脉，总体走向为10°；第二期形成石英脉，断裂仍发生张性作用，形成走向近350°的石英脉，切割早期形成的煌斑岩岩脉；第三期断裂发生压扭性作用，使早期和第二期形成的脉体破碎，并在断裂作用下混杂在一起、发生角砾岩化，形成构造角砾岩。

B. 北西向断裂（F_2）：与近南北向断裂 F_1 相切，长度约2.0km，宽度近1m。断裂产状为30°∠65°。断裂破碎带由碎裂花岗岩、石英脉、构造角砾岩组成，其中构造角砾岩呈次棱角状—次圆状。构造带中矿化蚀变强烈，有硅化、黄铁矿化、黄铜矿化、绢云母化、绿泥石化及富集的浸染状辉钼矿。该断裂是导矿和容矿构造。

2）节理。

晚白垩世（角闪石）黑云母正长花岗岩中发育有二组节理。一组产状为25°∠73°，密度为4条/m；另一组产状为280°∠81°，密度为3条/m。两组节理面上常可见到浸染状辉钼矿。前一组节理面上矿化相对较强，同时可见不规则的石英脉充填其中，脉宽 0.02~0.12m 不等，有些穿插成网状。石英脉中常可见到团块状或片状辉钼矿。

（3）岩浆岩。

矿区内岩浆岩广泛分布，属燕山期来自地壳深处的同源岩浆作间歇性多次侵入构成的复式岩体。主要有早白垩世花岗闪长岩、晚白垩世花岗闪长岩和晚白垩世黑云母正长花岗岩。

1）早白垩世花岗闪长岩：早白垩世花岗闪长岩在矿区分布面积很小，呈单一的小岩株状产于高通岭岩体中，矿物成分主要为石英、斜长石、钾长石、黑云母、角闪石、辉石，副矿物主要有榍石、磁铁矿、磷灰石、褐帘石、锆石。同位素年龄为 112±7Ma（Rb-Sr），时代定为早白垩世。

2）晚白垩世花岗闪长岩：主要分布在高通岭矿区的四周地区，向外延伸出矿区范围，区域上构成岩基。岩石呈带肉红色的灰白色，半自形粒状结构，矿物粒径 2~5mm，少量 0.8~2mm，块状构造。矿物成分主要为长石、石英、角闪石、黑云母等，副矿物有磁铁矿、榍石、磷灰石、褐帘石等，次生矿物有绢云母、钠黝帘石、绿帘石、绿泥石等。

3）晚白垩世黑云母正长花岗岩：是钼矿体的主要围岩和赋存岩体，呈椭圆状分布在矿区中部，岩体面积约 3.0km^2。岩石呈浅肉红—灰白色，中细粒状花岗结构，矿物粒径 0.2~2mm，局部见钾长石斑晶，大小 2~4mm，块状构造。主要矿物成分为钾长石、斜长石、石英、黑云母等，副矿物有磷灰石、锆石、磁铁矿等，次生矿物有高岭石、绢云母等。

4）脉岩：矿区内的脉岩较发育，具有类型多、分布广、多期活动及受构造控制明显的特点。主要为花岗斑岩岩脉、煌斑岩岩脉、石英脉，其次有闪长（玢）岩岩脉、花岗细晶岩、辉石闪长岩岩脉及伟晶岩等。脉岩规模及产状变化较大，单脉宽从 10cm 到 20m，延伸长度约 2m 至 2500m；走向以北西、北东、南北向为主，东西向次之；一般南北向岩脉延伸短，多呈透镜状，属张性或张扭性，而呈北西、北东向产出的岩脉，延伸较长，属张扭性或压扭性，形成时代多为燕山晚期。其中煌斑岩岩脉多沿节理充填，与围岩呈突变关系，脉壁平直，一般垂直于矿体并切穿矿体，对矿体有一定的破坏作用。

2. 矿体特征

高通岭钼矿赋存于晚白垩世黑云母正长花岗岩中。矿体呈北西—南东向平行展布，形成地表宽约 200m、深部宽约 100m、长度约 600m 的矿化带，带中共圈出规模不等的钼矿（化）体 14 个（编号 V_1~V_{14}）。

该矿化带以高通岭为中心，走向一般为 115°~123°，倾向北东，倾角为 49°~85°。矿体产状总体南东部较缓、北西部较陡，浅部较缓、深部较陡。矿体在高通岭地势较高的地段地表局部有出露（V_1、V_2、V_3、V_4、V_6、V_7、V_8、V_9、V_{11} 矿体）（图 4-5-12），在地势较低的地段则隐伏于地下，出露的标高一般为 134~163m，埋深-192~-250m（图 4-5-13）。带中矿体呈平行脉状分布，有尖灭再现现象。矿体间距一般 10~20m，南东部较宽、北西部较窄。

矿体长度一般为 200~400m，最长（V_9 矿体）529m。厚度一般 1~2m，最厚（V_2 矿体）3.61m。厚度变化系数 40%~60%，平均 42.6%。倾向延深一般 100~200m，最大 390m。钼金属品位一般为 0.06%~0.28%，最高（ZK0401H13）为 2.70%，矿体平均品位最高 0.28%，矿床钼平均品位为 0.099%。矿体品位变化系数一般 50%~90%，平均 66.2%。目前发现的矿体中规模较大的是 V_1、V_2、V_8、V_9 号矿体。

3. 矿石特征

（1）矿石矿物成分。

含钼石英脉的矿石矿物主要为辉钼矿、黄铜矿，次为黄铁矿，少量的闪锌矿、辉钼矿，微量的方铅矿；脉石矿物主要是石英。

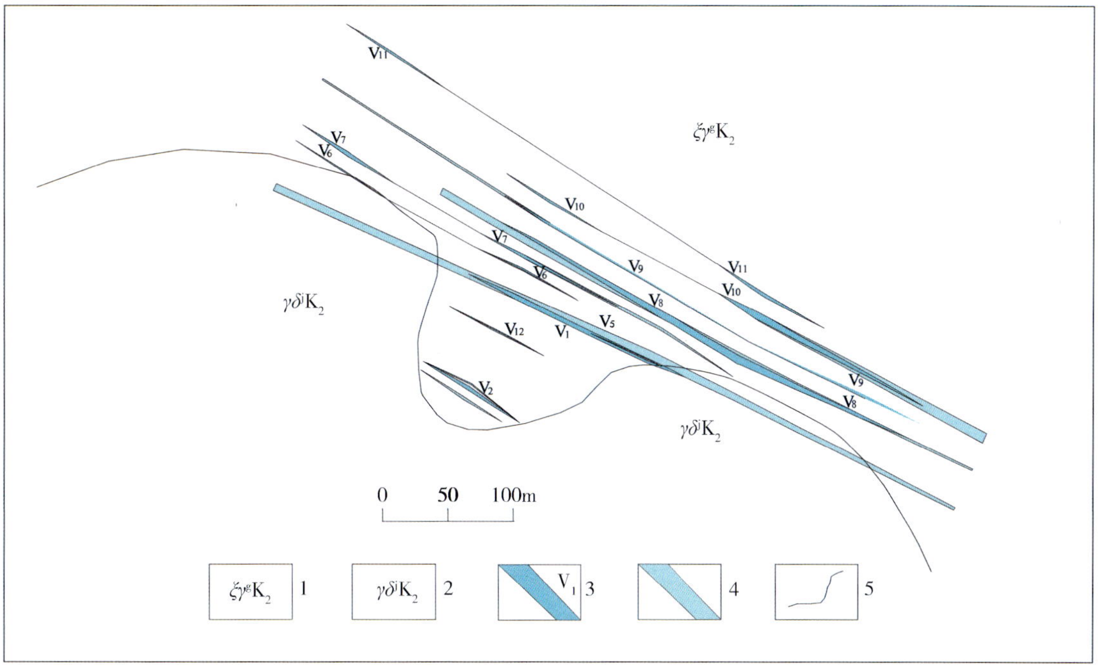

图 4-5-12　高通岭钼矿区+80m 中段矿体平面图

1—晚白垩世细粒黑云母正长花岗岩；2—晚白垩世细粒角闪黑云花岗闪长岩；

3—钼矿体；4—钼矿化体；5—地质界线

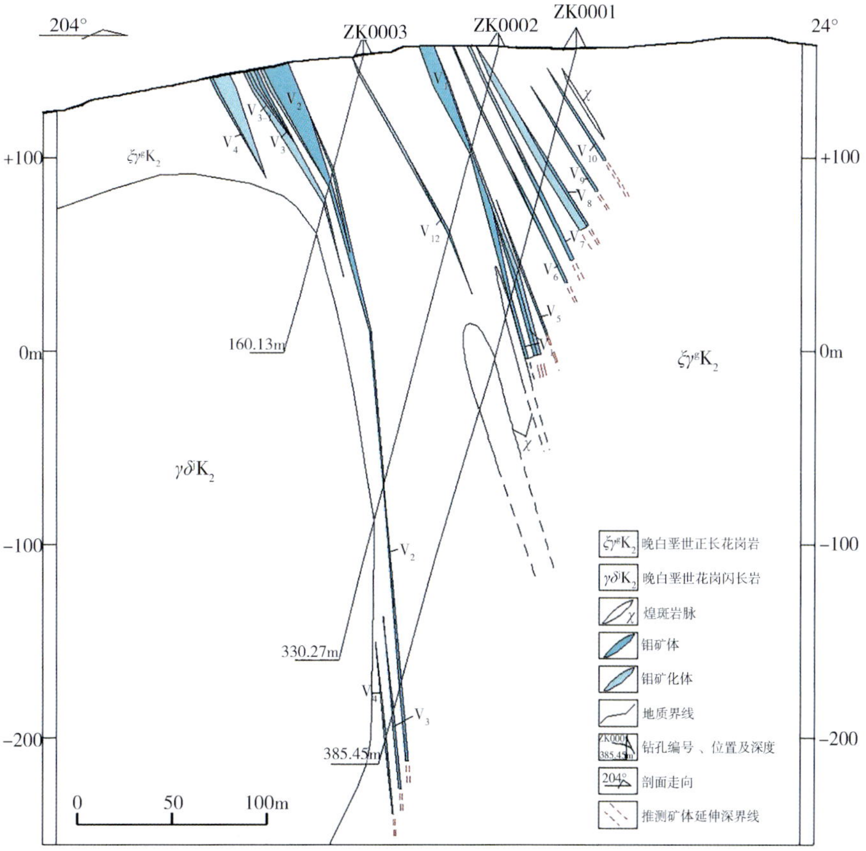

图 4-5-13　高通岭钼矿区 00 线剖面图

（2）矿石的结构构造。

1）含钼石英脉：主要呈自形半自形叶片状、他形鳞片状结构，脉状穿插构造。脉状穿插构造是由柱粒状的石英和少量叶片状的辉钼矿、他形粒状的黄铜矿、他形—半自形粒状的黄铁矿共同组成不规则状的含矿石英脉及团块穿插弱蚀变花岗岩形成的构造。辉钼矿、黄铜矿、黄铁矿在含矿石英脉及团块中的分布是不均匀的。含矿石英脉的脉宽多在5~22mm之间。

2）含钼正长花岗岩：主要呈包含结构、碎裂结构，浸染状、细脉浸染状构造。在含钼正长花岗岩中，细粒石英、辉钼矿被黄铁矿包裹，与黄铁矿接触的脉石具熔蚀现象，形成包含结构、浸染状构造。中细粒黑云母正长花岗岩在构造应力作用下发生碎裂，沿裂隙有后期辉钼矿充填，形成碎裂结构、细脉浸染状构造。

（3）矿石类型。

根据原生矿石的结构构造和矿物组分，可划分为以下两种矿石类型。

1）含钼石英脉：在石英脉中分布浸染状或细脉浸染状辉钼矿。

2）含钼正长花岗岩：辉钼矿以浸染状分布在正长花岗岩中。

4. 围岩蚀变

矿体围岩主要为中细粒黑云母正长花岗岩，围岩蚀变类型主要为绿泥石化、黄铁矿化、硅化、绢云母化等。在水平方向上，以辉钼矿化石英脉为中心，往两侧依次过渡为黄铁矿化、硅化、绢云母化、绿泥石化，具有一定的水平分带性，但蚀变多为线性，规模较小，受北西西向断裂带控制显著。其中硅化与成矿关系最为密切，在含钼正长花岗岩型矿石中常可见到硅化与绿泥石化、黄铁矿化、绢云母化伴生。

5. 矿体的控矿因素

（1）构造因素：低序次、低级别的北西西向断裂带。

（2）岩浆岩因素：晚白垩世高通岭单元正长花岗岩。

（七）梅岭铜钼矿

1. 矿区特征

（1）地层。

矿区地层不发育，仅有少量第四系残坡积物。

（2）构造。

1）矿区主要发育南北向、东西向、北东向和北西向四组断裂（图4-5-14），分述如下：

A. 南北向或近南北向断裂。矿区南北向断裂隶属于区域上庙岭—青岭张性断裂的中段，控制了烟塘岩体的侵入和岩筒的形成。

B. 东西向或近东西向断裂。

该组断裂属梅岭—重兴东西向断裂带之西段，断裂带多为斑岩岩脉充填，其主要表现为：

在矿区东部有二组斑岩岩脉带，北侧一组延伸4km，南侧一组因东段多被玄武岩掩盖，长度不明。这些岩脉为矿区第一次侵入斑岩，沿走向呈舒缓波状和雁行斜列（右行斜列），显压扭性结构面特征。单脉产状向北倾，倾角60°~85°，宽一般10m，局部140m。西段为岩筒破坏，但北侧一组斑岩在岩筒西部钻孔中可见到，说明该断裂有向西延展之势。在矿区16线剖面各孔所揭示的第三次侵入的隐伏斑岩岩体，也可能为东西向断裂控制，它具有沿东西走向呈舒波状、延伸稳定的特点，其力学性质也应是压性或压扭性。

C. 北东和北西向断裂。

表现为X型扭裂，主要包括岩筒的边缘构造和两组不同方向的岩脉、断裂带、劈理化带等。现按成生先后分述于下。

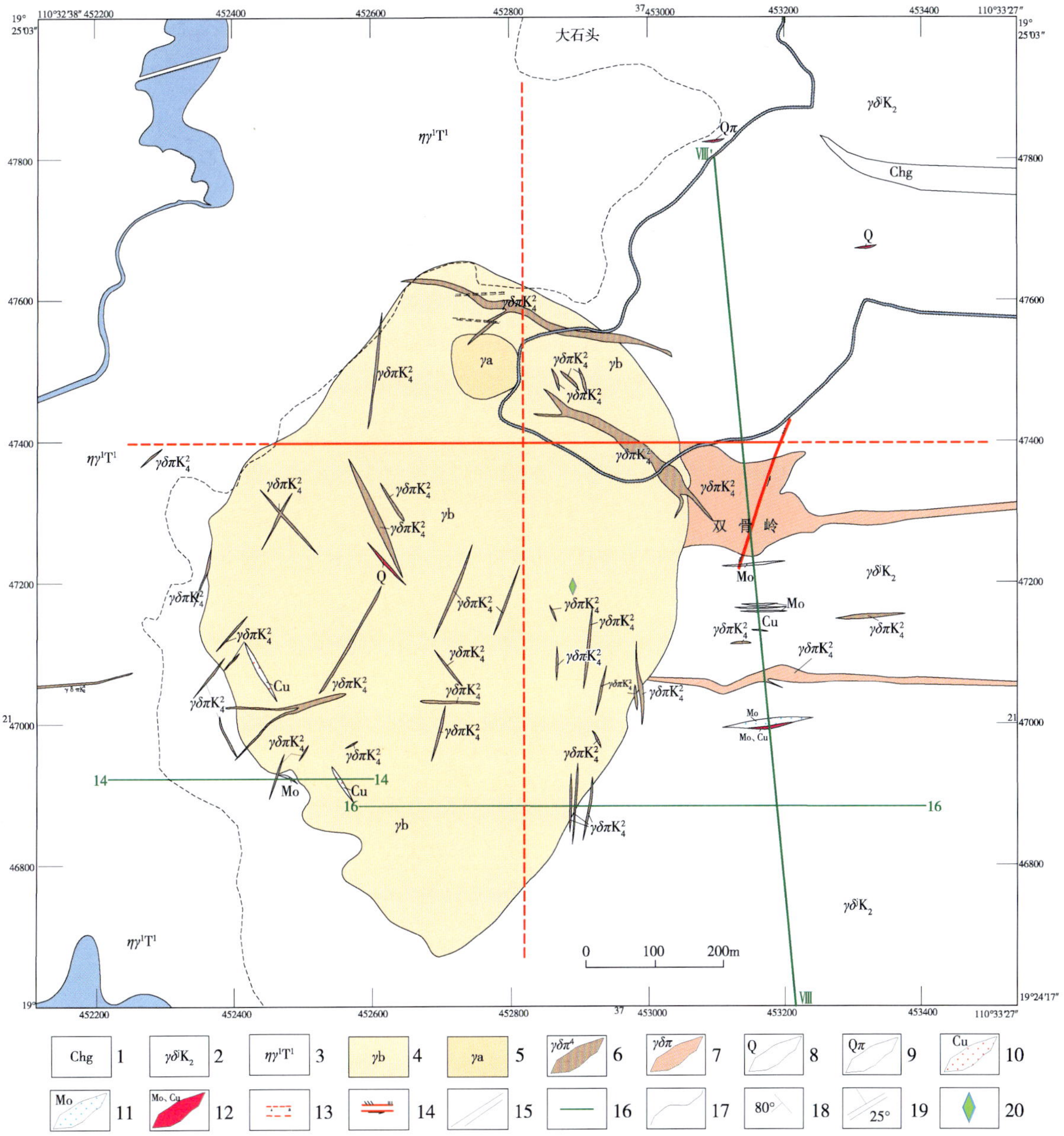

图 4-5-14　海南省梅岭铜钼矿地质简图

1—戈枕村组：黑云斜长片麻岩、混合片麻岩、混合花岗闪长岩；2—晚白垩世加茂中细粒角闪黑云花岗闪长岩；3—早三叠世两院中粒斑状黑云母二长花岗岩；4—爆破角砾岩；5—塌落岩块；6—第四次侵入的花岗闪长斑岩；7—第一次侵入的花岗闪长斑岩；8—石英脉；9—石英斑岩岩脉；10—铜矿（化）体；11—钼矿体；12—钼、铜伴生矿化体；13—断层破碎带；14—压-压扭性断裂；15—实、推测性质不明断裂；16—勘探线及编号；17—地质界线；18—产状及倾角；19—劈理产状；20—梅岭铜钼矿床（斑岩型）

似菱形边界：岩筒的边缘具有明显的似菱形边界，两组断裂走向分别为 30°~45° 和 315°~330°，不论是在平面上，还是在剖面上，除岩筒西南部局部具港湾状弯曲外，其余周边都比较平整或呈舒缓波状产出，反映出岩筒边界的构造形迹都受一组 X 型扭裂约束。

似环状裂隙群：岩筒西南部内外接触带附近围绕岩筒边界有一组平行于接触面的震碎或碎裂岩带，发育似环状裂隙群，走向主要是 315°~320°，倾向北东，倾角 60°以上。沿倾斜方向延深大且比较稳定，裂隙面较平整，常见有斜冲和近似水平擦痕产生，显示出扭性特征。

北北东—北东和北北西—北西向断裂构造：岩筒内见有北北东—北东和北北西—北西向的第四

次侵入斑岩岩脉。这些岩脉，长度数十米至一、二百米，宽数米至数十米，倾向不定，倾角多在60°左右。一般比较规则平直，在剖面上多呈斜列式展布，表现出其结构面为压扭性特征。

2）节理。

本区不同岩石节理发育程度不同，初步对下列岩石进行测量统计（表4-5-4）。其中在花岗闪长岩和第一次侵入斑岩中近东西向节理发育，为一组Mo、Cu矿（化）体控矿构造，主要分布于岩筒的东部，可能与梅岭—重兴东西向断裂配套的节理。

表4-5-4 地表不同岩性体节理裂隙统计结果

岩性体名称	测量点在矿区的位置	测量节理条数	最大密度（条/m）	多数节理走向	
				主要	次要
花岗闪长岩	A点（东北部TC43、TC47）	141		近东西	
	B点（东部D39）	187	7	近东西	近南北
	C点（西南部公社电站）	129	10	近东西	
	D点（南部D601）	84	6	北东30°	北西335° 北东55°
第一次侵入斑岩	东北部（TC7、TC11）	537	13	近南北	近东西
爆破角砾岩筒	北部6条探槽	339	12	北东45°~65°	北西285°~305° 北西345°
	东北部水利沟	104	4	北东55°~65°	北西295° 近南北
	东南部TC2、TC12	202	6	北西275°~295°	北东35°~55°
	西部TC3和人工露头	604	10	北西345°	北东5° 北东75°
第四次侵入斑岩	区内部分槽井和地质点	174		北东5°~15° 北西275°~285°	北东45°~65° 北西345°~355°

（3）岩浆岩。

矿区范围内出露的侵入岩为早三叠世中粒斑状黑云母二长花岗岩（$\eta\gamma^{1}T_{1}$）、晚白垩世中细粒角闪黑云花岗闪长岩（$\gamma\delta^{j}K_{2}$）、花岗闪长斑岩（$\gamma\delta\pi K_{2}$）。

1）早三叠世中粒斑状黑云母二长花岗岩。

早三叠世中粒斑状黑云母二长花岗岩呈岩基分布于矿区晚白垩世花岗闪长岩的外围，矿物成分主要为钾长石斑晶、斜长石、石英、黑云母、角闪石，副矿物为榍石、磁铁矿、钛铁矿、磷灰石、锆石、绿帘石。

2）晚白垩世中细粒角闪黑云花岗闪长岩。

北起九坡村，南至下磜村，南北长6.5km，东西最宽处2.6km，出露面积7.6km^2，平面上呈菱形展布，剖面上呈岩株侵入于混合岩中，岩体和围岩的接触面大部分向外倾斜，倾角50°~70°。矿物成分主要为斜长石（An35~45）50%~60%，钾长石10%~15%，石英20%~25%，黑云母5%左右，普通角闪石2%~5%，副矿物为磁铁矿、榍石、磷灰石、独居石等。

3）晚白垩世花岗闪长斑岩。

在岩筒内部及岩筒近围的花岗闪长岩岩体中出露大量的花岗闪长斑岩岩脉；仅在岩筒的北东侧出露一蝌蚪状的花岗闪长斑岩岩体；岩筒的南部至西南部，经钻探证实于标高-360m以下存在一隐伏斑岩岩体，范围在于数百米，其具体形状不详。区内花岗闪长斑岩一般为灰白色至暗灰色，斑状结构。斑晶成分为环带状中长石（An 30~40）10%~27%，钾长石1%~4%，石英1%~10%，黑云母2%~3%，普通角闪石0~2%；基质为微粒状或霏细状长石石英（50%~80%）及黑云母（2%~3%）所组成，副矿物为磷灰石、锆石、榍石等。

根据岩性特征及与区内岩体的接触关系将本区花岗闪长斑岩划分为四次侵入。

A. 第一次侵入斑岩：分布在矿区的东部和西部，呈小岩株状及岩脉状，其侵入花岗闪长岩中，同时被梅岭岩筒冲断和切割，推测其侵入时间晚于花岗闪长岩而早于爆破角砾岩筒。

B. 第二次侵入斑岩：未见实体，但整个岩筒中含有大量的斑岩成分的碎屑，其斑岩碎屑中浑圆光洁的长石斑晶有别于第一次侵入斑岩，推测在岩筒形成前夕，尚有另一次斑岩的侵入，岩筒形成时将其全部爆破成角砾或碎粉。

C. 第三次侵入斑岩：分布于南部和西南部，在岩筒之下（-360m标高以下）有一含钼矿的隐状斑岩岩体，其与岩筒接触界线清楚，系岩筒形成晚期深部岩浆上侵形成。因此，推测其形成时代晚于岩筒。

D. 第四次侵入斑岩：在岩筒中（少数在围岩中）分布有大量的脉状斑岩，它们沿各种方向的裂隙侵入爆破角砾岩、花岗闪长岩及第一次侵入的斑岩中。其化学成分和矿化不同于第三次斑岩（表4-5-5），所以列为第四次侵入，但它们之间未直接见其相互关系，不能完全排除同次侵入的可能。

表4-5-5　梅岭铜钼矿区各期次花岗闪长斑岩地质特征表

侵入期次	代号	产出位置	产状	岩性特征	蚀变	矿化
一	$\gamma\delta\pi K_2^1$	岩筒东西两侧	脉状，走向东西，向北倾，倾角陡。宽10~130m	色浅，岩石已强烈蚀变，原岩难认，含较多双锥状石英斑晶	强绢云母化、白云母化、碳酸盐化、石英化	稀疏的团粒状黄铜矿化，但辉钼矿化极弱
二	$\gamma\delta\pi K_2^2$	岩筒内	作为岩筒中的碎屑出现，未见岩体	色浅，斑晶多，基质以霏细结构为主	绢云母化、泥化等	局部有辉钼矿化
三	$\gamma\delta\pi K_2^3$	岩筒的南部和西南部标高-360m以下	为东西走向隐伏岩体，规模不详	灰白色，斑状或似斑状结构，基质具显微花岗结构	弱绢云母化、绿泥石化、碳酸盐化	常有辉钼矿体，辉钼矿以细脉状为主，见于岩体的顶部及接触带
四	$\gamma\delta\pi K_2^4$	岩筒内及其围岩	走向以北东、北西向为主，次为近东西向和近南北向。厚度1~40m	色浅，基质细，石英斑晶较多	弱绢云母化、弱绿泥石化	偶见黄铜矿化

（4）梅岭爆破角砾岩筒。

角砾岩筒平面呈南北向似菱形状。南北长980m，东西最宽处700m，面积0.45km^2。出露标高一般40~70m，最高83m，最低32m。地貌上呈一个周边略为凸起、中间相对下凹并向西南开口的剥蚀小台地，台地绝对高差10~35m。岩筒与围岩接触界线通常较清楚，但接触面产状不甚规则，局部呈港湾状，东、南和西部均向内倾，岩筒北部可能稍外倾，南部倾角约60°左右，东部和西部倾角较陡（75°~85°），北部更陡。值得指出的是，岩筒南部靠近边缘的钻孔已打穿岩筒，在-360m标高以下见到了隐伏的花岗闪长斑岩岩体，据分析该花岗闪长斑岩岩体属于第三次侵入的斑岩岩体，其与Cu、Mo的矿化关系密切。

2. 矿体特征

矿区圈出钼矿体23个，其中铜矿体仅4个。矿体多呈透镜状、脉状，常左陡倾、斜列单体产出，少数也有分支现象。走向各处不一，倾角一般60°~70°。矿体与围岩边界呈过渡关系。已知矿体全为隐伏矿体，埋藏深度一般数十米至400余米，主要在-200m标高以下（图4-5-15、图4-5-16）。各矿体规模见表（表4-5-6），其中储量小于100t的占多数，大于1000t的铜、钼矿体各仅一个。但这两个矿体（铜Ⅱ号和钼V_{14}）的储量占了总储量占了总储量的77%，而且品位也比较高。如果包括另外4个大于100t的矿体在内，则它们可占总储量近90%，表明储量是相对集中的。

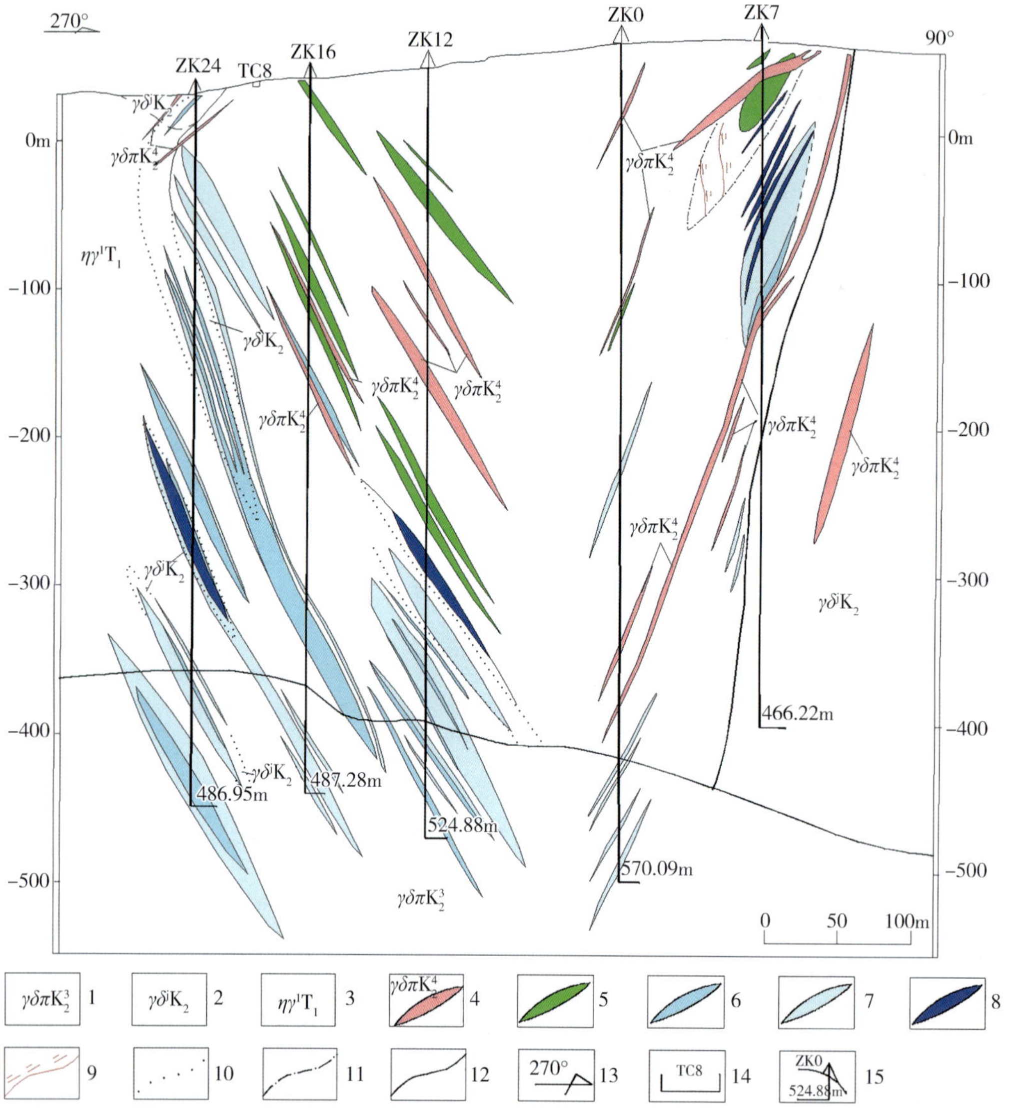

图4-5-15 梅岭铜钼矿14线剖面

1—第三次侵入的花岗闪长斑岩；2—晚白垩世加茂中细粒角闪黑云花岗闪长岩；3—早三叠世两院中粒斑状黑云母二长花岗岩；4—第四次侵入的花岗闪长斑岩；5—铜矿（化）体；6—钼矿体；7—钼矿化体；8—铜钼伴生矿化体；9—绢云母化；10—岩性过渡界线；11—蚀变界线；12—地质界线；13—剖面走向；14—探槽位置及编号；15—钻孔位置、编号及深度

V_{14}号钼矿体贯穿到花岗闪长岩、震碎角砾岩和爆破角砾岩及斑岩中，严格受接触带构造和岩体裂隙控制。矿体呈中间厚、边缘分枝的带状，走向北西328°，倾向北东，倾角68°，长约210m，平均厚度9.5m。矿体在标高-220m以上和-380m以下及矿体南端均分2~3支延伸。总体，该矿体规模较大，连续性较好，品位也较佳，是本区最大的一个钼矿体。

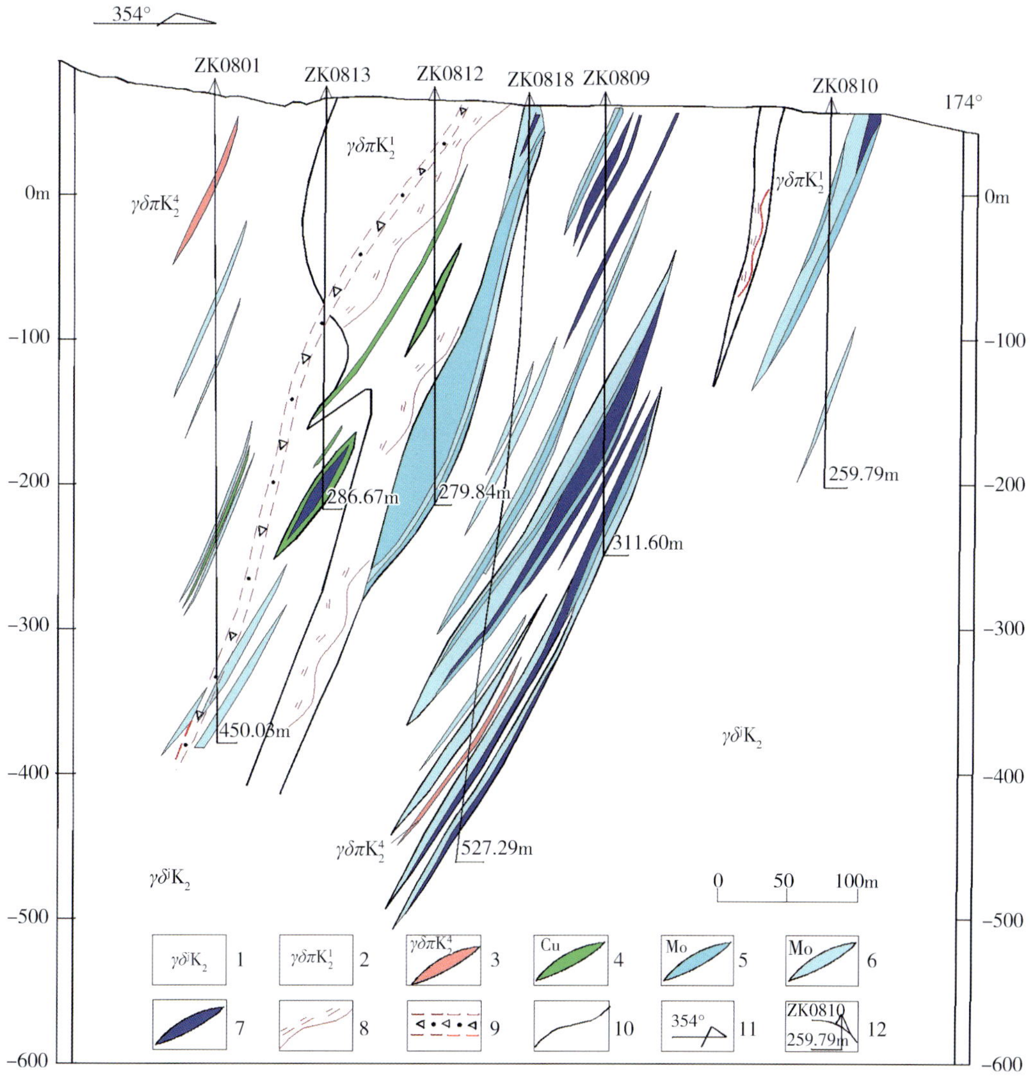

图 4-5-16　梅岭铜钼矿Ⅷ线剖面

1—晚白垩世加茂中细粒角闪黑云花岗闪长岩；2—第一次侵入的花岗闪长斑岩；3—第四次侵入的花岗闪长斑岩；4—铜矿（化）体；5—钼矿体；6—钼矿化体；7—铜钼伴生矿化体；8—绢云母化；9—断层破碎带；10—地质界线；11—剖面走向；12—钻孔位置、编号及深度

表 4-5-6　梅岭矿区铜钼矿体概况表

储量规模/t	铜矿体				钼矿体			
	矿体数	长度/m	厚度/m	品位/%	矿体数	长度/m	厚度/m	品位/%
<100	2	50	2.7~3.6	0.41~0.45	15	< 100	2.1~8.9	0.04~0.13
100~1000	1	100	3.2	0.43	3	100~162	4.4~9.6	0.04~0.32
1000~4000	1	120	21.2	0.55	1	210	9.5	0.125

3. 矿石特征

（1）矿石矿物成分。

矿石矿物主要为辉钼矿、黄铜矿，次要为黄铁矿、孔雀石、褐铁矿，以及少量至微量闪锌矿、磁铁矿、锐钛矿、白钛矿；脉石矿物主要为绢云母、石英、绿泥石、方解石、绿帘石，次要为钾长石、角闪石、黑云母、白云母，少量至微量榍石、磷灰石、褐帘石等。

（2）矿石的结构构造。

矿石结构主要由斑状结构、似斑状结构、角砾状结构、假象角砾状结构、碎斑结构；矿石构造比较简单，主要为浸染状构造、微粒浸染状构造和细脉浸染状构造。

（3）矿石类型。

所有矿石均为原生矿石，主要有细粒浸染状矿石、微粒浸染状矿石和细脉浸染状矿石 3 种。在空间上岩筒由内向外，从浸染状逐渐演变为细脉浸染状矿石。

4. 围岩蚀变

矿体围岩主要为花岗闪长岩、花岗闪长斑岩、爆破角砾岩、碎裂岩，蚀变类型主要有黑云母化、绢云母化、硅化、碳酸盐化、绿泥石化、绿帘石化、黄铁矿化、硬石膏化、沸石化、葡萄石化等。根据蚀变矿物组合和蚀变强弱程度，将蚀变带划分为黑云母化带、绢云母化带和青磐岩化带，其分布及特征见表 4-5-7。其中绢云母化、硅化、黄铁矿化、黑云母化与矿化关系密切。梅岭铜钼矿区蚀变带界线不甚清楚，缺少黏土化带，一般认为对矿化有利的石英—绢云母化带也没有强烈的表现，蚀变分异程度较差，未有形成典型的斑岩型矿床的蚀变模式。

表 4-5-7　梅岭矿区各蚀变带地质特征

<table>
<tr><th>蚀变带
特征</th><th>黑云母化带</th><th colspan="2">绢云母化带</th><th>青磐岩化带</th></tr>
<tr><td>蚀为矿物组合</td><td>黑云母、石英、硬石膏、绿泥石</td><td colspan="2">绢云母、方解石、石英、绿泥石、白云母、黄铜、黄铁矿</td><td>绿泥石、绿帘石、方解石、绢云母、黄铁矿、沸石、葡萄石</td></tr>
<tr><td>标型蚀变矿物</td><td>黑云母、硬石膏</td><td colspan="2">绢云母、方解石、石英</td><td>绿泥石、绿帘石、方解石</td></tr>
<tr><td>蚀变带分布及范围</td><td>分布范围小，只在岩筒中心偏南的深部及西北部局部地方发生，范围数十米</td><td colspan="2">主要分布于岩筒之东部，东北部和南端等边缘部位，呈不规则状或透镜状；另在第一次侵入斑岩中亦全部为绢云母化</td><td>遍布于整个岩筒</td></tr>
<tr><td>主要受蚀变岩石</td><td>中—细砾爆破角砾</td><td>中—细砾及细—微砾爆破角砾岩</td><td>第一次侵入斑岩</td><td>各种砾级的爆破角砾岩及震碎角砾岩，塌落岩块</td></tr>
<tr><td>蚀变特征</td><td>岩石呈暗灰色，其间有黑色条带，上部黑云母呈不规则条带状或网脉状，分布于胶结物中，条带（或脉）宽 1~2mm 至数厘米，少数达几十厘米，下部黑云母化增强，以渗滤交代的“面型”蚀变为主，局部也夹有条带或细脉</td><td>岩石呈灰白色至浅黄色，绢云母化主要在胶结物中，常有碳酸盐化和弱的石英化相伴生，绢云母化弱者有绿泥石化出现</td><td>岩石呈灰白色，浅黄色，斑晶和基质中的长石及暗色矿物多被方解石、绢云母（包括白云母）强烈交代。西部斑岩中有较强的硅化</td><td>岩石呈灰绿色至暗绿色，角砾和胶结物均受蚀变矿物不同程度的交代，以绿泥石化为最常见，常伴有碳酸盐化和绿云母化，局部有绿帘石化和长石的红化</td></tr>
<tr><td>矿化</td><td>有样微弱的细粒浸染状黄铜矿化和辉钼矿化，但与矿化无直接关系</td><td>与黄铜矿化关系密切，局部为铜矿体赋存部位，黄铜矿主要为细粒浸染状</td><td>与黄铜矿化关系密切，但未构成工业矿体，黄铜矿呈团粒状分布</td><td>局部有铜、钼矿化，其中弱青磐岩化的震碎角砾岩为钼矿化的赋存部位</td></tr>
</table>

铜钼矿化在空间上有一定的分带性，铜多位于岩筒内，而钼仅就位于岩筒接触带。总体上，在垂直方向上，铜上钼下；横向上钼内铜外。

5. 矿体的控矿因素

（1）构造因素：南北向的蓬莱—烟塘张性断裂和近东西向的梅岭—重兴断裂控制晚白垩世花岗闪长岩及爆破角砾岩筒的就位，岩筒南部的环状裂隙群和东部与梅岭—重兴断裂近于平行的裂隙带为成矿物质的主要运移通道和聚集部位。

（2）岩浆岩因素：晚白垩世花岗闪长岩岩体及第三次侵入的花岗闪长斑岩提供了成矿物质来源。

三、典型矿床成矿模式

（一）红门岭钼钨矿成矿模式

1. 赋矿岩体

海西期—印支期—燕山期中酸性岩浆岩基及少量岩株和岩脉

2. 成矿时代

晚白垩世，区域上同类岩石 K-Ar 年龄为 94Ma，成矿时代可能略晚于成岩时代。

3. 成矿机理和成矿模式

红门岭钼钨矿成矿过程经历 2 个阶段。

第一阶段为印支期花岗斑岩侵入阶段：海西—印支期，近东西向尖峰—吊罗断裂构造带强烈活动，大规模的中酸性岩浆沿该断裂带侵位形成尖峰岩体。岩浆演化后期富含大量 Mo、W 等成矿元素的花岗斑岩岩浆侵入到海西—印支期侵入岩内，伴随花岗斑岩岩体的冷凝结晶 Mo、W 等成矿元素初步富集。

第二阶段为燕山期斑状花岗岩侵入与成矿阶段：燕山晚期，在区域性南北向逆时针对扭应力的进一步作用下，依次形成了北北东向、北北西向及近南北向的压扭性断裂组成的新华夏构造体系。斑状花岗岩侵入阶段，富含挥发分和 Mo、W 等成矿元素的汽水热液沿次级北北西向断裂上升并通过充填交代作用形成石英脉、硅化破碎带、蚀变岩石等一系列含矿岩石。除岩浆热液外，矿化可能有一定量的大气降水的参与，成矿物质主要来源于印支期花岗斑岩岩体。蚀变类型以云英岩化、硅化、钾化、高岭土化为主。成矿模式图如图 4-5-17 所示。

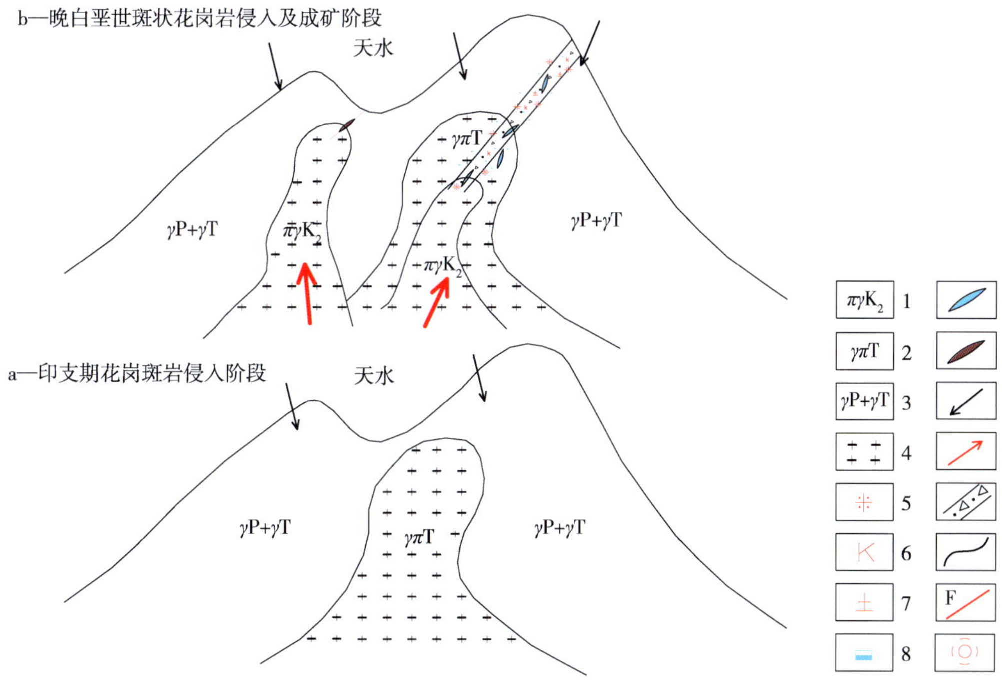

图 4-5-17　海南省乐东县尖峰红门岭钼钨矿区典型矿床成矿模式图

1—晚白垩世斑状花岗岩；2—印支期花岗斑岩；3—海西—印支期侵入岩；4—花岗斑岩；5—云英岩化；6—钾化；7—高岭土化；8—辉钼矿化；9—钼矿（化）体；10—铅锌矿（化）体；11—天水；12—岩浆热液；13—断层破碎带；14—地质界线；15—断裂；16—硅化

印支期花岗斑岩侵入阶段为铅锌矿的成矿阶段，晚白垩世斑状花岗岩侵入阶段，为钼钨的主要成矿阶段，蚀变主要发生在断层破碎带，蚀变类型主要为云英岩化、钾化、高岭土化、辉组矿化，成矿热液主要为晚白垩世斑状花岗岩侵入阶段岩浆热液

（二）报告村钼矿成矿模式

1. 成矿物质来源

斜长花岗斑岩（$\gamma o\pi K_2$）。

2. 成矿时代

晚白垩世。

3. 成矿机理和成矿模式

燕山晚期，近东西向九所—陵水深大断裂再度活跃，千家地区发生大规模的岩浆侵入及强烈的构造活动。岩浆演化后期，斜长花岗斑岩岩浆沿北北西至近南北向断裂侵位。矿区内斜长花岗斑岩岩体沿近南北冲卒岭断裂侵入到长城系抱板群地层及早三叠世正长花岗岩内。成矿早期以斜长花岗斑岩岩浆在封闭系统下冷凝结晶作用为主导，形成早期的星散状钼矿化，热液以处于临界状态的岩浆流体为主；成矿中晚期，富 Mo 岩浆热液与天水对流循环，由于岩体冷凝收缩和构造活动产生的裂隙中，最终沉淀成矿，形成细脉、网脉状辉钼矿体及矿化石英脉，为主要成矿阶段。长城纪抱板群地层起到屏蔽流体的作用；石英闪长岩形成于斜长花岗斑岩岩体之后，本身遭受强烈的黄铁矿化蚀变。蚀变类型以黄铁矿化、硅化、钾化、绢云母化为主，斜长花岗斑岩岩体顶部多见绿泥石化、高岭土化等低温蚀变。成矿模式图如图 4-5-18 所示。

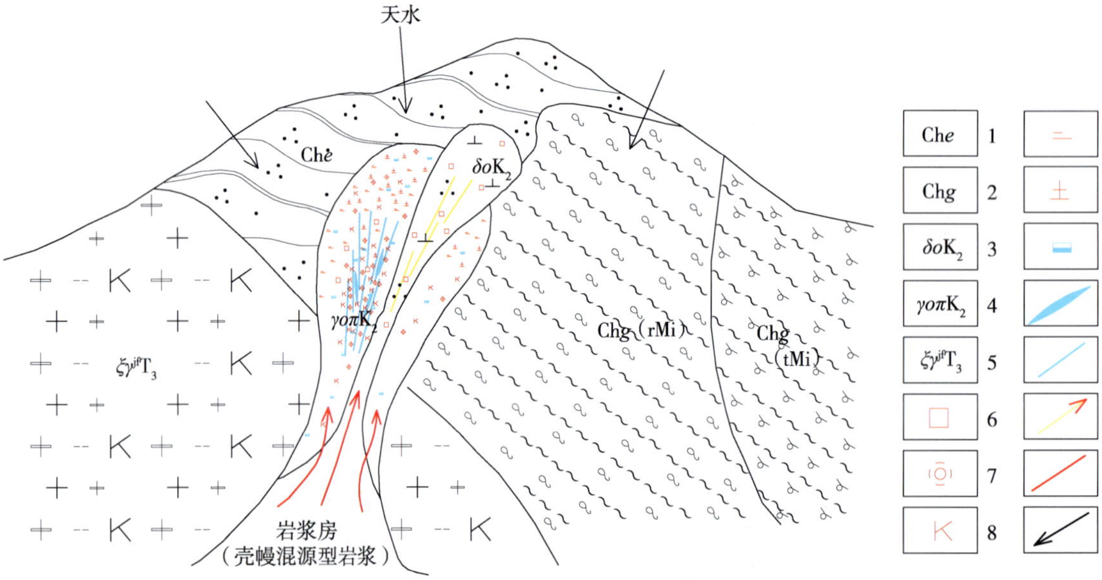

图 4-5-18 海南省乐东县报告村钼矿区典型矿床成矿模式图

1—峨文岭组：变质长石石英砂岩、云母片岩；2—戈枕村组：混合岩；3—石英闪长岩；4—斜长花岗斑岩；5—晚三叠世中粗粒斑状黑云母正长花岗岩；6—黄铁矿化；7—硅化；8—钾化；9—绢云母化；10—高岭土化；11—星点状辉钼矿化；12—矿化石英脉；13—细脉、网脉状辉钼矿化；14—细脉浸染状黄铁矿化；15—岩浆热液；16—天水
成矿早期形成星散状钼矿化；成矿中晚期，富 Mo 岩浆热液与天水对流循环于由于岩体冷凝收缩和构造活动产生的裂隙中，最终沉淀成矿，形成细脉、网脉状辉钼矿体及矿化石英脉，为主要成矿阶段

（三）石门山钼铅锌多金属矿成矿模式

1. 成矿母岩及赋矿岩石

千家复式岩体作为成矿母岩，而且其演化后期形成的斜长花岗斑岩岩体直接控制了钼多金属矿床形成。赋矿岩石主要为晚白垩世角闪黑云二长花岗岩。

2. 成矿时代

晚白垩世，辉钼矿 Re-Os 同位素模式年龄为 80.2±0.6Ma、88.6±1.0Ma。

3. 成矿机理和成矿模式

燕山晚期，近东西向九所—陵水深大断裂再度活跃，千家地区发生大规模的岩浆侵入及强烈的构造活动。岩浆演化后期，斜长花岗斑岩岩浆沿北北西至近南北向断裂侵位。岩浆演化后期分异出的富 Mo、Pb、Zn 等成矿元素的斜长花岗斑岩岩浆沿北北西至近南北向的石门山断裂侵入到晚白垩世二长花岗岩内，同时与其发生强烈的水—岩作用。矿区内热液蚀变可分为气化高温热液、中温热液、浅成低温热液 3 个阶段。气化高温热液阶段流体来自斜长花岗斑岩岩浆结晶分异形成的岩浆水，与围岩发生强烈的水岩反应，近斑岩岩脉向外依次为云英岩化带、绢云母化带，蚀变减弱，钼矿体多为此阶段产物；中温热液阶段以银的矿化为特征，其赋存于绢云母化带中，螺状硫银矿指示了成矿温度为中温偏低温，流体以混合流体为主；浅成低温热液阶段以铅锌的矿化为特征，以低温蚀变为主，常见方解石、绿帘石、白云母等，热液是以天水占优势的混合流体。矿化呈现明显的垂直分带的特征：矿化自深部至浅表依次为 Mo、Ag、Pb 和 Zn；晚白垩的黑云母正长花岗岩和二长花岗岩可能为成矿母岩，其不仅提供成矿物质，同时也是主要的赋矿岩石。成矿模式图如图 4-5-19 所示。

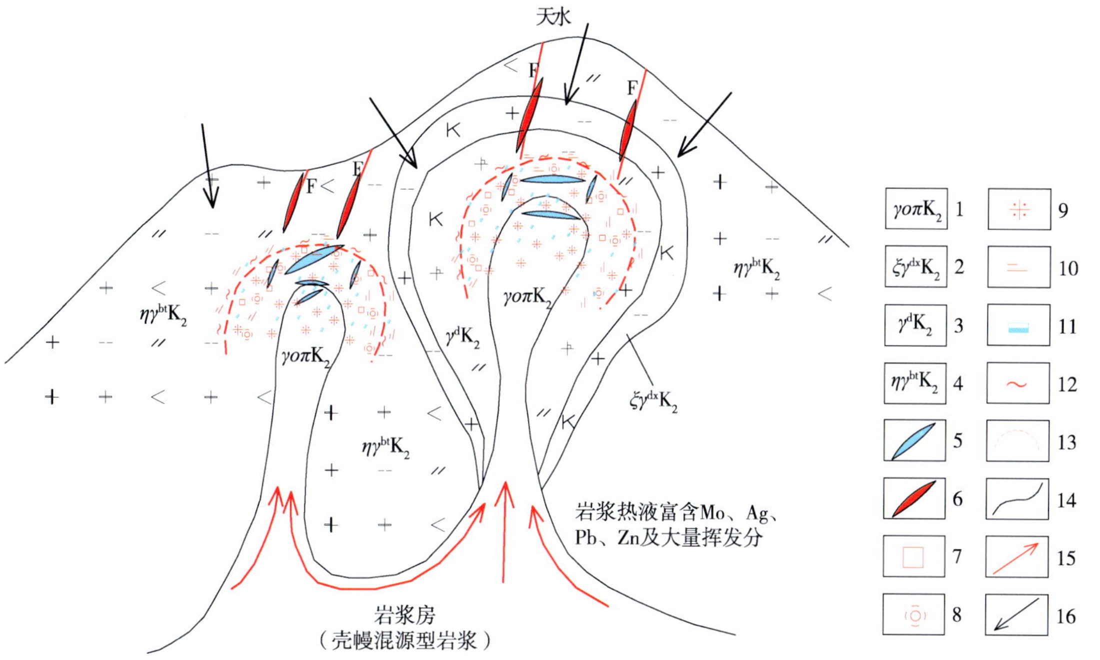

图 4-5-19 海南省乐东县石门山钼铅锌多金属矿区典型矿床成矿模式图

1—晚白垩斜长花岗斑岩；2—晚白垩黑云母正长花岗岩；3—晚白垩黑云母二长花岗岩；4—细中粒斑状（少斑）角闪黑云二长花岗岩；5—钼矿体；6—铅锌矿体；7—黄铁矿化；8—硅化；9—云英岩化；10—绢云母化；11—钼矿化；12—绿泥石化；13—云英岩化蚀变带上限；14—地质界线；15—岩浆热液；16—天水

（四）罗葵洞钼矿成矿模式

1. 赋矿岩体

下白垩统六罗村组流纹质火山岩夹安山质火山岩及同源岩浆的中浅成侵位的斑状花岗岩为赋矿岩体。

2. 成矿时代

晚白垩世，辉钼矿 Re-Os 同位素模式年龄加权平均值为 99.7±0.4 Ma。

3. 成矿机理和成矿模式

燕山晚期，近东西向九所—陵水深大断裂裂解，同安岭-牛腊岭地区发生大规模的火山喷发，形成同安岭—牛腊岭火山盆地。罗葵洞地区便为火山喷溢口之一，火山活动晚期火山口相岩石处于固结或者半固结状态，在深部斑状花岗岩浆的侵入下产生大量裂隙，提供了最重要的导矿、容矿空间；富 Mo、Cu 及挥发分的岩浆热液上升至与火山岩相接触带时，在封闭的空间内进行对流循环，与六罗村组火山岩进行充分的水—岩反应，使成矿物质最终就位于火山岩相接触带及斑状花岗岩顶部。成矿物质在六罗村组火山岩内初步富集，通过岩浆热液对流循环进一步富集成矿（石英细脉浸染状钼矿）。与成矿关系最为密切的蚀变为硅钾蚀变，呈面状分布于斑状花岗岩与火山岩接触界面，成矿模式图如图 4-5-20 所示。

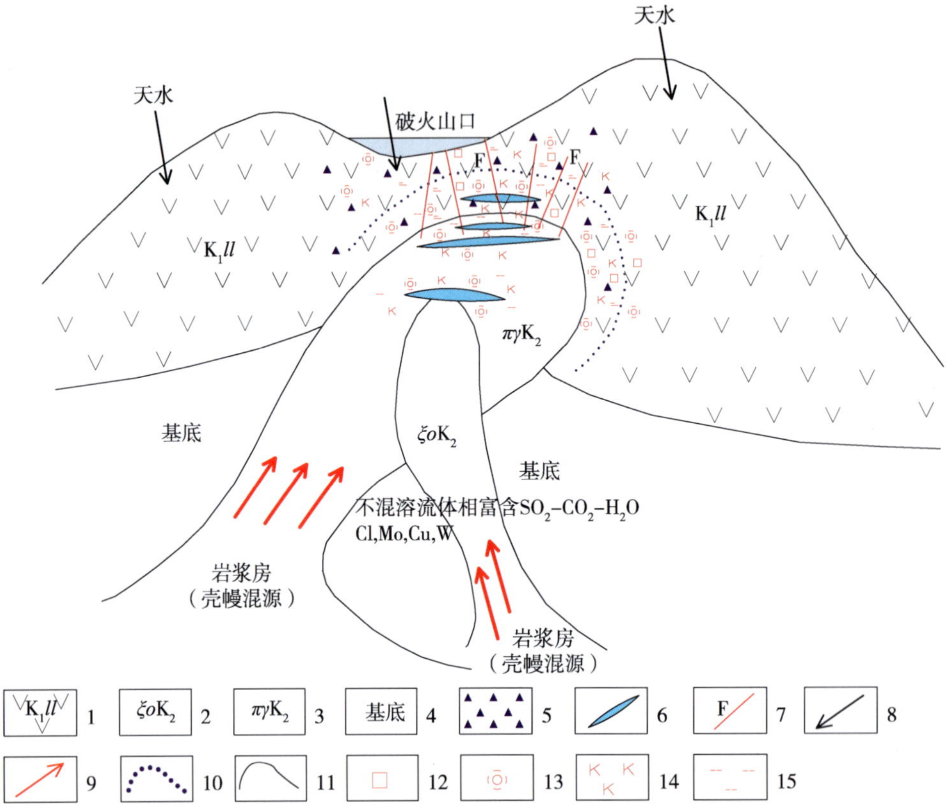

图 4-5-20　海南省保亭县罗葵洞钼矿区典型矿床成矿模式图

1—六罗村组安山、英安及流纹质火山熔岩和有关角砾岩；2—石英正长岩；3—成矿侵入体；4—基底；5—角砾岩发育区；6—钼矿体；7—构造裂隙；8—天水；9—岩浆热液；10—硅—钾蚀变带；11—地质界线；12—黄铁矿化；13—硅化；14—钾化；15—黑云母化

成矿作用主要分为两期，第一期为斑状花岗岩侵入阶段，矿体产于斑状花岗岩与六罗村组火山岩接触带处；第二期为石英正长（斑）岩侵入阶段，矿体产于石英正长（斑）岩与斑状花岗岩接触带附近，赋存部位较深

（五）龙门岭钼矿成矿模式

1. 赋矿岩石

赋矿岩石为绢英岩、花岗闪长岩、二长花岗岩。

2. 成矿时代

晚白垩世。

3. 成矿机理和成矿模式

燕山晚期，近东西向九所—陵水深大断裂再度裂解，断裂两侧发生大规模的岩浆喷发和及岩浆侵入活动；在区域南北向应力场的作用下，矿区内派生出次一级的北东向断裂带。成矿作用主要表现为白垩纪二长花岗岩、花岗闪长岩侵入阶段，带来了大量的 Mo、Au、Pb、Zn、Fe、W 等成矿物质，岩浆演化后期形成的富含成矿元素的热液沿先期形成的北东向断裂破碎带多期次充填交代、富集、沉淀的过程。矿区内北东向断裂带为导矿、容矿空间，蚀变多为线性，蚀变类型以绢英岩化、硅化、钾化、黄铁矿化、绢云母化、绿泥石化为主，与成矿关系最为密切的是硅化、绢英岩化、黄铁矿化等。花岗闪长岩内绢英岩化蚀变强烈处变为绢英岩，成矿晚期有少量天水参与。成矿模式图如图 4-5-21 所示。

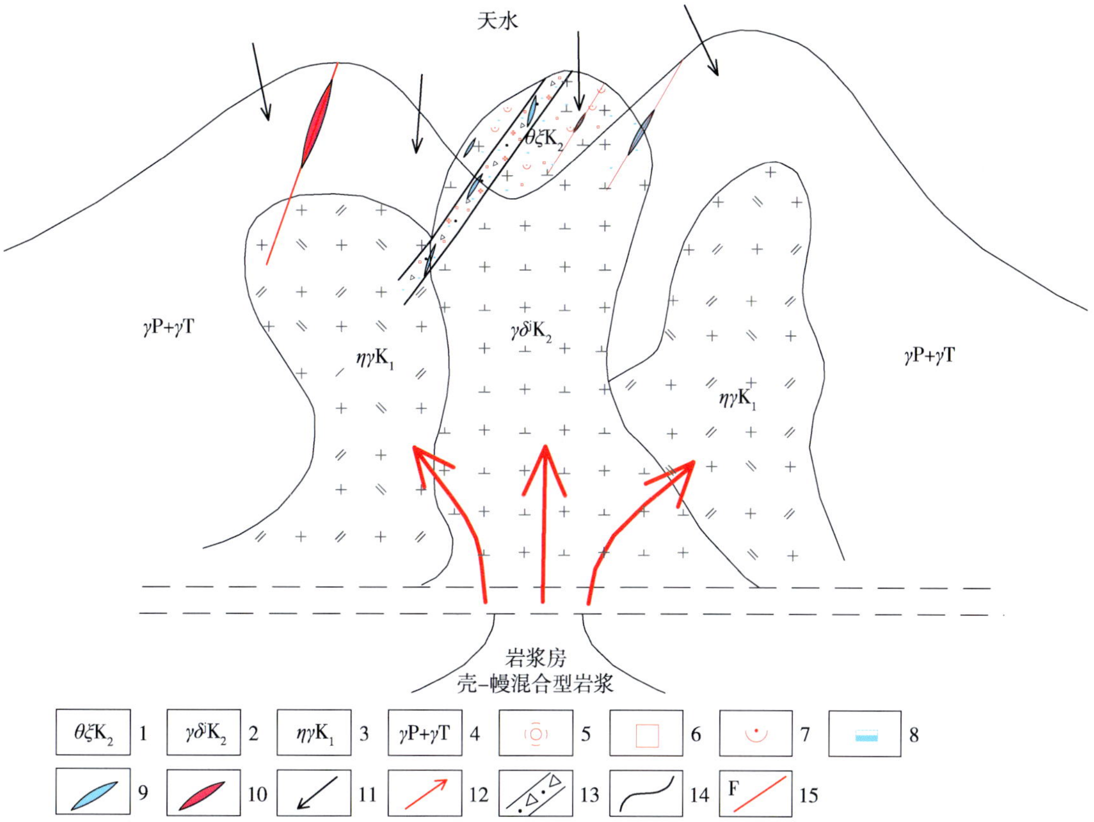

图 4-5-21 海南省陵水县龙门岭钼矿区典型矿床成矿模式图

1—晚白垩世绢英岩；2—晚白垩世花岗闪长岩；3—早白垩世二长花岗岩；4—海西-印支期侵入岩；5—硅化；6—黄铁矿化；7—绢英岩化；8—辉钼矿化；9—钼矿（化）体；10—金、铁铅锌矿、白钨矿矿（化）体；11—天水；12—岩浆热液；13—断层破碎带；14—地质界线；15—断裂

燕山晚期，在区域南北向逆时针对扭应力的作用下形式北北东、北北西和近南北向压扭性断裂（即新华夏构造体系）。来自二长花岗岩浆和花岗闪长岩浆演化后期的热液沿北北东向断裂进行多期的充填和交代而富集成矿。早白垩世二长花岗岩和晚白垩世花岗闪长岩为成矿母岩，次级的北北东向断裂为控矿、容矿构造。岩浆期后热液富含 Mo、W、Fe、Au 等有用元素，它们有选择性地沿北北东向断裂就位

（六）高通岭钼矿成矿模式

1. 赋矿岩石

赋矿岩石为角闪黑云正长花岗岩。

2. 成矿时代

晚白垩世，辉钼矿 Re-Os 等时线年龄为 98.4±2.5Ma。

3. 成矿机理和成矿模式

燕山晚期，海南岛进入后造山期地壳大面积伸展减薄阶段，近东西向昌江—琼海深大断裂再度裂解，该断裂带两侧发生强烈的岩浆侵入及断裂构造活动。伴随晚白垩世中酸性岩浆的侵入，矿区内派生出北西向断裂。岩浆演化后期分异出的富 Mo、Cu 等金属元素的汽水热液沿北西向断裂带迁移，同时与围岩中发生强烈的水—盐反应，萃取围岩中的 Mo、Cu 等有用组分不断富集、沉淀。当成矿热液上升至近地表处时，与天水混合下降，进一步萃取围岩成矿物质。因温度的降低，不断沉淀成脉状矿体。晚白垩世细粒黑云母正长花岗岩为成矿母岩；北西向断裂为导矿、容矿构造。蚀变类型以钾化、硅化、黄铁矿化为主，同时可见绿泥石化、高岭土化、绢云母化蚀变。成矿模式图如图 4-5-22 所示。

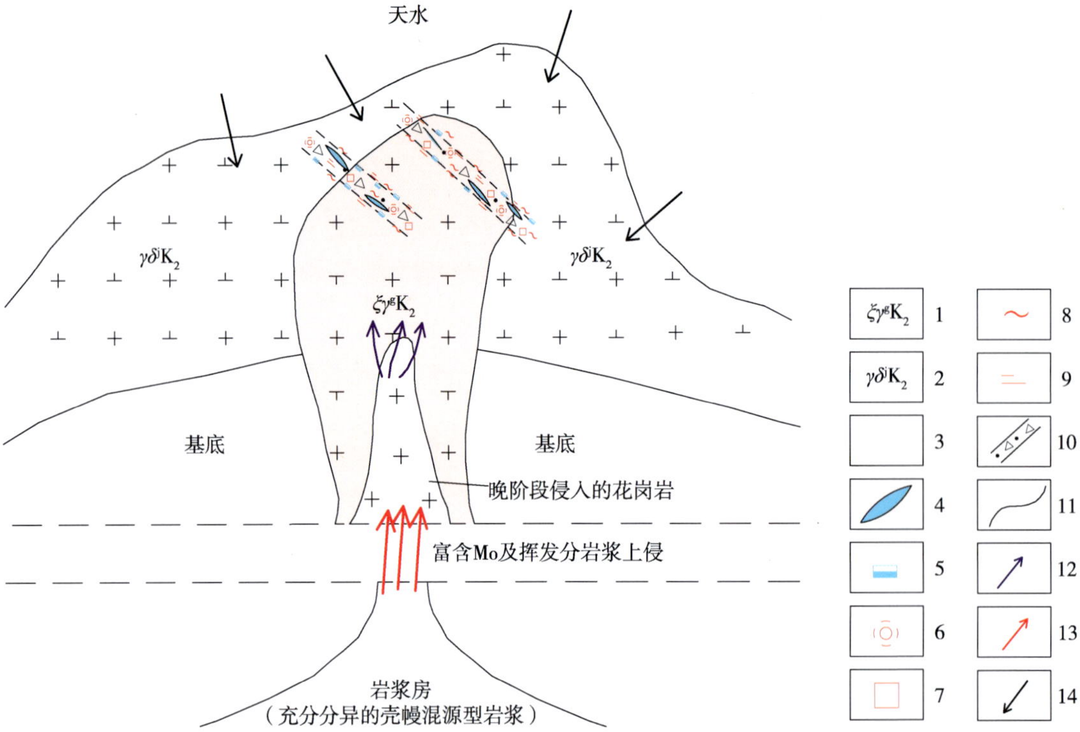

图 4-5-22　海南省屯昌县高通岭钼矿区典型矿床成矿模式图

1—晚白垩世细粒黑云母正长花岗岩；2—晚白垩世细粒角闪黑云花岗闪长岩；3—基底；4—辉钼矿体；5—浸染状钼矿化；6—硅化；7—黄铁矿化；8—绿泥石化；9—绢云母化；10—断裂破碎带；11—地质界线；12—岩浆期后热液；13—岩浆热液；14—天水

岩浆演化后期聚集大量的气水热液，并沿 F_2 断裂上升，上升过程中不断与围岩进行水岩反应，使其遭受蚀变，同时萃取有用组分近地表处与天水混合下降，进一步萃取围岩成矿物质。因温度的降低，不断沉淀成脉状矿体，晚白垩世细粒黑云母正长花岗岩为成矿母岩，F_2 断裂为导矿、容矿构造

（七）梅岭铜钼矿成矿模式

1. 赋矿岩石

赋矿岩石为晚白垩世花岗闪长岩、花岗闪长斑岩、爆破角砾岩。

2. 成矿时代

晚白垩世。

3. 成矿机理和成矿模式

燕山晚期，海南岛进入后造山期地壳大面积伸展减薄阶段，近东西向昌江—琼海深大断裂再度裂解，该断裂带两侧发生强烈的岩浆侵入及断裂构造活动。在区内近南北向蓬莱—烟塘和近东西梅岭—重兴断裂的共同作用下，壳—幔混源型中酸性岩浆于上述两条断裂交汇处侵位。在封闭的物理化学条件下，岩浆演化后期分异出的花岗闪长斑岩岩浆携带的气液就在岩体顶部及上覆岩石的裂隙群中大量聚集，当封闭空间的内应力达到围岩的临界值时，便发生隐蔽爆破，形成爆破角砾岩筒。

爆破角砾岩筒形成于主成矿期前，其在形成过程中由于受到近南北以及近东西向应力的强烈作用，其与围岩接触带处产生大量的菱形裂隙带，为富 Mo、Cu 金属元素的就位提供了重要的容矿空间；爆破角砾岩筒形成之后，至少发生 4 个期次的花岗闪长斑岩的侵入活动，致使 Mo、Cu 等金属元素多期次叠加成矿，尤以第三次侵入的花岗闪长斑岩矿化最为显著；第四次侵入的花岗闪长斑岩本身并无矿化，但其侵入过程中丰富的气液为成矿热液的迁移提供了物源和热源。矿区内铜钼矿化在空间上表现为钼下铜上，钼外铜内；蚀变以弱青磐岩化、绢云母化、黑云母化、硅化为主。其成矿模式图如图 4-5-23。

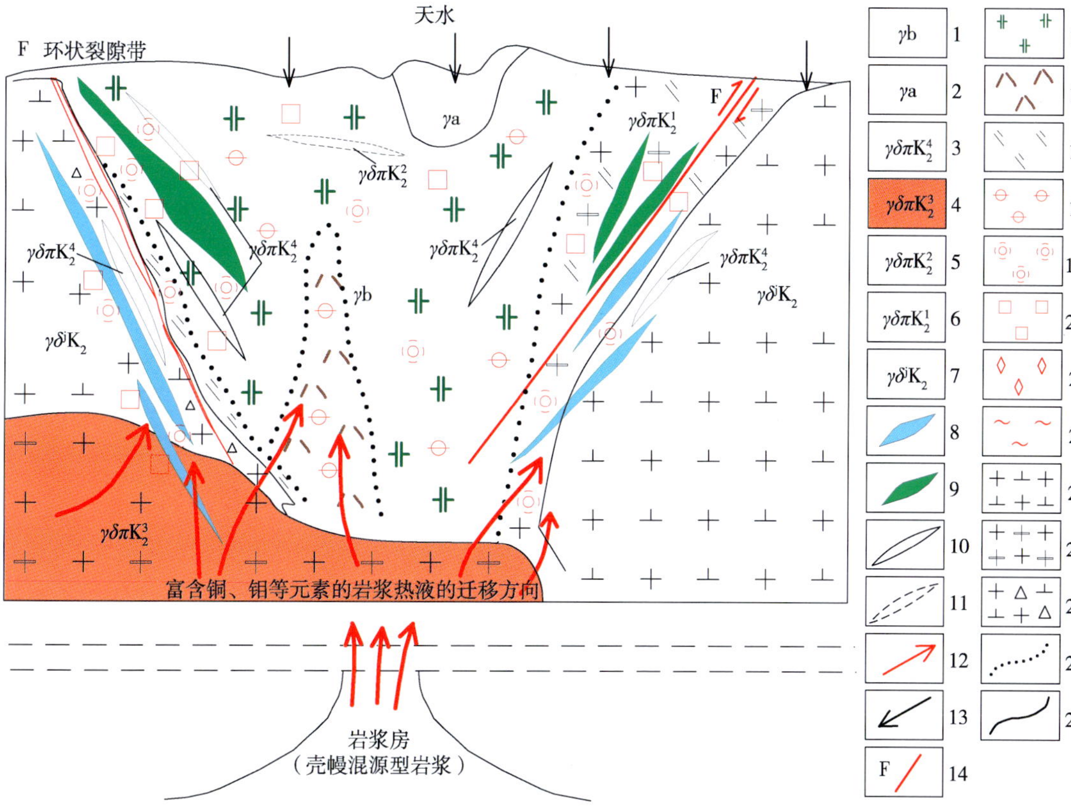

图 4-5-23 海南省琼海市梅岭铜钼矿区典型矿床成矿模式图

1—爆破角砾岩筒；2—塌落岩块；3—第四期侵入斑岩；4—第三期侵入斑岩；5—第二期侵入斑岩；6—第一期侵入斑岩；7—花岗闪长岩；8—钼矿体；9—铜矿体；10—花岗闪长斑岩岩脉；11—碎裂的花岗闪长斑岩岩脉；12—岩浆热液；13—天水；14—断裂；15—青磐岩化带；16—黑云母化；17—绢云母化；18—绿帘石化；19—硅化；20—黄铁矿化；21—碳酸盐化；22—绿泥石化；23—花岗闪长岩；24—花岗闪长斑岩；25—碎裂花岗闪长岩；26—蚀变带界线；27—地质界线

爆破角砾岩筒形成于成矿前，提供了重要的容矿、导矿空间。花岗闪长斑岩的多其次侵入致使有用元素叠加成矿，尤以第三次侵入的花岗闪长斑岩矿化最明显。空间上，钼下铜上，钼外铜内，蚀变以弱青磐岩化、绢云母化、黑云母化为主

第六节　钨矿种典型矿床及其成矿模式

一、矿床概况

在全岛已发现的7个钨矿床（点）中，成因类型存在斑岩型、热液型（狭义）、接触交代型和砂矿型四种。选取尖峰红门岭小型斑岩型矿床为典型钨矿床。

尖峰红门岭钨（钼）矿床位于乐东县尖峰镇，属于海南省莲花山式斑岩型钨矿，储量 WO_3：1654.8t，Mo：2164.2t，平均品位 WO_3：0.1713%（V_1 矿带），Mo：0.2422%，属于小型矿床。

二、典型矿床地质特征

1. 矿区特征

（1）地层。

在矿区冲沟及低洼处见有少量第四系冲洪积层外，基岩表层普遍发育第四系残坡积层，岩性有砾石、砾砂、含砾砂黏土层，厚度0~5m不等。

（2）构造。

矿区构造主要表现为岩浆固结后岩体的断裂和节理较发育。根据区域构造体系分析，应归属为与东西向构造体系配套的东西向张性断裂、晚期新华夏构造体系的区域性北北东扭张性断裂及其派生的低序次、低级别的近南北向、北东向、北北西向压扭性断裂，构成矿区构造的基本轮廓。从勘查成果看，先后形成各组断裂走向和发育程度各异、规模不等、力学性质不同，对矿区内花岗斑岩、闪长玢岩、石英脉等各种岩脉的侵入，以及钼、钨多金属矿化及矿体的展布，均起着重要的控制作用，其中以低序次、低级别的近南北向、北东向、北北西向压扭性断裂为主要控矿构造。

1）断裂。

A. 东西组：断裂编号 F_1，分布在矿区西南部，正东西走向，产状陡立，宽度1.0~5.0m不等，出露长度达1000m以上，是尖峰—吊罗大断裂的平行配套断裂之一。沿断裂带普遍见有挤压破碎带、硅化破碎带、角砾岩分布，矿化差，两侧围岩显碎裂化、硅化特征。从露头观测，具有压扭、多期次活动的特点。该断裂往矿区中部逐渐尖灭。

B. 北东组：主要表现是红门岭断裂及分布在矿区东北部低序次的北东向小规模断裂。

红门岭断裂：编号 F_2，分布在矿区中部，走向北东50°，倾向南东，倾角80°，宽度0.3~2.5m不等，长度2300m，正断层，断面由构造硅化岩组成，两盘显破碎特征，见有挤压破碎带、硅化岩分布，具压扭性，矿化差。

分布在矿区东北部的北东向小规模断裂见有3条，走向40°~65°，倾向305°~335°，倾角55°~73°，宽度1~10m不等，长度达几十至数百米，沿构造带见有较大的石英脉、闪长玢岩岩脉或硅化岩充填，具压扭性，矿化较好，主要为铅锌矿化，V_4、V_5 矿带就分布在该组断裂带中。

C. 南北组：编号 F_3，分布在矿区中部，走向近南北，产状陡立，宽度1~5m不等，长500m，沿断裂带普遍见有挤压破碎带、硅化破碎带、角砾岩分布，以张性为主，矿化差。

D. 北北西组：目前，已知该组构造在矿区内西部和东部成群成带出现，由多条平行或侧列的小规模断裂组成，为主要钼钨矿的控矿、容矿构造，其中规模较大的有26条。总体走向332°~346°；在矿区西部其倾向北东东，倾角60°~80°，带宽达80m不等，单裂面宽度0.1~5m不等，长度几十至数百米，最长达850m；在矿区东部其倾向南西西，倾角65°~80°，带宽达10~80m不等，单裂面宽度0.1~3m不等，长度达450m。该组断裂是矿区最晚期的断裂，切断早期北东向的闪长岩岩脉及构造，一般断面平直，表现出压扭力学性质；沿构造带普遍见有挤压破碎带、蚀变带、石英脉、闪长玢岩岩脉分布；局部充填粗柱粒状、梳状或放射状的含云母石英脉，表明局部具有张扭性。钼钨多金属矿化较强，并富集成工业矿段，矿区内主要矿带 V_1、V_2、V_3 均沿该向构造带分布。

2）节理。

矿区岩浆岩广布，岩石坚硬，断裂构造分组较显著，除局部地段见有少量的节理面发育外，其他节理不发育。

（3）岩浆岩。

岩浆岩分布全矿区。根据岩体的侵入接触关系和区测对岩体同位素年龄的测定，将矿区岩浆岩可划分为海西期、印支期、燕山期及多次岩脉侵入。现分述如下：

1）海西期岩浆岩。

可划分为早二叠世细粒—中细粒石英闪长岩—闪长岩和晚二叠世细中粒斑状黑云母二长花岗岩。

A. 石英闪长岩—闪长岩：出露于矿区红门岭东侧山坡一带，呈岩基产出，岩体的完整性被后期花岗斑岩侵入破坏。矿物成分主要由长石、石英、角闪石等组成。细粒-中细粒花岗结构、块状构造，时代定为早二叠世。

B. 黑云母二长花岗岩：主要分布于矿区东部，呈岩株产出，岩石呈细中粒花岗结构、块状构造，成分主要有钾长石、斜长石、石英，少量黑云母、白云母等，时代定为晚二叠世。多被后期花岗斑岩侵入和分割，接触界线清楚，是 V_2 矿化带的主要赋存岩体之一。

2）支期岩浆岩。

A. 黑云母正长花岗岩即早三叠世细粒含斑—斑状黑云母正长花岗岩和早三叠世细粒黑云母正长花岗岩）：分布在矿区西部和中部。

B. 印支期花岗斑岩：矿区内分布范围广，约占矿区面积的1/2。产出形态复杂，在红门岭以及东部呈岩被状覆盖在海西期花岗岩之上；西部则呈岩枝、岩墙及岩脉产出为主，岩墙呈南北或北东向产出，斑状结构、块状构造。本期花岗岩与成矿关系密切，据钻孔揭露，在北北西向断裂带中及其上下盘，花岗斑岩普遍碎裂岩化，具有不同程度的钼钨多金属矿化，偶见稀散细粒状辉钼矿浸染，且局部碎裂岩化，矿化达工业品位而形成矿体。V_1 矿化带便产于花岗斑岩、正长花岗岩以及花岗斑岩与石英闪长岩—闪长岩的内、外接触带上。

3）燕山期岩浆岩。

花岗斑岩：仅在矿区中部、东南部和东部呈小岩株状或小岩体产出，侵入海西—印支期花岗岩类中，受尖峰—吊罗深大断裂的影响。岩石呈浅褐灰、浅灰、浅灰绿色，具中粒斑状和中粒巨斑状结构、块状构造。矿物成分主要由斑晶和基质两部分组成。斑晶矿物主要由石英15%，钾长石12%，斜长石8%等组成。斑晶多为聚斑状出现，呈自形—半自形，粒径大小一般是1.0~1.5cm。其中石英多呈次圆状，边缘带见纤维状；钾长石呈板状，条纹构造发育，有些表面高岭石化而变得浑浊；斜长石多为板条状，聚片双晶发育，部分表面弱绢云母化或绿帘石化。基质主要由长石质64%等矿物组成。其中石英和长石构成显微文象或晶质结构，粒径大小一般是0.8~3.0mm。副矿物有磁铁矿、微量的锆石、榍石、磷灰石。据区域资料，岩浆成因类型为钙碱性I型系列侵入岩，同位素年龄为94Ma（K-Ar），时代定为晚白垩世，是燕山晚期岩浆活动的产物。岩体内见有低强度的土壤W元素异常出现。

4）其他岩脉。

在各次岩体侵入后，仍有多种岩脉侵入，主要有闪长玢岩岩脉、石英脉等，主要沿岩体内发育的北东向、北北西向构造裂隙充填，时代归属不明。根据野外穿插关系确定的侵入早晚顺序，分述如下。

A. 闪长玢岩岩脉：在矿区内闪长玢岩岩脉较发育，主要有北东及北北西走向，单脉宽 0.5~20m 不等。岩石呈浅灰绿色，斑状结构，块状构造，斑晶为角闪石和斜长石，基质主要为斜长石、角闪石和黑云母，偶见石英等。其规模大小不一，分布广泛，产状多变，形态较复杂，有分枝膨缩现象，边缘具绿泥化。槽探、坑探结果表明，闪长玢岩岩脉侵入的时间比矿体形成时间早，往往被矿化石英脉或矿化体切穿，并发生破碎，绢云母化、硅化、绿泥石化蚀变和强弱不等的多金属矿化。同时也说明，在空间上闪长玢岩岩脉与矿体的产出关系密切。

B. 石英脉：零星分布在黑云母二长花岗岩、花岗斑岩中。脉体规模小，长半米至上百米，宽几厘米至数十厘米，产状变化大。有含钨、钼或铅锌的石英脉，也有不含矿的石英脉。

2. 矿体特征

根据地表探槽、坑道、钻探揭露及采样测试分析结果，已知矿区的矿体均成带成群分布，对矿区共圈出 5 个矿带，包含 27 条矿脉。其中，3 个为钼钨多金属矿带（编号 V_1~V_3），2 个为铅锌矿带（编号 V_4~V_5）。钼钨多金属矿带在矿区西、东区段均有分布，铅锌矿带只见于矿区东区段。而与钨矿化有关的是 V_1 和 V_2 矿带。图 4-6-1 是代表性的 116 号勘探线剖面图和 TC111 探槽素描图，说明矿体形成于与印支期花岗斑岩有关的接触带及埋深不大。

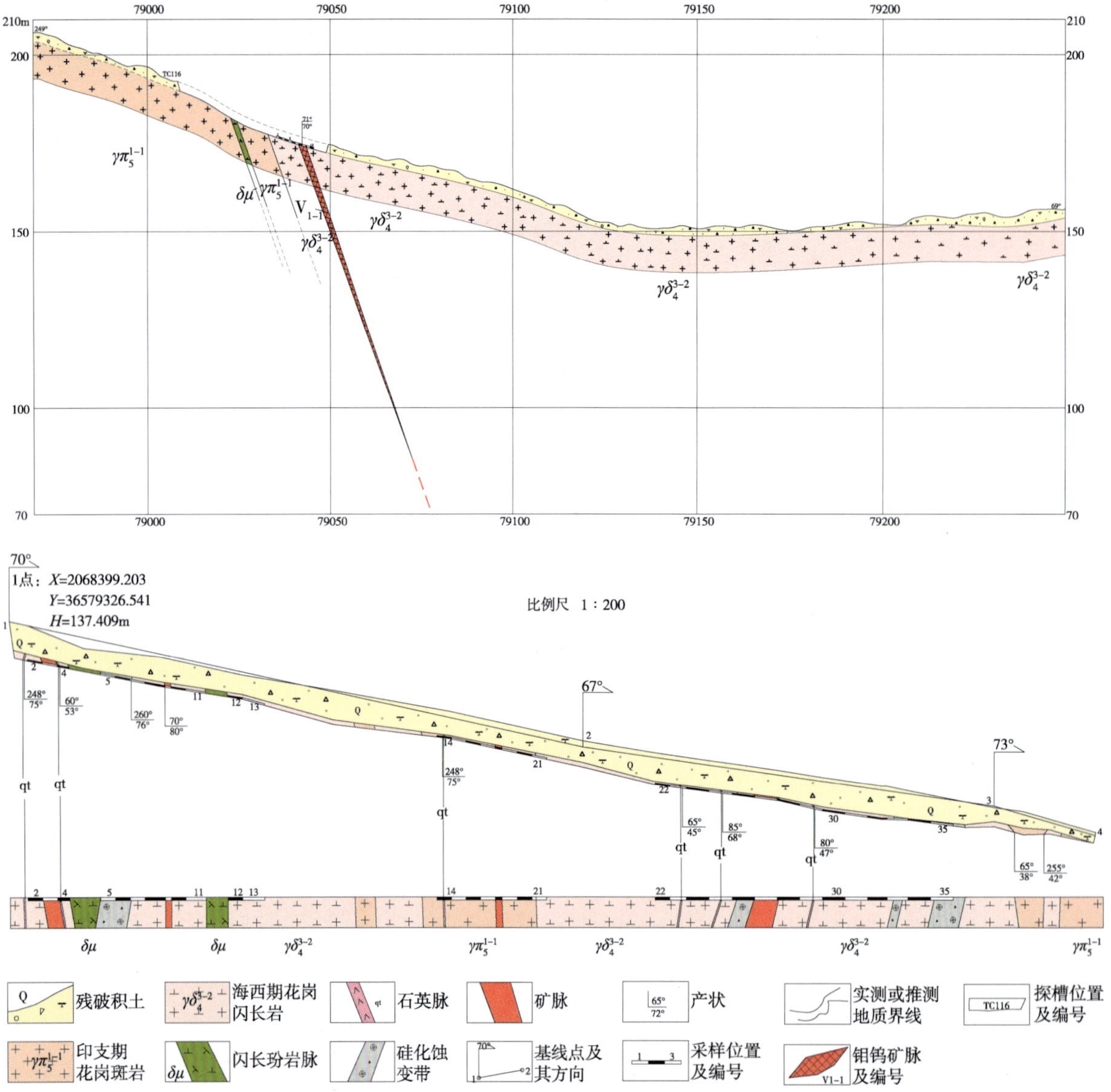

图 4-6-1 红门岭矿钨钼区 116 线勘探剖面图和 TC111 探槽示意图

A. V_1 矿带：为钼钨多金属矿化带，带内共圈定了20个规模大小不一的工业矿体（编号为 V_{1-1} ~ V_{1-20}），分布矿区西区段的118~115号勘探线地表~地下-187.6m标高的范围内。矿体主要赋存在印支期正长花岗岩和花岗斑岩岩体中，以及岩体内部的石英脉、蚀变带及绢英岩化带中。

B. V_2 矿带：为钼钨多金属矿化带，已知是由5条规模大小不一的矿脉组成，分布矿区东区段中部的TC201~TC207号探槽的范围内，尚未进行延深揭露。矿体主要赋存在海西期二长花岗岩和印支期花岗斑岩岩体中，以及岩体内部的石英脉、蚀变带及绢英岩化带中。

已知的 V_1 和 V_2 矿带中，共圈定了24条钨钼矿体。矿体一般由含钼多金属石英脉及花岗岩岩体组成，有膨缩、尖灭侧现、小断距错断等现象。表中长度、倾深值按圈定范围计。

根据勘查结果，详查评价的 V_1 矿带宽度达80m，长达794m，总体走向北北西339°，产状比较稳定，倾向北东东，矿体上部倾角较陡（64°~84°），下部变缓（46°~67°）。带内的20条矿脉中有15条矿脉出露地表，5条矿脉为隐伏矿体；与Ⅱ号Mo-W-Sn-Pb-Zn-Bi综合异常带基本吻合。矿体最大出露标高位于112线188m，最大延深位于104线的标高-187.6m。

V_1 矿带内矿体形态以脉状为主，部分为透镜体状。V_1 矿带中主要以 V_{1-1} 号矿脉为主，规模最大，其次为 V_{1-4} 矿脉，再次为 V_{1-2}、V_{1-5}、V_{1-6} 等矿脉。后期构造活动对矿体没有明显的破坏，矿体也未遭受晚期岩脉侵入的切割。

V_{1-1} 号矿脉：分布在118~115号勘探线之间，地表总体走向为340°，倾向为70°，倾角72°~80°，平面延长达674m，倾深374m。矿体出露最高标高位于112线TC112号槽的标高为188m，沿倾斜钻孔揭露最大延伸位于100线ZK2-2孔处的标高为-186m。矿体呈脉状，形态简单，厚度0.31~2.08m，平均厚度0.74m，厚度变化系数为57.20%；平均品位Mo 0.2649%，WO_3 0.1701%。（122b+333）资源储量为Mo 762.9t，占总量的34.78%，WO_3 489.9t，占总量的31.63%。

V_{1-4} 号矿脉：分布在116~103号勘探线之间，地表总体走向为339°，倾向为69°，倾角70°~72°，平面延长达414m，倾深285m。矿体出露最高标高位于112线TC112号槽的标高为147m，沿倾斜钻孔揭露最大延伸位于100线ZK2-2孔处的标高-139m。矿体呈脉状，形态简单，平均厚度1.49m，厚度变化系数为60.0%；平均品位Mo 0.2098%，WO_3 0.2019%。（122b+333）资源储量为Mo 646.3t，占总量的29.74%，WO_3 621.8t，占总量的40.14%。

V_1 矿带详查共探获（122b）+（333）矿产资源储量为：矿石量 89.36×10^4t；金属量Mo：2164.2t，WO_3：1529.6t；平均品位Mo：0.2422%，WO_3：0.1713%。其中，控制的经济基础储量（122b）矿石量为 17.14×10^4t，占矿石总量的19.2%，但金属量Mo：505.5t并占Mo总量的25.6%，金属量 WO_3 316.8t并占 WO_3 总量的20.7%。；推断的内蕴经济资源量（333）矿石量 72.22×10^4t，占总矿石量的80.8%。V_2 矿带获得的矿产资源储量为 WO_3 125.2t。

3. 矿石特征

（1）矿石矿物成分。

矿脉的矿物成分较为复杂，共计有矿物20种，其中金属矿物10种，非金属矿物13种（表4-6-1）。

表4-6-1　矿石的矿物成分一览表

金属矿物		脉石矿物	
主要	次要	主要	次要
辉钼矿、黑钨矿、白钨矿闪锌矿、辉铋矿、方铅矿	黄铁矿、黄铜矿、毒砂、锡石	钾长石、斜长石、石英、白云母、萤石	绢云母、角闪石、黑云母、电气石、绿泥石、绿帘石、黄玉、方解石

（2）矿石化学成分。

A. 矿石中主要成分平均含量 SiO_2：61.56%、Al_2O_3：16.35%、K_2O：3.92%、Fe_2O_3：2.66%、CaO：2.16%、Na_2O：1.80%。微量元素平均含量：Zn：0.084%、Bi：0.085%、Sn：0.057%、Pb：

0.051%。矿石的化学特征属铝过饱和类型，Al_2O_3>CaO +Na_2O+ K_2O，Q 值偏高。

B. Mo、WO_3 组分统计表明：V_1 号矿带矿脉 Mo 含量变化范围在 0.0310%～1.0093%之间，平均品位 0.0659%～0.7596%；WO_3 含量变化范围在 0.0005%～2.0042%之间，平均品位 0.0176%～1.1672%。钼与钨共生关系明显，但钼矿化程度比钨矿化程度稍高。

结合矿体产出空间规模分析，V_1 号矿带中 V_{1-1} 矿脉矿化最佳，Mo 含量高达 4.510%；其次为 V_{1-4} 矿脉。矿化连续性好，局部构成中高品位钼钨矿石。V_{1-8}、V_{1-18}、V_{1-19} 矿化程度相对较低，构成贫钼钨矿石。

（3）矿石的结构、构造。

矿石结构有变余斑状花岗结构、自形半自形片状结构与碎裂结构。

矿石构造有团块状构造和角砾状构造。前者是含钼、钨、铅、锌、铋等多金属石英脉矿石的主要构造，辉钼矿、黑钨矿等分布不均匀，呈团块状出现在石英脉中；后者对应于碎裂结构，是原岩经挤压碎裂后形成，砾石为石英、长石或闪长玢岩碎砾，次圆—棱角状，胶结物以岩屑为主。钼、钨、铅、锌、铋等矿物呈他形或细—微粒状，一般肉眼不易判别。

（4）矿石类型。

详查区内 V_1 号矿带已发现的 20 个矿体中，可分为含钼多金属花岗岩及石英脉两种基本类型。

4. 围岩蚀变

矿体顶、底板围岩主要为正长花岗岩、花岗斑岩，局部为闪长玢岩。围岩蚀变主要有钾长石化、黄玉云英岩化、硅化高岭土化等，蚀变作用普遍较弱。其中以钾长石化、高岭土化蚀变范围广，为典型的面型蚀变；绢云母化虽也为面型蚀变，但范围小，分布不均匀；硅化基本属于线型蚀变。以上 4 种蚀变均与钼矿化有关，其中以钾长石化、硅化与矿化关系最为密切。

5. 矿体的控矿条件

赋矿地层/岩石：海西期二长花岗岩、印支期正长花岗岩和印支期花岗斑岩岩体中，以及岩体内部的石英脉、蚀变带及绢英岩化带中。

构造：矿体受低级、低序次的断裂构造带控制。

岩浆岩：矿体附近存在燕山期斑状花岗岩小岩株，是燕山期成矿的重要证据。

三、典型矿床成矿模式

1. 赋矿岩石

海西期二长花岗岩和印支期正长花岗岩（岩基）、印支期花岗斑岩（呈岩被、岩枝、岩墙及岩脉产出）、燕山期花岗斑岩（小岩株）、时代不明岩脉。

2. 成矿时代

晚白垩世，区域上同类岩石 K-Ar 同位素年龄 94Ma，是燕山期成矿的年代学证据。

3. 成矿机理和成矿模式

尖峰红门岭钨矿区的成矿经历了两个阶段。

第一阶段为印支期黑云母正长花岗岩和花岗斑岩侵入阶段，红门岭矿区一半分布印支期花岗斑岩岩体。

第二阶段为燕山期花岗斑岩侵入与成矿阶段，富含挥发分和成矿金属的热水溶液沿次级断裂上升并通过充填交代作用形成石英脉、硅化破碎带、蚀变岩石等一系列含矿岩石。除岩浆热液外，矿化可能有一定量的大气降水的参与，成矿金属主要源于印支期花岗斑岩岩体。成矿模式图如图 4-6-2 所示。

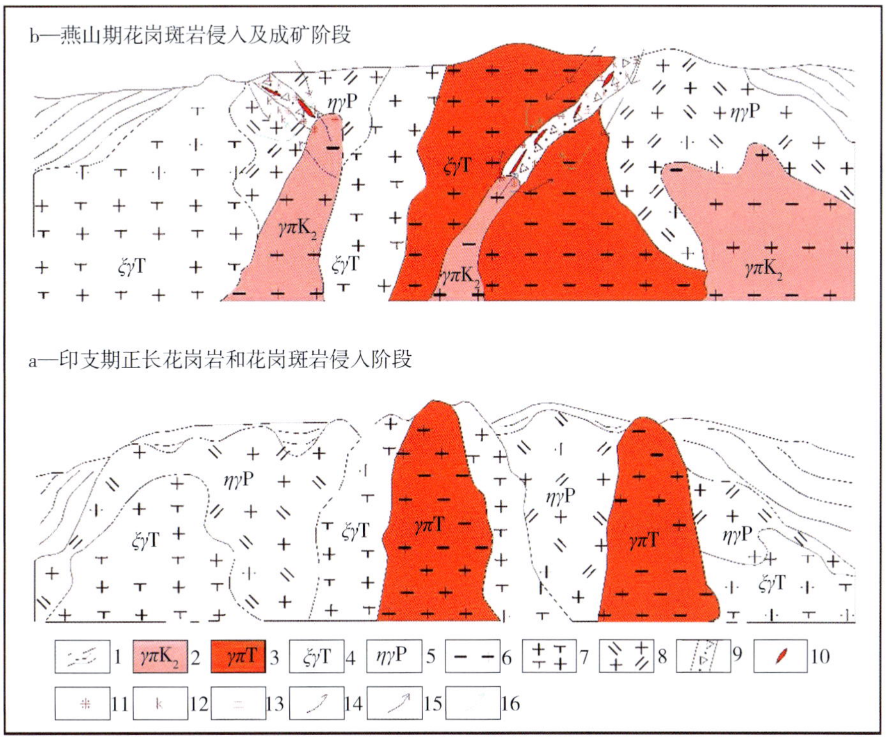

图 4-6-2　海南省乐东县尖峰红门岭钨钼矿区典型矿床成矿模式图

1—早二叠系沉积变质岩；2—晚白垩世花岗斑岩；3—印支期花岗斑岩；4—三叠纪正长花岗岩；5—二叠纪黑云母二长花岗岩；6—花岗斑岩；7—正长花岗岩；8—二长花岗岩；9—构造破碎带；10—钨矿体；11—云英岩化；12—钾化；13—高岭土化；14—大气降水；15—岩浆热液；16—混合热液

第七节　铁矿种典型矿床及其成矿模式

一、矿床概况

在全岛已发现的 7 个铁矿床中，成因类型主要有沉积变质型铁矿、接触交代型铁矿、热液型铁矿、火山岩型铁矿及残坡积铁矿。本次研究选取石碌铁矿床、红石铁矿床和田独铁矿床作为典型矿床。

石碌铁矿床，位于昌江县，属于典型沉积变质型铁矿床，储量 3.95×10^8t，平均品位 TFe：51.15%，属大型矿床。

红石铁矿床，位于海南省三亚市，属于大冶式矽卡岩型铁矿床，储量 148.6×10^4t，平均品位 TFe：31.37%~45.59%，属小型矿床。

田独铁矿床，位于海南省三亚市，属于大冶式矽卡岩型铁矿床，储量 205.5×10^4t，平均品位 TFe：53.39%，属小型矿床。

二、典型矿床地质特征

（一）石碌铁矿床

1. 矿区特征

（1）地层。

矿区及其外围出露的地层主要有长城系抱板群、青白口系石碌群、震旦系石灰顶组、志留系空列村组、石炭系南好组—青天峡组、二叠系峨查组—鹅顶组和南龙组等。

（2）构造。

石碌矿区褶皱、断裂构造都较为发育。

褶皱构造主要由青白口纪石碌群、震旦系石灰顶组和下石炭统南好组共同构成的轴向为北西—南东向的复式向斜构造，且在复式褶皱还叠加有北北东以至近南北向的次级横跨褶皱，在北一向斜中表现最为明显，反映在复式向斜不仅东西向次级褶皱发育，且沿纵向延伸也呈波状起伏。

断裂构造主要有北西—北北西、北东东—东西及北北东至近南北向 3 组。

（3）岩浆岩。

区内岩浆岩多期次侵入，大面积出露，岩石类型以花岗岩类为主，主要包括印支—燕山早期（岩性为晚二叠世黑云母二长花岗岩、早和晚三叠世黑云母正长花岗岩、中三叠世黑云母二长花岗岩）和燕山晚期花岗岩。

此外，矿区内尚发育花岗斑岩、伟晶岩、石英斑岩、闪长岩、煌斑岩、辉绿岩、细粒花岗岩等燕山晚期岩脉。

（4）变质作用。

石碌矿区经历了多类型的变质、蚀变作用，主要包括区域变质作用、（热）动力变质作用、接触变质作用和热液蚀变作用。

2. 矿体特征

截至 2008 年底，石碌矿区共圈定铁矿体 38 个，大致分为北一、南矿、枫树下、保秀、正美—大英山等 5 个矿段。主要矿体特征描述如下。

北一矿体：矿体地表出露于北一矿段一带，经过危机矿山接替资源勘查，基本控制了北一矿体于深部的延伸，致使矿体向南延伸至枫树下村东侧，全长约 2.6km。地表见矿长度达 1.1km，宽 0.32km。矿体总体沿着北一向斜的槽部呈层状、似层状展布，分布连续，且与围岩成整合接触并同步褶皱。在 E_{13} 勘探线以北矿体较厚且具有多层特点，在 E_{13} 勘探线以南矿体较薄，形态主要为单层为主（图 4-7-1、图 4-7-2）。

枫树下矿体：位于北一矿体东南 2km 左右，呈北西西—南东东之狭长形，走向长度约 1400m，宽度约 200m。共揭露铁矿两层，主矿层赋存标高-483.5～-450.5mm，厚度 33m。矿体处于石灰顶向斜的槽部，与围岩整合接触并同步褶皱，矿体呈层状产出，走向分布连续。

枫树顶矿体：分布于枫树下矿体的东部，原为枫树下矿体的东延部分，被 F_2 正断层错开后呈北西—南东之狭长形，走向长度约 500m，宽度约 50m。主矿层赋存标高-175.7～-142.5m。构造上处于石灰顶向斜的西南翼部，矿体呈层状产出，矿体总体走向 305°，倾向北东，倾角陡达 85°。

南六矿体：位于北一矿体西南 700m 处，地表为 3 个矿带，呈北西—南东向，走向长度约 800m，厚度约 60m。矿体呈层状产出，倾向北东，倾角 40°。

石灰坑矿体：位于枫树下矿体之北，呈北西西—南东东向，东部宽大，西部狭窄而尖灭，长约 400m，最大宽度 120m。矿体呈层状，向北倾斜，倾角 30°，向下尖灭。

3. 矿石特征

（1）矿石矿物成分。

矿石的金属矿物主要有赤铁矿、磁铁矿；脉石矿物主要有石英、重晶石。

赤铁矿：微晶状、鳞片状，少量呈板条状及等轴状。集合体呈块状、鳞片状、鲕状、板状、内碎屑状或碎屑物间的胶结物，有时见叶片双晶。鳞片大小均一，多为微粒级，以长度 0.05～0.1mm 者最常见。镜下见赤铁矿鳞片集晶与石英呈不规则面连生及充填于石英裂纹现象，未见单个赤铁矿晶体穿插石英生长，显示两者的同生关系。

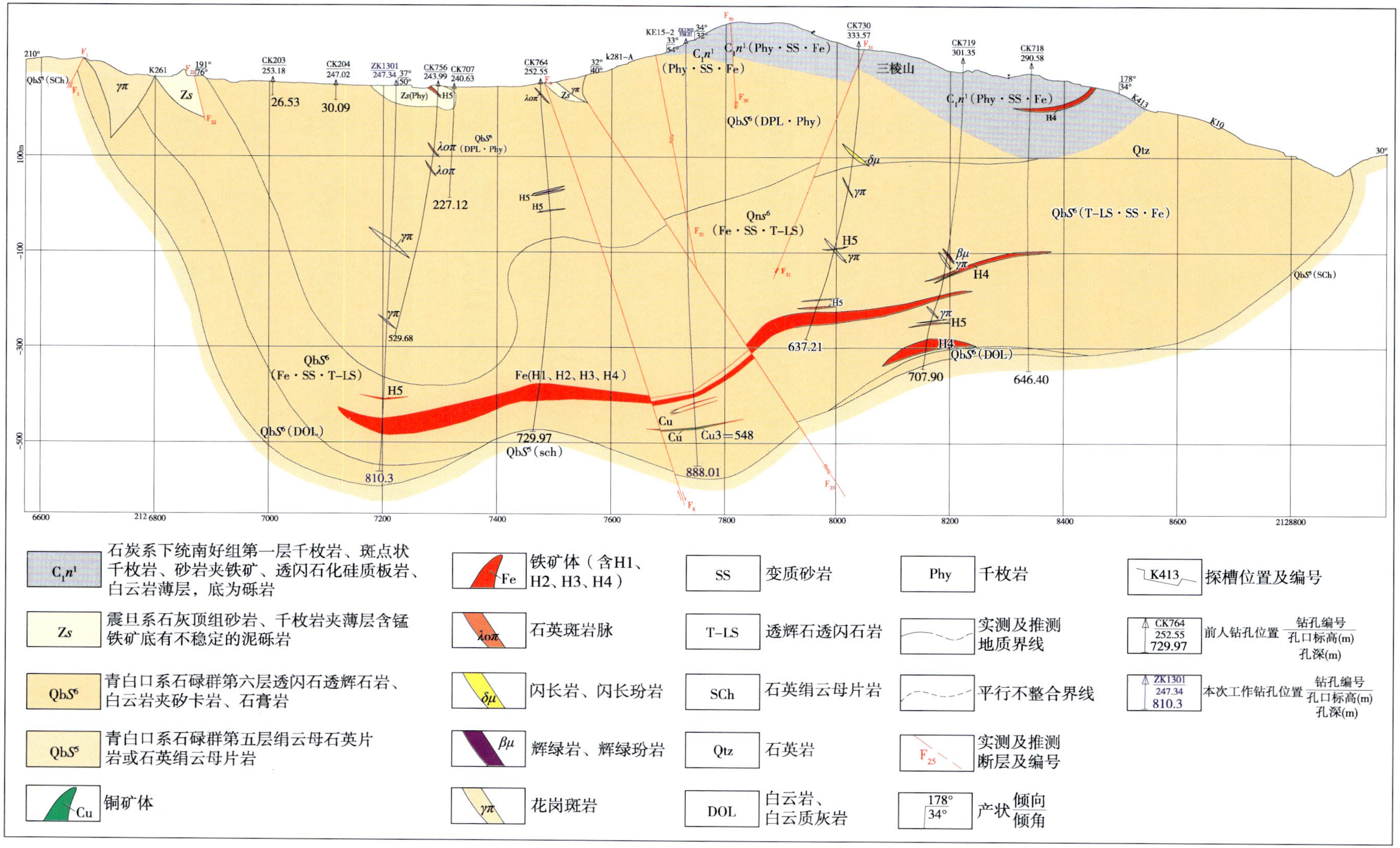

图 4-7-1　海南省昌江县石碌铁矿 E13 勘查线剖面图

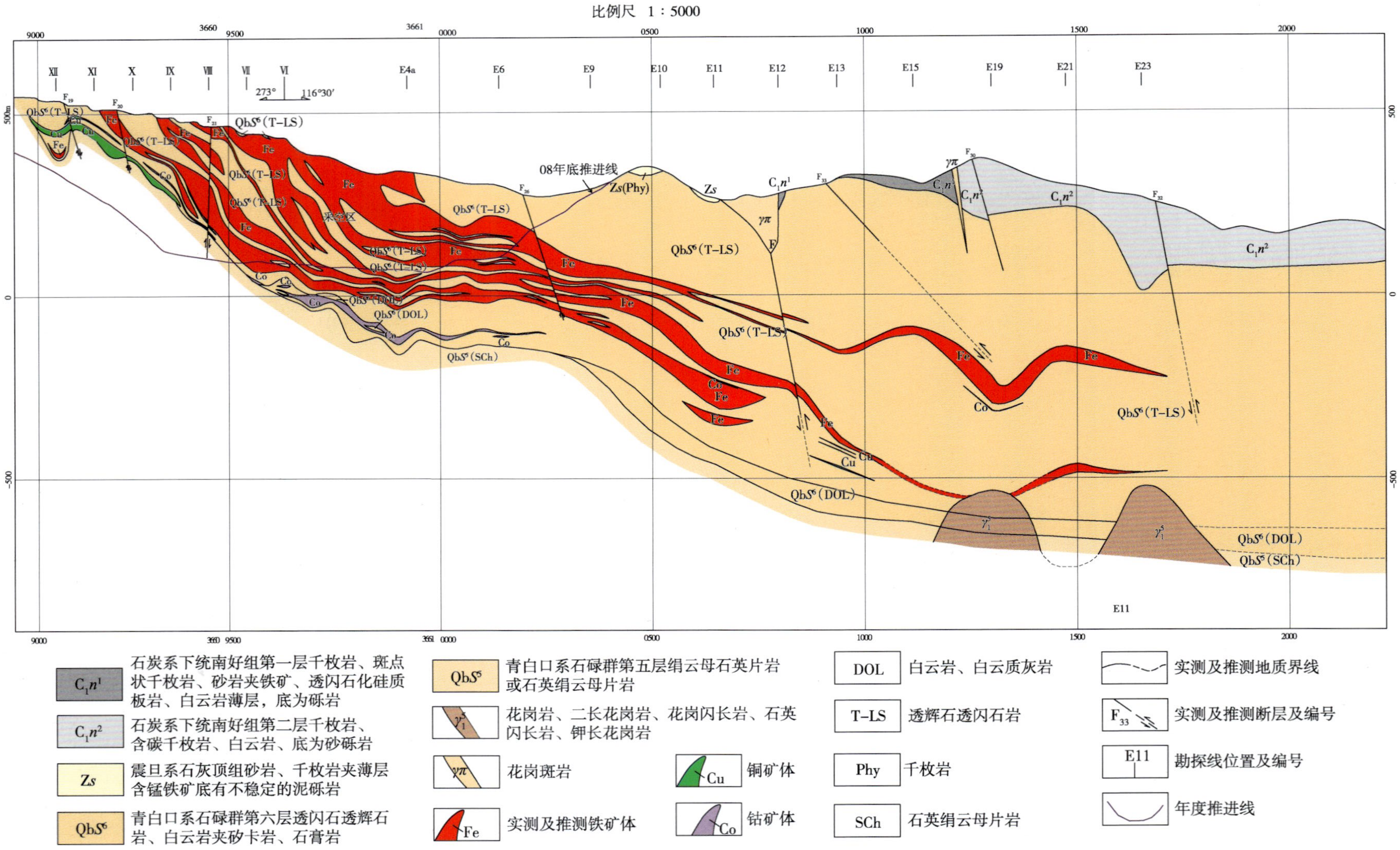

图 4-7-2 石碌铁矿北一矿段 A-A′纵剖面示意图

磁铁矿：形式较多，包括呈斑晶状，八面体晶形较完整，并以0.2mm大小者居多，大部氧化成假象赤铁矿，疏密不均地散布于赤铁矿中。磁铁矿与赤铁矿者为原生与次生、交代与被交代的关系。与磁铁矿伴生的金属矿物主要为黄铁矿。此外，尚见磁铁矿晶粒沿赤铁矿鲕粒成环状分布或与赤铁矿组成鲕粒同心壳层。

非金属矿物：主要有石英和重晶石等脉石矿物。磁铁矿与脉石矿物互为胶结，粒径多与石英相当，常被针铁矿—石英脉及绿帘石脉穿插。

（2）矿石的结构、构造。

矿石结构有细鳞片—微鳞片状变晶结构、致密状结构、变余砂状—粉砂状结构、鲕状结构、斑点变晶结构以及硅质岩结构、角砾结构、压碎砂状胶结结构。细鳞片—微鳞片状变晶结构、致密状结构是富铁矿石的主要结构。变余砂状—粉砂状结构及鲕粒结构是贫矿、次贫矿的主要结构。斑点变晶结构是矿石后期生成的浸染状磁铁矿晶粒结构。

矿石构造有层带状构造、致密块状构造、片状构造、千枚状构造、条带状构造、鲕状构造、次生交错脉—网脉构造等。以致密块状构造、片状构造、条带状构造为主。

4. 蚀变

主要的围岩蚀变有硅化、绿帘石化、透辉石—透闪石化、矽卡岩化、绿泥石化等。

5. 矿体的控矿条件

地层控矿：矿床赋存于石碌群第六层，富铁矿体和钴铜矿体围岩皆为含透辉石透闪石白云岩。

构造控矿：矿体受褶皱控制作用较为明显，多位于向斜的谷（槽）部、向斜轴部附近的层间剥离带或湾流作用下机械加厚等部位。

（二）红石铁矿床

1. 矿区特征

（1）地层。

矿区内出露的地层有下白垩统六罗村组、下石炭统南好组和下志留统足赛岭组。其中，六罗村组分布于矿区西南侧，南好组展布于矿区北东侧，足赛岭组处在矿区中部且基本沿着狗岭断裂带分布。

（2）构造。

矿区位于南好—牙日—狗岭断裂的西南端，发育的褶皱构造有那通岭—白土岭倒转背斜、什茂—情安岭倒转向斜与振海山倒转背斜，区内经历了多次构造运动的叠加和岩浆岩的侵入，致使区内构造较为复杂。北东向的狗岭断裂为主要导矿容矿构造，属压扭性断裂，后期花岗斑岩沿着断裂贯入充填，并与足赛岭组发生接触交代，生成铁矿体。

（3）岩浆岩。

矿区北、东和南3面均被侵入岩环绕着，发育岩浆岩有海西期二长花岗岩、印支期正长花岗岩和燕山期花岗闪长岩，其中矿区东南侧主要发育海西期二长花岗岩，矿区北侧和东侧主要发育印支期正长花岗岩和燕山期的花岗闪长岩。此外，矿区内还发育有花岗岩闪长岩岩脉、花岗斑岩岩脉、石英斑岩岩脉、石英脉、煌斑岩岩脉等。

燕山期岩浆岩：区内燕山期岩浆活动强烈，受构造控制，在区内主要表现为（花岗）闪长岩和花岗斑岩等。岩石与变质岩接触带呈港湾状，是矿体或含矿矽卡岩的主要围岩。

花岗闪长岩：灰色—灰白色，中粒花岗结构，以黑云母呈似六方片状、柱状集合体均匀分布为特征。主要由斜长石、角闪石、黑云母、正长石、石英等组成，副矿物主要有榍石和磷灰石等。

闪长岩：岩石灰黑色，细粒结构。岩石主要由斜长石、角闪石、黑云母、正长石、石英等组成，副矿物主要有榍石、磷灰石磁铁矿及钛铁矿等。岩石内黑云母与角闪石互为消长关系，局部见闪长玢岩和石英闪长岩等。接触带绿帘石化强烈，常形成绿帘石化闪长岩或绿帘石化矽卡岩。宽度几厘米至数百米。

花岗斑岩：主要呈脉状产出，规模不大，一般长几十米至几百米，宽十几米至百米余不等，以北东（走向45°）一组最为发育，北北东（走向80°）次之，倾向北西，倾角不稳定，脉体形态变化大，常呈透镜状，尖灭再现。脉体由内到外多具有花岗斑岩到石英斑岩分带。岩石局部蚀变强烈，蚀变矿物主要有绿帘石、透辉石、绿泥石和石榴子石。岩石呈灰白到灰绿色，斑状结构，斑晶主要为自形块状的正长石和斜长石，基质主要为正长石、斜长石、石英、角闪石及少量黑云母组成，副矿物主要有榍石、锆石及磷灰石等。

花岗斑岩是矽卡岩及铁矿体的主要围岩之一。

2. 矿体特征

（1）铁矿体主要产于燕山期侵入岩与足赛岭组变质岩接触面及附近的石榴子石透辉石矽卡岩中。

（2）铁矿体总体呈北东向左行斜列分布，倾向北西。

（3）铁矿体中仅Ⅰ号矿体出露地表，其余均为盲矿体，与磁异常对应关系较好。主要的3个矿体特征如下。

Ⅰ号矿体：分布于矿区西南部 C_2 磁异常内的花岗斑岩下盘与变质岩接触面的石榴子石透辉石矽卡岩中，呈似层状，主要受北东及南北向两组构造控制。走向北东至南北，倾向北西，倾角25°~35°。矿体由南西向北东逐渐变陡。长216m，延伸70~120m，样品控制长度为6~18m。

Ⅱ号矿体：为盲矿体，矿体顶板距地表24m，分布于矿区西南部 C_2 磁异常中变质岩内的石榴子石透辉石矽卡岩中，呈似层状，据磁异常推测矿体长约240m，产状不明。

Ⅲ号矿体：为盲矿体，分布于矿区西南部 C_3 磁异常内的花岗斑岩下盘与变质岩接触面的石透辉石矽卡岩中，呈似层状，矿体顶板距地表13~33m，走向为70°，倾向北西，倾角35°~55°，长355m，延伸60~105m，样品控制长度为10~34m。

3. 矿石特征

（1）矿石矿物成分。

主要矿石矿物为磁铁矿，品位TFe：31.37%~45.59%，Ⅲ号矿体中还伴生有黄铜矿及少量的铅锌矿，脉石矿物主要为黄铁矿、透辉石、石榴子石、白云母、透闪石、白云石、石英及方解石等。

（2）矿石的结构、构造。

矿石细至粗粒状，结构构造因矿体不同稍有差异，总体从Ⅰ号矿体至Ⅲ号矿体，矿石粒度有变粗的趋势。

Ⅰ号矿体：矿石结构为细粒状，主要构造有块状构造、浸染状及条带状构造，浸染状及条带状构造主要分布在矿体边缘。

Ⅱ号矿体：中细粒结构、浸染状及团块状构造。

Ⅲ号矿体：粗粒状结构，矿体中部主要为块状构造，边部为浸染状构造。

（3）磁铁矿的赋存状态。

常见磁铁矿不规则地分布在透辉石中，或呈微粒镶嵌其中，或呈星点状、团块状分布于石榴子石、白云母和白云石中。

4. 围岩蚀变

矿区围岩蚀变强烈且广泛，从西南到东北沿花岗斑岩、花岗岩、花岗闪长岩、闪长岩接触带分布，主要在中部蚀变较强，范围大南北两侧减弱。蚀变类型有矽卡岩化、角岩化、碳酸盐化、绿帘石化、钾长石化、绿泥石化、绢云母化等，且以前3种分布最广。

（三）田独铁矿床

1. 矿区特征

（1）地层。

矿区内出露的地层有奥陶系榆红组、寒武系大茅组和孟月岭组，其中，榆红组分布于矿区西北角，大茅组和孟月岭组展布于矿区中部。

（2）构造。

矿区主要发育北西向断裂和东西向断裂。

（3）岩浆岩。

侵入岩主要分布于矿区的东南角，岩性为印支期正长花岗岩和燕山期花岗斑岩，此外，矿区内还发育闪长岩岩脉、石英脉等。

花岗斑岩：分布于矿体西南部，呈脉状，走向 335°，倾向北东，倾角 80°侵入黑云母花岗岩内，灰白色斑状结构，石基隐晶质、长石斑晶、石英、主要矿物成分为长石、石英及少许黑云母。

闪长岩：呈岩墙产出切割矿体中部，将矿体分为东西两部，自形柱粒状结构，主要矿物为斜长石、普通角闪石、黑云母。

2. 矿体特征

（1）东西矿体呈直立脉状，在平面上东矿体比西矿体出露面积大，标高 80～100m，东矿体长 165m，宽 195m，西矿体长 175m，宽 60m，矿体走向为 330°和 250°，西矿体向南延伸至海拔 80m，而东矿体仅为 20m，矿体在深部分叉尖灭，北西侧被黑云母花岗岩及矿化矽卡岩化花岗岩所隔开。

（2）新矿体：呈东西向 63.3m，向北倾，倾角 70°，延伸最深 122m，矿体最大垂直厚度 76m，呈一似透镜体盲矿储存地下 22m 深处。

（3）坡积矿：北坡积矿：位于东西矿体北部呈结集式或窝状，已探明长 140m，宽 80m，呈一扇形南小北大，且南部矿层较厚，北部矿层较薄，矿层平均厚 4.3m，含矿系数 53.3%，上覆表土 2～3m 厚，一般均为高炉富矿。东坡积矿：位于矿体东部 30m，矿石松散堆积，矿层平均厚 1.7m，上覆表土厚 1.2m，矿体圈定面积 1275m^2，平均含矿系数 30%。

3. 矿石特征

（1）矿石矿物成分、化学成分。

主要由磁铁矿构成，其次有赤铁矿和共生的极少量之黄铁矿、黄铜矿，化学成分见表 4-7-1。

表 4-7-1　矿石化学成分一览表

矿体	平均品位/%			
	TFe	SiO_2	S	P
东西矿体	58.29	12.05	0.065	0.066
新矿体	53.99	11.78	0.031	0.065
北坡矿体	55.20			
东坡矿体	50.80	13.28	0.0205	

（2）矿石的结构、构造。

矿石的结构构造主要为细粒—粗粒结晶集合体、致密块状构造、窝状构造。

（3）矿石类型。

1）原生矿东西矿体及新矿体主要由富磁铁矿构成的，按结构可以分为以下 3 类。

A. 粗粒结晶磁铁矿，呈菱形十二面体网状分布于矿石裂隙或围岩内。

B. 细粒磁铁矿与粗粒磁铁矿。

C. 致密状磁铁矿，结晶很细且磁性强，品位最高60%，经研磨成粉。

2）坡积矿。

A. 结集式堆积或窝状。

B. 松散堆积。

4. 围岩蚀变

矿区的围岩蚀变主要有矽卡岩化、黄铁矿化、绢云母化和碳酸盐化。矽卡岩化主要分布矿体边缘，以石榴子石、透辉石为主；黄铁矿化和绢云母化主要分布于矿区东侧岩体中；矿体内及围岩和各种岩脉中均有方解石细脉穿插。

三、典型矿床成矿模式

（一）石碌铁矿床

1. 成矿物质来源

铁钴铜成矿物质主要来源于石碌群，尤其是与二透岩原岩的同一源区，即直接来源于经过壳内分异的火山岩或火成杂岩岩体。

2. 成矿时代

对石碌群第六层铁矿主矿层铁矿石用Sm-Nd法测定全岩等时线年龄为841±20Ma，属晋宁期晚期。

3. 成矿机理和成矿模式

石碌铁矿的成矿过程经历3个阶段。

第一阶段为海相火山喷发沉积阶段：青白口纪海底火山喷发，火山活动形成的碎屑物质搬运到与生物礁台围成的具有较高盐度的封闭和半封闭的弧后盆地中沉积下来。火山活动不仅为弧后盆地提供大量的热能，同时也提供了大部分的成矿物质。

第二阶段为晋宁运动变质期：晋宁运动使石碌群发生变质变形作用，伴随变质作用，已形成的层状、似层状矿体或含矿建造进一步发生构造动力分异作用，使矿质分异并在应力梯度支配下向向斜聚集加厚或湾流作用下机械加厚等低应力带运移富集。

第三阶段为海西—印支构造运动、岩浆热液活动改造期：海西—印支期，海南岛岩浆活动强烈，受岩浆作用的影响，与围岩接触带附近发生较强的蚀变，对矿区的矿体进行了叠加改造。其成矿模式图见图4-2-8。

（二）红石铁矿床

1. 成矿物质来源

燕山期花岗岩提供了大部分铁、铜、铅锌、钨等矿质，亦提供大量的热能。

2. 成矿时代

成矿时代为燕山期。

3. 成矿机理和成矿模式

足赛岭组为海相砂—泥质岩建造夹碳酸盐岩建造沉积，岩性为含炭千枚岩、千枚岩夹结晶灰岩。与成矿作用密切相关的侵入岩共有两期，分别为印支期正长花岗岩和燕山期花岗斑岩。侵入岩基本沿着南好—牙日—狗岭断裂侵入，燕山期的花岗斑岩在侵位的过程中，岩浆岩不仅提供矿物质，而且也提供大量的具有挥发成分的气水溶液和热能。足赛岭组中化学性质较为活泼的碳酸盐岩在岩浆气水热液或高压热能的共同“烘烤”下，致使其孔隙度变大、裂隙发育，并与侵入岩岩体发生接触交代作用。经过接触交代作用的物质带进分出，早期发育矽卡岩化，生成磁铁矿、白钨矿和少量的黄铜矿、黄铁矿等，晚期随着温度的降低，主要生成方铅矿和闪锌矿等低温矿物。此外，由于足赛岭组受到岩浆—构造活动的影响下，形成一系列的节理裂隙，在成矿阶段中充当了储矿空间。其成矿模式图如图4-7-3所示。

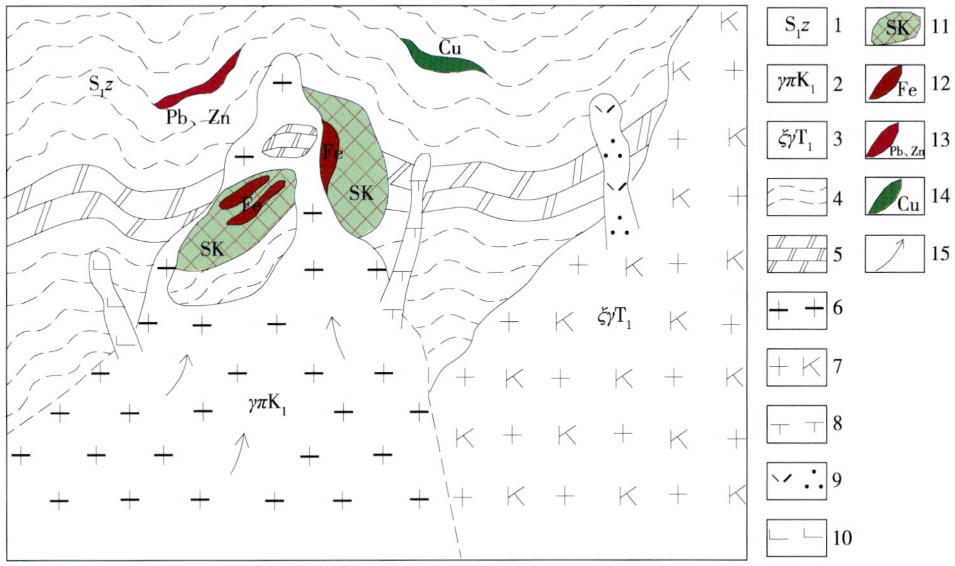

图4-7-3　海南省三亚市红石大冶式矽卡岩型铁矿成矿模式图

1—中志留统足赛岭组；2—早白垩世花岗斑岩；3—早三叠世钾长花岗岩；4—千枚岩；5—大理岩；6—花岗斑岩；7—钾长花岗岩；8—正长斑岩岩脉；9—石英斑岩岩脉；10—煌斑岩岩脉；11—矽卡岩；12—铁矿体；13—铅锌矿体；14—铜矿体；15—流体方向

（三）田独铁矿床

1. 成矿物质来源

印支期和燕山期花岗岩类岩石提供了大部分铁、铜等矿质，亦提供大量的热能。

2. 成矿时代

成矿时代为燕山期。

3. 成矿机理和成矿模式

孟月岭组（ϵ_1m）为浅海相砂泥质岩建造夹碳酸盐岩建造、磷块岩建造沉积。大茅组为浅海砂泥质岩建造夹碳酸盐岩建造、硅质岩建造及磷锰块岩建造沉积。印支期正长花岗岩和燕山期花岗斑岩在侵位的过程中，侵入岩不仅捕获了寒武系地层，而且也提供大量的矿质和具有挥发成分的气水溶液和热能。孟月岭组和大茅组中的碳酸盐岩夹层化学性质较为活泼特性，在岩浆气水热液或高压热能的共同“烘烤”下，致使其孔隙度变大、裂隙发育，易并与两期侵入岩岩体发生接触交代作用。

印支期钾长花岗岩侵入过程中，与孟月岭组和大茅组中的碳酸盐岩发生了接触交代作用，局部发育矽卡岩化并形成磁铁矿体；燕山期花岗斑岩沿着印支期岩浆构建的构造格局之脆弱部位侵入，与碳酸盐岩围岩发生接触交代反应，并对早期形成的Fe再次活化。经过接触交代作用中的物质带进分出，发育矽卡岩化，随物理化学条件的改变，Fe质大量析出成矿。早期高温气态阶段，气—液与围岩反应形成高温挥发性组分石榴子石、透辉石、阳起石、绿帘石等矽卡岩矿物，并形成磁铁矿及少量的黄铜矿、黄铁矿；晚期（石英硫化物期），SiO_2 不再与 Ca、Mg、Fe、Al 等元素作用形成矽卡岩矿物，主要形成了石英、方解石、绢云母、绿泥石、黄铜矿、黄铁矿等。其成矿模式如图 4-7-4 所示。

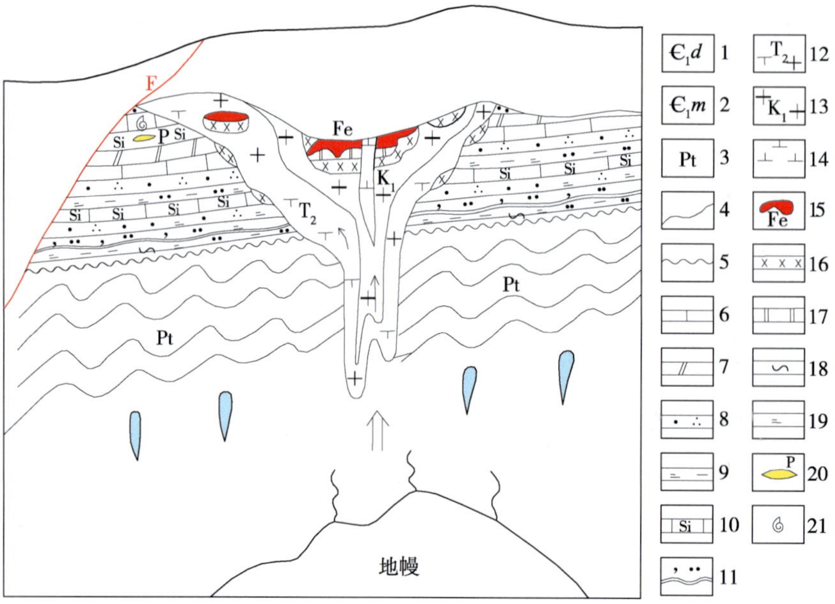

图 4-7-4　海南省三亚田独大冶式矽卡岩型铁矿成矿模式图

1—中寒武统大茅组；2—下寒武统孟月岭组；3—元古宇；4—地层界线；5—不整合界线；6—灰岩；7—白云岩；8—石英砂岩；9—黏土岩；10—硅质灰岩；11—斑点状黏土质板岩；12—中三叠纪正长花岗岩；13—早白垩纪花岗斑岩；14—晚期侵位的闪长岩；15—铁矿；16—矽卡岩（化）；17—大理岩（化）；18—绿泥石化；19—绢云母化；20—磷块岩；21—化石

第八节　铝土矿种典型矿床及其成矿模式

一、矿床概况

海南铝土矿以北部蓬莱铝土矿矿区为典型矿床，位于文昌市，矿产预测类型为海南式红土型铝土矿，储量 14911 kt，平均品位 Al_2O_3 44.4%，属大型矿床。

二、典型矿床地质特征

1. 矿区特征

（1）地层。

区内主要出露新生代地层，局部分布有中元古界长城系、下古生界志留系及白垩系。通过查阅大量野外地质资料，并借助遥感地质解译手段，对第四系进行了初步系统的划分，新圈定出 4 个第四系非正式岩石地层单位：第四系坡积物、火山堆积物、铁铝型残积物、岩屑型残积物。蓬莱铝土矿矿床的主要矿源层为新近纪石马村组、石门沟村组的橄榄玄武岩，主要赋矿岩石类型为第四纪红土层。

1）第四系坡积物：多分布于山前洪冲积阶地，地形较平，岩性为砂砾、含砾砂、粉砂、亚黏土等。遥感影像的色调为草绿色、灰白色、浅粉红色等，影纹图案较单一。

2）火山堆积物：主要为火山岩的坡残积风化土和火山岩残积碎块，分布于火山岩台地，遥感影像色调为深绿色、草绿色、棕红色等，形态为似圆状、环状等，影纹图案呈蠕虫状、斑状等。

3）铁铝型残积物：主要为砾状铝土矿和火山岩的风化土，分布于火山岩台地，遥感影像的色调为草绿色、深绿色及棕红色等，呈蠕虫状、带状、姜状等影纹图案。是第四纪残积型铝土矿的赋矿层位，火山岩的风化土厚度大于39m，矿体厚度大于1m。

4）岩屑型残积物：岩性主要为砂砾、砂、粉砂质黏土等，地貌上以丘陵为主。遥感影像色调为草绿色、灰白色、米黄色等，影纹图案呈蠕虫状、斑块状、橘皮状等。

（2）构造。

区内构造迹象主要是断裂构造。按方向划分，有东西向、南北向和北东向。

东西向仅有王五—文教构造带（F_1）。展布于北纬19°45′左右，是划分雷琼凹陷与琼中隆起的区域性构造带，其构造形迹除在铜鼓岭北面宝陵港见及外，其余地区地表未见出露，呈隐伏状产出。文昌铜鼓岭宝陵港一带，见宽10m破碎带，倾向南，倾角60~70°，由浑圆状角砾岩、糜棱岩等组成，并派生次级劈理带，具左旋压扭性特征。

区域上南北向构造形迹主要分布在文昌—南阳一带，见数条断续分布的近南北向平行状断裂，走向0~2°，倾向90°~92°，倾角32°~90°，单断裂长1.5~18km，宽0.5~5m。据其切错二叠纪花岗岩和白垩纪鹿母湾组，初步认为其形成于燕山期。主要断裂特征如下：

1）新桥—迈众断裂（F_2）：位于新桥东部—迈众东部一带，两端延伸出区外。区内长约18km，出露宽度约5m。构造破碎带走向近南北向，产状近直立，宽约5m。构造岩石为构造角砾岩，角砾成分为细粒花岗岩，大小1~10cm不等，棱角状，胶结物为铁质。

2）丰隆—湖尾断裂（F_3）：位于丰隆村—湖尾村一带，走向近南北向，长约5km，可见宽度约50cm，产状92°∠32°。断裂表现为发育构造破碎带，构造岩石分带明显，自西往东，依次为构造角砾岩、长英质糜棱岩。构造角砾岩角砾成分为石英，呈次棱角状—次圆状，胶结物为砂质、泥质。受该断裂控制派生一组产状为70°∠34°的压性节理，指示断裂具右旋压扭性特征。

（3）变质岩。

区内变质岩出露范围有限，呈零星分布。按变质岩的成因类型划分，区内变质岩有区域变质岩、动力变质岩、接触变质岩、气—液蚀变岩等类。

1）区域变质岩：区域变质岩在东、南、西面均有出露，呈零星分布。中元古界及古生界均遭受不同程度、不同期次的区域变质作用，而中生界、新生界未见区域变质迹象。中元古界经受高角闪岩相—低绿片岩相多期次的区域变质作用；古生界遭受区域低温动力变质作用，形成一套低压相系的浅变质岩系。岩石类型有变质粉砂岩、变质砂岩、板岩、绢云千枚岩、片岩、石英岩等，变质矿物主要为石英、绢云母、白云母、黑云母等。

2）动力变质岩：动力变质岩是各种岩石在不同性质应力影响下，发生破碎、变形和重结晶等作用而成，岩石的性质主要取决于应力的性质和强度，同时也受原岩的性质及物态（脆性或塑性）的影响，其分布严格受构造带的控制，主要分布于韧脆性断裂构造带中。岩石类型有碎裂岩化岩石、碎裂岩、构造角砾岩、糜棱岩化岩石、含黑云母石英初糜棱岩、闪长质糜棱岩等。

3）接触变质岩：在海西—印支期及燕山期侵入岩岩体顶部及周边围岩中常见热接触变质岩分布，热接触变质岩的变质强度与变质晕的宽度往往受侵入体的规模、产状及围岩性质等因素控制。岩石类型有角岩化岩石、斑点状板岩、长英质角岩、云母角岩等。

4）气—液蚀变岩：气—液变质岩出露较少，主要沿断裂带与动力变质岩相伴产出及在侵入岩与地层的热接触带的局部地段也有出现，所形成岩石的规模与产状受断裂和侵入体的规模及产状控制。按岩石受蚀变作用的强弱程度划分为强蚀变岩类和弱蚀变岩类。强蚀变岩类有硅化岩、绢云绿帘石岩等，弱蚀变岩类绢云母化、硅化、黄铁矿化、绿帘石化、褐铁矿化、云英岩化、黝帘石化、绿泥石化、高岭土化、碳酸盐岩化等。

（4）火山岩。

区内新生代火山活动频繁，主要沿王五—文教深大断裂分布。根据火山岩上下地层的时代、火山岩的测年数据、火山岩的风化壳的发育程度及火山岩机构保存完整程度，将区内出露地表新生代火山岩大致划分3期，为新近纪中新世蓬莱岭期（石马村组）火山岩、新近纪上新世金牛岭期（石门沟村组）火山岩，以及第四纪中更新世多文岭期（多文组）火山岩、晚更新世道堂期（道堂组）和全新世石山期（石山组）。

（5）侵入岩。

侵入岩主要分布在东部、南部和中西部地区。岩石类型以酸性花岗岩类为主，侵入时代主要为二叠纪，少量为三叠纪、侏罗纪和白垩纪。侵入岩共划分为两个构造岩浆旋回，即海西—印支期构造岩浆旋回和燕山期构造岩浆旋回。

2. 矿体特征

（1）矿体产于玄武岩风化的红土层中，分布于平缓山丘，依地形坡度成缓倾斜层状。倾角一般5°~8°，稍大于地形坡度角。矿体呈复碟状，平面形状受地形影响较大，依所在山形而呈各种不规则状，并为稻田沟谷所限及褐铁矿等影响，而成岛屿状分布，连续性较差。

（2）矿体顶板界线清晰，常成不规则的微波状凹凸不平。“波长”1~2m不等，“波幅”一般在数十厘米，少数在1~2m间。底板则常过渡为不含矿的红土。

（3）矿体较薄，一般30~60cm，局部达4~5m。埋藏浅，覆盖层厚度一般1~2m，局部可达7~8m。含矿率一般为400kg/m^3，最高达1000kg/m^{3}以上。局部地段常出现矿层突然增厚或变薄、覆盖层厚薄不均等现象。

3. 矿石特征

蓬莱矿区铝矿石多呈棕黄色，部分呈棕红、灰褐、灰黄及灰白色，块砾状。块度一般1~5cm，个别有1m以上者。常具棕黄和棕红相间之环带构造。多呈砂岩结构。残留较发育的气孔构造。硬度一般低于2，少量3~4，比重1.6左右。刻痕粗糙，区别于风化玄武岩呈油光的刻痕。

原矿（砾石加红土）品位：一般为：Al_2O_3：34%，SiO_2：13~19%，铝硅比1.7~2.6。

蓬莱铝土矿矿体主要产于红土层中，矿石矿物主要由三水铝石、高岭石、褐铁矿、黏土、针铁矿、赤铁矿、钛铁矿、磁铁矿绿泥石、伊丁石等组成。矿石结构主要呈隐晶—胶状结构、粒状结构、粉砂岩状结构、致密结构等，矿石构造主要为块砾状构造、多孔状构造、球状构造等，岩石伴生矿物主要有褐铁矿、赤铁矿等。

4. 控矿条件

矿源层主要为新近纪的石马村组和石门沟村组，岩石类型为玄武岩风化形成的红土层，气候条件为炎热潮湿，地貌条件为低缓山丘的山顶及山坡上部。

三、典型矿床成矿模式

1. 成矿物质来源

蓬莱铝土矿矿床的主要矿源层为新近纪石马村组、石门沟村组的橄榄玄武岩，主要赋矿岩石类型为第四纪红土层，岩石结构为块状或层状。

2. 成矿时代

成矿时代主要为第四纪。

3. 成矿机理和成矿模式

蓬莱铝土矿的成矿过程主要可分为两个阶段。

1）红土层的形成阶段（脱盐基阶段）：地面玄武岩处于潜水面以上，以物理风化与淋滤作用为主。钙、镁、钾、钠等首先溶解迁移，硅少量流失，大部分与铁、铝等残留原地，岩石迅速分解成高岭石、高岭土，进而形成红土层。

以斜长石为例，脱盐基阶段，H^+交换出矿物中的盐基离子形成可溶盐类而被淋溶流失，大部分的硅、铝、铁残留，形成以高岭石矿物为主的红土层。

$$Na_2Al_2Si_6O_{16} + HOH \rightarrow NaHAl_2Si_6O_{16} + NaOH$$

（酸性铝硅酸盐）

$$NaHAl_2Si_6O_{16} + HOH \rightarrow H_2Al_2Si_6O_{16} + NaOH$$

（酸性铝硅酸盐）　　　（游离铝硅酸盐）

$$H_2Al_2Si_6O_{16} + 5HOH \rightarrow H_2Al_2Si_2O_8 \cdot H_2O + 4H_2SiO_3$$

（高岭石）

铝土矿矿石的形成阶段（脱硅富铝阶段）：

当雨水逐步渗透到红土层中，与地下水汇聚一起，物理化学条件发生变化，继续与高岭石

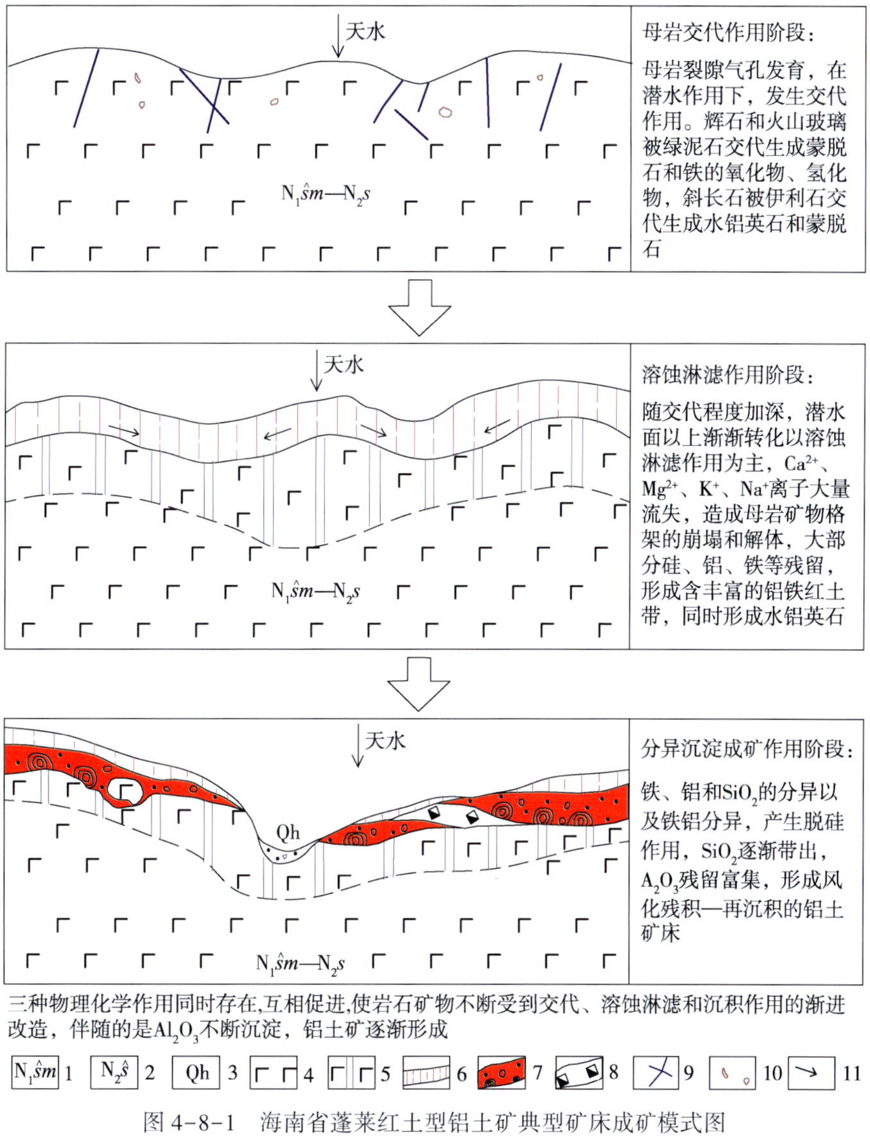

图 4-8-1　海南省蓬莱红土型铝土矿典型矿床成矿模式图

1—石马村组；2—石门沟村组；3—第四纪洪冲积层；4—玄武岩；5—风化玄武岩；6—红土层（带）；7—铝土矿层；8—褐铁矿层；9—构造裂隙（节理）；10—火山岩气孔；11—水流向

等矿物发生化学反应，水中含碱高而引起 pH 增大，硅被大量析出带走，少量在低处沉淀成蛋白石；铁除部分溶解迁移至低处成褐铁矿外，多残积在原地；铝小部分与残余的硅组成高岭土外，大部分经水化成三水铝石。在地下水活动带的上部，地下水最活跃，利于形成铝矿层；下部地下水活动较差，故只形成少量稀小的铝矿石，主要为上部渗滤下来的铁质沉淀而成的褐铁矿。玄武岩裂隙附近，物理化学作用强烈，迅速分解成红土，而向内则以化学作用为主，故形成球状及块状铝土矿。

2）脱硅富铝化阶段，高岭石等矿物被彻底分解，硅酸继续淋溶，而氧化铝富集。

$$\underset{\text{（高岭石）}}{H_2Al_2Si_2O_8 \cdot H_2O} + 3HOH — \underset{\text{（三水铝石）}}{Al_2O_3 \cdot 3H_2O} + 3H_2SiO_3$$

综上所述，随着玄武岩风化程度的深入，铝（铁）氧化物不断富集，逐步形成铝土矿床和褐铁矿矿床。其成矿模式图如图 4-8-1 所示。

第九节　磷矿种典型矿床及其成矿模式

一、矿床概况

海南省迄今已发现多个磷矿床（点），所属成因类型有海相沉积型、风化溶洞型、鸟粪型等，其中以海相沉积型为主，主要集中于三亚大茅预测工作区，包括大茅洞、红花岭、落笔洞、田独、富详村等。

大茅磷锰矿位于三亚市田独镇，属于大茅式海相沉积型磷矿，$B+C_1+C_2$ 级储量 1079.4×10^4t，P_2O_5 平均品位 10%~18%，属中型矿床。矿区磷矿化主要在中寒武大茅组沉积时期。

二、典型矿床地质特征

1. 矿区特征

（1）地层。

矿区内出露的地层有寒武系、奥陶系和第四系（图 4-9-1）。按时代新老顺序分述如下：

第四系：矿区第四系发育，构成区域性盖层，可分为冲、洪积层和残坡积层，厚 0~82m。洪、冲积层分布于河流两岸、山间低洼地带，由砂、砾卵石、黏土组成；坡积层分布在山坡、高地，由岩石碎块及泥土组成，一般厚 3~15m，个别钻孔厚达 50m。

奥陶系：上奥陶统包括干沟组、尖岭组、榆红组，为一套砾岩、砂砾岩、石英砂岩夹薄层粉砂质页岩。中上奥陶统沙塘组上部为页岩、粉砂质页岩夹灰岩含笔石化石；下部灰岩、含砾灰岩。中统牙花组，上部页岩夹灰岩，中部白云岩、灰岩夹硅质页岩、硅质岩，含磷块岩，下部石英砂岩夹粉砂质页岩。下奥陶统大葵组，为厚层灰岩夹薄层石英砂岩，底部为石英砂岩或复矿物砂岩。

寒武系：中下寒武统大茅组共分为 5 段。第五段，为灰岩、白云岩、白云质灰岩；第四段，为硅质岩、硅质页岩、磷块岩；第三段，为白云岩、灰岩夹磷块岩、含锰建造；第二段，页岩、粉砂质黏土岩、粉砂岩夹灰岩；第一段，中细粒石英砂岩夹粉砂岩、薄层灰岩。下寒武统孟月岭组，共为 5 段，在矿区仅见有上部三段出露。第五段为厚层粉砂质黏土岩，顶部夹白云岩、白云质灰岩；第四段为厚层灰岩；第三段为中细粒石英砂岩，下部为粉砂岩、粉砂质黏土岩。

（2）构造。

矿区内构造主要表现为断裂构造，褶皱次之，地层呈单斜产出。

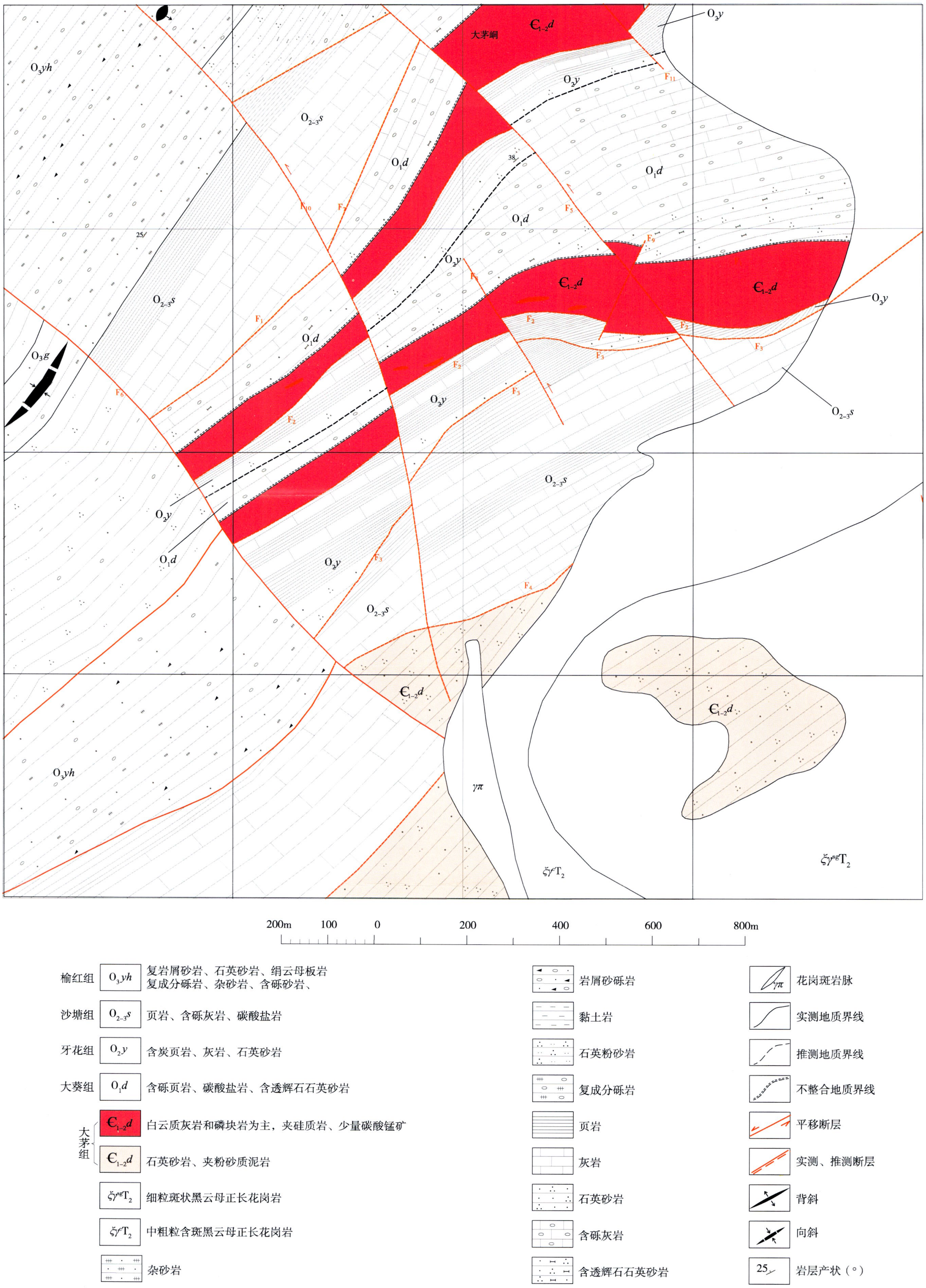

图 4-9-1　大茅洞矿区地质简图

区内断层由于第四系的掩盖，地表直接出露甚少，多数断层是经过钻孔控制，部分则为推测。主要断层为顺地层走向线延伸的纵断层和大角度斜交走向线的横断层，这些断层将矿区切割成棋盘格状，表现为地层走向线和纵断层沿走向的不连续性。主要的纵断层如 F_1、F_3、F_4，横断层如 F_5、F_6、F_8、F_{10}、F_{11}。其中 F_4 断层是区域性逆冲断层在大茅洞矿区的延伸，走向北东，倾向南东，断层上盘出露寒武系大茅组底部地层，下盘为奥陶系沙塘组。F13 断层也是一条区域性断裂，造成榆红组和沙塘组的断裂接触，与 F_4 断层构成一组区域性对冲断裂带。F_3 断层是主要的控矿构造，为一逆冲断裂，走向北东—北东东，倾向北西，断层上盘为寒武系大茅组，下盘出露牙花组或者沙塘组。F_6 断层是一条区域性横推断层，沿该断裂两侧的地层发生明显的左旋错断，包括错断区域性的 F_4、F_{13} 纵断层。其他横断层也造成矿区内地层的错断，如 F_5、F_{10}、F_{11}。

矿区位于轴向北东—南西的晴坡岭复向斜的南东翼，地层总体为一单斜构造，走向为北东—南西，倾向北西，倾角 50°~70°。其中中和岭地段地层走向、倾角变化较大，由西向东走向为北东（30°~50°）—北东东（80°）—南东东（100°~110°），倾向北西，倾角 40°~85°。

除了这些北西倾向的断层外，南东倾向的地层也有发育，主要受局部褶皱构造的控制。如 F_3 断层西侧存在一个连续的向斜、背斜构造，卷入的地层为大茅组和大葵组，而 F_3 和 F_4 断层间的沙塘组和牙花组也构成一个连续的向斜—背斜—向斜构造。这些褶皱枢纽大都为北东—南西走向，轴面直立，部分倒转。

（3）岩浆岩。

矿区的东面为三叠纪花岗岩所侵蚀，出露大面积的花岗岩、花岗斑岩。区内岩脉较为发育，钻孔多有波及。岩脉产出形式有顺层、斜切，或沿北东向断裂贯入。形态有似层状、脉状及不规则状。规模不等，大者长 400m，宽 80m，小者长数米，宽数厘米。矿区所见岩脉的岩性多样，主要为煌斑岩、细晶闪长岩、闪长玢岩、石英斑岩，其次还有辉绿玢岩、斜云英安岩等。各种岩脉具有不同程度的碳酸盐化及其他蚀变现象。浅部岩脉多风化呈褐黄色黏土。

（4）变质作用。

矿区主要有动力变质作用、气液变质作用、热接触变质作用、热液交代变质作用。

动力变质作用发育于断裂构造中，气液变质作用发育于断裂构造及两侧围岩中。在断裂构造中形成碎裂岩、硅化构造角砾岩、硅化碎裂火山岩、糜棱岩等。动力变质岩与热液蚀变往往相伴出现。主要蚀变类型有：硅化、绢云母化、绿泥石化、黄铁矿化、碳酸盐化等。热接触和热液交代变质作用主要与花岗岩、岩脉侵入相关，距离侵入岩岩体由近及远依次发育夕卡岩、角岩、片岩等。

2. 矿体特征

根据磷矿发育的不同层位及分布的地点，将矿区主要磷矿分为 9 层。沙塘村地段见一至三层磷块岩，由下而上分别编号为 PA、PB、PC；中和岭地段见六层磷块岩，自下而上依次编号为 P_1~P_6；矿区以第二层矿（P_2）规模最大，占全矿区储量总数的 70.42%。

（1）中和岭地段矿层分布及特征。

中矿层由 6 层磷块岩组成，由下往上依序编号为 P_1、P_2、P_3、P_4、P_5、P_6。以第二层磷块岩（P_2）厚度稳定，延伸远，规模大，储量多，为矿区的主要矿层。矿层总体走向为北东，倾向北西，倾角多变。

第一矿层：矿层呈似层状，由 1~3 个单矿层组成。单矿层层厚 0.58~22.18m，相距 3~8m。矿层顶底板均为白云岩，与碳酸锰共生。共生锰矿石常出现在矿层顶板或夹在矿层中。本矿层的矿石主要为生物碎屑硅质或钙质磷块岩，以矿石多具碎屑状、角砾状或鲕状等结构为特征。

第二矿层：矿层平面长度可达 2200m，倾斜延伸 60~370m。矿层呈层状，莲藕状。结构简单，夹石层少。矿层的顶底板围岩为硅质岩类，含三叶虫和腕足类化石；部分地段相变为白云岩、大理岩，含鳞屑和生物碎屑；矿层底部常有一层碳酸锰，构成矿层的直接底板。矿石主要为生物碎屑硅质磷块岩、生物碎屑钙质磷块岩，具生物碎屑结构、鲕状结构；此外，还有砂质磷块岩出现。矿石成分随顶板围岩变化，从生物碎屑硅质磷块岩相变到生物碎屑钙质磷块岩。

第三矿层：矿层呈似层状、透镜状。矿石成分主要为生物碎屑硅质磷块岩，少量生物碎屑钙质磷块岩，生物碎屑结构、泥状结构。矿层顶板围岩多为硅质页岩、硅质岩，部分为灰岩；矿层底板围岩为硅质页岩，部分地段相变为白云岩、大理岩。

第四矿层：矿层呈似层状、透镜状。矿石主要为生物碎屑硅质磷块岩。具有生物碎屑结构、泥状结构。矿层结构较复杂，夹石层较多，常被夹石分隔成小单层。矿层与锰矿共生，沿倾向磷锰矿层相变过渡。这一特征，矿区内其他矿层尚未发现。矿层的顶底板围岩为硅质页岩、硅质岩，极个别见白云岩或大理岩。底板围岩常为薄层状含紫红色泥质的硅质页岩，特征甚为明显，可以和其他矿层分开。

第五矿层：矿层呈透镜状，矿石为硅质磷块岩，泥状结构。矿层顶、底板为硅质页岩。

第六矿层：呈透镜状产于$\epsilon_{1-2}dm^5$石英砂岩层底部。矿石为砂质磷块岩。矿层顶板为钙质石英砂岩，底板为硅质页岩。

（2）沙塘村地段矿层分布及其特征。

上矿层由3层磷块岩组成。走向北东46°，倾向北西，倾角65°~78°，由下往上编号为PA、PB、PC。

PA矿层：分布于沙塘村一带，矿层呈透镜状，底、顶板围岩为透辉石化大理岩，矿石为磷灰岩，无夹石，矿层规模甚小。

PB矿层：矿层呈似层状，顶底板围岩为硅质岩、白云岩，向东变为大理岩。矿石为钙质—硅质磷块岩、钙质磷块岩。

PC矿层：矿层呈透镜状，由3个单层组成，规模小。矿层顶底板为灰岩。矿石为磷灰岩。

3. 矿石特征

（1）矿石矿物成分。

矿区的磷块岩矿石主要由磷酸盐矿物和脉石矿物两部分组成。磷酸盐矿物包括胶磷矿、细晶磷灰石，其中胶磷矿由碳氟磷灰石、非晶质磷灰石和部分细晶磷灰石组成。脉石矿物种类较杂，主要有硅质、石英、方解石、白云石、泥炭质、氧化锰矿物、碳酸锰矿物等；此外，常有少量绢云母、绿泥石、黄铁矿、石膏、磷钇石、榍石出现。局部因受变质作用或后期热液活动，偶尔出现透闪石、透辉石、石榴子石、滑石等，以及闪锌矿、方铅矿等金属硫化物。

（2）矿石化学成分。

矿区磷矿石化学成分主要包括P_2O_5、SiO_2、CaO、MgO，其次为Fe_2O_3、Al_2O_3、MnO、CO_2，以及少量F、K_2O、Na_2O、Y。其中P_2O_5、F及部分CaO来胶磷矿，绝大部分的CaO及MgO、CO_2是脉石矿物方解石、白云石的组分。SiO_2反映脉石的硅质成分，TFe、Al_2O_3、Na_2O、K_2O是绢云母、绿泥石、黄铁矿等矿物组分，Y来自伴生矿物磷钇矿，MnO代表共生锰矿物的存在。

矿区磷矿石P_2O_5的含量一般不高，最高为39.68%，最低仅为7.01%，多在12%~25%之间。

（3）矿石结构构造。

矿区常见的矿石结构，主要有泥状（隐晶状）、生物碎屑、角砾状、鲕状等结构，其次还有砂状结构、纤维花岗变晶结构、显微鳞片变晶结构。

矿区矿石多呈厚层状产出，矿石构造以块状为主，部分为条带状。

（4）矿石类型。

根据矿石的结构、构造特征和矿物组分含量，将矿区磷矿石划分为8种自然类型：致密块状磷块岩、生物碎屑磷块岩、角砾状磷块岩、鲕状磷块岩、条带状磷块岩、砂质磷块岩、钙质磷块岩、磷灰岩。

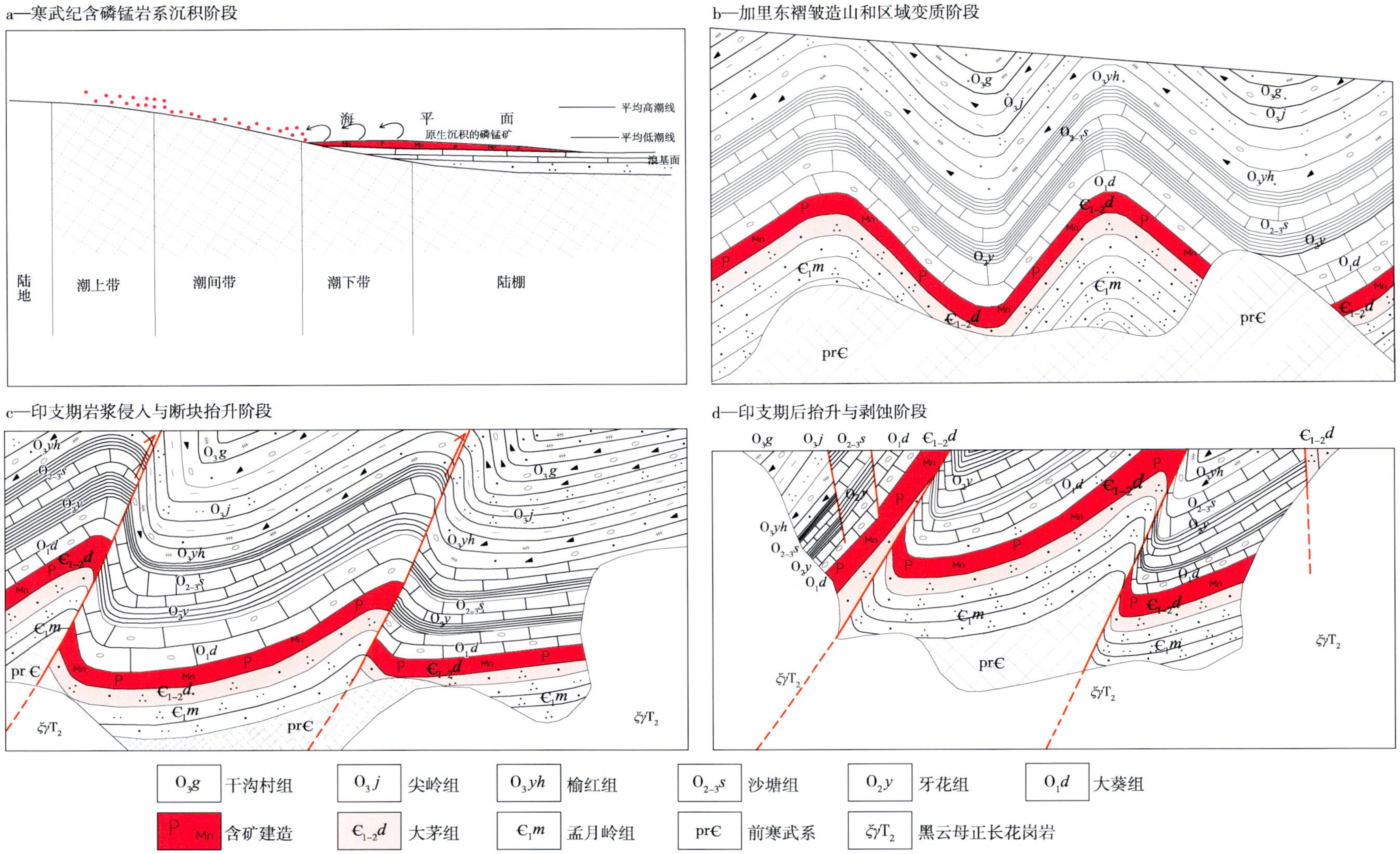

图 4-9-2 海南省大茅磷锰矿区典型矿床成矿模式图

三、典型矿床成矿模式

1. 成矿物质来源

大陆风化产生的 P 被河流输送到河口海岸带，造成 P 在潮下亚氧带海底发生生物化学沉积，形成原生磷矿，后期被碎屑物质埋藏；或者由于海平面降低遭受波浪、潮汐剥蚀破碎，并且随水动力发生搬运，在合适的地带，如潮下沙坝、潮坪，堆积成矿层，随后被碎屑物质掩埋。

2. 成矿时代

大茅磷锰矿为海相沉积型，其成矿时代与地层的沉积时代一致，为寒武纪大茅组沉积时期。

3. 成矿机理和成矿模式

矿床成因类型属海相沉积型磷矿床。大陆剥蚀产生的大量碎屑物质以及 Si、P 营养物质被河流输入到河口三角洲，Si、P 等在远离碎屑物质堆积的亚氧带水底沉积成矿，并且不时被水动力破碎再富集，后期被碎屑物质覆盖得以保存成岩（图 4-9-2a）。成岩后的多期构造扰动（图 4-9-2b 至图 4-9-2d），致使地层先发生近南北向褶皱，并且随后被东侧的推挤错断再改造。在此过程中，这个套地层发生逆冲断裂，致使含矿地层出露地表遭受剥蚀，成为最有力的探矿地点。

第十节　锰矿种典型矿床及其成矿模式

一、矿床概况

海南省迄今已发现 4 个锰矿床（点），所属成因类型以海相沉积型为主，主要集中于三亚大茅预测工作区，包括大茅洞、红花岭、落笔洞等。

大茅锰矿矿区位于三亚市田独镇，属于大茅式沉积型锰矿，锰矿（矿石量）109. 8×10^4t，平均品位 Mn：23. 17%，属小型矿床。

二、典型矿床地质特征

1. 矿区特征

（1）地层。

矿区内出露的地层有寒武系、奥陶系和第四系（见图 4-9-1）。按时代新老顺序分述如下。

第四系：矿区第四系发育，构成区域性盖层，可分为冲、洪积层和残坡积层，厚 0～82m。洪、冲积层分布于河流两岸、山间低洼地带，由砂、砾卵石、黏土组成；坡积层分布在山坡、高地，由岩石碎块及泥土组成，一般厚 3～15m，个别钻孔厚达 50m。

奥陶系：上奥陶统包括干沟组、尖岭组、榆红组，为一套砾岩、砂砾岩、石英砂岩夹薄层粉砂质页岩。中上奥陶统沙塘组上部为页岩、粉砂质页岩夹灰岩含笔石化石；下部灰岩、含砾灰岩。中统牙花组，上部页岩夹灰岩，中部白云岩、灰岩夹硅质页岩、硅质岩，含磷块岩，下部石英砂岩夹粉砂质页岩。下奥陶统大葵组，为厚层灰岩夹薄层石英砂岩，底部为石英砂岩或复矿物砂岩。

寒武系：中下寒武统大茅组共分为 5 段。第五段，为灰岩、白云岩、白云质灰岩；第四段，为硅质岩、硅质页岩、磷块岩；第三段，为白云岩、灰岩夹磷块岩、含锰建造；第二段，页岩、粉砂质黏土岩、粉砂岩夹灰岩；第一段，中细粒石英砂岩夹粉砂岩、薄层灰岩。下寒武统孟月岭组，共为 5 段，在矿区仅见有上部三段出露。第五段为厚层粉砂质黏土岩，顶部夹白云岩、白云质灰岩；

第四段为厚层灰岩；第三段为中细粒石英砂岩，下部为粉砂岩、粉砂质黏土岩。

（2）构造。

矿区内构造主要表现为断裂，褶皱次之，地层呈单斜产出。

区内断层由于第四系的掩盖，地表直接出露甚少，多数断层是经过钻孔控制，部分则为推测。主要断层为顺地层走向线延伸的纵断层和大角度斜交走向线的横断层，这些断层将矿区切割成棋盘格状，表现为地层走向线和纵断层沿走向的不连续性。主要的纵断层为 F_1、F_3、F_4，横断层为 F_5、F_6、F_8、F_{10}、F_{11}，其中 F_4 断层是区域性逆冲断层在大茅洞矿区的延伸，走向北东，倾向南东，断层上盘出露寒武系大茅组底部，下盘为奥陶系沙塘组。F_{13} 与 F_4 断层构成一组区域性对冲断裂带，造成榆红组和沙塘组的断裂接触。F_3 断层为一逆冲断裂，是主要的控矿构造，走向北东—北东东，倾向北西，断层上盘为寒武系大茅组，下盘出露牙花组或者沙塘组。F_6 断层是区域性横推断层，沿该断裂两侧的地层发生明显的左旋错断，包括错断区域性的 F_4、F_{13} 纵断层。其他横断层也造成矿区内地层的错断，如 F_5、F_{10}、F_{11}。

矿区位于轴向北东—南西的晴坡岭复向斜的南东翼，地层总体为一单斜构造，走向为北东—南西，倾向北西，倾角 50°~70°。其中中和岭地段地层走向、倾角变化较大，由西向东走向为北东（30°~50°）—北东东（80°）—南东东（100°~110°），倾向北西，倾角 40°~85°。除了这些北西倾向的断层外，南东倾向的地层也有发育，主要受局部褶皱构造的控制。如 F3 断层西侧存在一个连续的向斜、背斜构造，卷入的地层为大茅组和大葵组，而 F_3 和 F_4 断层间的沙塘组和牙花组也构成一个连续的向斜—背斜—向斜构造。这些褶皱枢纽大都为北东—南西走向，轴面直立，部分倒转。

（3）岩浆岩。

矿区的东面为三叠纪花岗岩所侵蚀，出露大面积的花岗岩、花岗斑岩。区内岩脉较为发育，钻孔多有波及。岩脉产出形式有顺层、斜切，或沿北东向断裂贯入。形态有似层状、脉状及不规则状。规模不等，大者长 400m，宽 80m，小者长数米，宽数厘米。矿区所见岩脉的岩性多样，主要为煌斑岩、细晶闪长岩、闪长玢岩、石英斑岩，其次还有辉绿玢岩、斜云英安岩等。各种岩脉具有不同程度的碳酸盐化及其他蚀变现象。浅部岩脉多风化呈褐黄色黏土。

（4）变质作用。

矿区主要有动力变质作用、气液变质作用、热接触变质作用、热液交代变质作用。

动力变质作用发育于断裂构造中，气液变质作用发育于断裂构造及两侧围岩中。在断裂构造中形成碎裂岩、硅化构造角砾岩、硅化碎裂火山岩、糜棱岩等。动力变质岩与热液蚀变往往相伴出现。主要蚀变类型有：硅化、绢云母化、绿泥石化、黄铁矿化、碳酸盐化等。热接触和热液交代变质作用主要与花岗岩、岩脉侵入相关，距离侵入岩岩体由近及远依次发育夕卡岩、角岩、片岩等。

2. 矿体特征

矿区锰矿化主要在中寒武大茅组沉积时期，主要有多个含锰层位，即寒武系大茅组第三（$\epsilon_{1-2}dm^3$）、第四层（$\epsilon_{1-2}dm^4$）。根据它们所发育的地段分为田边岭地段和中和岭地段。

（1）田边岭矿体：坡积锰矿分布范围为椭圆形长轴约 300m，短轴约 250m，面积 75000m^2，一般厚度 1.5~2.5m，岩性为土褐色锰矿粒，是因外面包裹一层泥土所致，一般粒径在 0.5~2cm 左右，锰粒新鲜面为铁黑色，埋藏深度 0~0.5m，部分达 6m，淋滤锰矿分布零星，不常见，价值不大。

（2）中和岭矿体：中和村矿床沿中和村后，低山脊山坡堆积，呈不规则的长条状，长约 900m，宽约 130m，平均厚度 1.5m，埋藏很浅，半数在 0.5m 以下，最厚达 3m。

3. 矿石特征

（1）矿石矿物成分。

矿区的锰矿石主要由矿石矿物和脉石矿物两部分组成。矿石矿物包括碳酸锰矿物、氧化锰矿物，其中碳酸锰矿物由菱锰矿、锰方解石等组成，氧化锰矿物主要为次生软锰矿、硬锰矿和坡残积粒状锰组成。脉石矿物种类较杂，主要有硅质、石英、方解石、白云石、泥炭质、磷灰石、胶磷矿等；此外，常有少量绢云母、绿泥石、黄铁矿、石膏、磷钇石、榍石出现。局部因受变质作用或后期热液活动，偶尔出现透闪石、透辉石、石榴子石、滑石等，以及闪锌矿、方铅矿等金属硫化物。

（2）矿石化学成分。

矿区锰矿石化学成分主要包括 Mn_2CO_3、MnO、SiO_2、CaO、MgO，其次为 Fe_2O_3、Al_2O_3、P_2O_5、CO_2，以及少量 F、K_2O、Na_2O、Y。其中 Mn_2CO_3、MnO 分别来自菱锰矿和软锰矿，绝大部分的 CaO 及 MgO、CO_2 是脉石矿物方解石、白云石的组分。SiO_2 反映脉石的硅质成分，TFe、Al_2O_3、Na_2O、K_2O 是绢云母、绿泥石、黄铁矿等矿物组分，Y 来自伴生矿物磷钇矿，P_2O_5 代表共生磷矿物的存在。

矿区氧化锰矿石中锰的含量最高为48.95%，平均为23.17%。

（3）矿石结构。

矿区常见的矿石结构主要有隐晶至细粒结构、土状、粒状、粒状镶嵌结构，其次还有肾状、带肉红色细脉及块粒结构、变余隐晶结构。

（4）矿石构造。

矿区矿石多呈厚层状产出，矿石构造主要为块状。

4. 控矿条件

形成于陆源物质相对稀少的潮汐带、潮下带，主要发育于潮坪相白云岩—硅质岩类建造，主要分布于中寒武统大茅组第三、四段，现主要沿北西倾向的逆冲断裂带分布。

三、典型矿床成矿模式

1. 成矿物质来源

含矿地层为白云岩、白云质灰岩，锰矿层一般与硅质岩、硅质页岩、磷矿层共生，夹于碳酸盐岩之中。砂岩为次要含矿地层。

2. 成矿时代

大茅锰矿为海相沉积型，其成矿时代与地层的沉积时代一致，为寒武纪大茅组沉积时期。

3. 成矿机理和成矿模式

矿床成因类型属海相沉积型锰矿床。大陆剥蚀产生的大量碎屑物质以及 Mn 等成矿物质被河流输入到河口三角洲，Mn 等成矿物质在远离碎屑物质堆积的亚氧带水底沉积成矿，并且不时被水动力破碎再富集，后期被碎屑物质覆盖得以保存成岩（见图4-9-2a）。成岩后的多期构造扰动（见图4-9-2b至图4-9-2d），致使地层先发生近南北向褶皱，并且随后被东侧的推挤错断再改造。在此过程中，这套地层发生逆冲断裂，致使含矿地层出露地表遭受剥蚀，成为最有力的探矿地点。

第十一节　硫矿种典型矿床及其成矿模式

一、矿床概况

在全省已发现的硫铁矿床中，成因类型有沉积变质型硫铁矿和矽卡岩型硫铁矿。本次选择了昌江石碌硫铁矿，保亭情安岭硫铁矿作为典型矿床进行研究。

昌江石碌硫铁矿床位于海南省昌江黎族自治县，属于沉积变质型硫铁矿，矿石量资源储量

5143kt，平均品位 S：14.5%～18.65%，属中型矿床，石碌矿区大致分为北一、保西、大英山、红头山、三阶沟、枫树下等6个矿段。

保亭情安岭硫铁矿床位于海南省保亭县，属于矽卡岩型硫铁矿，资源量储量铁矿石：530.685kt，硫铁矿石：516.716kt，铜金属量：3705t，铁矿石平均含铁58.90%～30.66%，硫铁矿石平均品位27.27%～11.81%，铜平均品位1.11%～0.79%，属小型矿床，情安岭矿床有21个矿体，其中101、105、301、302、304为5个主要矿体。

二、典型矿床成矿要素特征

（一）昌江石碌硫铁矿

1. 矿区特征

（1）地层。

石碌硫铁矿矿区地层以青白口系石碌群为主，也是硫铁矿的主要赋矿层位，震旦系石灰顶组假整合于其上，矿区还可见石炭系南好组、青天峡组及二叠系峨查组、鹅顶组及南龙组地层。青白口系石碌群是一套低绿片岩相、局部达到角闪岩相变质为主的浅海相、浅海—潟湖相含铁火山—碎屑沉积岩和碳酸盐岩建造。按岩性自下而上又可分为6层，为一连续过渡关系，各层岩性由老至新分述如下。

第一层：主要分布在矿区南部，露头以金牛沟、二阶沟西及昌化江等地出露最好，在乌烈铜矿的东部和北部也有零星出露。岩性主要为青灰色、灰绿色的石英绢云母片岩，细粒鳞片状变晶结构，片状构造，略呈丝绢光泽，风化后呈紫红色，片理清晰，靠近花岗岩部分有红柱石变晶。矿物主要为石英、绢云母为主，次为黑云母、绿泥石、黄铁矿、磁铁矿等，呈细粒鳞片状结构，局部有斑点构造，斑点为细小的绢云母、石英集合体。本层为矿区最下部地层，岩层走向大致北60°西，倾向北东，倾角60°～70°，厚度大于280m。

第二层：主要分布在矿区南部，露头以金牛沟、昌化江两岸出露最好，岩性主要为含燧石结核结晶灰岩，呈灰黑色、块状、性脆、微结晶、有燧石条带状结核，局部含泥质及炭质，矿物主要为白云石及方解石，次为磁铁矿、黑云母、绿泥石、褐铁矿等，击之有臭味，近花岗岩处结晶较粗。岩层平均走向北60°西，倾向北东，倾角40°～60°。厚度15～100m。

第三层：主要分布在矿区的西南马鞍岭、茅安村及黎东公路一带，露头以昌化江、黎东公路为最好，从金牛岭南坡到枫树顶一线也出露较好，与石碌岭北麓的第三层构成向斜的两翼。岩性主要为绢云母石英片岩及绢云母片岩，分布不规则，以前者为多，呈灰色、片状构造，丝绢光泽，片理发育，风化后呈黄褐色，矿物以绢云母、石英为主，其次为黑云母、长石、绿泥石、电气石等，呈细粒鳞片状结构，条带状构造，有的有斑点构造，斑点为绿泥石、黑云母、石英、绢云母等集合体。西部与片麻状花岗岩接触部位变质较深，成石英白云母片岩，中部变质最轻，为灰黑色青灰色之千枚岩（分布在马鞍岭），千枚岩中残余波状层理清晰，岩层走向大致为北西—南东向，倾向北东，倾角不定，厚度200～220 m。

第四层：本层构成一复杂的向斜构造，西南翼分布在测区中部的歌杭岭、武烈岭、金牛岭一带，东北翼在石碌矿区以东。西南翼变质较深，主要为绢云母片岩及部分石英绢云母片岩，呈灰色至灰绿色，风化后为黄褐色，片状，丝绢光泽，细粒鳞片状结构，局部有显微破劈理构造，矿物以绢云母为主，次为石英、黑云母、电气石、磁铁矿、黄铁矿等，石英微脉沿片理贯入，致使部分片岩遭受硅化。上部石英含量增加，转变为绢云母石英片岩，并夹有薄层透镜状白云质结晶灰岩，在与花岗岩接触部分出现灰黑色之红柱石角页岩，红柱石成长柱状不规则的插在中间，晶体最长的达5cm，在红柱石角页岩内侧即出现斑点绢云母片岩，斑点呈长柱状及椭圆状，大部分为绢云母黑云母、细粒石英集合体。矿区露头主要分布在羊角山到枫树顶南侧一线及石碌岭的北坡，岩性主要为白色到灰白色块状构造石英岩，岩层走向主要为北 50°西，倾向北东，倾角 30°~60°，厚度 80~140m。东北翼大部分为千枚岩，出露在石碌矿区以东的石碌河一线，呈灰色至灰黑色，风化后呈黄色，丝绢光泽，千枚状构造，矿物以绢云母及石英为主，其次为黑云母、电气石、磁铁矿、黄铁矿等，在靠近花岗岩部位变质较深，为绢云母石英片岩或绢云母片岩，硅质含量增加，片理不显，并微呈油脂光泽，千枚岩中所夹的透镜状结晶灰岩，在近花岗岩及岩脉部位出现透辉岩、硅质岩等岩石，矿物为石榴子石、透辉石、透闪石、绿帘石、符山石等，且大部分受强烈硅化，局部有锰矿化现象。岩层大致走向为北西—南东，倾向北东，倾角 40°~60°，东北翼为一系列倒转褶皱，与西南翼构成一系列向南西倒转的复式向斜。

第五层：主要分布于石碌矿区金牛岭南坡至鸡心坳、鸡心村一带，露头以金牛岭南坡、枫树沟、鸡心河等地出露最好，在枫树下、枫树顶、石碌岭北及猴子顶一带，南北两翼构成向斜，本层为含矿层的底盘岩层，与含矿层整合接触。本层下部为条带状岩石，以石英为主的白色条带和绢云母为主的灰色条带相间，再向下绢云母含量减少，过渡到石英片岩或石英岩，厚度大于 450m。岩层大致走向为北西—南东，倾向北东，倾角 50°~70°，中部因花岗岩侵入，走向变化较大，东北翼为一系列倒转褶皱，与西南翼构成一系列向南西倒转的复式向斜。

第六层：本层为矿区主要含矿层，由于褶皱扭曲，故出露不很规则，主要分布在石碌岭、保秀山、正美山、大英山、鸡心坳及枫树下等地。该层分自下而上分为下、中、上三段。下段以二透岩化白云岩及白云岩为主，夹似层状石英岩、铁质碧玉岩等，夹钴铜矿 2~3 层，是重要的含钴、铜岩性段。本层岩性复杂、厚度变化大、具韵律层理和波状层理。顶部向含铁岩系过渡部位断续见硬石膏、石膏岩，与铁矿体直接接触的二透岩，通常表现由灰白色、黄绿色角闪石透闪石和阳起石组成的条带与由长石和石英组成的条带交替出现，或者表现由褐红色或咖啡色硅酸盐矿物（石榴子石为主，其次是角闪石或透辉石、钾长石）组成的条带与黑色铁氧化物组成的条带交替出现；中段是含铁主要层位，由含钾长石眼球的条带状二透岩和含石榴子石的条带状二透岩、条带状二透岩化白云岩及铁质千枚岩或铁质砂岩组成，局部夹火山质凝灰岩、石膏和碧玉铁质岩等，中夹赤铁矿（局部含磁铁矿、假象赤铁矿）多层；上段主要由白云岩、含泥质或炭质白云岩及二透岩组成，夹炭质板岩或千枚岩，含宏观藻类化石；本层下部结晶灰岩占主要比例，在铁矿体的周围大部分为透辉石透闪石灰岩，故认为有密切关系，本层厚度大于 800m。

震旦系石灰顶组：该层主要分布在石灰岭、红房山及石灰顶等处，在枫树顶、正美山等处也有零星出露，岩性主要为含赤铁矿石英砂岩、石英岩、赤铁矿粉砂岩、泥岩，局部还出现条带状薄层铁锰质岩，底部与石碌群第六层接触部位有不稳定的泥砾岩出现，岩层大体走向也是北西南东向，倾向北东，该组地层假整合覆盖于石碌群地层之上。

下志留统空列村组：该地层分布较少，仅出露在石碌矿区的西南角，岩性主要为炭质泥岩、板岩、千枚岩、片岩、砂岩等，北东方向与石碌群第四层平行不整合接触，其他部位均与花岗岩角度不整合接触。

下石炭统南好组：该组由下向上分为两层，第一层岩性主要为千枚岩、斑点状千枚岩、砂岩夹铁矿、透闪石化硅质板岩、薄层状白云岩、底为砾岩，主要分布在三棱山、鸡心岭、朝阳、鸡心村一带，岩层走向为北西南东向，在叉河农场二队沿 F_{55} 断裂西侧呈南北向展布；第二层岩性主要为千枚岩、含炭千枚岩、白云岩、底为砂砾岩，主要分布在 F_{31} 断裂与 F_{32} 断裂之间靠近北侧，鸡心岭方向呈北西向展布，红头山方向呈近北东向展布，第二层的分布范围要比第一层小得多。

上石炭统青天峡组：岩性主要为白云岩、白云质灰岩、透辉石透闪石岩、含燧石结核灰岩夹千枚岩、粉砂岩。该地层主要分布在石碌矿区花梨山，在 F_{31} 断层的上盘，东侧与二叠系峨查组整合接触。

下二叠统峨查组与鹅顶组：峨查组位于二叠系的最底层，岩性主要为砂岩、千枚岩夹灰岩，底部为砾岩，鹅顶组岩性主要为泥质条带状灰岩。主要分布在石碌矿区的东部叉河农场附近，为海矿采石场的主要采矿层位，岩层走向呈近南北向展布，在鸡心村的东北角也有峨查组地层出露。

下—上二叠统南龙组：岩性主要为砂岩、粉砂质千枚岩、硅质团块、灰岩、灰岩透镜体、底部为砂岩，主要分布在石碌水库的南侧，分布范围较大。

（2）构造。

1）褶皱。

石碌矿区褶皱构造为一轴向近北西—南东向的复式向斜构造。该复式向斜向西扬起、收敛，向东南倾伏开阔，自北而南，由三棱山向斜、鸡心岭背斜、北一向斜、红房山背斜和石灰顶向斜等次级褶皱组成。三棱山向斜轴向近北东东，本次钻孔主要布设在该向斜的北翼，南翼仅少量钻孔控制，从该区地层的产状、矿体的赋存形态也证实了该向斜的存在。鸡心岭背斜轴向也为北西—南东向，该背斜的存在，导致矿体厚度变薄变差，红房山背斜是以石碌群第五层片岩在平面上呈窄条状隔挡式展布为特征，背斜枢纽自西向东倾伏，潜入深部渐趋消失，北一向斜与石灰顶向斜复合为一宽缓的向斜、复向斜在矿区的东部为 F_7 断层横切，在 F_7 断层以东被石炭二叠纪地层所覆盖。复式向斜的南翼地层出露产状也比较稳定，除近 F_1 断层一带受构造及滑坡作用影响，局部呈反倾外，皆呈北西南东向延伸，倾向北东，翼部次级褶曲不明显。复向斜的北翼，亦即北一向斜北翼地层出露不完整，石碌群第一、二层及部分第四层为岩浆岩破坏，产状很不稳定，除北一向斜西段发育有两个低序次的平行于复向斜之背斜、向斜外，北翼地层普遍向南倒转，形成斜歪褶皱，唯保秀区段较为正常，走向东西，倾向南，而正美区段因 F_{32} 断层之东盘向南推移及岩浆岩侵入挤压影响，次级褶曲发育，岩层沿倾斜波状起伏。

2）断裂。

伴随褶皱而存在的断裂构造也较发育，计有北西—北北西、北东东—东西及北北东至近南北向3组（图4-11-1）。

北西—北北西组：包括北一西段 F_{20}、F_{21}，北一东段 F_{25}、F_{30}、F_{31}，南矿枫树下 F_{22}、F_1、F_2 等断裂为代表，规模不一，多属压扭性断层。断层面舒缓波状，沿断裂发育有片理化带、构造透镜体等挤压构造形迹。该组断裂部分多次活动，并转化为张性，先后为中酸性、基性岩岩脉贯入，如 F_{25}。

北东东—东西组：包括北一东段 F_{26}、F_{27}，正美区段 F_5，南矿区段 F_{23}、F_{24} 等断裂。倾向南—南东或北—北西，倾角较陡。断层带内见挤压片理、破劈理及构造透镜体，亦见棱角明显的构造角砾，并时有岩脉充填，或属张压性正断层，或为压扭性逆断层。

北北东至近南北组：包括北一西段 F_{19}，北一东段 F_{29}，南矿区段 F_8 及矿区东段 F_6、F_{32}、F_7 等。普遍生成较晚，规模较大。如 F_6、F_{32}、F_7 等均横贯全区（见图4-2-1）。断裂带内可见大小不一、棱角明显的构造角砾，挤压片理、构造透镜体及有岩脉、石英脉充填，力学性质既有张性，也有压扭性，其中南北组多为西盘上升，东盘下降的正断层。

总之，3组断裂的上述特点也反映了本区先后遭受过两次不同方向的应力作用。然而，不论何组断裂，都形成于成矿之后，对矿体的分布、赋存不起控制作用，相反，不同程度地破坏了褶皱构造、含矿岩系以及矿体的连续完整性。尤其以南北组断裂为甚，造成复向斜往东先呈阶梯状下陷，至E13线附近矿体埋藏最深，E13~E19线又渐渐抬升，E19以东又有下陷趋势。

（3）岩浆岩。

矿区内岩浆岩以侵入岩为主。矿区南、北、西三面为侵入岩所环绕，岩石类型以花岗岩类为主。矿区南部、北部为儋县岩体，岩性为海西—印支期斑状、似斑状（角闪）黑云母二长花岗岩、花岗闪长岩，普遍具片麻状构造，部分为条带状、眼球状构造，片理方向与岩体展布方向一致，即与北东—南西向构造线吻合。K-Ar、Rb-Sr 和锆石 U-Pb 同位素年龄为 190~320 Ma。矿区西部为黑岭及三狮岩体，其岩性主要为燕山晚期花岗斑岩、角闪石黑云母二长花岗岩，K-Ar 同位素年龄 128~134 Ma。海西—印支期花岗岩属陆壳改造型钙碱性花岗岩，燕山晚期花岗岩属同熔型钙碱性—碱性花岗岩。两期花岗岩均以壳源为主，但有下地壳或地幔成分的混入，其中，燕山期幔源组分偏多。

此外，矿区内尚发育花岗斑岩、伟晶岩、石英斑岩、闪长岩、煌斑岩、辉绿岩、细粒花岗岩等燕山晚期岩脉，这些基性岩岩脉 K-Ar 同位素年龄 97~100 Ma。花岗斑岩是分布最多的一种脉岩，平面上，这些斑岩岩脉呈“S”形，主要沿北北西至北西向和北东东至北东向两组断裂和/或不同岩层接触带分布，侵入中心则位于矿区东南面；垂向上，侵位于第六层主含矿层位的系列岩脉则位于矿体上方或旁侧，且呈小型透镜体作雁列式左行斜列，指示与北北西至北西向逆冲断层运动方向一致。矿区北部的北一区段、正美区段，岩体与石碌群沉积变质岩系乃至铁矿体成侵入接触关系，沿外接触带普遍不同程度地存在着接触变质现象，形成角岩类及部分赤铁矿转化为磁铁矿，但未发现岩体与铜钴矿体直接接触。

（4）变质、蚀变岩。

石碌矿区经历了多类型的变质和热液蚀变作用，主要包括区域变质作用、（热）动力变质作用、热接触变质作用和热液蚀变作用。其中，接触变质作用主要表现近花岗岩接触带的石碌群第一至第五层赋矿围岩中出现红柱石和电气石等矿物、部分赤铁矿体转变为磁铁矿、岩体中黑云母矿物增多及少量石榴子石和透辉石矿物出现；区域变质作用和动力变质作用在矿区发育广泛，表现为（低）绿片岩相的片岩、千枚岩、变石英砂岩和鳞片变晶结构的赤铁矿，以及具多种剪切构造的糜棱岩。热液蚀变表现为 3 个时期：钙镁铁质矽卡岩化阶段、青磐岩化阶段、第三阶段与北北东—北东向和北北西—北西向共轭断裂活动及燕山晚期花岗斑岩岩脉等侵位有关。

2. 矿体特征

石碌硫铁矿类型主要为沉积变质型，矿床受层位（石碌群第六层）、岩性（二透岩化白云岩或白云岩）、构造（复式向斜、层间剪切滑脱带、构造面理）和不同岩性界面等严格控制，所以矿体多呈层状、似层状。石碌硫铁矿矿体规模小，为中型矿床。石碌硫铁矿为隐伏的盲矿体，均是在勘探铁矿石所发现的。矿体共有北一、保西、大英山、红头山、三阶沟、枫树下等 6 处。北一、枫树下两矿体呈脉状，形态复杂、规模小，保西、大英山、红头山、三阶沟矿体均具有工业价值，其中以保西矿体规模较大。各矿体的分布产状特征如下。

（1）保西硫铁矿体：位于保西铁矿的第三号矿体之上，交代铁矿体的二透岩化白云岩或白云岩，呈似层状和透镜状，均不出露地表。共分为 4 个矿体，其中以二、三号矿体规模较大，一、二号矿体厚度小，一号矿体分两层，中间被第一层铁矿体所分，矿体长 77m，宽 105m，厚 7m。二号矿体产于第二矿体中，长 50m，宽 63m，厚 3m，以上矿体均在 37 号剖面中见到。三号矿体分两层，产于第三号铁矿体的上下盘，长 240m，宽 174m，厚 14m。四号矿体产于第三号矿体上下盘，长 156m，宽 113m 左右，该矿体仅见于 35、36 两剖面中。有最上部矿体至最底部矿体的相互间距共 60m 左右，形态厚度与相邻剖面呈分叉吻合现象。矿体埋藏深度最高见矿标高 292m，最低出矿标高 167m，相对高差 125m，离地表最浅 15m。矿体产状与铁矿一致，走向北 40°东，倾向南东，倾角 39°左右，形态随铁矿一向斜尖灭。

（2）红头山硫铁矿体：位于红头山铁矿体底部的二透岩化白云岩或白云岩中，呈似层状、层状、透镜状。共分 3 层，层间上下间距 5~10m，矿体以第三层厚度最大，为 3~16m，其余两层为 2~5m。矿体宽 180~250m，长 210m，产状与铁矿一致，呈北东走向，倾向南东，倾角 25°左右。矿体最大见矿标高 146m，最低出矿标高 23m，高差 123m，距地表最浅处 40m。

（3）大英山矿体位于荅应闪铁矿体的第一层与第二层之间，交代二透岩化白云岩或白云岩，呈透镜体产出，进一个钻孔（ZK163）见矿，共分为 3 层：其中以上部第一、二层为主，长 145m，宽 100m，厚 4m，第三层长 100m，宽 80m，三层相互间距 21m。矿体埋藏深度标高 203~337m，高差 1344m，距地表最浅的南翼 20m，矿体与产状与铁矿一致，大致走向北 50°西，倾向北东，倾角 50°。

（4）三阶沟硫铁矿位于三阶沟铁矿体的下部，产于二透岩化白云岩或白云岩底部边缘，矿体底盘直接和绢云母石英片岩接触，有一个钻孔（ZK162）见到矿体，呈透镜状产出，矿体长 83m，宽 100m，厚 7m，埋藏深度标高 150～187m，高差 37m，离地表最浅处 94.22m，产状和铁矿体一致，呈一小背斜形。

3. 矿石特征

（1）矿石矿物成分。

石碌矿区硫铁矿的矿石矿物主要为黄铁矿，磁黄铁矿。主要非金属矿物有石英、透辉石、透闪石、绢云母、重晶石、石膏、方解石等。

矿石主要矿物的特征描述如下：

黄铁矿：成自形—半自形—他形粒状结晶，以细粒晶体为主。在块状矿石中呈密集状堆积产出，在浸染状矿石中，呈细脉状、网脉状、填隙状、星散状分布。并受容矿围岩裂隙构造控制。黄铁矿与脉石连生界面平滑而清楚。

（2）矿石结构、构造。

昌江石碌矿区硫铁矿为隐伏矿体，所以矿石为原生矿石，矿石以粒状构造、块状构造、密集浸染状构造为主，其次为蠕虫状构造、团脉状构造为主。

（3）矿石类型。

矿石均为原生矿石。

4. 围岩蚀变

石碌矿区的围岩蚀变主要有透辉石透闪石化、矽卡岩化、黄铁矿化，具体分述如下。

（1）透辉石透闪石化硫铁矿部分的围岩受影响而成为透辉石透闪石灰岩，岩性呈灰白色及浅绿色，一般结晶较细，常与黑云母组成条带状构造。

（2）矽卡岩化：透辉石透闪石灰岩局部有矽卡岩岩化现象，主要为成矿期前形成。

（3）黄铁矿化：铁矿体附近透辉石透闪石灰岩内及矿体底部边缘部分普遍见到。除黄铁矿外，常有磁黄铁矿、黄铜矿共生，为细脉状或散染状。

5. 矿体的控矿因素

（1）构造因素：主要受加里东期的轴向为北西西—近东西向的复式向斜构造控制，以及由复式向斜所引发的一系列断层的控制，而断层对成矿影响不大，甚至后期断层段矿体的连续性，整体性起破坏作用。

（2）岩浆岩因素：矿区内主要有海西—印支期斑状/似斑状（角闪）黑云母二长花岗岩、花岗闪长岩，燕山晚期花岗斑岩、角闪石黑云母二长花岗岩。岩浆的侵入为成矿提供热源和少量的物质来源，矿床的形成主要与早期喷出沉积的中酸性火山物质有关。

（3）地层因素：矿体受青白口系石碌群第六层控制。

（4）矿床类型：矿床类型为沉积变质型硫铁矿。

（二）保亭情安岭硫铁矿床

1. 矿区特征

（1）地层。

矿区的地层分布在南部地区，主要是志留系上统足赛岭组和石炭系南好组。

足赛岭组：分布在矿区中部，向北、南延伸出矿区，面积 0.93km^2，岩性由千枚岩、含炭千枚岩、结晶灰岩组成。

南好组：分布在矿区北西部，向北延伸出矿区，面积 0.32 km^2，岩性由含砾不等粒石英砂岩、砂岩、板岩、结晶灰岩组成。

（2）构造。

矿区位于南好褶皱带的南翼，区内地层发生严重变形扭曲，甚至形成倒转背、向斜。断裂构造以北北东向为主（图4-11-1）。

断裂构造 F_1：断裂构造总体上近北北东走向，长1km，该断裂切割南好组、足赛岭组，使地层产生错断，断裂带中可见断层角砾岩。

断裂构造 F_2：位于断裂构造 F_1 的东侧，断裂构造总体上近北北东走向，长0.93km，该断裂切割石炭系断层，使地层产生错断，断裂带中可见断层角砾岩。

（3）岩浆岩。

矿区内出露的主要是三叠纪、白垩纪的侵入岩。此外，还有石英脉、闪长岩岩脉侵入于地层中。

1）三叠纪侵入岩。主要分布在矿区南部地区，矿区内出露面积达0.53km^2。岩性主要是（角闪石）黑云母二长花岗岩，花岗结构，另外还见交代残余结构，块状、片麻状构造，矿物成分钾长石45%，斜长石29%，石英21%，黑云母5%，微量锆石、磷灰石、榍石、褐帘石等。

2）白垩纪侵入岩。主要呈岩脉状分布在北部地区，岩性为石英闪长斑岩。岩石呈灰白色，斑状结构，块状构造，斑晶约占5%~10%，成分主要为石英、长石，斑晶大小2~4mm。基质呈微细状，矿物组分：角闪石1%~3%，黑云母10%~17%，斜长石30%~45%，钾长石14%~35%。岩石普遍可见绿泥石化蚀变。

（4）变质、蚀变岩。

矿区内含铜、硫铁矿化形成于花岗斑岩与结晶灰岩的接触带矽卡岩岩体中，受北东20°~40°、近北西65°~70°两组裂隙控制。目前已发现2条铁矿化带，其中306矿化带宽1.6~16.7m，长大于50m，品位：Fe最高1.30%，最低0.5%，一般1.22%；S最高0.4%，最低0.27%，一般0.36%。307矿化带宽0.4~29.4m，长大于110m，品位：Fe最高1.30%，最低0.5%，一般1.22%；S最高0.4%，最低0.27%，一般0.36%。蚀变主要是矽卡岩化、硅化、角岩化、绿泥石化、绿帘石化、黄铁矿化、黄铜矿化、褐铁矿化。

2. 矿体特征

本矿床由21个铁、硫、铜矿体组成，其中5个主要矿体编号为101、105、301、302、304。5个主要矿体分布于情安岭附近南北长约1.4km，东西宽约0.5km的范围内。垂直分布在508~771m标高之间。矿体受北北东向构造控制，产于早二叠世石英闪长岩岩体、晚白垩世花岗斑岩岩体与足赛岭组第二段结晶灰岩、第三段绢云母石英粉砂岩接触带之矽卡岩及矽卡岩化岩石中。这些矿体大小不等，形态不一，呈脉状、透镜状或不规则团包状。矿体的产状多数为北北东向。皆以陡倾角向北西倾斜。矿体沿走向延长一般30~46m不等，厚度变化大，自1m至十几米，最厚可达30m，一般延深30~60m即尖灭。但少数矿体，如101矿体延深达147m，302-3矿体延深达140m。矿床成因类型为矽卡岩型。

矿体与围岩一般呈过渡关系，沿走向及倾向矿物组分、品位变化较大。铁矿体和硫铁矿体互为过渡。磁铁矿体内，往往分布有蠕虫状及脉状磁黄铁矿和浸染状或团包状黄铁矿，因而含硫较高，故影响了铁矿石的质量

储量（广东省地质局审核储量）：铁矿石储量控制的（002）有323774t，硫铁矿石储量控制的（002）340992t，铜金属量控制的（002）169t。其中101、105、301、302、304 5个主要矿体储量：铁矿石储量控制的（002）271782t，硫铁矿石储量控制的（002）328500t，铜金属量控制的（002）157.55t，

3. 矿石特征

（1）矿石矿物成分：主要金属矿物为褐铁矿及磁铁矿，少量镜铁矿，微量黄铁、磁黄铁矿、

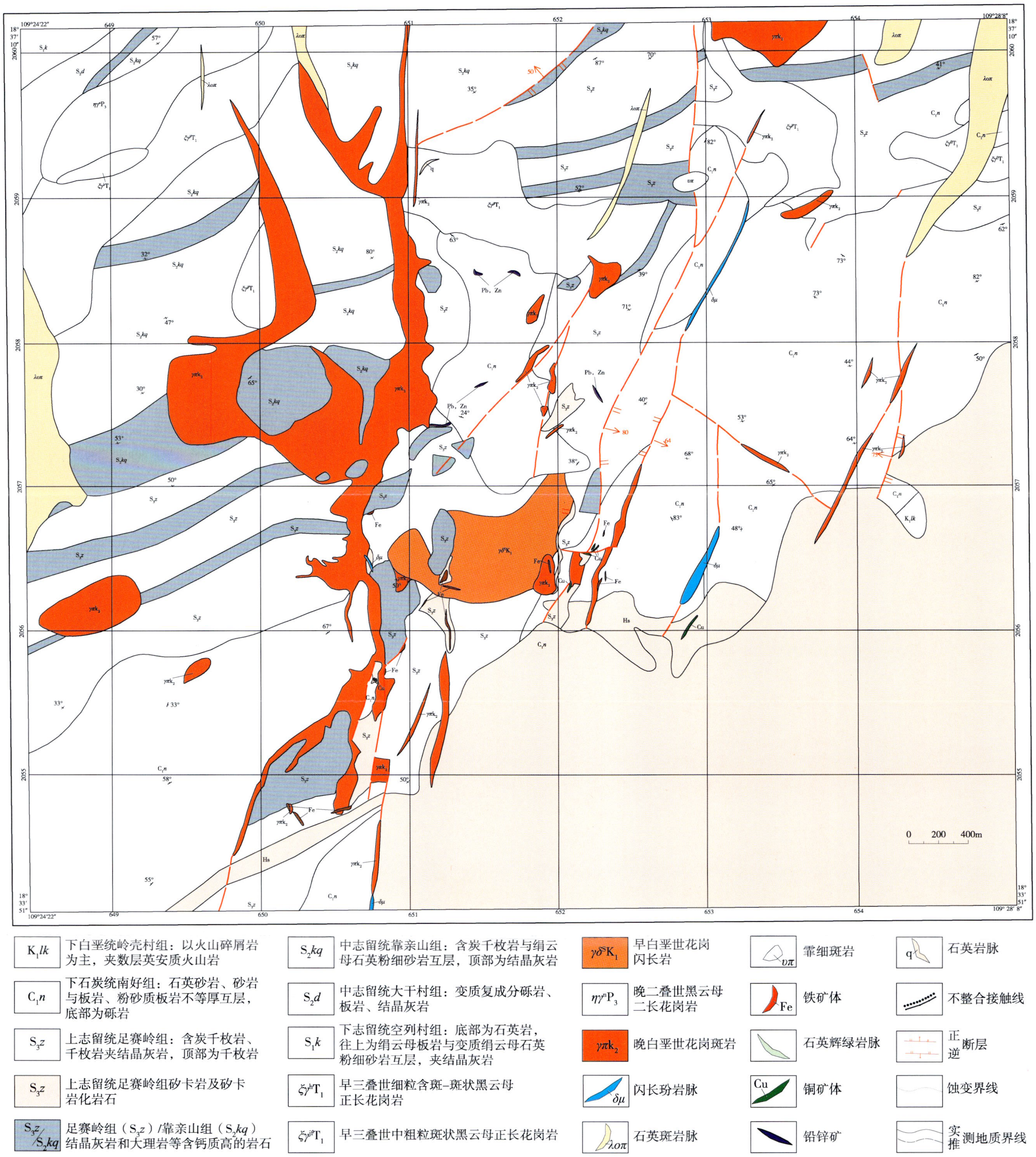

图 4-11-1 海南省保亭县情安岭硫铁矿区地质简图

黄铜矿

（2）矿石结构构造：主要为粒状结构、细粒结构、粉细粒结构；构造表现为致密块状构造、浸染状构造、细脉浸染状构造、团脉状构造；地表及浅部为土状结构、多孔状构造。

4. 围岩蚀变

蚀变主要是矽卡岩化、硅化、角岩化、绿泥石化、绿帘石化、黄铁矿化、黄铜矿化、褐铁矿化。

5. 矿体的控矿因素

（1）构造因素：矿区位于南好褶皱带的南翼，区内地层发生严重变形扭曲，甚至形成倒转背、向斜，断裂构造以北北东向为主。

（2）岩浆岩因素：矿体产在晚白垩世花岗斑岩、石英斑岩、花岗闪长岩与结晶灰岩，大理岩等含钙质高的岩石的接触带附近。

（3）地层因素：矿床受上志留统足赛岭组千枚岩、含炭千枚岩、结晶灰岩和下石炭统南好组含砾不等粒石英砂岩、砂岩、板岩、结晶灰岩控制。

（4）矿床类型：矽卡岩型硫铁矿。

三、典型矿床成矿模式

（一）昌江石碌硫铁矿成矿模式

1. 成矿物质来源

石碌群为主要成矿物质来源。

2. 成矿时代

主要成矿时代为晋宁晚期。

3. 成矿机理和成矿模式

石碌铁钴铜（硫）矿原始富集于与海底火山作用有关的热卤水环境，矿质在远海火山岛与生物礁台围成具有较高盐度的封闭半封闭的海盆中以热卤水形式进行搬运、沉积，火山活动不仅为热卤水提供大量的热，也提供了大部分矿质，成矿温度在150~300℃。

加里东运动及海西运动使石碌群发生变质变形作用，随着变质变形作用，已形成的层状、似层状矿体或含矿建造进一步发生构造动力分异作用，使矿质分异并在应力梯度支配下向低应力带运移富集，对铁矿来说，是硅铁分别集中，分异出来的铁质在应力驱动下向向斜槽部聚集加厚或在弯流作用下机械加厚，钴铜矿体则在层间破碎带聚集或在产状由陡变缓处，向斜褶曲的谷部加厚。成矿模式图见图4-2-8。

（二）保亭情安岭硫铁矿成矿模式

1. 成矿物质来源

石英闪长斑岩（岩脉）、花岗斑岩、石英闪长岩。

2. 成矿时代

主要成矿时代为晚白垩世。

3. 成矿机理和成矿模式

主要受北北东向断裂的控制，志留系足赛岭组与石炭系南好组被切割错断，进而为后期的岩浆活动提供了通道，所以使得后期印支燕山期的花岗岩类侵入，当晚白垩世的花岗斑岩，石英斑岩侵入后，与足赛岭组和南好组中的结晶灰岩、大理岩及含钙质高的岩石接触形成矽卡岩，与此同时含铁的成矿物质也会在结晶灰岩与花岗斑岩或花岗闪长岩接触带的矽卡岩中富集，形成矿床。成矿模式图如图 4-11-2 所示。

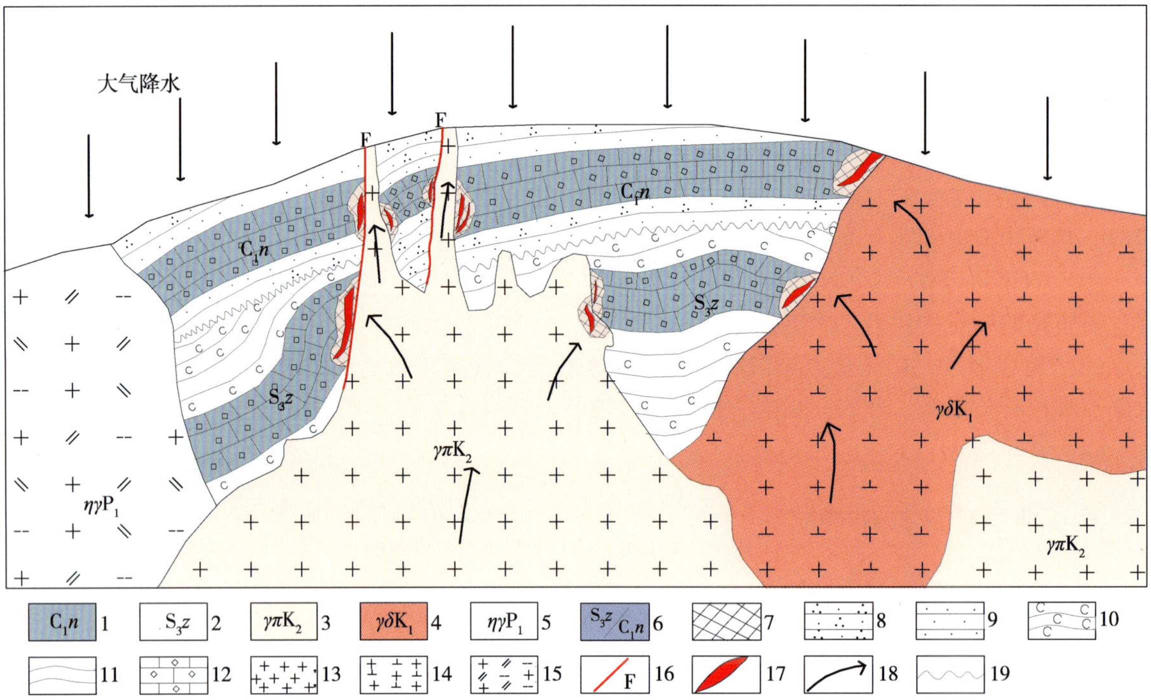

图 4-11-2　保亭情安岭接触交代型硫铁矿成矿模式图

1—石炭系南好组；2—志留系足赛岭组；3—晚白垩世花岗斑岩；4—早白垩世花岗长岩；5—早二叠世黑云母二长花岗岩；6—足赛岭组、南好组结晶灰岩；7—矽卡岩及矽卡岩化岩石；8—石英砂岩；9—砂岩；10—含炭千枚岩；11—千枚岩；12—结晶灰岩；13—花岗斑岩；14—花岗闪长岩；15—黑云母二长花岗岩；16—断层；17—矿体；18—大气降水及热液流动方向；19—角度不整合界线

第十二节　萤石矿种典型矿床及其成矿模式

一、矿床概况

在全岛萤石矿共 8 处矿产地，成因类型比较单一，主要为热液型，本次选择了什统萤石矿床作为典型矿床进行研究。

什统萤石矿床位于五指山市毛阳镇，成因属于热液充填型，矿石量：1763.2 kt （122b+333），平均品位 48.03%，规模达中型。

二、典型矿床地质特征

1. 矿区特征

（1）地层。

矿区出露的地层有上石炭统青天峡组，呈残留体产于矿区西部，面积约 0.6km^2。岩性为砂质板岩、结晶灰岩以及含 Ca 岩石、变质石英砂岩等。各岩层呈互层状、厚度不明。由于受构造挤压，该地层多处发生扭曲变形。该组地层与中二叠世中粒黑云母二长花岗岩及晚侏罗世中粒黑云母

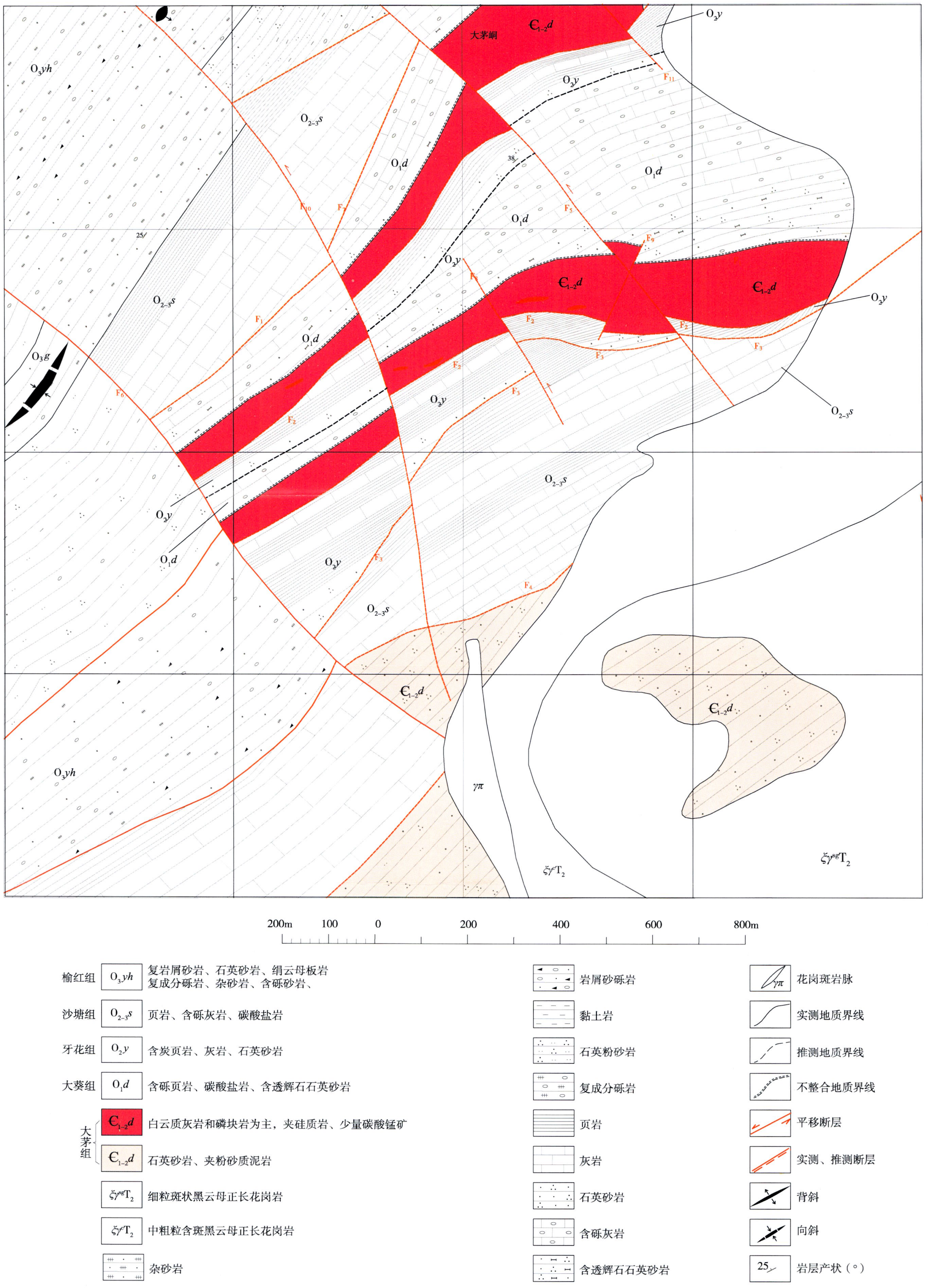

图 4-9-1　大茅洞矿区地质简图

正长花岗岩呈侵入接触关系，地层产状为 260°∠60°~85°。

该组地层裂隙中常见石英或石英萤石细脉，其中矿区西北部的结晶灰岩为萤石矿体围岩。

（2）构造。

1）断裂构造。

矿区构造以压扭性北东向断裂构造为主，另见少量的北西及北北西向断裂。现将其主要特征描述如下。

A. 北西及北北西向断裂。

多见于矿区中部，一般认为该断裂形成于断裂盆地之后，且往往是北东向断裂派生的张性或张扭性断裂，断裂规模一般较北东向断裂小，长约 150~160m，宽 1.50~5.00m。该组断裂常表现为几条平行产出的小断裂，构成宽 6~8m 的构造破碎带。产状 260°~210°∠55°~82°。主要充填物为煌斑岩岩脉。局部见硅化、萤石化、绿泥石化等蚀变现象。

分布在矿区的中部、南部及北西部，主要断裂有 F_1、F_2、F_3 等。其中 F_1 为矿区的主要断裂。该组断裂具有压扭性质，其主要充填物有：细晶岩岩脉、构造角砾岩、碎裂岩、石英脉、石英萤石脉等。局部见有断层泥和构造角砾岩。断裂有多次活动的迹象显示。早期充填的细晶岩岩脉、石英脉或石英萤石脉经后期挤压变成构造角砾岩，呈角砾状。后期为石英萤石矿液充填而富集成萤石矿体（图 4-12-1）。该组断裂为矿区的容矿构造，控制了本区萤石矿体的产出。

B. 北东向断裂。

F_1：从矿区中部通过，长度超过 1000m，宽 1~7m，倾向 320°~335°，倾角 45°~75°。主要充填物为石英脉、石英萤石脉、构造角砾岩等。控制了矿区主矿体 V_1 及旁侧小矿体 V_{1-1} 的产出。该断裂面较为平直光滑，常见有断层错动的镜面和擦痕，表面常见铁锰质渲染。

F_2：在 F_1 的旁侧与 F_1 呈平行产出，长度大于 300m，宽 1~4m，产状 328°∠68°，局部 140°∠84°。中部充填石英萤石脉，两端充填石英脉，局部见有碎裂岩或构造角砾岩。控制了 V_2 矿体的产出。

F_3：在矿区东南部，全长 300m，宽 2.2m，产状 300°∠41°。主要充填物为细晶岩岩脉。主要断裂特征见表 4-12-1。

表 4-12-1 北东向断裂规模、形态特征一览表

断裂编号	范围	规模/m		产状/(°)			构造岩	矿化情况	断裂性质
		长度	宽度	走向	倾向	倾角			
F_1	中部	大于 1000	1~5	北东	320~335	45~75	石英萤石脉、石英脉、构造角砾岩	萤石矿体	压扭性
F_2	中部	大于 300	1~4m	北东	328	68~84	石英萤石脉、石英脉、构造角砾岩	萤石矿体	压扭性
F_3	东南部	大于 300	2.2m	30	300	41	细晶岩岩脉	萤石矿化	压扭性

2）节理。

在什运岩体及毛阳岩体中对节理发育情况进行测量看出总体上北东—南西向节理较发育，而早期的毛阳岩体中还发育北西—南东节理构造，这一组节理构造反映的是成矿前的节理。对各测点的观察和分析反映出含矿构造带受北北东、南南西向近水平主压应力作用，成矿断裂为压剪性。

（3）岩浆岩。

矿区岩浆岩主要有：中二叠世中粒黑云母二长花岗岩及晚侏罗世中粒黑云母正长花岗岩出露，为海西—印支期、燕山期侵入岩，另外见有少量的后期沿断裂充填的煌斑岩岩脉、细晶岩岩脉。

中二叠世中粒黑云母二长花岗岩：出露于矿区南西部，呈灰白—浅红色，中细粒二长花岗结

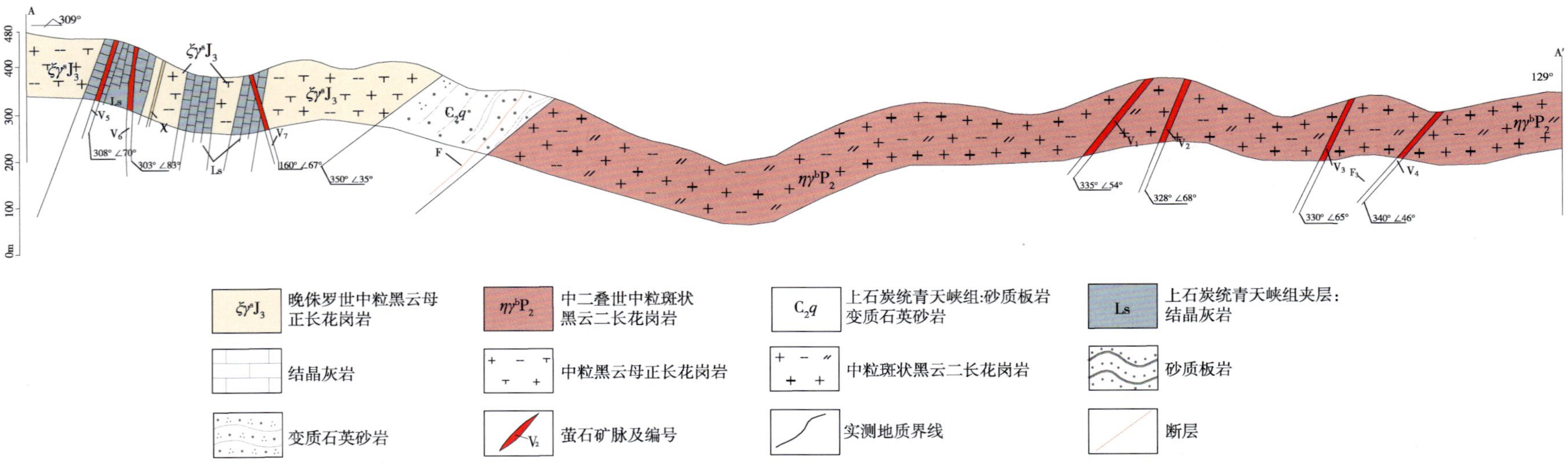

图 4-12-1　海南省琼中县什统萤石矿区典型矿床 A-A′勘探线剖面图

构、块状构造。主要矿物成分为斜长石（40%左右）、钾长石（30%左右）、石英（23%左右）、黑云母（3%左右）。在镜下偶尔见磁铁矿、锆石、磷灰石等。斜长石呈半自形板状、柱状，大小2~4mm，具格子状双晶和微纹结构，发生弱绢云母化、泥化等现象。石英呈他形粒状、填隙状产出，具波状消光。黑云母呈鳞片状，多被绿泥石和白云母置换。

晚侏罗世中粒黑云母正长花岗岩：出露于矿区北东部，呈灰白—浅红色，花岗结构，块状构造。主要矿物成分为石英（25%左右），钾长石（50%左右），斜长石（30%左右），黑云母（10%左右）。副矿物有黄铁矿、磁铁矿、方铅矿等。石英为他形粒状，粒径2~4mm，钾长石呈半自形柱状，具卡氏双晶，粒径2.5~6mm左右，具绢云母化、高岭土化现象。黑云母为鳞片状分布在石英、长石颗粒间或局部富集，片径1.5mm左右。

煌斑岩岩脉：主要充填于北西及北西西向断裂带中，长度100~500m，宽度1~6m，其岩性呈灰黄色，煌斑结构（斑晶主要为角闪石、黑云母）、块状构造。主要矿物成分为角闪石、石英、斜长石，次为黑云母等。石英呈他形细粒状，角闪石具短柱状，斜长石为板状晶体。而黑云母则呈细粒鳞片状产出。

细晶岩岩脉：充填于矿区的北东向 F_3 断裂带中，长大于300m，宽2.2m。其岩性呈灰—灰白色，细粒结构、块状构造。主要矿物成分为石英，次为长石。另见少量的暗色矿物。属花岗质细晶岩。石英呈他形细粒状，长石多呈半自形板状，局部见绢云母化和高岭土化。

2. 矿体特征

本区萤石矿体赋存于中二叠世中粒黑云母二长花岗岩和上石炭统青天峡组结晶灰岩的接触带的内带二长花岗岩北东向断裂破碎带中，受北东向断裂构造所控制。本区共圈出8个矿体，其中 V_1、V_{1-1}、V_2、V_3、V_4 号矿体分布在矿区中部至南东部，产于中二叠世中粒黑云母二长花岗岩的断裂破碎带中；V_5、V_6、V_7、号矿体分布在矿区西北部，产于上石炭统青天峡组残留体结晶灰岩的断裂破碎带中（图4-12-1）。

V_1：产于矿区中部的 F_1 压扭性断裂带中，局部见有碎裂岩及石英脉和矿体一起产出。矿体总体走向北东，西段走向65°~70°，东段走向50°，倾向320°~335°，倾角45°~75°。分布标高为-125~+382m，全长700m，延伸320~470m，地表厚度1~5.00m，深部厚度1.47~5.56m，平均厚度2.7m，厚度变化系数64%；CaF_2 品位：地表为43.21%~94.17%，深部为31.84%~51.79%，平均品位40.36%，品位变化系数为32%。矿体向北东侧伏，侧伏角约45°。

V_{1-1}：和 V_1 矿体产于同一断裂带中，位于 V_1 矿体的上盘，中间隔3.00m宽的碎裂岩化黑云母花岗岩。矿体走向北东，倾向330°，倾角60°。分布标高+223~+347m，全长87m，延深43.5m，平均厚度1.2m，CaF_2 平均品位40.42%。

V_2：产于 V_1 矿体旁侧的 F_2 压扭性断裂带中，和 V_1 矿体平行产出。矿体走向北东，产状328°∠68°，局部140°∠84°。分布标高为+235~+368m，全长248m，延深62~269m。地表出露厚度1.0~3.0 m，平均厚度1.93m，厚度变化系数为42%，往深部厚度有增大的趋势；CaF_2 品位44.08%~81.38 %，平均品位69.47%，品位变化系数18%。

在矿体两头的尖灭部位，见有宽1.8~3.0m的石英脉，在同一破碎带中产出。

V_3：分布于矿区南东部的压扭性断裂带中，产状稳定。走向北东，倾向330°，倾角65°。矿体分布标高为+215~+319m，全长95m，平均厚度1.2m，延深47.50m，CaF_2 平均品位98.28%。

V_4：分布于矿区南东部的压扭性断裂带中，走向北东至近东西向，倾向340°，倾角46°。分布标高+213~+327m，全长90m，延深22.5~43m，平均厚度1.00m，CaF_2 平均品位80.50%。

V_5：分布于矿区西北部的压扭性断裂带中，走向北东，倾向305°，倾角70°，分布标高为+325~463m，全长160m，延深80m，平均厚度2.00m，CaF_2 平均品位72.60%。

V_6：产于 V_5 旁侧的压扭性断裂带中，和 V_5 平行产出。走向北东，倾向 303°，倾角 83°。分布标高为+330～+430m，全长 140m，延伸 70m，平均厚度 2.60m，平均品位 53.80%。

矿体在近地表部位见有分枝现象，往深部有变小趋势。

V_7：产于矿区西北部的压扭性断裂带中，矿体走向北东，倾向 160°，倾角 73°，局部近于直立。分布标高为+326～+457m，全长 260m，延深 65～90m，CaF_2 平均品位 77.24%。

另外，在矿区南西的 BT8 处，见有一条宽 1.3m 的萤石石英脉（V_{2-1}）和 V_1 平行产出，但其 CaF_2 含量未达工业品位（29.28%）。

3. 矿石特征

（1）矿石矿物成分。

矿石的矿物成分较为简单，矿石矿物为萤石，脉石矿物以石英为主，次为少量的绢云母及碳盐酸类矿物。金属矿物含量甚微，其成分为黄铁矿及铁锰氧化物。

（2）矿石的结构、构造。

结构：矿石结构较为简单，一般为自形—半自形至他形粒状结构。其中：萤石常具自形—半自形粒状结构，石英常具半自形粒状—他形粒状结构和镶嵌结构，有时具毡状结构；绢云母具鳞片结构或显微鳞片结构；碳酸盐矿物具半自形至自形粒状结构，铁锰氧化物多具隐晶质结构。

构造：矿石以块状、角砾状构造为主，次为脉状构造、偶见晶洞构造及浸染状构造。

（3）矿石类型。

1）按矿石的主要矿物组分，矿石可分为以下类型。

萤石型矿石：主要由萤石构成，仅含少量石英等其他杂质。该类型矿石主要见于萤石富集的近地表浅部。

石英—萤石型矿石：主要矿物成分为萤石和石英，萤石含量大于石英。该类型矿石见于各矿体部位，但深部较为常见，为本区矿体的主要矿石类型。

萤石—石英型矿石：萤石含量低于石英。该类型矿石仅在矿体的局部见到。

2）按矿石的构造特征，可分为以下矿石。

块状矿石：矿石品位较高，主要由粗粒或细粒萤石集合体（含少量石英）构成致密块状。

角砾状矿石：呈角砾状构造，角砾成分有萤石、石英和萤石、石英与绢云母的集合体。

脉状矿石：按脉的大小又可分为条带状矿石和条纹状矿石。其脉体的成分主要为石英或萤石。

4. 围岩蚀变

由于矿体受到岩浆作用、变质作用及成矿作用的影响，且矿体围岩为结晶灰岩和黑云母二长花岗岩，故近矿多发生以硅化、绢云母化、萤石化为主的，并伴随有绿泥石化、碳酸盐化等围岩蚀变现象。

萤石化程度很高时即构成萤石矿体。顶板围岩萤石化较发育，底板围岩萤石化较弱，萤石化主要沿围岩裂隙充填，呈细脉带，不规则分枝复合网脉带为特征。

硅化呈 3 种形式出现，一种是在含矿破碎带中形成乳白色，白色或灰白色硅化石英细脉和石英脉，另一种硅化是在矿体底板形成不规则网络状脉或密集细脉体，第三种是呈灰白色与灰绿色萤石相间平行裂隙壁排列，构成微细条带状构造，宏观上构成石英～萤石脉体。

5. 矿体的控矿因素

（1）构造因素：本矿床的形成有其特有的地质构造环境。北东向断裂构造控制着含矿热液的运移和各矿体的产出。

（2）控矿围岩：上石炭统青天峡组的结晶灰岩和中二叠世中粒黑云母二长花岗岩为控矿围岩；花岗岩中有灰岩残留体存在，是本区形成萤石矿床的重要条件。

（3）含矿热液来源及容矿构造：花岗岩在侵位过程中同化混染了灰岩中大量的 Ca，与岩浆后期富 F 的挥发分结合，在合适的构造部位淀积成矿。

三、典型矿床成矿模式

1. 成矿时代

成矿时代为燕山期，主要成矿年龄为 70~90Ma 左右，属晚白垩世，在燕山运动晚期成矿。

2. 成矿机理和成矿模式

萤石矿区的成矿过程经过 3 个阶段。

第一阶段：在海西—印支期的构造运动和岩浆活动的共同作用下，大量的中二叠世中酸—酸性岩侵入到上石炭统青天峡组中，汲取了灰岩中大量的 Ca^{2+}离子，本阶段为成矿物质的初始富集阶段。

第二阶段：在燕山期强烈的构造运动和岩浆活动的作用下，随着区域应力场转换的影响，北东向断裂发生活动并发育，此时断裂带具有松弛引张的环境，在此背景下，形成了这一地区的白沙断陷盆地，张性的断裂构造不仅起到良好的导矿作用，同时也为含矿热液的赋存提供了良好的、足够的空间，在岩浆作用下，第一阶段形成的初始富集成矿物质，不断活化，并在成矿期（燕山中晚期）构造动力的驱动下，沿断裂、裂隙等低压空间不断的上升、运移，在这一过程不断同化混染周围围岩，且与沿断裂渗透下来的含矿大气降水相混合并对其加热，使成矿物质矿化度不断的增高，至浅地表时，由于温度、压力、浓度等物理化学条件的明显变化，导致成矿热液的结晶分异，在合适的空间场所发生沉淀并富集成矿。

第三阶段在燕山运动的末期，北东向断裂再次发生活动，对本身进行了后期改造，使其展现为现在的压扭性断裂，而这种压扭性断裂又保持了控矿构造的相对封闭条件，一定程度上避免和阻止了 F^{-}、Ca^{2+}等活性组分的逸散和流失，使该类性质特征的断裂成为本区萤石矿成矿最为有利的控矿构造。其成矿模式图如图 4-12-2 所示。

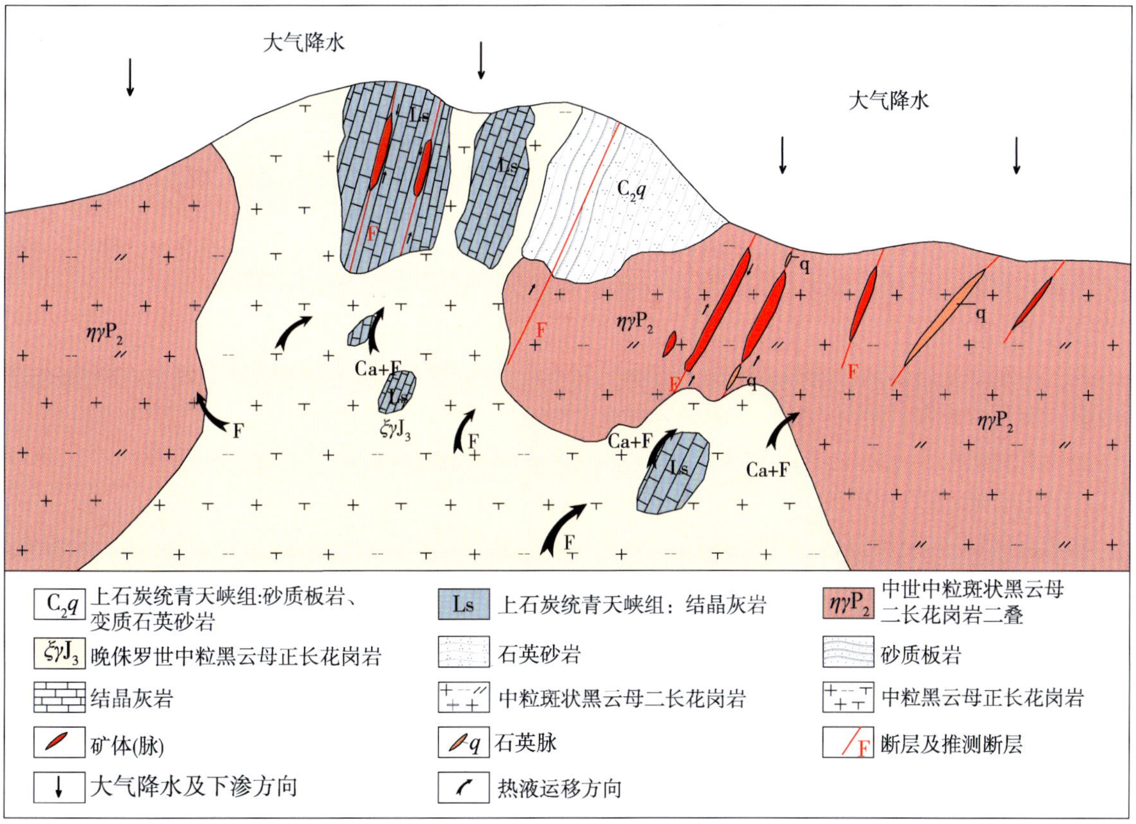

图 4-12-2　海南省琼中县什统式热液充填型萤石矿典型矿床成矿模式

第十三节　重晶石矿种典型矿床及其成矿模式

一、矿床概况

在全岛已发现的3个重晶石矿床（点）中，成因类型存在热液脉型、沉积变质型、风化壳型3种。本次选择了保由重晶石矿、石碌重晶石矿和冰岭重晶石矿作为典型矿床进行研究。

保由重晶石矿床位于昌江县石碌镇，属于热液脉型重晶石矿，重晶石矿石量为171.41kt，$BaSO_4$品位11.53%~61.69%，平均品位31.75%，规模为小型。

石碌重晶石矿床位于海南省昌江黎族自治县，成因类型属于沉积变质型，矿石量储量48kt，平均品位$BaSO_4$ 91.24%，规模为小型。

冰岭重晶石矿床位于海南儋州，成因属于风化壳型，表内外各级总储量423.254kt，平均品位$BaSO_4$ 56.64%，重晶石矿规模为小型。

二、典型矿床地质特征

（一）保由重晶石矿

1. 矿区特征

（1）地层。

矿区内出露的地层主要是下二叠统的峨查组与鹅顶组。西部与泥盆系—石炭系和石炭系岩关阶呈断层或微角度不整合接触，东部则与印支期中—细粒似斑状黑云母花岗岩（γP_2）接壤。

峨查组：由含炭粉砂质千枚岩、变质石英砂岩、硅化石英岩组成。在该组地层中见不到韵律构造，岩性组合上与泥盆系—石炭系有明显差别，地层产状也有很大的不同。

鹅顶组：按岩性组合可分为上、下两个亚组，下亚组由含炭粉砂质千枚岩与中—薄层条带—条纹状结晶灰岩组成，岩相变化较大，有时两者呈互层出现，有时条带—条纹状结晶灰岩呈透镜状夹于含炭粉砂质千枚岩中；上亚组岩性比较单一，主要由中—厚层状含燧石或泥质结核的条带—条纹状结晶灰岩组成，含丰富的海百合茎化石，具有明显的生物碎屑灰岩特征。

（2）构造。

由于本区承受过多期次的构造运动的影响，使本区的褶皱构造形态表现的非常复杂，断裂构造非常发育，南北、北东、北西、北东东向断裂构造纵横交错，极相互联系又互为制约（图4-13-1）。

1）褶皱构造。

矿区内有峨理赛单斜、吉开岭向斜和芸红岭—燕窝岭向斜。

峨理赛单斜：在旧村岭、峨理赛、戈枕岭一带出露的泥盆系—石炭系和下石炭统岩关阶走向320°，倾向北东，倾角30°~50°，表现为简单的单斜构造，由于这套地层与石碌群地层为连续沉积，并位于石碌群的下部，因此，这一单斜构造为石碌复向斜的南西翼。

吉开岭向斜：为峨理赛单斜构造叠加的次一级褶皱，轴向30°，长3km，两翼地层倾角为25°~55°，两翼基本对称，北东和南西两端仰起，具有短轴向斜的特点。

芸红岭—燕窝岭向斜：北起乌烈林场南西，经芸红岭，白石岭，南到昆雅岭和燕窝岭，长约10km。向斜槽部地层为下二叠统鹅顶组灰岩，两翼地层为二叠系下统峨查组碎屑岩，走向近南北，在保由区段轴向拐北北西且仰起，两翼倾角40°~50°，显示为比较开阔的对称状向斜构造。

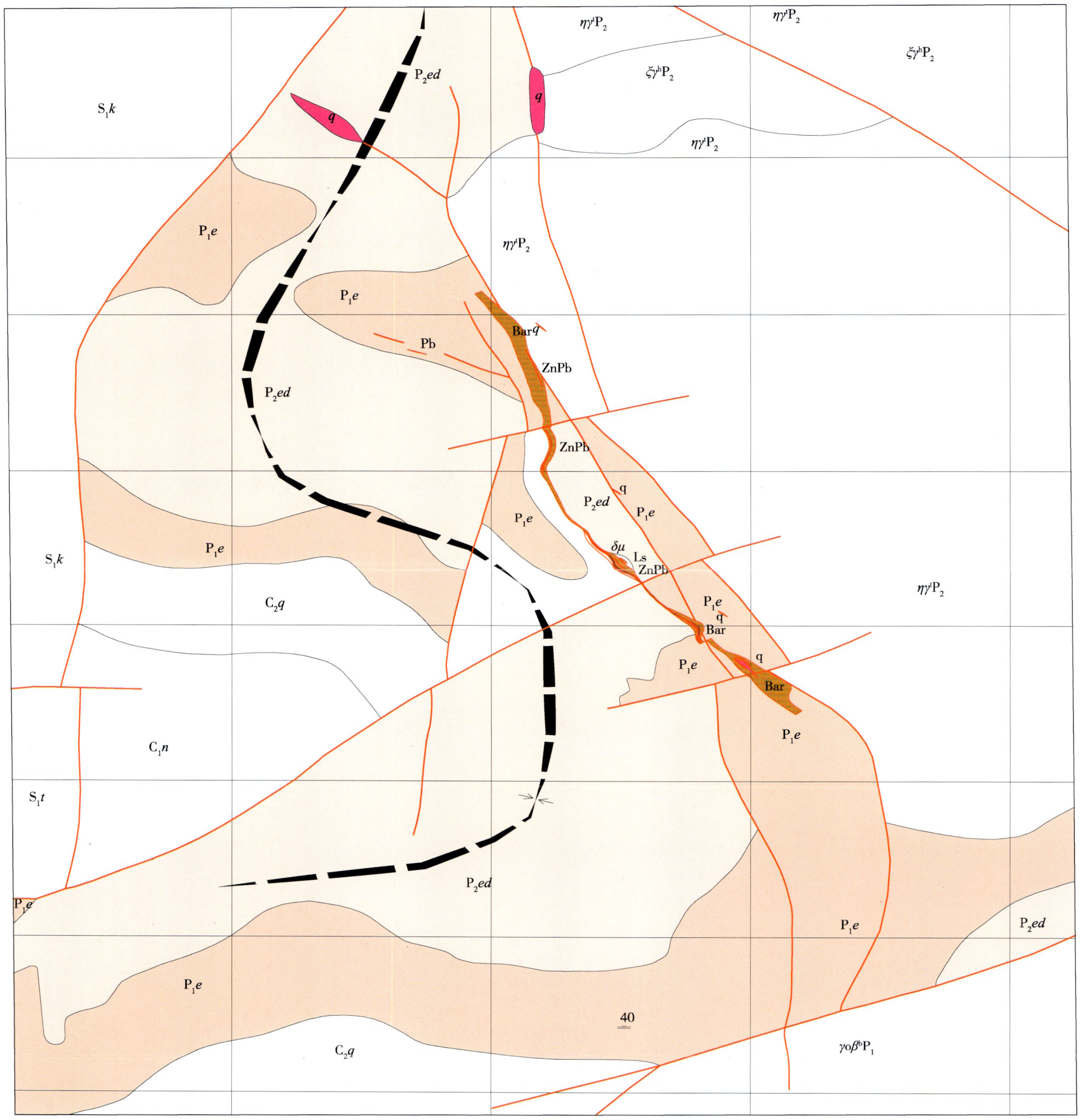

P_2ed	鹅顶组：生物粉晶灰岩、生物屑灰岩
P_1e	峨查组：石英砂岩、板岩、硅质岩、粉晶灰岩、生物屑灰岩
C_2q	青天峡组：砾岩、砂岩、板岩、结晶灰岩
C_1n	南好组：砾岩、砂岩、板岩、结晶灰岩
S_1k	空列村组：石英岩、绢云石英粉细砂岩、绢云板岩、结晶灰岩
S_1t	陀烈组：变质石英细砂岩、粉砂岩绢云板岩、碳质绢云板岩
$\xi\gamma^{h}P_2$	火岭细—中粒含电气石二云母正长花岗岩
$\eta\gamma^{t}P_2$	通什中粗粒巨斑状角闪黑云二长花岗岩
$\gamma o\beta^{b}P_1$	保山村英云闪长岩
Bar	重晶石矿体
ZnPb	铅锌矿体
q	石英脉
$\delta\mu$	石英闪长玢岩脉
	实测地质界线
	性质不明断层
	向斜

图 4-13-1　海南省昌江保由重晶石矿区地质简图

2）断裂构造。

区域断裂构造非常发育，是区段成矿作用的主要控制因素。沿昌化江本身就是一条大的断裂构造，以悬崖绝壁为其表现形迹。除此，主要断裂还有南北、北西、北东和北北东4组。

南北向断裂：主要有F_{14}、F_8、F_{13}、F_{20}等，其中尤F_{14}（长岭断裂）最主要，为区域性的大断裂，出露于区段东面印支期中—细粒似斑状黑云母花岗岩与下二叠地层的侵入接触带上，部分切割花岗岩岩体，在地貌上表现为陡峻的山脊呈断层崖。沿断裂带充填交代形成石英硅化带，宽度3~25m，上、下盘岩石有挤压破碎和糜棱岩化及牵引现象，在保由区段产状为224°~245°/51°~71°。属张扭性断裂。

北西向断裂：主要有F_{18}、F_2、F_{22}、F_{16}、F_{10}、F_{12}等。该组断裂形成时间可能晚些，规模也较小，但该组断裂是本区最重要的一组控矿断裂构造，与区段矿化密切相关。区段矿化破碎带与F_{18}断裂带相吻合，含铅重晶石石英脉沿断裂带充填成矿。局部并见有石英闪长玢岩岩脉充填。经钻孔控制延伸较大，且在该断裂带的上、下盘发育着次一级多层次的层间断裂，部分有较强的矿化，因此，出现的多层次盲矿体。断裂平均走向为325°，倾向南西平均倾角53°。属压扭走向断层。

北东向断裂：计有F_1、F_3、F_5、F_9、F_{11}等。该组断裂的水平断距较大，形成时间可能较晚些，除使二叠系地层发生位移外，并且破坏了矿化带的连续与完整。其性质可能属于压扭型平移断层。

北北东向断裂：比较主要的有F_7、F_{17}等。该组断裂虽为数不多，但水平断距也较大，对矿化带的破坏作用也较明显。

（3）岩浆岩。

区域内岩浆活动不强烈，所见的侵入岩主要有印支期中—细粒似斑状黑云母花岗岩，属儋县岩体的一部分，呈岩基状大面积分布在本区的东部，与泥盆—石炭系及下二叠系呈侵入接触。岩石为灰白—浅肉红色，块状构造，部分可见片麻状构造，具中—细粒花岗结构。岩石的主要特征是含有结晶比较粗大的斜长石斑晶，基质成分为石英、斜长石、钾长石等。在接触带附近，岩石普遍受到蚀变，热液蚀变表现为硅化、绢云母化、绿泥石化等。其次是燕山期中粒斑状黑云母花岗岩，其属于三狮岩体的一部分，分布在吉开岭和昂罗岭之间，侵入与下石炭统岩关阶中。

另外，常见有中、基性岩岩脉侵入活动，常见的岩脉有闪长玢岩、石英闪长玢岩、煌斑岩、辉绿岩、细粒花岗岩和石英脉等，脉岩产状以走向北西为主，其次是南北向及北东向，倾斜较陡。各种脉岩比印支期和燕山期的侵入时间还要晚些，均呈岩墙和岩脉穿插在各时代地层或印支期及燕山期侵入岩中。

2. 矿体特征

区段内矿化破碎带北起秋都岭61线，南至高岭36线，已知控制长度为2600m，但主要矿化地段仅限于南段即11~32线之间，长度1200m，现已沿倾斜控制深度一般为70~370m，其中16线达600m，深达280m标高，矿化带平均走向325°，倾向南西，平均倾角53°矿化带出露宽度最宽为63m，最小3.86m，平均23.61m，沿倾斜延深有明显的变小尖灭趋势，沿走向有明显的膨大缩小和弯曲现象（表4-13-1）。

由于区段地处亚热带气候环境，常年气温较高，雨量充沛，硫化矿物受氧化淋蚀强烈，因而地表氧化带深度较大，因地段而异，沿倾斜方向一般为80~420m以上，大致在-200~3m标高，在矿化带中方铅矿等硫化矿物被氧化淋蚀呈孔洞，经野外实地观察，矿化带中的流失孔洞非常发育，不但地表如此，就是16线和28线第四排孔，沿倾斜已达340~420m的情况下，矿化带也仅保留有极少量的原生方铅矿，其余大部分已被流失呈孔洞，或以氧化物形式残留。

表 4-13-1　保由矿区热液脉型重晶石矿体产状特征一览表

线号	工程号	矿体形态	矿体号	产状要素/(°)		宽度 m	厚度 m	$BaSO_4$ 品位/%
				倾向	倾角			
32	CK10	透镜状	ⅣBa	236	40	0.77	0.56	11.53
28	K28	透镜状	ⅡBa	234	57	1.00	0.84	26.00
	CK6		ⅢBa	234	38	1.20	0.96	35.00
	CK18		ⅢBa	234	38	11.59	9.61	38.51
	CK47		ⅢBa	234	38	0.65	0.53	45.01
26	K26	脉状	ⅠBa	234	45	3.00	2.12	13.25
	CK49	透镜状	ⅡBa	234	45	0.80	0.57	30.73
			ⅢBa			4.36	3.08	18.37
			ⅢBa			1.45	1.08	43.78
24	K24	脉状	ⅠBa	240	66	15.57	14.17	35.92
		透镜状	ⅡBa			4.00	3.64	13.04
27	K22	脉状	ⅠBa			5.05	3.43	66.33
						0.90	0.61	14.41
						1.15	0.79	41.33

在另一情况，从28线CK6、CK18孔，24线CK43孔及16线CK39孔资料证实，在主矿化带的上、下盘出现多层次的层间破碎带，且均有较好的矿化，因此，出现了多层次的盲矿体。在矿化破碎带中普遍含重晶石，但富集地段在20~30线之间，并可圈出矿体。

1）Ⅰ号矿体：分布在20~28线之间，是区段出露于地表规模较大且脉体比较完整的一条主要重晶石脉，长度130m，在22线分为两支，往深部和为一体，宽度最大15.57m，最小0.90m，平均真厚度7.04m，沿倾斜控制深度15~40m。出露标高130~155m。

2）Ⅱ号矿体：位于22~28线之间。脉体出露不清楚，其边界依据采样成果圈定，长度120m，平均真厚度2.22m，沿倾斜控制深度10~20m，出露标高100~140m。

3）Ⅲ号矿体：鉴于28线CK6、CK18、CK47空间及26线CK47孔。长度40m，平均真厚度3.69m，往南东侧伏，侧伏控制深度40~130m。其规模仅次于Ⅰ号矿体。出露标高45~144m。

4）Ⅳ号矿体：是区段最小规模的重晶石矿体，仅见于32线CK10孔中。长度55m，真厚度0.56m，侧伏控制深度30m。出露标高77~100m（图4-13-2）。

重晶石矿体在矿化带中，Ⅰ号矿体在地表呈现比较清楚的脉状，其余3个矿体则呈透镜状分布。矿体产状与矿化带产状也是基本一致。

3. 矿石特征

（1）矿石矿物成分。

重晶石矿石的矿物成分比较简单，除主要矿物重晶石外，其次有方铅矿、闪锌矿、黄铜矿、萤石、石英等。

（2）矿石化学成分。

矿石中主要有用元素为Ba，主要伴生金属元素有Pb、Zn、Cu等。经光谱半定量分析，主要伴生金属元素列表（表4-13-2）。从表中可以看出，当Ba含量高时，Pb、Zn、Cu含量也较高，说明Pb、Zn、Cu等元素与Ba矿化有密切关系。

（3）矿石的结构、构造。

矿石结构有：板柱状中—细粒晶粒结构、具碎裂状的板状粗—巨粒晶粒结构，碎裂结构等。矿石构造有块状构造、条带状构造、网脉状构造、角砾状构造等。

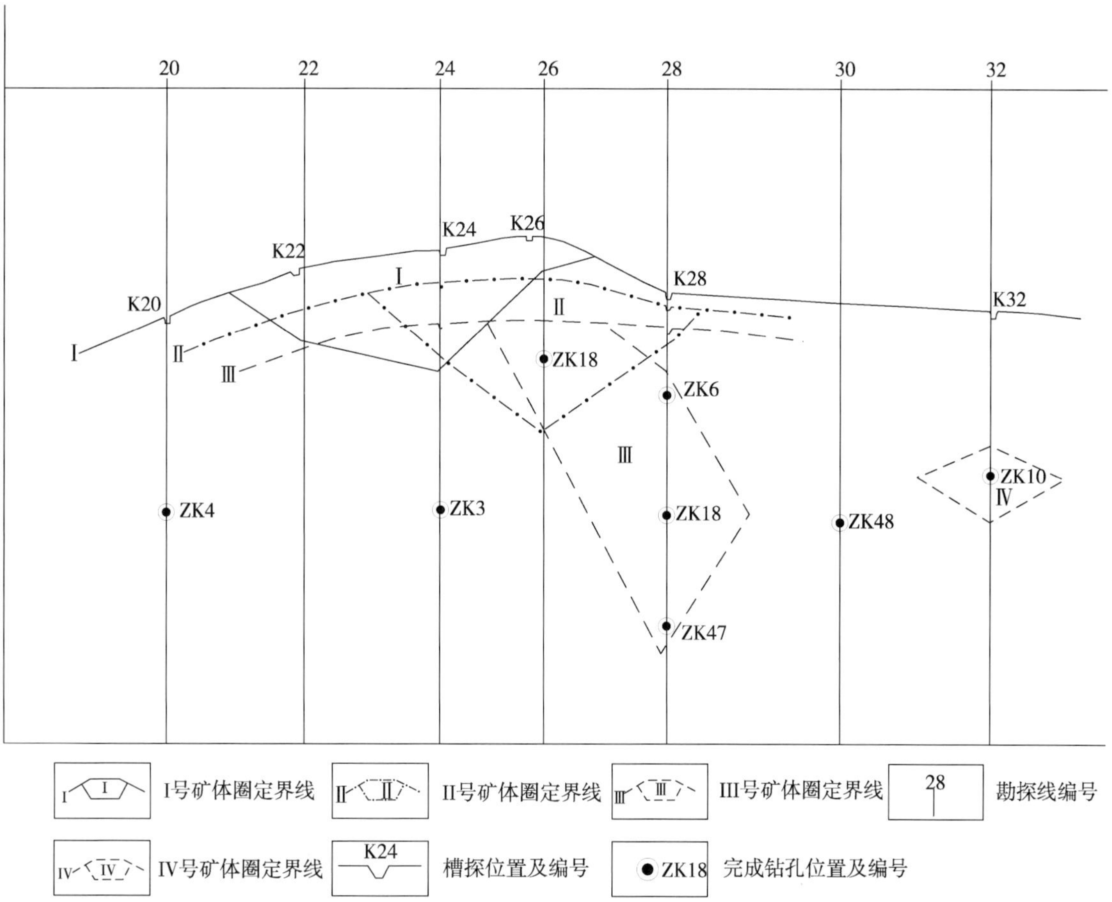

图 4-13-2 海南省昌江县保由重晶石矿区重晶石倾斜纵投影图

表 4-13-2 保由区段主要金属元素光谱半定量分析结果表

样号	Ba/%	Pb/%	Ag/%	Ga/%	Cu/%	Co/%	Ni/%	La/%	Zn/%
K3	>10	>10	0. 01	0. 02	0. 1	0. 001	0. 007	0. 01	0. 1
K7	5	>10	0. 005	0. 02	0. 1	0. 001	0. 005	—	0. 1
保 1	1	5	0. 002	—	0. 1	0. 001	0. 005	—	0. 2
GP1	0. 05	5	0. 005	0. 001	0. 15	0. 001	0. 003	—	0. 2
GP2	0. 30	0. 3	0. 0001	0. 003	0. 01	0. 003	0. 01	<0. 01	0. 05
GB3	2	>10	0. 02	0. 003	0. 1	0. 002	0. 01	<0. 01	0. 1
GP4	0. 20	0. 3	0. 0003	—	0. 005	—	0. 001	—	0. 05
GP5	0. 20	0. 3	0. 0001	0. 003	0. 01	0. 001	0. 01	<0. 01	0. 05
GP6	>10	6	0. 006	0. 003	0. 1	0. 007	0. 01	<0. 01	0. 1
GP7	0. 50	4	0. 0003	0. 003	0. 03	0. 002	0. 008	0. 01	0. 05
GP8	0. 30	2	0. 0001	0. 003	0. 03	0. 003	0. 005	0. 01	0. 05
GP9	0. 03	5	0. 0003	0. 003	0. 05	0. 002	0. 005	<0. 01	0. 3
GP10	0. 08	0. 08	<0. 0001	0. 01	0. 005	—	0. 001	—	0. 01
GP11	0. 20	0. 08	0. 0001	0. 003	0. 003	0. 001	—	0. 02	<0. 01
GP12	0. 15	0. 03	<0. 0001	0. 002	0. 003	0. 001	—	0. 02	<0. 01

（4）矿石类型。

矿石类型比较单一，主要为重晶石—石英—方铅矿，以富含重晶石为特征，重晶石高达80%~90%以上，石英5%~10%。

4. 围岩蚀变

区段内近矿围岩蚀变类型主要有硅化、重晶石化、黄铁矿化、碳酸盐化，其次是石墨化、绿泥石化等。

硅化、重晶石化、黄铁矿化、碳酸盐化与区段成矿关系最为密切。沿矿化带普遍出现，是区段内寻找矿床的直接找矿标志。石墨化、绿泥石化常见于岩石的节理裂隙或滑动面上，与矿化关系不明显。

5. 矿体的控矿因素

（1）构造因素：北西向控矿断裂带。

（2）地层因素：二叠系下统峨查组、鹅顶组。

（3）岩浆岩因素：印支—燕山期侵入岩。

（二）石碌重晶石矿

1. 矿区特征

（1）地层。

矿区地层以青白口系石碌群为主，也是重晶石矿的主要赋矿层位，震旦系石灰顶组假整合于其上，在F_7断层以东，有石炭系南好组、青天峡组及二叠系下统峨查组、鹅顶组及南龙组分布。青白口系石碌群是一套低绿片岩相、局部达到角闪岩相变质为主的浅海相、浅海—潟湖相含铁火山—碎屑沉积岩和碳酸盐岩建造（见图4-2-1）。按岩性自下而上又可分为6层，为一连续过渡关系，各层岩性由老至新分述如下。

第一层：主要分布在矿区南部，露头以金牛沟、二阶沟西及昌化江等地出露最好，在乌烈铜矿的东部和北部也有零星出露。岩性主要为青灰色、灰绿色的石英绢云母片岩，细粒鳞片状变晶结构，片状构造，略呈丝绢光泽，风化后呈紫红色，片理清晰，靠近花岗岩部分有红柱石变晶。矿物主要为石英、绢云母为主，次为黑云母、绿泥石、黄铁矿、磁铁矿等，呈细粒鳞片状结构，局部有斑点构造，斑点为细小的绢云母、石英集合体。本层为矿区最下部地层，岩层走向大致北60°西，倾向北东，倾角60°~70°，厚度大于280m。

第二层：主要分布在矿区南部，露头以金牛沟、昌化江两岸出露最好，岩性主要为含燧石结核结晶灰岩，呈灰黑色、块状、性脆、微结晶、有燧石条带状结核，局部含泥质及炭质，矿物主要为白云石及方解石，次为磁铁矿、黑云母、绿泥石、褐铁矿等，击之有臭味，近花岗岩处结晶较粗。岩层平均走向北60°西，倾向北东，倾角40°~60°。厚度15~100m。

第三层：主要分布在矿区的西南马鞍岭、茅安村及黎东公路一带，露头以昌化江、黎东公路为最好，从金牛岭南坡到枫树顶一线也出露较好，与石碌岭北麓的第三层构成向斜的两翼。岩性主要为绢云母石英片岩及绢云母片岩，分布不规则，以前者为多，呈灰色、片状构造，丝绢光泽，片理发育，风化后呈黄褐色，矿物以绢云母、石英为主，其次为黑云母、长石、绿泥石、电气石等，呈细粒鳞片状结构，条带状构造，有的有斑点构造，斑点为绿泥石、黑云母、石英、绢云母等集合体。西部与片麻状花岗岩接触部位变质较深，成石英白云母片岩，中部变质最轻，为灰黑色青灰色之千枚岩（分布在马鞍岭），千枚岩中残余波状层理清晰，岩层走向大致为北西—南东向，倾向北东，倾角不定，厚度200~220 m。

第四层：本层构成一复杂的向斜构造，西南翼分布在测区中部的歌杭岭、武烈岭、金牛岭一带，东北翼在石碌矿区以东。西南翼变质较深，主要为绢云母片岩及部分石英绢云母片岩，呈灰色至灰绿色，风化后为黄褐色，片状，丝绢光泽，细粒鳞片状结构，局部有显微破劈理构造，矿物以绢云母为主，次为石英、黑云母、电气石、磁铁矿、黄铁矿等，石英微脉沿片理贯入，致使部分片岩遭受矽化。上部石英含量增加，转变为绢云母石英片岩，并夹有薄层透镜状白云质结晶灰岩，在与花岗岩接触部分出现灰黑色之红柱石角页岩，红柱石成长柱状不规则的插在中间，晶体最长的达5cm，在红柱石角页岩内侧即出现斑点绢云母片岩，斑点呈长柱状及椭圆状，大部分为绢云母黑云母、细粒石英集合体。矿区露头主要分布在羊角山到枫树顶南侧一线及石碌岭的北坡，岩性主要为白色到灰白色块状构造石英岩，岩层走向主要为北50°西，倾向北东，倾角30°~60°，厚度80~140m。东北翼大部分为千枚岩，出露在石碌矿区以东的石碌河一线，呈灰色至灰黑色，风化后呈黄色，丝绢光泽，千枚状构造，矿物以绢云母及石英为主，其次为黑云母、电气石、磁铁矿、黄铁矿等，在靠近花岗岩部位变质较深，为绢云母石英片岩或绢云母片岩，硅质含量增加，片理不显，并微呈油脂光泽，千枚岩中所夹的透镜状结晶灰岩，在近花岗岩及岩脉部位出现透辉岩、矽质岩等岩石，矿物为石榴子石、透辉石、透闪石、绿帘石、符山石等，且大部分受强烈矽化，局部有锰矿化现象。岩层大致走向为北西—南东，倾向北东，倾角40°~60°，东北翼为一系列倒转褶皱，与西南翼构成一系列向南西倒转的复式向斜。

第五层：主要分布于石碌矿区金牛岭南坡至鸡心坳、鸡心村一带，露头以金牛岭南坡、枫树沟、鸡心河等地出露最好，在枫树下、枫树顶、石碌岭北及猴子顶一带，南北两翼构成向斜，本层为含矿层的底盘岩层，与含矿层整合接触。本层下部为条带状岩石，以石英为主的白色条带和绢云母为主的灰色条带相间，再向下绢云母含量减少，过渡到石英片岩或石英岩，厚度大于450m。岩层大致走向为北西—南东，倾向北东，倾角50°~70°，中部因花岗岩侵入，走向变化较大，东北翼为一系列倒转褶皱，与西南翼构成一系列向南西倒转的复式向斜。

第六层：本层为矿区主要含矿层，由于褶皱扭曲，故出露不很规则，主要分布在石碌岭、保秀山、正美山、大英山、鸡心坳及枫树下等地。该层分自下而上分为下、中、上三段。下段以二透岩化白云岩及白云岩为主，夹似层状石英岩、铁质碧玉岩等，夹钴铜矿2~3层，是重要的含钴、铜岩性段。本层岩性复杂、厚度变化大、具韵律层理和波状层理。顶部向含铁岩系过渡部位断续见硬石膏、石膏岩，与铁矿体直接接触的二透岩，通常表现由灰白色、黄绿色角闪石组成的条带与由长石和石英组成的条带交替出现，或者表现由褐红色或咖啡色硅酸盐矿物（石榴子石为主，其次是角闪石或透辉石、钾长石）组成的条带与黑色铁氧化物组成的条带交替出现；中段是含铁主要层位，由含钾长石眼球的条带状二透岩和含石榴子石的条带状二透岩、条带状二透岩化白云岩及铁质千枚岩或铁质砂岩组成，局部夹火山质凝灰岩、石膏和碧玉铁质岩等，中夹赤铁矿（局部含磁铁矿、假象赤铁矿）多层，重晶石矿体赋存于铁矿体的下部；上段主要由白云岩、含泥质或炭质白云岩及二透岩组成，夹炭质板岩或千枚岩，含宏观藻类化石；本层下部结晶灰岩占主要比例，在铁矿体的周围大部分为透辉石透闪石灰岩，故认为有密切关系，本层厚度大于800 m。

震旦系石灰顶组：该层主要分布在石灰岭、红房山及石灰顶等处，在枫树顶、正美山等处也有零星出露，岩性主要为含赤铁矿石英砂岩、石英岩、赤铁矿粉砂岩、泥岩，局部还出现条带状薄层铁锰质岩，底部与石碌群第六层接触部位有不稳定的泥砾岩出现，岩层大体走向也是北西南东向，倾向北东，该组地层假整合覆盖于石碌群地层之上。

下志留统空列村组：该地层分布较少，仅出露在石碌矿区的西南角，岩性主要为炭质泥岩、板岩、千枚岩、片岩、砂岩等，北东方向与石碌群第四层平行不整合接触，其他部位均与花岗岩角度不整合接触。

下石炭统南好组：该组由下向上分为两层，第一层岩性主要为千枚岩、斑点状千枚岩、砂岩夹铁矿、透闪石化硅质板岩、薄层状白云岩、底为砾岩，主要分布在三棱山、鸡心岭、朝阳、鸡心村一带，岩层走向为北西南东向，在叉河农场二队沿 F_{55} 断裂西侧呈南北向展布；第二层岩性主要为千枚岩、含炭千枚岩、白云岩、底为砂砾岩，主要分布在 F_{31}断裂与 F_{32}断裂之间靠近北侧，鸡心岭方向呈北西向展布，红头山方向呈近北东向展布，第二层的分布范围要比第一层小得多。

石炭系上统青天峡组：岩性主要为白云岩、白云质灰岩、透辉石透闪石岩、含燧石结核灰岩夹千枚岩、粉砂岩。该地层主要分布在石碌矿区花梨山，在 F_{31}断层的上盘，东侧与二叠系下统峨查组整合接触。

二叠系下统峨查组与鹅顶组：峨查组位于二叠系的最底层，岩性主要为砂岩、千枚岩夹灰岩，底部为砾岩，鹅顶组岩性主要为泥质条带状灰岩。主要分布在石碌矿区的东部叉河农场附近，为海矿采石场的主要采矿层位，岩层走向呈近南北向展布，在鸡心村的东北角也有峨查组地层出露。

下—上二叠统南龙组：岩性主要为砂岩、粉砂质千枚岩、硅质团块、灰岩、灰岩透镜体、底部为砂岩，主要分布在石碌水库的南侧，分布范围较大。

（2）构造。

1）褶皱。

石碌矿区褶皱构造为一轴向近北西—南东向的复式向斜构造。该复式向斜向西扬起、收敛，向东南倾伏开阔，自北而南，由三棱山向斜、鸡心岭背斜、北一向斜、红房山背斜和石灰顶向斜等次级褶皱组成。三棱山向斜轴向近北东东，本次钻孔主要布设在该向斜的北翼，南翼仅少量钻孔控制，从该区地层的产状、矿体的赋存形态也证实了该向斜的存在。鸡心岭背斜轴向也为北西—南东向，该背斜的存在，导致矿体厚度变薄变差，红房山背斜是以石碌群第五层片岩在平面上呈窄条状隔挡式展布为特征，背斜枢组自西向东倾伏，潜入深部渐趋消失，北一向斜与石灰顶向斜复合为一宽缓的向斜、复向斜在矿区的东部为 F_7 断层横切，在 F_7断层以东被石炭纪—二叠纪地层所覆盖。复式向斜的南翼地层出露产状也比较稳定，除近 F_1断层一带受构造及滑坡作用影响，局部呈反倾外，皆呈北西南东向延伸，倾向北东，翼部次级褶曲不明显。复向斜的北翼，亦即北一向斜北翼地层出露不完整，石碌群第一、二层及部分第四层为岩浆岩破坏，产状很不稳定，除北一向斜西段发育有两个低序次的平行于复向斜之背斜、向斜外，北翼地层普遍向南倒转，形成斜歪褶皱，唯保秀区段较为正常，走向东西，倾向南，而正美区段因 F_{32} 断层之东盘向南推移及岩浆岩侵入挤压影响，次级褶曲发育，岩层沿倾斜波状起伏。

2）断裂。

伴随褶皱而存在的断裂构造也较发育，计有北西—北北西、北东东—东西及北北东至近南北向3组。

北西—北北西组：包括北一西段 F_{20}、F_{21}，北一东段 F_{25}、F_{30}、F_{31}，南矿枫树下 F_{22}、F_1、F_2 等断裂为代表，规模不一，多属压扭性断层。断层面舒缓波状，沿断裂发育有片理化带、构造透镜体等挤压构造形迹。该组断裂部分多次活动，并转化为张性，先后为中酸性、基性岩岩脉贯入，如 F_{25}。

北东东—东西组：包括北一东段 F_{26}、F_{27}，正美区段 F_5，南矿区段 F_{23}、F_{24} 等断裂。倾向南—南东或北—北西，倾角较陡。断层带内见挤压片理、破劈理及构造透镜体，亦见棱角明显的构造角砾，并时有岩脉充填，或属张压性正断层，或为压扭性逆断层。

北北东至近南北组：包括北一西段 F_{19}，北一东段 F_{29}，南矿区段 F_8及矿区东段 F_6、F_{32}、F_7 等。普遍生成较晚，规模较大。如 F_6、F_{32}、F_7 等均横贯全区。断裂带内可见大小不一、棱角明显的构造角砾，挤压片理、构造透镜体及有岩脉、石英脉充填，力学性质既有张性，也有压扭性，其中南北组多为西盘上升，东盘下降的正断层。

总之，3 组断裂的上述特点也反映了本区先后遭受过两次不同方向的应力作用。然而，不论何组断裂，都形成于成矿之后，对矿体的分布、赋存不起控制作用，相反，不同程度地破坏了褶皱构造、含矿岩系以及矿体的连续完整性。尤其以南北组断裂为甚，造成复向斜往东先呈阶梯状下陷，至 E13 线附近矿体埋藏最深，E13～E19 线又渐渐抬升，E19 以东又有下陷趋势。

（3）岩浆岩。

矿区南、北、西 3 面为侵入岩所环绕，岩石类型以花岗岩类为主。矿区南部、北部为儋县岩体，岩性为海西—印支期斑状/似斑状（角闪）黑云母二长花岗岩、花岗闪岩，普遍具片麻状构造，部分为条带状、眼球状构造，片理方向与岩体展布方向一致，即与北东—南西向构造线吻合。K-Ar、Rb-Sr 和锆石 U-Pb 同位素年龄为 190～320 Ma。矿区西部为黑岭及三狮岩体，其岩性主要为燕山晚期花岗斑岩、角闪黑云母二长花岗岩，K-Ar 同位素年龄 128～134 Ma。海西—印支期花岗岩属陆壳改造型钙碱性花岗岩，燕山晚期花岗岩属同熔型钙碱性—碱性花岗岩。两期花岗岩均以壳源为主，但有下地壳或地幔成分的混入，其中，燕山期幔源组分偏多。

此外，矿区内尚发育花岗斑岩、伟晶岩、石英斑岩、闪长岩、煌斑岩、辉绿岩、细粒花岗岩等燕山晚期岩脉，这些基性岩岩脉 K-Ar 同位素年龄 97～100 Ma。花岗斑岩是分布最多的一种脉岩，平面上，这些斑岩岩脉呈“S”形，主要沿北北西至北西向和北北东至北东向两组断裂和/或不同岩层接触带分布，侵入中心则位于矿区东南面；垂向上，侵位于第六层主含矿层位的系列岩脉则位于矿体上方或旁侧，且呈小型透镜体作雁列式左行斜列，指示与北北西至北西向逆冲断层运动方向一致。矿区北部的北一区段、正美区段，岩体与石碌群沉积变质岩系乃至铁矿体成侵入接触关系，沿外接触带普遍不同程度地存在着接触变质现象，形成角岩类及部分赤铁矿转化为磁铁矿，但未发现岩体与铜钴矿体直接接触。

2. 矿体特征

重晶石矿体主要分布于枫树下铁矿体中部ⅩⅧ—ⅩⅩ线间之铁矿体南边下部边缘的透辉石透闪石岩中呈似层状产出，坐标位置为 X：7340～7390，Y：50120～50407，矿体产状形态与上部铁矿、下部灰岩基本一致，西部作东西走向至ⅩⅧ线向东则转向北 70°东方向延长，倾向北—北西，倾角地表平缓为 2°～5°，向下突然变陡为 47°～55°并逐渐尖灭。矿体全长（水平距）287m，地表出露最宽 13m，一般 4m 左右，矿层厚度 4.5～1m，以中部厚，两端薄，矿体地表出露标高 400m，地下最低出矿标高 378m，矿体沿倾斜向下延深斜长 45～55m。总的矿体形态较为规则，厚度较稳定，沿走向具有小波状起伏，为倾向北之单斜似层状矿体（图 4-13-3）。

此外，在北一赤铁矿矿体Ⅵ～Ⅶa 剖面线与 X：8000～9000 坐标之间露天境界内存在伴生重晶石矿体，矿体呈似层状、透镜状穿插与下层铁矿体的中部，厚度 5～25m，有膨缩现象，总体产状为 45°∠50°，往北东侧伏，与铁矿体产状大体吻合。

3. 矿石特征

（1）矿石矿物成分。

主要矿石矿物除重晶石外，还有赤铁矿、黄铜矿、（含钴）黄铁矿、（含钴）磁黄铁矿，少量辉铜矿和斑铜矿等。脉石主要为石英，其量微，仅局部可见，多分布于矿体下部边缘。

（2）矿石化学成分。

矿石质量经化验 $BaSO_4$ 含量较高，有害物质甚微，按照国家工业要求属于优质品，其他元素含量见光谱半定量分析结果列表如下：

元素	Si	Al	Fe	Ca	Mg	Ni	Sn	Mn	Ti
含量/%	>10	>10	1～10	0.1～1	0.1	<0.01	<0.01	0.1	0.1
元素	V	Cu	Pb	Sr	Cr	Ba	Zr	B	Co
含量/%	0.01	0.001	0.1～0.01	1～10	<0.01	>10	0.01	0.01	<0.01

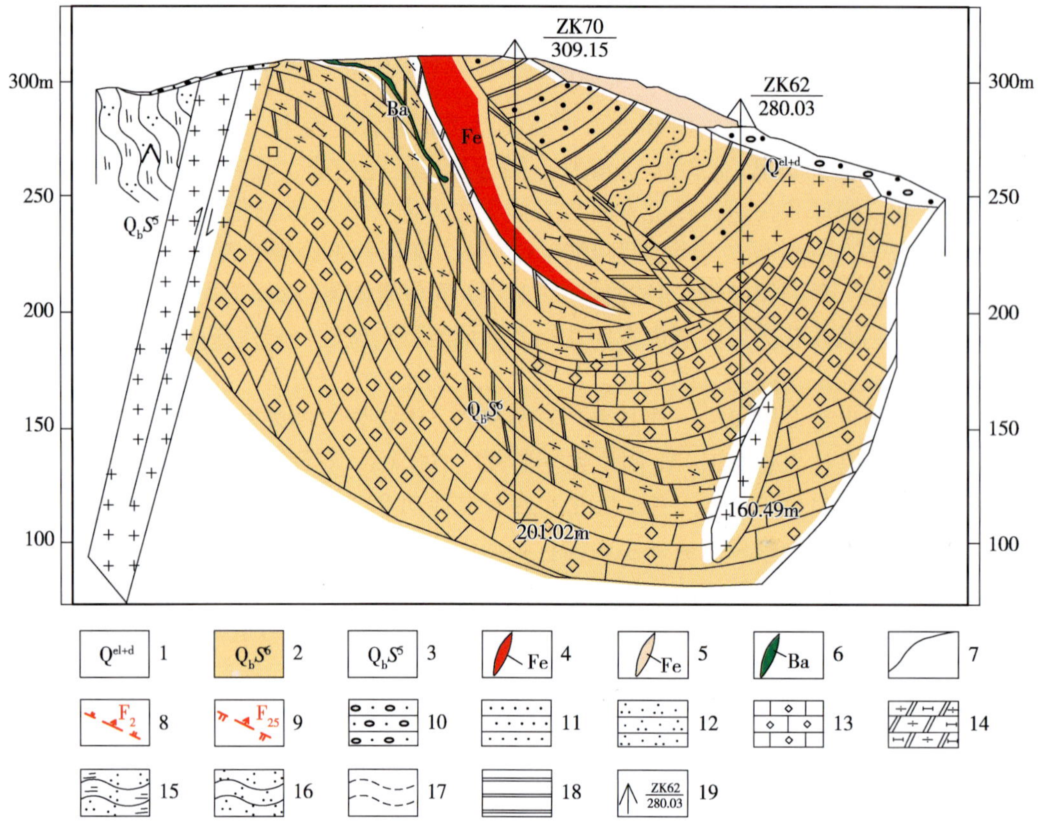

图 4-13-3　海南省昌江县石碌重晶石矿 18 号线剖面图

1—第四系；2—青白口系石碌群第六段：透闪石透辉石岩、白云岩夹矽卡岩、石膏岩、石英岩、片岩透镜体、含铁铜钴矿；3—青白口系石碌群第五段：绢云母石英片岩或石英绢云母片岩；4—铁矿体；5—残坡积铁矿层；6—重晶石；7—实测整合岩层界线；8—推测正断层及编号；9—推测逆断层及编号；10—砂砾岩；11—砂岩；12—石英砂岩；13—结晶灰岩；14—透辉石透闪石岩；15—绢云母石英片岩；16—石英片岩；17—千枚岩；18—页岩；19—钻孔位置

（3）矿石的结构、构造。

矿石结构主要有中粒板状结构、细粒状结构、中粗粒状结构。其构造主要有条带状构造、纹层状构造，其次为块状构造、细脉状构造。

（4）矿石类型。

矿石类型比较单一，主要为重晶石矿。

4. 围岩蚀变

矿区主要围岩蚀变为硅化、绿帘石化、透辉石-透闪石化、矽卡岩化、绿泥石化、黄铁矿化等。

5. 矿体的控矿因素

（1）构造因素：矿体多位于向斜的谷（槽）部或向斜轴部附近的层间剥离带或褶曲发育、形变强烈地段。

（2）岩浆岩因素：矿床外围海西—印支、燕山期岩体、岩脉发育，对重晶石矿后期的改造作用明显。

（3）地层因素：矿床赋存于石碌群第六层透辉石透闪石灰岩中，铁矿体和重晶石矿体具一定上、下关系。

（三）冰岭重晶石矿

1. 矿区特征

（1）地层。

本区地层除第四系覆盖层外，出露基岩均为一套浅变质岩系。这套浅变质岩系划分为4个岩性段，总厚度大于3959m，将其时代定为二叠纪。矿区范围内出露下二叠统峨查组部分地层，地表有第四系残坡积层覆盖，区内重晶石矿即产于残坡积层中，现自下而上叙述如下。

A. 二叠系下统峨查组。

第一岩性段：分布于北部，自水南村以西经兰洋农场十七队、苦香岭南坡至荔枝湾沟以东一带。北与中二叠统长塘岭中细粒斑状黑云母二长花岗岩接触。以浅灰色绢云母千枚岩为主，夹浅灰—褐黄色变质石英粉砂岩及灰黑色含炭绢云母千枚岩。厚度大于670m。

第二岩性段：出露于矿区北部边缘，为灰色至黑褐色含炭绢云母千枚岩夹浅灰褐色变质石英粉砂岩。本层以含炭质为特点，于上、下层位易于区分，风化后地表为红色砂质黏土。厚度98m。

含炭绢云母千枚岩：灰色至黑褐色，显微鳞片变晶结构，千枚状构造。主要由绢云母（60%～90%）、石英（1%～15%）和炭质（8%左右）组成。绢云母呈显微镜鳞片状，具定向排列，石英粉砂近等轴状，分布于绢云母鳞片中，炭质呈尘状分布于岩石中。

变质石英粉砂岩：浅灰褐黄色，显微鳞片变晶花岗变晶结构，块状构造。主要由石英（80%左右）、绢云母（15%左右）和少量黄铁矿组成。石英粉砂重晶石，边缘不规则；绢云母显微鳞片状，略具定向排列，分布于石英粉砂粒间；自形的黄铁矿晶体，星点状散布于岩石中。

第三岩性段：出露于冰岭和286高地，为浅灰色绢云母千枚岩夹浅灰褐色变质石英粉砂岩。岩石普遍见小于1mm的黄铁矿自形晶体，星点状，散布于岩石中。厚度大于144m。

绢云母千枚岩：浅灰色，风化后呈褐黄色，显微鳞片变晶结构，千枚状构造。由绢云母（70%～95%）、石英（5%～20%）及少量黄铁矿和电气石等组成。绢云母呈显微鳞片状，具定向排列；石英粉砂近等轴状，分布于绢云母鳞片中；电气石呈柱状（0.1～0.2mm），零星散布；黄铁矿呈星点状散布。

岩层顶部，偶见重晶石变斑晶。

变质石英粉砂岩：浅灰色，风化呈褐黄色，显微花岗变晶构造，块状构造。主要由石英粉砂（86%左右）组成，由少量绢云母和黄铁矿。岩石中常见后期热液石英细脉沿节理裂隙贯入，使岩石产生硅化。

第四岩性段：区内仅出露其下部地层，分布在冰岭至286高地之北西向山脊上及286高地南、南西山坡，因风化剥蚀而呈残块，覆于下二叠统峨查组第三岩性段之上。岩性为黑、白相间的条带状含重晶石硅质岩、灰白色硅质岩、浅灰色硅质绢云母千枚岩夹浅灰褐黄色薄层变质石英粉砂岩，向上渐变为重晶石矿层夹结晶灰岩透镜体。由于风化剥蚀，重晶石矿层已呈残坡层产出。矿区内本层出露厚度大于28m。

硅质绢云母千枚岩：位于本层底部，呈浅灰色，显微花岗变晶鳞片变晶结构，千枚状构造。由绢云母（60%～70%）、硅质（20%～37%）及少量黄铁矿（3%～10%）组成。绢云母显微鳞片状，定向排列，硅质分布在绢云母鳞片中，呈隐晶质，黄铁矿呈立方体或他形粒状星散状分布，有石英细脉顺层充填。

硅质岩：位于硅质千枚岩之上，呈灰白色，显微花岗变晶结构，薄层状构造。由硅质（75%～95%）、绢云母（3%）和黄铁矿（2%～5%）组成。岩石中硅质呈隐晶质，少量绢云母定向排列，分布不太均匀，黄铁矿呈自形晶，不规则状分布，常见石英细脉穿插。

变质石英粉砂岩：呈薄层状夹于硅质岩和硅质绢云母千枚岩中，厚2～5cm，薄层状、透镜状分布。呈浅灰色，风化呈褐黄色，显微花岗变晶结构，薄层状构造。由石英粉砂（86%）和少量绢云母、黄铁矿组成。石英粉砂岩呈不规则粒状，绢云母分布粉砂颗粒间，微具定向排列，粉粒级的黄铁矿自形晶体散布于岩石中。岩石见大量后期热液石英细脉，沿裂隙贯入。

条带状含重晶石硅质岩：位于硅质岩之上，呈渐变过渡。岩石呈黑白相间，隐晶质—显微花岗变晶结构，条带状构造。由硅质（75%~85%）、重晶石（1%~10%）和泥质（5%~10%左右）、铁锰质（5%左右）组成。重晶石、硅质与泥质、铁锰质互成条带，前者条带宽0.2~2cm，最大5cm，具尖灭再现的特点，后者条带宽1~3cm，最大20cm。岩石含$BaSO_4$品位由下往上变富，如QJ12号井中10.00~13.05m，含$BaSO_4$ 7.54%~8.88%，13.05~14.10m，含$BaSO_4$ 3.62%，14.10~15.40m，含$BaSO_4$ 1.54%。

重晶石矿层：位于条带状含重晶石硅质岩之上，呈渐变过渡。由于风化剥蚀结果，均呈残、坡积矿存在。

结晶灰岩：位于条带状含重晶石硅质岩之上，呈风化残留体，夹于重晶石矿层中。岩石呈浅灰色，粒状变晶结构，块状构造。由方解石（76%）、石英和少量黄铁矿组成。局部还夹椭圆状深灰色燧石结核，结核长轴3~18cm，短轴2~12cm，呈花岗变晶结构，风化后具环带状构造。

B. 第四系残坡积层。

广布全区，不整合在基岩之上，其岩性随基岩岩性而异，厚度一般数米至十余米。在冰岭山顶和286高地南及西南坡，有残、坡积重晶石堆积。在矿体北侧二山沟和南西侧山沟，分别见重晶石转石分布。

（2）构造。

1）褶皱：矿区地层总体产状，呈北西走向，向南西倾斜，倾角平缓，15°~20°左右。由于受南北应力作用和北东向断层牵引，形成一系列轴线近东西或北西向断续分布的小褶曲和扭曲。从矿区7条勘探线剖面可见，沿F_9断层附近见一小背斜，轴线近东西，西段转向北西，于Ⅵ线以西翘起消失，向东倾伏；上述小背斜南侧，从冰岭至286高地Ⅲ线QJ12号井处，见一小向斜，轴线东段近东西向，西段北西320°左右。向南依次形成一系列背、向斜小褶皱，幅度都不大。小向斜核部残积重晶石矿层较厚，如QJ58号井中，矿层厚度达12.90m，而小背斜轴部矿层变薄，甚至剥蚀殆尽，如QJ20号井处。因此上述一系列小褶曲的断续分布，控制了矿层的厚薄变化。

2）断层：矿区见有北北东、北西和近东西3组断层，其中以北北东组最发育，且破坏了矿体，现按组序叙述如下（图4-13-4）：

矿区见有北北东、北西和近东西三组断层，其中以北北东组最发育，且破坏了矿体，现按组序叙述在下。

A. 北北东组。

F_1断层：位于冰岭西侧，即QJ6~TC9一带。为区域上该断层转折段，走向近南北后转向北西340°左右，倾向北东或南东，倾角35°左右，为矿区较大的断层。从QJ6号井往北，上盘下降，下盘上升，属正断层性质。断距大于28m，下盘缺失峨查组第四岩性段地层，沿断层有破碎带，宽7m左右，成分为碎裂千枚岩和硅质角砾岩，砾径0.3~5cm，棱角至次棱角状，排列杂乱无章，胶结物为泥质和铁锰质，沿断层见石英脉充填。从QJ6号井往南，断层下盘下降，上盘上升，属逆断层性质。断距约15m，上、下盘皆保留峨查组第四岩性段地层，但未见矿层。沿断层破碎带见煌斑岩岩脉充填，并错开F_2断层。本断层东侧，在TC1、TC6、TC8和TC9等槽中，见一条倾向相反的构造破碎带，两头与F_2相接，受F_2影响形成。

F_4断层：位于F_2断层带东侧之TC6处，为F_2之次级断层。断层走向南西212°，倾向南东，倾角一般较平缓。上盘上升，下盘下降，属逆断层性质，断距约3m。上、下盘皆出露峨查组第四岩性段硅质岩和硅质绢云母千枚岩，属矿层底板地层。构造碎裂岩宽2.1m，碎裂角砾岩成分为硅

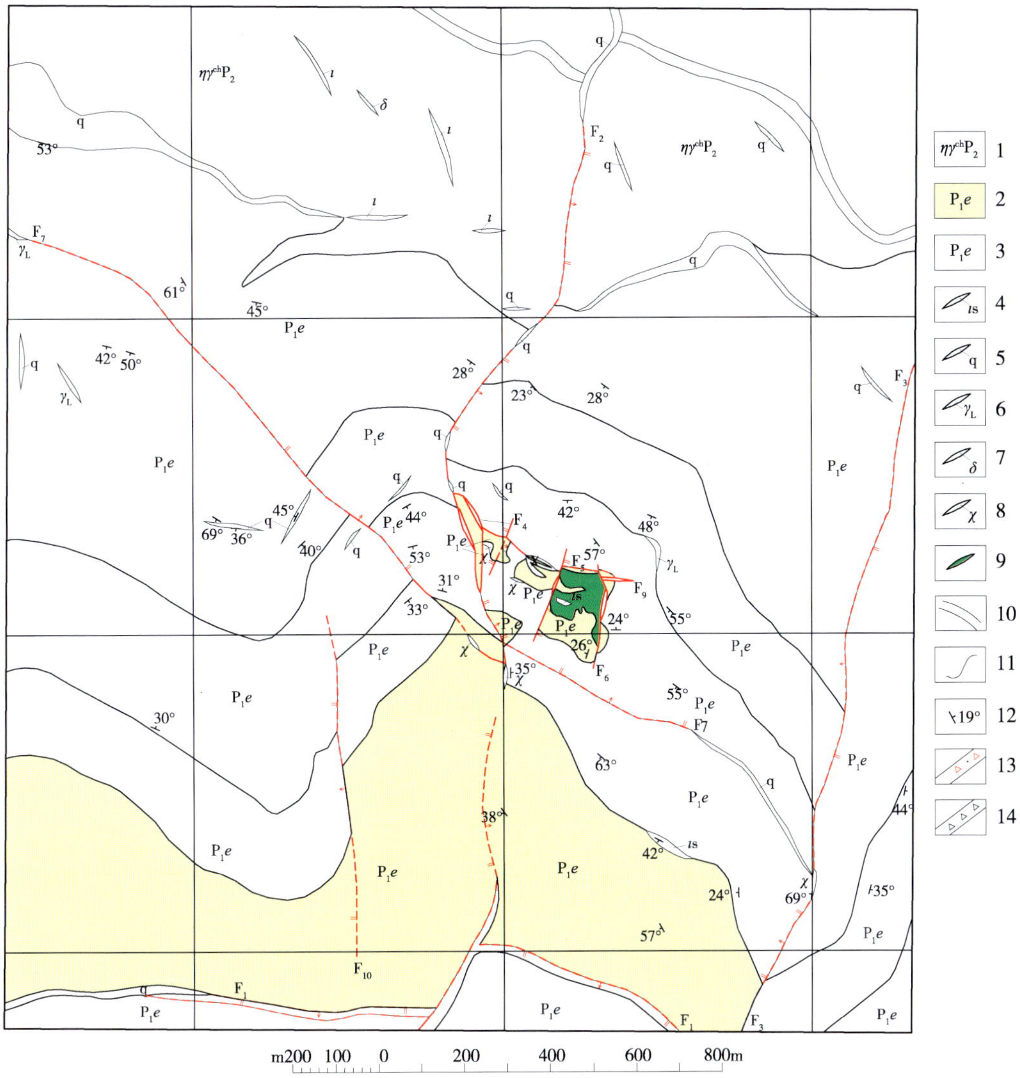

图 4-13-4　海南省儋州冰岭重晶石矿区地质图

1—长塘岭中细粒斑状黑云母二长花岗岩；2—峨查组：硅质岩（微粒石英岩）夹千枚岩、变质石英粉砂岩，其底夹重晶石矿及结晶灰岩透镜体；3—峨查组；4—结晶灰岩透体；5—石英脉；6—细晶岩岩脉细粒花岗岩；7—闪长岩岩脉；8—煌斑岩；9—残积重晶石矿；10—中细粒似斑状含电气石黑云母花岗岩；11—实测地质界线；12—产状；13—破碎带；14—硅化构造角砾岩

质岩和硅质绢云母千枚岩，角砾大小不一，一般 5cm，棱角状，并见石英细脉穿插充填。

F_3 断层：位于 F_4 东Ⅴ—Ⅴ′线 TC15 处，亦为 F_2 之次级断层。断层走向南西 197°，倾向南东东，倾角约 57°。断层横截冰岭与 286 高地之间山脊，上盘下降，下盘上升，属正断层性质。断距大于 20m，破坏了含矿层位，断层西侧出露矿层底板之硅质岩，东侧出露矿层。据槽 TC15 揭露，断层破碎带宽度大于 6.2m，有大量不规则石英脉贯入，破碎角砾成分为风化硅质岩、风化重晶石和石英脉块等，砾径大小一般 1~5cm，个别大者约 30cm，小者 0.3cm，具棱角状，分布较乱，泥质胶结。本断层错开近东西向的 F_9 断层。

F_6 断层：位于 286 高地西南侧，向南穿过Ⅰ—Ⅰ′的 TC10 号槽。断层走向北东 20°至北西 310°，倾向北西西和南南西，倾角 36°~40°，平面呈波状弯曲，破碎带宽 2.7~12m，充填物有黏土、硅质岩、破碎千枚岩及少量砂土状重晶石、石英脉碎块等，局部见石英脉贯入，碎块大小不一，具棱角状，大者达 30cm 左右，小至粉状，一般 0.5~1cm，沿断层面见黑色铁锰质，QJ59 号井见断层面光滑，略有弯曲。本断层上盘下降，下盘上升，属正断层性质。断距大于 24m，破坏了含矿地层，断层西侧仍保留峨查组第四岩性段下部矿层和矿层底板之硅质岩，断层东侧则含矿地层已剥蚀，仅局部残留矿层底板硅质岩。本断层错断 F_9 和 F_{11} 两条断层。

B. 北西组。

F_7 断层：位于矿区南西，为区域 F_7 断层之中段，矿区内仅有 D142 地质点控制，断层面倾向北东 75°，倾角 34°，见煌斑岩岩脉和石英脉充填。两端为推测，并北 F_2 错断。断层上盘下降，下盘上升，属正断层性质，断距不清，上、下盘出露之地层为峨查组第三岩性段和峨查组第四岩性段地层。

F_8 断层：断层长约 60 多米，断层面倾向南西 240°，倾角 54°，断于 C_{2-4} 下部层位中。上盘下降，下盘上升，属正断层，断距 8m 左右。

C. 近东西组。

F_9 断层：位于 286 高地至冰岭间沿山脊分布，有 TC5、TC6、TC9 和 TC14 等探槽控制，长约 494m。走向东段北西 285°，西段转为北西 310°，倾向南南西至南西，倾角不清。断层上盘下降，下盘上升，属正断层性质，断距约 9m。上盘残留峨查组第四岩性段下部矿层层位，下盘出露峨查组第三岩性段千枚岩层位，矿层已剥蚀。见破碎带及煌斑岩岩脉和石英脉充填，破碎带角砾成分有硅质岩、重晶石块、硅质千枚岩和千枚岩等，具棱角至次棱角状，大小不一，几厘米至十几厘米。本断层被北北东组断层错开。

F_{11}：长约 50m，走向南东东 100°，倾向北北东，倾角不清。TC10 中见残积砂土状重晶石矿层与硅质岩相接，推测存在此断层，因岩石风化深，界限不清，产状难于详细测量。断层上盘下降，下盘上升，应属正断层性质。本断层被 F_6 断层错开。

（3）岩浆岩。

1）中二叠统长塘岭中细粒斑状黑云母二长花岗岩：分布于本区北部，侵入二叠系下统峨查组第一岩性段地层中。接触面多数为石英脉贯入，石英脉走向大致 290°，倾向南南西，倾角 53°。外接触带围岩，产生不同程度的接触变质作用，如：苦香岭一带，儋县岩体接触带，见有烘烤和接触交代作用；D055 地质点之粉砂岩具角岩化，D059 和 D135 地质点，形成片状石英岩和含炭红柱石片岩；D055 地质点出现石英云母片岩等。

本区内所见，岩性主要为细粒、中细粒似斑状黑云母花岗岩，电气石黑云母花岗岩，属儋县岩体的边缘相。

岩石呈灰白—褐黄色，细粒、中细粒似斑状花岗结构，块状、似片麻状，似眼球状构造。主要矿物成分：斑晶为石英和长石，含量 5%左右，直径一般 3~10mm，边缘没有明显的界线，呈板状、粒状，略具定向排列分布于岩石中。基质主要成分：钾长石 45%左右，斜长石 15%左右，石英 20%左右，黑云母 5%左右，并有少量磷灰石、电气石、绢云母、磁铁矿、锆石和此生的绿泥石、高岭土等。

基质中钾长石呈不规则板状和他形粒状，呈卡氏双晶、格子双晶和微条纹双晶；斜长石板状，隐约可见极细的双晶纹；石英为他形，细粒多见；黑云母呈不规则片状或呈撕碎的长条状。岩石中交代现象明显，石英沿长石颗粒边缘交代，共结边现象多见，且见长石的粒状，似眼球状透镜体。局部岩石中电气石含量增多时，变为似斑状电气石黑云母花岗岩。

2）脉岩：本区脉岩分布普遍，主要沿北北东、北西、和近东西 3 组裂隙或断层贯入，主要有石英脉和煌斑岩岩脉，其次有细粒花岗岩岩脉。

石英脉：沿上述 3 组断裂都有贯入，长几米至数十米，宽几厘米至数米。呈褐黄灰白色，糖粒状结构，块状构造。成分主要为石英，少量金属硫化物，局部为含重晶石石英脉。

煌斑岩岩脉：沿上述 3 组断裂贯入，长十多米至几十米，宽几米至十多米。已全部风化，呈煌斑岩结构，块状构造。主要由斜长石、纤闪石和少量黑云母、石英组成，未见矿化现象，节理发育。

细粒花岗岩岩脉：仅见矿区北东角第三段岩性和第二段岩性地层接触面上，走向北西，倾向南西，倾角41°，长约40m，宽3~5m，细粒花岗结构，块状构造。主要由石英、长石和黑云母组成。

2. 矿体特征

矿区由1号（286高地）和2号（冰岭）两矿体组成，相距450m；矿床类型包括残积矿和坡积矿两类，残积矿又按其构造和物质组分不同，分为块状重晶石矿和砂土状重晶石矿两种。矿体中，坡积矿赋存在顶部，残积块状矿夹在中间，残积砂土状矿产于底部，三者均呈似层状叠加产出；但残积矿比坡积矿的分布范围小，只占矿体面积的55%。1号矿体为本区主矿体，其储量占矿区总储量的97.55%；2号矿体规模小，以坡积矿为主，其储量仅占矿区总储量的2.45%。

（1）1号矿体。

位于冰岭南东112°450m的286高地南西坡，由坡积矿和残积矿组成，面积0.045km^2，按矿层平面分布，有58.24%的坡积、残积矿相互叠加在一起。

残积砂土状重晶石矿层：呈似层状赋存于矿体最下部，条带状含重晶石硅质岩之上。走向北西—南东，倾向南西205°~245°，局部为北东15°~78°。倾角18°~25°，局部55°。沿走向有挠曲现象，并被F_5和F_6正断层所截；沿倾斜，因受地形切割，南、北侧矿层被剥蚀而尖灭。水平投影面上，矿层东西长130~170m，南北宽150~196m，近似方形，面积10503m^2。剖面上矿层呈似层状、透镜体产出；Ⅲ线为规则层状，厚度2.5~4.5m，部分被剥蚀后，呈残留顶盖，Ⅳ、Ⅴ线均呈残留的不完整透镜状，Ⅳ线最大厚度达15m，Ⅴ线厚度4~9m，这种变化，是受局部小褶曲所造成。从整体看，矿层由于被剥蚀深度不同，西厚（6~12.09m），东薄（0.7~485m），矿层平均厚度3.91m，厚度变化系数为88.61%。

组成矿层的物质成分，除石英—重晶石外，其他组分已全部风化呈土状。呈褐黑带白色，可见薄层状、透镜状残留构造；局部见重晶石矿呈团块状、条带状、透镜状产出，透镜体厚0.2~0.45m，定向排列，产状与地层产状基本一致。重晶石团块、条带或透镜体，因受风化破坏，大部分呈碎块状。

据化学分析资料统计，矿层化学成分，以硫酸钡（$BaSO_4$）和二氧化硅（SiO_2）为主，两者相加平均含量87.76%；其次为三氧化二铁（Fe_2O_3）及三氧化二铝（Al_2O_3），两者平均含量之和达10.21%。硫酸钡含量变化，垂直方向上，一般是底部低，向上不增高，局部则相反（如QJ58）；水平投影面上，北东段（8块段）较高，平均品位42.11%，向南西变贫（10块段），平均品位24.60%，全矿层平均品位32.18%，品位变化系数为45.40%。据统计品位与厚度无相关变化关系。二氧化硅含量变化与硫酸钡相反，底部高，往矿层顶板逐渐减低（70%~23%），平均含量55.26%。

矿层中局部夹条带状含重晶石硅质岩，及夹重晶石薄层的含燧石结核灰岩，夹石厚度3.55~5m。

本层矿石储量183.502kt，占矿区储量的43.36%。

残积块状重晶石矿层：规模小，呈似层状的残留顶盖，覆于砂土状矿层之上。矿层走向北西，向南西240°~245°倾斜，倾角20°左右，局部40°，大部分裸露于地表。矿层北东侧被F_6正断层所截，水平面投影宽度80m，向南西逐渐变窄而尖灭，似三角形，面积3460m^2。

矿层厚度，因受风化剥蚀，中部较厚，向四周稍为变薄，最薄2m，平均厚度2.88m，厚度变化系数为44.79%。

矿层由块状重晶石组成，显薄层状构造，常见流失空洞，其形态扁豆状，有些彼此相连，断续出现，顺层排列，大小不以，长轴1~6cm，短轴0.2~1cm。部分被铁锰质充填，应为碳酸盐岩矿物流失造成。

矿层底部局部见薄层粉砂岩夹层。矿层节理、裂隙较发育，充填泥质或铁锰质薄膜。

矿层硫酸钡含量，单工程最高品位82.89%，最低48.59%，平均品位69.65%，品位变化系数为18.56%。矿石储量37.369kt，占矿区总储量的8.83%。

坡积重晶石矿层：呈似层状赋存于矿体顶部，残积矿之上的坡积层总，矿层之上，一般有0.1~1.45m的表土层覆盖。本矿层1号、2号、4号3个块段，叠加在残积矿层之上。

水平投影上，其形态为一由北东向南西伸出而张开的“掌状”；北东向最长440m，北西宽310m，面积44606m^2。

矿层厚度变化，受残积矿出露位置和地形所控制，QJ56至QJ13这一北东带上较厚（4.10~6.10m），最大厚度大于7.20m，往其两侧变薄（1~1.8m），最薄0.72m，矿层平均厚度2.67m，厚度变化系数为70.48%。

矿层呈灰白—灰黑色，疏松，由重晶石、脉石英、硅质岩等碎块和含铁、锰质黏土、砂土等组成。重晶石碎块大小，5个重砂样粒级分析统计，大于2.6mm（最大块度达1m）占72.94%，1~2.6mm占13.05%，0.2~1mm占5.81%，小于0.2mm者占7.76%。据118个重砂样统计，单工程原矿硫酸钡品位：最高77.55%，最低14.37%，矿层平均品位51.44%，品位变化系数为44.54%；单工程含矿率：最高88.3%，最低20.7%，矿层平均含矿率50.90%，含矿率变化系数为42.63%。含矿率与原矿$BaSO_4$含量呈正相关变化，而与矿层厚度无相关变化。本层矿石储量191.997kt，占矿区总储量的45.36%。

（2）2号矿体。

分布于冰岭山顶上，平面上北西宽，向南东逐渐变窄而尖灭，似椭圆状，面积2453m^2。矿层厚度，北西厚3.45m，向南东变薄而尖灭，平均厚度2.97m。

矿体物质组分特征，基本同1号矿体之坡积矿，矿层底部，局部夹杂有不规则状之残积砂土状重晶石矿。单工程原矿含硫酸钡品位：最高49.78%，最低33.69%，矿体平均品位41.13%。单工程最高含矿率72.70%，最低38.70%，矿体平均含矿率59.90%。矿石储量10.386kt，占矿区总储量的2.45%。

3. 矿石特征

（1）矿石矿物成分。

重晶石矿石的矿物成分较简单，以重晶石、微粒石英为主体，其中重晶石70%~98%，石英2%~30%，还有黄铁矿、绢云母、方解石和锆石等。

（2）矿石化学成分。

矿石化学成分，主要是硫酸钡（$BaSO_4$）、二氧化硅（SiO_2），其次是三氧化二铁（Fe_2O_3）、三氧化二铝（Al_2O_3），少量可容盐、氧化钙（CaO）、锰（Mn）、锶（Sr），微量铅（Pb）、锌（Zn）、砷（As）。

（3）矿石的结构、构造。

矿石结构主要有：显微鳞片变晶结构、显微鳞片变晶花岗变晶结构、隐晶质—显微花岗变晶结构、他形粒状结构、细粒、中细粒似斑状花岗结构、糖粒状结构、细粒花岗结构、煌斑岩结构。

矿石构造主要有：块状构造、似片麻状构造、似眼球状构造、千枚状构造、薄层状构造、条带状构造、透镜状构造、梳状构造、褐铁矿胶结构造。

（4）矿石类型。

本区重晶石矿床，虽从成因和结构、构造特点，分为残积块状重晶石矿、砂土状重晶石矿和坡积重晶石矿，但根据组成矿石的矿物，其矿石类型同属石英—重晶石型。

4. 围岩蚀变

残积重晶石矿矿层，未见顶板围岩，底板围岩为条带状含重晶石硅质岩，界面清晰，局部见有似碳酸盐岩风化层夹于其中。

5. 矿体的控矿因素

构造因素：一系列小褶曲的断续分布，控制了矿层的厚薄变化，脉岩受裂隙或断层构造控制。

岩浆岩因素：矿床外围印支、燕山期岩体，对重晶石矿后期起一定改造作用。

地层因素：矿体赋存于下二叠统峨查组。

三、典型矿床成矿模式

（一）保由重晶石矿成矿模式

1. 成矿时代

形成于印支期—燕山期。

2. 成矿机理和成矿模式

在下二叠统峨查组碎屑岩与鹅顶组灰岩的过渡带上，由于其岩性变化的复杂性，加之岩石本身的物理、化学等性质的差异，在承受多期次的构造活动作用下，为断裂构造的发育创造了良好的空间；印支期花岗岩的侵入使接触带附近岩石普遍受到蚀变，出现了硅化、绢云母化、绿泥石化等，随后，含矿热液沿断裂破碎带充填交代方铅矿—重晶石—石英脉成矿。成矿模式图如图 4-13-5 所示。

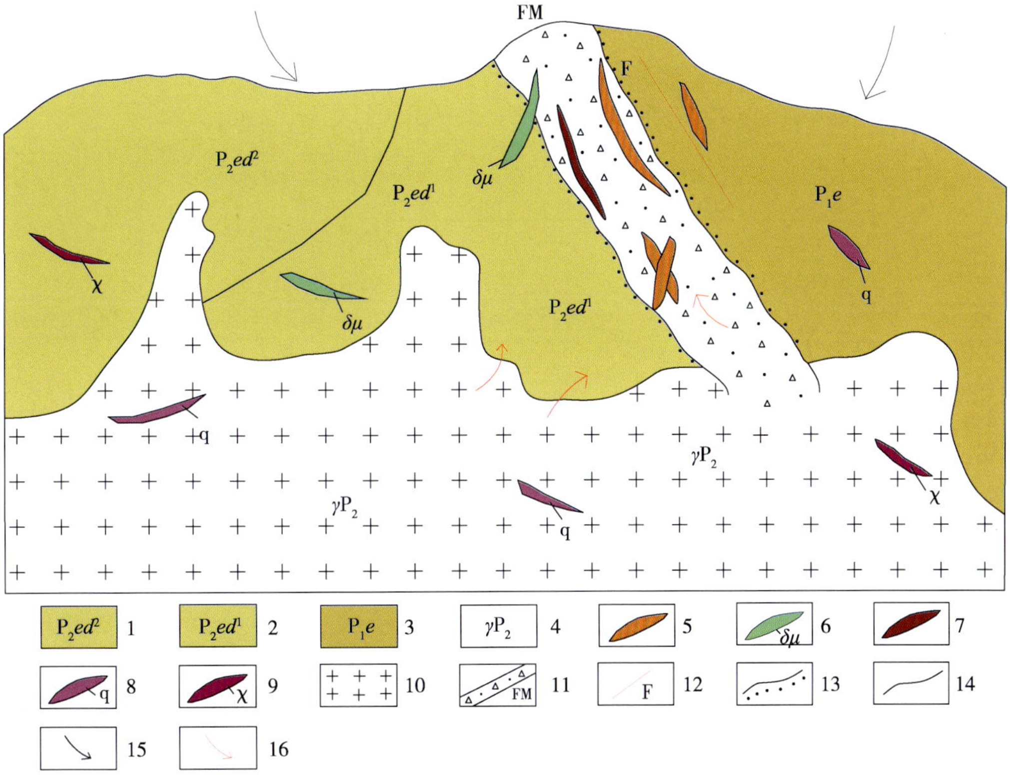

图 4-13-5 海南省昌江县保由重晶石矿区典型矿床成矿模式图

1—下二叠统鹅顶组上亚组：深灰—灰白色，厚层条带—条纹状结晶灰岩；2—下二叠统鹅顶组下亚组：深灰—灰白色，薄层条带—条纹状结晶灰岩、夹变质石英砂岩、含炭粉质千枚岩；3—下二叠统峨查组：暗灰—灰黑色含炭粉砂质千枚岩，夹薄层变质石英粉砂岩，硅化石英岩；4—印支期：花岗岩；5—重晶石矿；6—石英闪长玢岩岩脉；7—方铅矿；8—石英岩岩脉；9—煌斑岩岩脉；10—印支期及以后花岗岩；11—断裂破碎带；12—断层；13—蚀变带（硅化、绿泥石化等）；14—地质界线；15—大气降水；16—热液

印支期岩浆侵入形成花岗岩；在构造应力的作用下，于二叠纪鹅顶组和峨查组之间，印支期花岗岩岩体中形成破碎带；含矿热液沿破碎带充填交代形成铅锌矿、重晶石矿体

（二）石碌重晶石矿成矿模式

1. 成矿物质来源

石碌群为主要成矿物质来源。

2. 成矿时代

主要成矿时代为晋宁晚期。

3. 成矿机理和成矿模式

石碌重晶石矿原始富集于与海底火山作用有关的热卤水环境，矿质在远海火山岛生物礁台围成的具有较高盐度的封闭半封闭的海盆中以热卤水形式进行搬运、沉积，火山活动不仅为热卤水提供大量的热，也提供了大部分矿质，成矿温度在150~300℃。

晋宁运动及海西运动使石碌群发生变质变形作用，随着变质变形作用，已形成的层状、似层状矿体或含矿建造进一步发生构造动力分异作用，使矿质分异并在应力梯度支配下向低应力带运移富集，对重晶石矿体来说，则在铁矿体下部，矿体集中分布在向斜的谷（槽）部及其轴部附近，或湾流机械加厚部位；对铁矿来说，是硅铁分别集中，分异出来的铁质在应力驱动下向向斜槽部聚集加厚或在弯流作用下机械加厚，钴铜矿体则在层间破碎带聚集或在产状由陡变缓处，向斜褶曲的谷部加厚。其成矿模式图见图4-2-8。

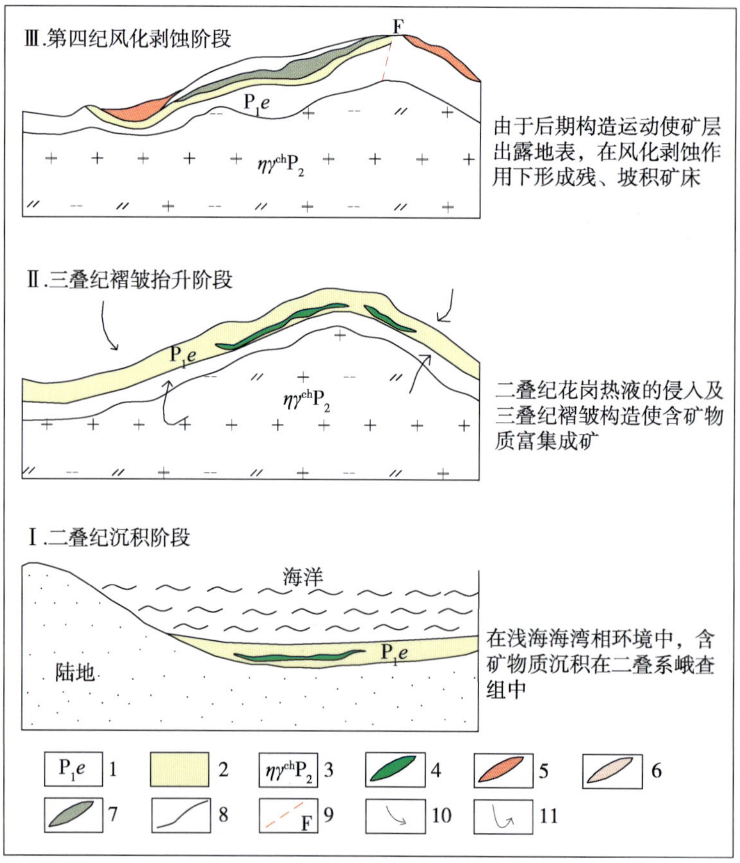

图4-13-6　海南省儋州市冰岭重晶石矿区典型矿床成矿模式图

1—二叠系峨查组；2—赋矿围岩：硅质岩；3—长塘岭中细粒斑状黑云母二长花岗岩；4—原生重晶石矿；5—坡积重晶石矿；6—残积块状重晶石矿；7—残积砂土状重晶石矿；8—地质界线；9—断裂；10—大气降水；11—热液

（三）冰岭重晶石矿成矿模式

1. 成矿物质来源

二叠系中细粒似斑状黑云母花岗岩及一些脉岩如石英岩脉、煌斑岩脉、细粒花岗岩脉等。

2. 成矿时代

第四纪的风化剥蚀是残坡积矿床形成的主要原因，进而确定成矿时代为第四纪。

3. 成矿机理和成矿模式

冰岭重晶石矿的成矿过程包括3个阶段（图4-13-6）。

第一阶段：含成矿物质的重晶石硅质岩或含重晶石结晶灰岩的碎屑在浅海海湾相中沉积成岩。

第二阶段：由于构造运动，地层抬升，大气降水和中生代岩浆岩的侵入，促使热液对原生重晶石矿物起一定改造作用，使其富集成矿。

第三阶段：断裂构造，使含矿地层出露地表，后经风化剥蚀现象，形成风化壳型残、坡积次生矿床。

第十四节　稀土矿种典型矿床及其成矿模式

一、矿床概况

海南省迄今已发现的稀土矿床（点）共计12处，均属于轻稀土矿，其中中型矿床8处、矿点4处。矿床成因类型只有风化壳型离子吸附型和滨海砂矿型稀土矿，两种类型的矿床、矿（化）点各有6处。

滨海砂矿型独居石稀土矿分布于海南岛东部文昌市、琼海市和万宁市一带，均作为锆英石砂矿或钛英砂矿的伴生矿产，多数达不到独立矿床的品位要求，而且勘查程度相对较高，基本摸清矿区及其外围的资源分布情况。

风化壳离子吸附型稀土矿有坝王岭中型稀土矿床、翰林中型稀土矿床、抱汶中型稀土矿床、三合水稀土矿点、田尾稀土矿化点和杨梅稀土矿化点。翰林稀土矿床的成矿母岩为白垩纪花岗斑岩，在海南岛其余地方均未发现成矿母岩为花岗斑岩的相同类型的稀土矿（化）点。除了翰林稀土矿外，其余矿床、矿（化）点的成矿母岩为三叠纪正长花岗岩，且分布相对较广，主要分布于昌江县坝王岭、乐东县尖峰岭、五指山市县潘阳和毛阳、万宁市兴隆、陵水县杨梅等地。另外，以三叠纪正长花岗岩为背景值的La和Ce元素地球化学异常分布较广，部分与已知的矿床（点）套合也相对较好。选择坝王岭稀土矿床为典型矿床，坝王岭稀土矿床位于昌江县，属离子吸附型稀土矿，储量东二矿体：5611t；东四矿体：4464t；南七河矿体：17044t，平均品位东二矿体：0.07%；东四矿体：0.132%；南七河：0.133%，属中型矿床。

二、典型矿床地质特征

1. 矿区特征

（1）地层。

矿区出露地层为下白垩统鹿母湾组下段，岩性为砾岩、砂岩粉砂岩夹中酸性火山碎屑岩，分布于矿区东南端，约占矿区总面积的5%。

（2）构造。

矿区主要发育3组断裂构造，分别为近南北向断裂、北西向断裂和北东向断裂，其中近南北向断裂为早期断裂，北西向和北东向断裂为后期断裂，并切割早期形成的近南北向断裂。

（3）岩浆岩。

矿区岩浆岩发育，主要有中粗粒角闪石黑云母正长花岗岩、多斑状黑云二长花岗岩、中细粒斑状黑云二长花岗岩、细粒斑状黑云二长花岗岩、中细粒黑云二长花岗岩和中细粒巨斑状黑云二长花岗岩，共占矿区总面积90%左右。后期脉体也较为发育，主要有花岗岩岩脉、花岗斑岩岩脉、煌斑岩岩脉和基性岩岩脉，约占矿区总面积的5%。此外，该区花岗岩风化程度均较高，风化层厚度可达15m，稀土矿体主要赋存于风化壳中。

中粗粒角闪石黑云母正长花岗岩为风化壳离子吸附型稀土矿的成矿母岩，主要分布于矿区中部和东部，面积约占全部岩浆岩总面积的65%。

2. 矿体特征

（1）东二稀土矿体。

据5个采样点14件样品统计，达REO 0.07%以上的有4点6件，圈出的矿体略呈圆形，半径长500m，地表面积约0.96km^2，浅井控制的稀土矿层厚度大于3m，未揭露到矿层底板。矿体主要分布于半风化层中下部，最高品位REO 0.137%，平均品位0.11%。浸出率为76.2%。估算氧化稀土矿资源量5611t。

（2）东四稀土矿体。

根据同一山坡，大致以分水界为限圈出了南北向长约950m，东西宽约450m的长方形矿体，面积约0.38km^2。从QJ6128浅井8个样品结果看，地表3.20m以上的REO品位低于0.044%；3.20m至井底9.20m段品位较富，REO最高达0.274%，平均0.132%。由于浅井未揭露到矿层底板，井底最末一个样品品位仍达0.143%。浸出率为59.1%。推测矿层厚度大于6m，有可能达10m左右。估算氧化稀土矿资源量4464t。

（3）南七河稀土矿体。

由两个采样点和一个浅井工程控制。圈出的矿体大致呈一椭圆形，长轴1350m，短轴750m，面积约1.14km^2。据13件化学分析样品结果，该矿体稀土品位较富，变化也不大，地表覆盖层1.60m以下即为矿体，REO品位最低0.106%，最高0.187%，平均0.133%。浸出率为59.5%。矿体厚度9.00m（见图4-11-1）。估算氧化稀土矿资源量17044t。

3. 矿石特征

（1）矿石矿物成分。

矿石矿物包括：钾长石，石英，斜长石，黑云母等主矿物；以及磁铁矿，锆石，磷灰石，榍石，萤石等副矿物。

（2）矿石的结构、构造。

矿石结构：中粗粒花岗结构，少数灰色似斑状结构。

矿石构造：以致密块状构造为主，少量脉状构造。

三、典型矿床成矿模式

1. 成矿物质来源

风化壳型稀土矿成矿物质主要来源于印支期的中粗粒角闪黑云正长花岗岩（东四单元）母岩，该母岩属酸性岩类，岩浆分异程度较高，整体属偏铝钙碱性系列，形成于后碰撞构造环境。

2. 成矿地球化学特征

东四单元正长花岗岩为稀土矿的矿源层，SiO_2含量在66.78%~74.47%之间，属酸性岩类；碱质含量较高，K_2O+Na_2O 含量 7.72%~10.35%；σ 值为在 1.85~4.5 之间，绝大部分 σ 值落在 2~2.6 之间，属钙碱性系列；A/CNK 为 0.9~1.07，整体属偏铝质花岗岩。DI 值高达 81.4~90.2，说明岩浆分异程度较高。

东四单元中粗粒角闪黑云母正长花岗岩，稀土总量在 300×10^{-6} 以上，最高可达 1259.80×10^{-6}，且风化的正长花岗岩稀土总量均大于新鲜的花岗岩稀土总量。东四单元花岗岩的高稀土含量可能与岩体中含有稀土分配系数值比较大的褐帘石（$Ce_2Al_3(SiO_4)_3OH$）、独居石（$CePO_4$）、榍石等有关。风化的花岗岩中含有大量的高岭土等黏土矿物，且黏土表面具有吸附捕获 REE 特性，致使风化花岗岩稀土总量增加。东四单元花岗岩岩体的新鲜岩石稀土总量为 331.5×10^{-6}~445.0×10^{-6}，而其风化壳层的稀土总量 833.2×10^{-6}~1259.8×10^{-6}，为新鲜岩石的 2.6 倍（表 4-14-1）。

表 4-14-1 海南省昌江县坝王岭稀土矿床稀土含量一览表

样号	岩性	$REE/10^{-6}$	$LREE/10^{-6}$	$HREE/10^{-6}$	LREE/HREE	$(La/Yb)_N$	δEu	δCe
东二	风化花岗岩	833.2	654.4	70.8	9.2	13.2	0.3	0.6
东四		1033.1	830.2	86.0	9.7	20.0	0.3	0.3
南七河上		1259.8	1090.9	82.8	13.2	30.3	0.3	0.3
南七河下		941.3	591.4	119.6	4.9	9.8	0.3	0.4
4091-2	新鲜花岗岩	331.5	258.5	26.0	10.0	11.0	0.2	0.9
4125-2		445.0	326.4	44.4	7.4	9.3	0.2	0.9

Eu 的负异常可能与岩浆平衡的斜长石从岩浆中分离形成斑晶有关，且 $(La/Yb)_N$ 大于 8.9，说明岩石形成于大陆边缘环境。

Ce 的负异常（亏损）可能为在风化氧化环境下，Ce^{3+} 氧化成 Ce^{4+}，从而与其他 REE 发生分离。

由图可知，稀土配分模式为右倾斜型，属于轻稀土富集型，其中 LREE/HREE 为 4.95~13.18，$(La/Yb)_N$ 为 9.33~30.27。

3. 成矿时代

坝王岭稀土矿床主要是由三叠纪中粗粒角闪石黑云母正长花岗岩发生风化、淋漓等物理化学作用，稀土元素从母岩中溶出，并在风化层中聚集成矿，故成矿时代为第四纪。

4. 成矿机理和成矿模式

坝王岭稀土矿床成矿过程包括 3 个阶段（图 4-14-1）。

（1）母岩风化阶段：海南岛地处热带—亚热带，气候温暖、雨量充沛，有利于物理化学风化作用的发育，风化壳的形成为稀土元素的次生富集提供了储藏空间。

（2）稀土元素从母岩溶出阶段：在有机物（一元酸、二元酸、非酸有机物）、微生物及其新陈代谢产物、腐殖酸（富里酸）的共同作用下，风化壳处在 pH=4~6 的酸性环境中，稀土元素以水溶性配合物（$REE(H_2O)_n^{3+}$）形式从花岗岩母岩中溶出，并向低势低洼处迁移。

（3）黏土矿物吸附稀土离子阶段：当风化壳表层的剥蚀速度小于水溶性配合物迁移的速度，则上覆被剥蚀部分的稀土元素继续向下低洼处运移，在稀土元素以离子形式向下运移的过程中，被黑云母和长石风化形成的高岭土等黏土矿物所吸附而富集。稀土矿体主要富集于全风化层的中下部和半风化层的上部。

其成矿模式图如图 4-14-1，该模式图主要表达了稀土元素从角闪石黑云母正长花岗岩母岩中溶出，以离子形式并向低势处迁移、并最终富集成矿的整个阶段演化过程、时空变化及其相互关系。

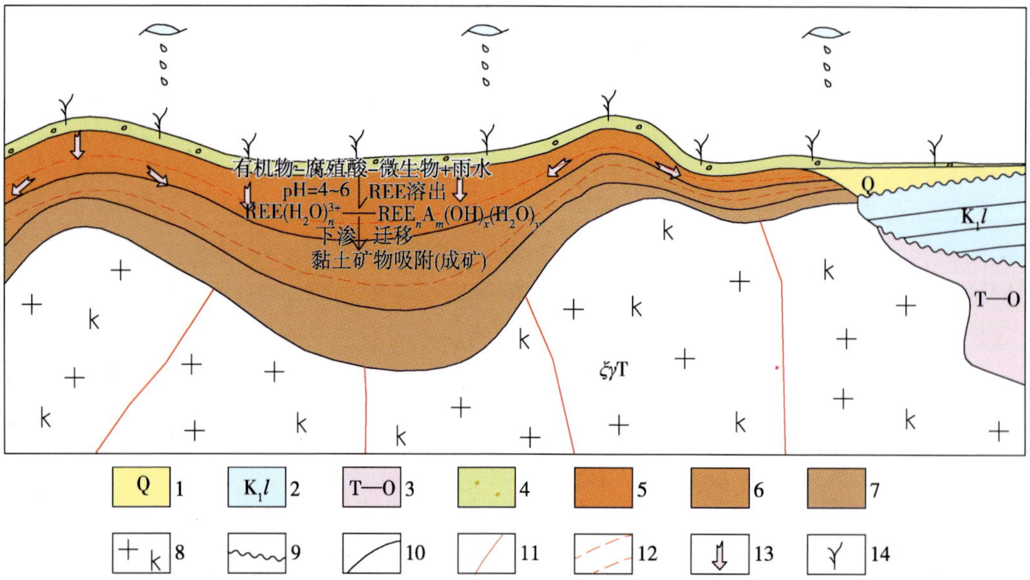

图 4-14-1　海南省昌江县坝王岭来石式稀土矿典型矿床成矿模式图

1—第四系；2—下白垩统鹿母湾组；3—三叠系—奥陶系；4—腐殖土层，含有机物、腐殖酸和微生物；5—全风化层；6—半风化层；7—微风化层；8—钾长花岗岩；9—不整合地层界线；10—地层界线；11—断层；12—稀土矿富集区；13—含稀土离子溶液流动方向；14—植被

第五章 海南省成矿区带的划分

第一节 成矿区带划分依据

一、Ⅲ级成矿区带的划分依据

Ⅲ级成矿区带对应在有利成矿区段内受几类区域的、或同一地质作用控制的某几种矿床类型集中分布的地区，反映了区域成矿专属性的特征。

海南省Ⅲ级成矿区带的划分依据全国潜力评价项目成矿区带划分方案进行，海南省共划分为一个Ⅲ级成矿带，即为海南FeCuCoMoAuPbZn水晶成矿带（Pt、Pz、Mz、Kz），编号为Ⅲ-90。该成矿带的划分主要根据构造单元及中—新生代构造—岩浆—成矿特征进行划分。

二、Ⅳ级成矿区带的划分依据

Ⅳ级成矿区带对应于受同一成矿作用控制和几个主导控矿因素控制的矿田分布区，展示了矿化富集区的成矿作用特征。

海南省Ⅳ级成矿区带的划分依据之一是Ⅱ级构造单元、Ⅲ级构造单元，考虑成矿区带的范围基本与构造单元一致，依据之二是地层、构造、岩浆岩及成矿特征，依据之三是地球物理场和地球化学场特征。

三、Ⅴ级成矿区带划分依据

Ⅴ级成矿区带对应于受有利成矿地质因素中同类成矿因素控制矿床形成和分布的矿田。

海南省Ⅴ级成矿区带的划分依据主要为地层、构造、岩浆岩及成矿特征，其次为地球物理场和地球化学场特征。

第二节 成矿区带划分界线

一、Ⅲ级成矿区带的界线

依据全国潜力评价项目成矿区带划分方案进行，以整个海南岛陆域范围作为一个Ⅲ级成矿带，成矿区带界线即为海南岛陆域边界线。

二、Ⅳ级成矿区带的界线

海南省Ⅳ级成矿区带的划分主要参考Ⅲ级构造单元进行划分，仅在海南岛西部地区参考Ⅱ级构造单元进行划分。

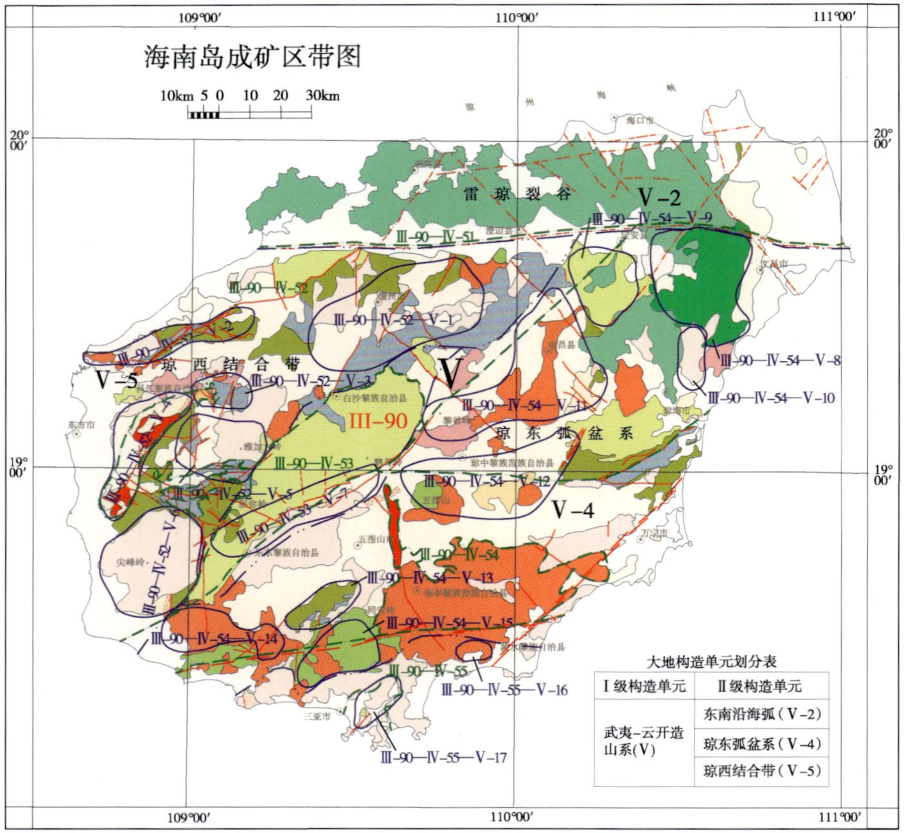

成矿区带一览表	
编号	成矿区带名称
Ⅲ—90	海南FeCuCoMoAuPbZn水晶成矿带（Pt、Pz、Mz、Kz）
Ⅲ-90—Ⅳ-51	雷琼裂谷石油、天然气、褐煤（油页岩）、高岭土成矿亚带（Kz）
Ⅲ-90—Ⅳ-52	琼西结合带铁、钴（铜）、金、轻稀土、石墨、白云母、水晶、多金属成矿亚带（Pt、Pz、Mz、Kz）
Ⅲ-90—Ⅳ-52—V-1	那大锡（钨）、铌钽、铅、锌、金矿田（Pz、Mz）
Ⅲ-90—Ⅳ-52—V-2	红岭—昌化铁、钴（铜）、金、铅、锌矿田（Pt、Pz、Mz）
Ⅲ-90—Ⅳ-52—V-3	石碌铁、钴（铜）、多金属矿田（Pt、Pz、Mz）
Ⅲ-90—Ⅳ-52—V-4	戈枕金矿田（Pz、Mz）
Ⅲ-90—Ⅳ-52—V-5	坝王岭—王下金、铅、锌、轻稀土、萤石矿田、铅、锌（Pz、Mz）
Ⅲ-90—Ⅳ-52—V-6	尖峰岭、钨、钼、铅、锌、轻稀土、石墨、白云母、水晶矿田（Pz、Mz）
Ⅲ-90—Ⅳ-53	白沙陆内盆地萤石、金、铅、成矿亚带（Pz、Mz）
Ⅲ-90—Ⅳ-53—V-7	什运—大安萤石、铅矿田（Pz、Mz）
Ⅲ-90—Ⅳ-54	五指山岩浆弧铁、铝（钴）、钟、水晶、宝石、褐煤、石墨、多金属成矿亚带（Pz、Mz、Kz）
Ⅲ-90—Ⅳ-54—V-8	蓬莱铝土、钴土、宝石、褐煤、高岭土矿田（Kz）
Ⅲ-90—Ⅳ-54—V-9	雷鸣金、铀矿田（Mz）
Ⅲ-90—Ⅳ-54—V-10	烟塘钼、铜多金属矿田（Pz、Mz）
Ⅲ-90—Ⅳ-54—V-11	屯昌钼、铅、锌、金矿田（Pz、Mz）
Ⅲ-90—Ⅳ-54—V-12	琼中金、铅、锌矿田（Pz、Mz）
Ⅲ-90—Ⅳ-54—V-13	南好铁、铜、铅、锌矿田（Pz、Mz）
Ⅲ-90—Ⅳ-54—V-14	千家钼、铅、锌、多金属矿田（Pz、Mz）
Ⅲ-90—Ⅳ-54—V-15	同安岭钼、铜、金矿田（Pz、Mz）
Ⅲ-90—Ⅳ-55	三亚被动陆缘铁、磷、锰、多金属成矿亚带（Pz、Mz）
Ⅲ-90—Ⅳ-55—V-16	英州钼、多金属矿田（Pz、Mz）
Ⅲ-90—Ⅳ-55—V-17	大茅铁、磷、锰矿田（Pz、Mz）

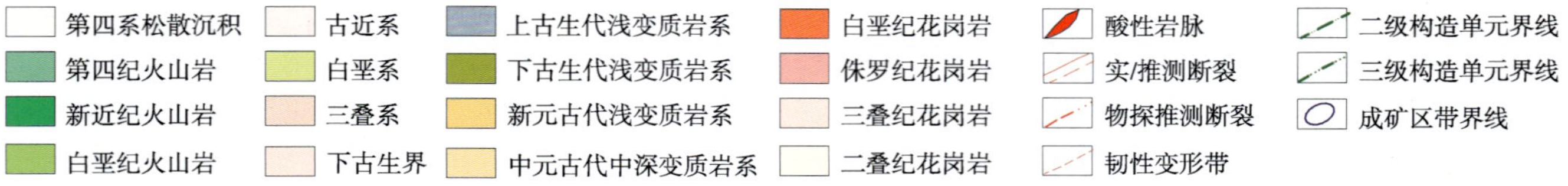

图 5-3-1　海南岛成矿带划分及大地构造分区图

以王五—文教深大断裂带为界线将海南岛北部地区划分为雷琼裂谷石油、天然气、褐煤（油页岩）、高岭土成矿区带。

对海南岛王五—文教深大断裂带以南地区，以白沙陆内盆地边界为界线将其划分为白沙陆内盆地萤石、金、铅成矿亚带，并以北东向白沙凹陷构造带西缘边界的断裂带、南好褶皱构造带东部界线及凹陷带东缘断裂带北段为界将西部划分为琼西结合带铁、钴（铜）、金、轻稀土、石墨、白云母、水晶、多金属成矿区带；对东部地区以九所—陵水深大断裂带所控制的岩浆活动北缘为界线将北部地区划分为五指山岩浆弧系铁、铝（钴）、铀、水晶、宝石、褐煤、石墨、多金属成矿区带，将以南地区划分为三亚被动陆缘铁、磷、锰多金属成矿区带。

三、Ⅴ级成矿区带的界线

Ⅴ级成矿区带的划分主要考虑相同成矿地质作用下的成矿特征，其界线主要以具有相似成矿地质条件的地质体分布范围、已知矿床点分布范围为界线。

第三节　成矿区带划分结果

在全国潜力评价项目Ⅲ级成矿区带划分方案的基础上，以大地构造相图、大地构造分区图为底图，综合考虑构造单元、地层、构造、岩浆岩、成矿特征、矿床点的分布、规模、成矿时代、成矿作用、成因类型、成矿系列及物化遥异常特征等因素，初步划分了 5 个Ⅳ级成矿区带和 17 个Ⅴ级成矿区带，如图 5-3-1 所示。

第六章　海南省各区带成矿特征及演化

第一节　雷琼裂谷石油、天然气、褐煤（油页岩）、高岭土成矿亚带

一、成矿地质构造环境及其演化

新生代以来，由于双俯冲作用影响（印度板块和太平洋板块分别从西南和东南两个方向往亚欧板块下俯冲），雷琼地区上地幔隆起，地壳拉张使原有的断裂继承性地活动，导致该时期地壳升降运动频繁，多个不同岩石地层单位间普遍存在不整合接触关系，发育海成、河流阶地。这些断裂中又主要以近东西向断裂的强烈活动为主，造成整体地貌呈阶梯状向北下降，海水广泛侵入，形成近东西向大陆裂谷，其内部由于北西向断裂的切割，形成垒堑相间的条块构造，古近纪裂谷内沉积了一套河湖相红色碎屑建造夹可燃性有机岩建造、膏岩建造夹玄武岩建造，新近系为一套滨浅海相碎屑建造和玄武岩建造，沉积中心分布于福山—北部湾一带。

新近纪末，盆地上升，发生海退，伴随有多期次基性火山岩喷发。

雷琼陆内裂谷分布于王五—文教断裂与琼州海峡断裂之间，接受了一套厚达数千米的古近系—第四系沉积。

白垩纪末—古近纪初，南海北部陆缘由长期的北西—南东向挤压应力场转化为北西—南东向拉张，陆缘解体形成一系列盆地，雷琼一带主要由于受控于东西向断裂的活动，南北两侧分别呈阶梯状下降，形成近东西向的陆内裂谷环境，雷琼陆内裂谷以南为隆起剥蚀区。北面陆内裂谷区向北延入北部湾海区，沉积厚度东薄西厚，东部海域约1000~2000m，西部海域2000~3000m，局部区域有4000~6000m的局部圈闭（即沉积中心），沉积中心分布于福山—北部湾一带，钻孔揭示古近系陆相沉积厚度最大达四千余米，新近系滨浅海相沉积厚度最大达两千余米。中间的雷琼半岛、海峡和海南岛北部一般厚约500~3000m。

古新世盆地开始接受洪冲积相物源沉积，以棕红、紫红色泥岩与紫红色或灰色砂砾岩、砂岩不等厚互层为特征，盆地沉降中心大致位于海口—福山一带，在福山地区沉积厚度达550多米（福3井），而在南宝—加来地区沉积厚度较薄，只有220多米（ZK9孔），当时气候潮湿炎热，多雨天气，河流发育。进入始新世盆地进一步加深，形成湖泊相，盆地地势非常平坦，气候温暖湿润，湖水深浅交替，此时的动、植物化石大量繁殖，并接受一套以暗色（黑灰、灰、褐灰、深灰色）泥岩为主，夹灰白、灰黄色砂砾岩的碎屑物质沉积，是形成油气和储油的层位。

渐新世由于地壳差异性升降运动明显，断陷作用加剧，盆地进一步拓宽和加深，至中新世时，波及西面长坡地区。

在福山及白莲盆地，渐新世时，盆地进一步拓宽，湖水加深，局部发生海侵，沉积物为一套杂色泥岩、粉砂岩与灰白色砂岩、含砾砂岩及砂砾岩不等厚互层，中上部局部含有海绿石。属于湖泊相沉积，局部夹海相沉积。进入中新世早—中期，盆地沉降作用加剧，海水完全侵入，湖盆消失，主要接受滨海相沉积的物源，沉积物以碎屑建造为主，碎屑成分主要为石英，含少量海绿石等，局部发育平行层理。普遍含有孢粉化石、植物化石碎片（树木枝干），有孔虫、介形类、腹足类及双

壳类等较繁盛，表明了当时气候温暖、阳光充足。

在长坡盆地，从中新世早期—中期，长坡组沉积物呈现出由粗至细的演化，沉积中心大致位于长坡镇—东成镇一带，厚度达300m以上。长坡组一段沉积时期，盆地地形高差显著，离蚀源区近，大量陆内碎屑物质快速搬运向盆地注入堆积，形成了灰色或杂色的砂砾岩、砾岩、泥质砂岩等一套碎屑物，此时气候干燥、炎热，不利于生物的生长和繁殖、保存；第二段—第三段沉积时，盆地进一步拓宽加深，进入滨湖—浅湖环境，水动力作用强烈，不利于植物及造油生物的大量繁殖与保存，沉积物以蓝灰色钙质黏土、含钙砂质黏土为主，并夹有泥灰岩、钙质砂岩；第四段时，盆地地势非常平坦，离蚀源区较远，气候温暖湿润，湖盆仍以相对下沉为主。振荡较为频繁，在小幅度的上升中造成了富含植物（包括草本植物及藻类）、鱼类的泥炭沼泽相环境，动、植物化石大量繁殖，形成了褐煤、炭质油页岩及含炭油页岩。在小幅度的下降中则形成了富含鱼类、介形虫及少量藻类的沼泽相环境，沉积了含钙油页岩。岩石发育水平层理、微波状层理、透镜状层理；第五段沉积时，沉积范围已明显缩小，接受了含砾黏土质中粗砂、含砂（质）黏土、黏土的沉积，岩石顶部发育水平层理，为滨湖相→浅湖相沉积。

而在加来—南宝盆地，长坡组在加来一带缺失第一段沉积，第二段沉积直接与古近系呈平行不整合接触，加来—南宝盆地中沉积中心位于加来镇及其东面一带，厚度达300m以上，缺乏第五段的沉积。

中新世早期—中期，除长坡盆地、加来—南宝盆地以外的琼北地区，下部沉积了下洋组的一套后滨相砂砾岩、砂岩、砂质泥，胶结物中偶见石膏质，该组为琼北储油层位之一，并产有孔虫、植物化石碎片（树木枝干）、孢粉化石（蕨类孢子、裸子植物花粉、被子植物花粉），孢粉化石反映了泛热带地区的植物景观。上部沉积了角尾组一套潟湖相灰色—灰绿色中细砂岩、粉砂岩、泥岩为主的碎屑岩，局部水平层理较发育，夹数层玄武岩，部分地区夹数层石膏，普遍含有孢粉化石（被子植物花粉为主，其次裸子植物花粉和蕨类孢子）、植物化石碎片（树木枝干），反映了植物较繁盛的湿热气候。

中新世晚期—上新世，由于海侵加剧，盆地沉降等作用，海口地层小区中的福山、加来—南宝及长坡等盆地开始连成一片，形成统一的盆地。晚中新世时期，盆地下部主要接受浅灰、紫红、灰绿色含砾砂岩、砂砾岩、砂岩夹灰绿色粉砂质泥岩，上部以灰、灰绿色砂岩与粉砂岩、粉砂质泥岩互层为特征，普遍含有海绿石。有孔虫、介形类、苔藓虫、腹足类、双壳类等生物较为繁盛。进入上新世，盆地继续沉降，海侵加深，其间发生过火山喷发，并接受其物源沉积。沉积物以灰绿色、灰色、灰白色砂砾岩、砂质黏土、黏土等，局部夹玄武质凝灰岩，具水平层理，有孔虫、介形类、双壳类、腹足类等大量繁殖生长，表明当时沉积环境水能量变化频繁。

早更新世主要沉积了秀英组的一套滨海潮坪环境杂色黏土、亚黏土，并伴基性火山岩喷发，顶部往往有褐铁矿层，具古风化壳特征。中更新世早期时主要沉积了冲洪积相亚黏土、亚砂土、含铁质结核、砾石层等，中更新世晚期—第四系玄武岩强烈喷发，形成琼北玄武岩台地，琼北地区现今还保留有一系列的火山口。

二、矿床时空分布及控矿因素

区带内已知矿产有石油、天然气、褐煤、油页岩、沸石、膨润土、钛铁矿、锆英石、石英砂等矿产，形成时间为古近纪—第四纪。

石油、天然气主要分布在沿王五—文教深大断裂分布的古近纪-新近纪凹陷盆地中，矿产地有海口金凤、福山凹陷的花场及美盈等3个小型油气田。

长坡大型褐煤、油页岩矿床主要分布在区带的西段长坡新近纪盆地中，主要受盆地及长坡组第四段控制。

沸石，膨润土矿床主要分布在区带北部海口市的金牛岭一带，主要受火山层位和性质控制。

钛铁矿、锆英石、石英砂砂矿主要分布在区带的东西两端及北部海岸带，主要受含矿层位烟墩组、八所组等控制。

三、矿床成矿系列

区带内主要形成了3个成矿系列，为分布于雷琼裂谷盆地与古近纪—新近纪沉积有关的油气、褐煤、油页岩矿床成矿系列，与第四纪海相火山—沉积作用有关的沸石、膨润土矿床成矿系列及分布于海南岛东海岸及内陆部分地区的第四纪风化—沉积矿床成矿系列。

四、成矿时空演化规律及控制作用

区带内成矿主要可分为3个时段，古近纪—新近纪时期，盆地内接受沉积，形成了与沉积作用有关的石油、天然气、褐煤、油页岩；中更新世晚期—第四系玄武岩强烈喷发，形成琼北玄武岩台地，并在后期水解等作用下形成了沸石、膨润土矿床；第四纪，富含钛铁矿、锆英石、石英砂的地质体经风化搬运到海滨，经滨海沉积作用形成了锆英石、钛铁矿、石英砂矿床。

第二节　琼西结合带铁、钴（铜）、金、轻稀土、石墨、白云母、水晶、多金属成矿亚带

一、成矿地质构造环境及其演化

位于海南岛西部儋州、昌江、白沙、东方、乐东一带，呈北东向走向。东侧以北东向的潭爷断裂带为界与琼东弧盆系相接、北部以王五—文教断裂带为界与雷琼裂谷相邻。区带内构造发育，断裂以北东向、近南北向和近东西向为主，前者尤为发育，规模较大的北东向断裂有戈枕断裂带（北段具韧性剪切特征，长约50km，南部具脆性特征）、军营—红岭断裂带、中兴—蓝洋断裂带。褶皱以北东向的南坤园复式向斜、近东西向的江边复式向斜、近北西向的石碌复式向斜、北东向的旧村岭褶皱带为主。由褶皱和断裂一同构成了北东向的琼西逆冲—走滑构造，该构造是琼西洋（古特体斯洋的一部分）向南东俯冲地体拼贴产生的结合带。

1. 中元古代

中元古时期海南省地壳处于激烈活动时期，火山喷发活动比较频繁，伴随地壳的大幅度急剧下降，接受了一套厚约985m的夹有中酸性浅成岩或熔岩的海相陆缘碎屑沉积，形成了戈枕村组岛弧或陆缘弧相（也有可能为从陆缘弧裂解开来的岛弧）中酸性火山岩建造夹碎屑岩建造和峨文岭组陆缘弧间盆地（不排除海沟环境）碎屑岩建造夹火山岩建造。戈枕村组属岛弧或陆缘弧钙碱性系列中酸性火山岩夹杂砂岩，火山岩主要是英安质和石英安山质的熔岩、凝灰岩类；峨文岭组原岩为一套夹有少量火山岩的泥砂质岩、砂岩和少量富钙岩石等陆缘碎屑沉积岩系，该组岩石总体成熟度低，具类复理石沉积韵律，局部发育变余水平层理和韵律性粒序层理。反映了由早至晚，构造环境由强烈活动至逐渐减弱趋于稳定的趋势。经区域变质作用，形成下部条带状片麻岩和条带状、眼球状混合岩和上部片岩类、石英岩类，构成了基底的双层结构。

发生于约14亿年的早晋宁运动，使得地壳隆起为陆，缺失蓟县纪的沉积，并使地壳物质局部发生重熔，形成以片麻状二长花岗岩为主的壳源型钙碱性花岗岩岩体，花岗岩形成于同碰撞构造环境。这次构造运动还同时导致戈枕村组和峨文岭组分别发生了不同程度的高角闪岩相（局部达到了麻粒岩相）和低角闪岩相区域变质作用，前者还伴生混合岩化作用。经过这次构造运动，抱板

群（下部戈枕村组，上部峨文岭组）成为海南岛最古老的结晶基底，但这个基底较为年轻，变质程度不很高，花岗岩所占比例也不太大，也就是说，基底的克拉通程度不高，这大约是海南岛显生宙以来一直处于活动环境的重要原因（马大铨、黄香定等，1998）。

14 亿年的构造事件后，海南隆升成陆，进入地台剥蚀期，并缺失 14~10 亿年的地质记录。

2. 新元古代

约 1000~900Ma 海南岛地壳已开始裂解，在此背景下琼西石碌地区裂解形成陆缘裂谷盆地，沉积了一套具类复理石韵律特征的碎屑岩、碳酸盐岩，局部夹有少量的酸性火山岩、含铁硅质岩、铁矿层、重晶石层，形成了石碌群。

晋宁运动之后地壳隆升，并趋于稳定，但与晚晋宁运动相伴随的岩浆活动未见及，反映地壳的克拉通程度不高、稳定性差，并在新元古代震旦纪时石碌地区再次发生裂解，沉积了石灰顶组，其岩性为含砾石英细砂岩、石英细砂岩、铁质石英细砂岩、含黄铁矿石英细砂岩夹含铁矿粉砂岩、砂质泥岩、含铁泥岩及贫铁矿层，局部地区见其底部有紫红色含砾泥岩或含角砾泥岩和泥岩。

约 830Ma，新元古代地层经历了区域低温动力变质作用，为绿片岩相型单相变质，岩石组合以各类千枚岩、石英岩、石英砂岩为主，其原岩主要是滨—浅海相陆源碎屑岩-碳酸盐岩建造，夹有数层中酸性火山熔岩和火山凝灰岩建造。区域低温动力变质作用通常发生于中浅地壳，是元古宙以来构造活动带的一种主要变质作用类型。由于应力较强，常形成各种劈理化、片理化和条带状构造的岩石，褶皱变形十分强烈；热流变化不显著，变质作用较浅，最高可达绿片岩相，一般无混合岩化和混合花岗岩出现。新元古代的陆弧碰撞造山作用形成具带状分布的区域低温动力变质作用带。

石碌群为绢云千枚岩-二透岩-石英岩的岩石构造组合，是一套区域变质作用较低、构造分异作用不强烈、保存较多的变余沉积结构构造的岩石。石碌群的碳酸盐岩、二透岩、千枚岩、石英岩等岩石的原岩大致有灰岩、泥砂质灰岩、泥砂质白云岩、泥质砂岩、含铁质粉砂质泥岩、含铁质泥岩、泥岩火山岩和火山碎屑岩等。构造环境属于古裂谷相。

石灰顶组为石英砂岩-石英岩的岩石构造组合，为一套含砾石英细砂岩、石英细砂岩、铁质石英细砂岩、石英岩、含黄铁矿石英细砂岩夹含铁矿粉砂岩、砂质泥岩、含铁泥岩及贫铁矿层。变质程度低，除局部见到黏土矿物变为绢云母外，铁矿层状结构保存较好，泥质岩主要由黏土矿物组成，砂质岩砂状结构可辨。构造环境属于陆表海盆地相碎屑岩陆表海亚相。

3. 早古生代

（1）奥陶纪。

奥陶纪时海南岛裂解程度加剧，沉降盆地拓宽，海水加深，裂解程度达到了高峰，沿地壳减薄处发生火山喷发作用，海南岛琼西地区出现生成于板块边缘大洋构造环境的超镁铁质、镁铁质火山岩夹层，Sm-Nd 同位素年龄为 458±36.8Ma，岩石经区域绿片岩相的变质改造，形成细粒斜长阳起片岩、细粒二长阳起片岩、绿泥石阳起片岩、橄榄质科马提岩等。盆地内并沉积了厚度 3000 多米的深海相粉砂—泥质沉积，自下而上（由南至北），粒度变细，见变余砂纹层理，晚期以频繁地出现复理石韵律为特点，相当于鲍马序列中的 C、D、E 层，B 层少见，A 层不发育，相当于浊积扇的边缘部分，具有类复理式—复理式建造夹变质超基性、中基性火山岩建造及少量变质凝灰岩建造的特征。构造环境属于俯冲增生杂岩相含蛇绿岩浊积岩亚相。

奥陶系在海南琼西地区仅见南碧沟组，出露于海南岛琼西地区的东方市公爱农场至儋州市八一农场一带，岩石构造组合为千枚岩-片岩-板岩夹基性火山岩组合。遭受了绿片岩相区域低温动力变质作用。

（2）志留纪。

早志留世早期，沉积盆地进一步加深，导致泥质、粉砂质的沉积，且砂质岩石和泥质岩石呈相间交替出现，形成了变质绢云母粉砂岩、变质石英砂岩、绢云母千枚岩、绢云母板岩等。岩石普遍发育变余水平层理、变余粒序层理，显示了半深海-深海相类复理石、复理石建造特征。琼西地区志留世沉积具有对称型层序的特点，从早至晚，岩石粒度呈现出粗—细—粗的演变，沉积环境经历了浅—深—浅的发展，构成了一个完整的沉积旋回，形成浅海陆棚—深海相复理石—类复理石建造。下部为成熟度较高的石英砂岩，层厚大，发育水平层理、微波状层理和板状交错层理；中部以成分成熟度低的粉砂岩、砂岩、泥岩交替出现为特征，发育板状层理、水平层理、粒序层理，发育鲍马序列中的 D、E 层或 C、D、E 层，厚约 1750m；上部为成熟度低的粉砂岩、细砂岩层，见灰岩、粉砂岩透镜体，相当于鲍马序列 A 层或 A 、B 层。构造环境属于俯冲增生杂岩相含蛇绿岩浊积岩亚相。

下志留统沉积后，加里东运动使海南岛中北部地区发生垂直隆升。地层遭受低绿片岩相区域低温动力变质作用。变质后形成的岩石，以变质砂岩、板岩占主要位置，其次为千枚岩。变质泥砂质岩中出现以绢云母+绿泥石+石英为特征的矿物共生组合，未见雏晶黑云母出现。褶皱变形一般，以劈理、千枚理及舒缓褶皱为主，它们往往出现于变质旋回末期，代表该区大陆地壳已趋于稳定，进入结束阶段。

琼西地区志留系岩石构造组合为：千枚岩-板岩-变砂岩-基性岩组合。包括陀烈组、空列村组、大干村组等 3 个组。绢云母石英千枚岩、绢云母千枚岩、石英绢云母千枚岩、二透石石英角岩、石英角岩、二透岩等图解投点主要投入沉积岩区或碳酸盐岩区以及这两个区的过渡带。其原岩为泥质粉砂岩、泥质岩、泥质细砂岩等。

4. 晚古生代—三叠纪裂解与造山作用阶段

经加里东运动后，海南省地壳隆升为陆，至 C_1 地壳发生裂解，进入特提斯构造域的作用范围，并再次开始海相沉积历史，经前人研究约 334±12Ma 琼西一带出现洋壳。

早二叠纪（约 290~270Ma）强大的华力西—印支运动使地壳再次隆起，并导致华南板块（?）与印支地体（?）（包含海南岛东南部）发生陆陆碰撞，使得中元古代结晶基底、新元古界、早晚古生代地层卷入到琼西结合带含蛇绿岩片的俯冲增生杂岩中，并呈现出构造岩片状产出，同时也造成海南岛中新元古界发生绿片岩相退变质和叠加变形，古生代地层（不含鹅顶组和南龙组）产生低绿片岩相变质，并形成了区域尺度上展布的褶皱带和断裂带。伴随该构造运动的花岗岩浆侵入活动强烈而持久，从早二叠世一直持续至晚三叠世，从早至晚，形成了俯冲型、同碰撞型、后碰撞型花岗岩，构成了一个比较完整的造山作用花岗岩浆演化系列，形成了五指山岩浆弧和那大—尖峰增生岩浆弧，岩浆作用使琼西结合带受到强烈叠加改造，造成构造岩片呈孤岛状分布于花岗岩中。

（1）石炭纪。

早石炭世海南岛发生裂解，重新接受海相沉积，琼西地区石炭系岩石构造组合为：千枚岩-变砂岩-板岩组合，包括南好组和青天峡组等两个组。

石炭纪南好组为一套陆缘裂谷环境下的滨浅海相碎屑岩，在海西—印支期构造运动作用下，产生绿片岩相变质。底部具有底砾岩的特征，代表加里东运动后地壳再次下降，海侵序列的开始，上部为变质陆源细碎屑岩。

青天峡组沉积时，北面石碌镇—澄迈石浮镇一线石炭系为海相碎屑岩相和碳酸盐岩台地相沉积，于海西—印支运动下发生浅变质作用形成变质泥质砂岩、大理岩等组成，具有稳定型滨、浅海相单陆屑式建造夹碳酸盐岩建造的特点。

（2）二叠系。

早二叠世，随着板块的俯冲碰撞，海南岛琼西地区二叠系变质岩仅见峨查组，分布于海南岛西北的石碌镇—东方市江边一带，此外零星分布于白沙县、昌江县及儋州市，岩石构造组合为千枚岩-板岩-变砂岩夹基性岩组合，主要为一套滨海相泥砂质沉积，局部具有海陆交互相沉积特征，其中石碌地区出现砾屑硅质岩，江边地区见长石岩屑砂岩、长石石英砂岩、杂砂岩沉积等近源沉积。

峨查组绢云母粉砂岩原岩可能为黏土岩。其构造环境为属于俯冲增生杂岩相含蛇绿岩浊积岩亚相。

早二叠世，侵入岩浆事件陆续出现，白沙断裂带西侧侵入有俯冲环境的中基性岩组合、TTG-QM 组合、TTG 组合，前者即机告村辉长岩—辉长闪长岩，具有幔源岩浆特征，呈小岩株状零星出露于雅星镇、七坊镇一带，TTG-QM 组合和 TTG 组合包括白石岭石英闪长岩、保山村花岗闪长岩、石岭花岗闪长岩，分布于尖峰镇、七叉镇、七坊镇一带，具有俯冲拼贴带岩浆岩石组合的特征。随着俯冲型岩浆侵入的结束，早二叠世晚期同碰撞岩浆开始出现，大致沿琼西结合带两侧块体已经开始碰撞拼贴。

早二叠世中晚期至中二叠世（287~250 Ma），该阶段发育了大量壳幔混合型花岗岩和一些壳源重熔型的强过铝花岗岩以及 EM2 型富集岩石圈地幔来源的钾玄岩。它们的共同特点是侵入体接触面与围岩片理一致，岩石普遍具有同侵位韧性变形构造，走向与区域海西期变形构造线方向一致，都为北东—北东东向，岩石中普遍见有同构造花岗岩的标型结构——微粒交生体，这些都指示它们形成于碰撞挤压环境。

（3）三叠纪。

晚二叠纪到三叠纪转入了后碰撞构造岩浆演化阶段，这一时期发育大量壳幔混合型花岗岩（I 型）、壳源花岗岩和 A 型花岗岩、铁镁质岩等。岩体形态与围岩构造不谐和，多形成“不整合”岩体。

5. 侏罗纪—第四纪

海南省经历强烈的海西—印支期造山作用后，大约在 200~175Ma 期间进入构造—岩浆平静期：构造活动、岩浆作用微弱，沉积作用也缺失。

早燕山期（约 175~150 Ma），构造—岩浆再次活跃。由于太平洋板块俯冲，软流圈地幔上涌导致岩石圈裂解拉张，形成了一系列幔源和壳幔混合源侵入岩（基性—酸性岩岩体皆有分布，并以后者为主）。晚燕山期，受太平洋板块继续俯冲，岩浆活动变得更加强烈，形成了以酸性岩浆为主的陆缘弧俯冲岩浆杂岩亚相。燕山期侵入岩缺乏定向组构，属于伸展构造环境壳幔岩浆混合的产物。燕山期岩体侵位往往受多方向断裂的控制，导致岩体平面上常呈不规则长条状分布，但受限于太平洋板块俯冲方向，岩体总体呈北东向排列。岩性主要为花岗岩组合，岩浆岩组成的极性反映了太平洋板块具有从南东朝北西俯冲的特征，并且从岩体具有伸展背景下侵位的特征推测燕山期太平洋板块的俯冲角度较大。

燕山期伸展和拉分剪切活动强烈，形成上叠于花岗岩和古生代基底的王五火山—沉积盆地。火山—沉积盆地内沉积了下白垩统鹿母湾组（以湖—河相杂陆屑式建造为主，并夹中酸性火山岩建造）和上白垩统报万组（湖—河相杂陆屑式建造为主）。同期形成了北东向、北西向、东西向、南北向韧脆性断裂，白垩纪晚期军营—红岭和戈枕地区断裂带再次复活，发生了由北西往南东的逆冲推覆作用。

二、矿床时空分布及控矿因素

区带内矿产资源丰富，有铁、钴（铜）、金、轻稀土、石墨、白云母、水晶等矿产，成矿主要受赋矿地层、褶皱构造、断裂构造及岩浆岩控制，成矿时代有元古宙、青白口纪、志留纪、燕山期等。

（1）在区带北东部那大地区发育有锡（钨）、铌钽、铅、锌、金矿等，形成了那大锡（钨）、铌钽、铅、锌、金矿田，主要与燕山期岩浆岩及北东向红岭—军营断裂带、南北向洛基—南丰断裂控矿构造有关。成矿时代主要为燕山期。

（2）在成矿区带北西部的红岭—昌化地区发育有铁、铜、钴、铅、锌等矿产，已发现有昌江县军营铁钴矿、白沙县黑岭褐铁矿、白沙县荣邦信宜铜矿、儋县红岭铁矿及白沙县河叉岭金矿等。

矿床主要受赋矿地层志留系及向斜构造控制，成矿时代为志留系。

（3）在区带内石碌地区已发现有石碌大型铁矿床，且共伴生有铜、钴、银、重晶石等矿产，矿床成因为火山—沉积变质型铁钴铜矿床，主要受赋矿地层石碌群第六层的分布、向斜构造等控制，成矿时代为青白口纪。

（4）在区带西部的戈枕地区已发现有土外山、抱板、北牛、风水山、戈枕、二甲、那都、公爱、不磨等15个金矿床，矿床主要沿北东向戈枕韧性剪切带分布，受戈枕剪切带、矿源层抱板群及后期的岩浆岩（大田岩体）控制，矿石类型主要有糜棱岩型、破碎-蚀变岩型及石英脉型。成矿时代为印支期。

（5）在区带西部的坝王岭—王下地区发育有金、铅、锌、轻稀土、萤石等矿产，已探明中型矿床1处（坝王岭轻稀土）、金矿床2处，铅、锌、钼矿点5处、矿化点5处。矿床类型有产于印支期花岗岩裂隙中、二叠系峨查组粉砂岩质泥岩、鹅顶组灰岩内断裂破碎带中的中低温热液石英脉型或硅化破碎带型金、铅、锌、钼矿床及产于印支期花岗岩风化壳中离子吸附型轻稀土矿床。金、铅、锌、钼矿围岩蚀变主要有硅化、绢云母化、绿泥石化、黄铁矿化等，成因与岩浆热液有关，受赋矿地层、构造破碎带及岩浆岩控制，成矿时代为燕山期。稀土矿产主要受岩浆岩种类（以二长花岗岩、正长花岗岩为优）及风化程度控制，成矿时代为第四纪。

（6）在区带西部尖峰岭岩体分布区及附近发育有钨、钼、金、轻稀土、石墨、白云母、水晶矿产。已知矿产地有大型金矿床1处（抱伦金矿）、中型石墨矿床1处（峨文岭石墨矿）、小型白云母矿床1处（红五白云母矿），矿点5处，其中钨矿点2处、铅锌矿点3处，锡矿化点1处。

矿床类型主要有3类：

1）产于下志留统陀烈组千枚岩断裂带中热液石英脉金矿床：矿床主要受赋矿地层陀烈组、背斜构造（豪岗岭背斜）、北西向构造破碎带、岩浆岩等控制，成矿与岩浆热液有关，成矿时代为印支期、燕山期。

2）产于抱板群混合岩和片岩中变质伟晶型白云母矿床和变质型石墨矿床：矿床主要受赋矿层位峨文岭组控制，为变质矿床，成矿时代为元古宙。

3）产于印支期钾长花岗岩裂隙中的热液石英脉型钨、钼、铅、锌、锡：矿床主要受岩体、构造裂隙控制，为岩浆热液矿床，成矿时代为燕山期。

（7）在区带西部沿海地带，锆英石、钛铁矿、石英砂砂矿资源丰富，主要受赋矿层位烟墩组、八所组、北海组等及地形地貌控制，成矿与第四纪的风化作用、沉积作用于有关，成矿时代为第四纪。

三、矿床成矿系列

该成矿区带内主要形成了6个矿床成矿系列，其中包含7个成矿亚系列。成矿系列分别为：中、新元古代基底出露区与变质作用有关的铁、钴、铜、石墨、白云母矿床成矿系列，与海西期—印支期重熔型花岗岩浆热液作用有关的钨、锡、铌、钽矿床成矿系列，与印支期重熔型花岗岩浆热液作用和动力变质作用有关的金、铅、锌矿床成矿系列，与燕山期黑云母钾长花岗岩有关的钨、锡、铅、锌（铍、铌）、水晶矿床成矿系列，分布于西部海岸及内陆部分地区的第四纪与风化—沉积作用有关的钛铁矿、锆英石、独居石、金、锡、钨、水晶、石英砂矿床成矿系列及第四纪与风化壳有关的铌、钽、稀土、高岭土矿床成矿系列；成矿亚系列分别为：与中元古代变质作用有关的石墨、白云母矿床成矿亚系列，与新元古代受火山—沉积变质作用有关的铁、钴、铜矿床成矿亚系列，与印支期动力变质—岩浆热液作用有关的金矿床成矿亚系列，与印支期花岗岩浆热液作用有关的金、铅、锌矿床成矿亚系列，与第四纪全新世滨海沉积有关的钛铁矿、锆英石、独居石、石英砂矿床成矿亚系列，第四纪与内陆机械沉积作用有关的砂金、砂锡（砂钨）、铁矿、水晶砂矿床成矿亚系列及第四纪全新世与印支期二长花岗岩、燕山期花岗斑岩风化壳有关的铌、钽、稀土、高岭土矿床成矿亚系列。各系列的特征如表6-2-1所示。

表 6-2-1 琼西结合带矿床成矿系列概况表

系列及亚系列代号		矿床成矿系列	矿床成矿亚系列	矿床类型	成因类型	成矿元素	大地构造单元	含矿层时代及主要岩性	岩浆岩	成矿时代	物质来源	已知矿床
A_1	A_1a	中、新元古代基底出露区与变质作用有关的铁、钴、铜、石墨、白云母矿床成矿系列	与中元古代变质作用有关的石墨、白云母矿床成矿亚系列	红五式白云母矿、峨文式石墨矿	变质型	C	琼西结合带 V-5	中元古代片岩夹石英岩、变粒岩、石墨矿		长城纪	壳源	峨文岭石墨、红五白云母
	A_1b		与新元古代受火山—沉积变质作用有关的铁、钴、铜矿床成矿亚系列	石碌式铁、钴、铜矿	沉积变质型	Fe、Co、Cu、Ni	琼西结合带 V-5	新元古代片岩夹石英岩、结晶灰岩，白云岩，透辉透闪石岩夹富铁矿层、铜、钴层		青白口纪	壳源	昌江县石碌铁、钴、铜矿
A_2		与海西期—印支期重熔型花岗岩浆热液作用有关的钨、锡、铌、钽矿床成矿系列		那大式锡、铌、钽矿	热液型	W、Sn	琼西结合带 V-5	下志留统空列村组变质砂岩、千枚岩、结晶灰岩	海西印支期花岗岩	海西—印支期	壳源 幔源	那大锡、铌、钽矿
A_3	A_3a	与印支期重熔型花岗岩浆热液作用和动力变质作用有关的金、铅、锌矿床成矿系列	与印支期动力变质—岩浆热液作用有关的金矿床成矿亚系列	二甲式、抱伦式金矿	热液型、构造分异热液型	Au	琼西结合带 V-5	中元代混合岩、早志留世千枚岩	印支期、燕山期二长花岗岩、钾长花岗岩	印支期	壳源 幔源	二甲、不磨、抱伦、土外山、抱板金矿
	A_3b		与印支期花岗岩浆热液作用有关的金、铅、锌矿床成矿亚系列	王下牙劳式金矿、保由式铅锌矿	热液型	Au、Pb、Zn	琼西结合带 V-5	石炭纪—二叠纪砂岩、板岩夹结晶灰岩，生物粉晶灰岩夹燧石灰岩	印支期、燕山期二长花岗岩、钾长花岗岩、花岗闪长岩	印支期	壳源 幔源	牙劳金矿、保由铅锌矿

续表

系列及亚系列代号		矿床成矿系列	矿床成矿亚系列	矿床类型	成因类型	成矿元素	大地构造单元	含矿层时代及主要岩性	岩浆岩	成矿时代	物质来源	已知矿床
A_4		与燕山期黑云母钾长花岗岩有关的钨、锡、铅、锌（铍、铌）、水晶矿床成矿系列		金波式钨、铍矿（锡）矿、昌化银岭式铅锌矿	热液型	W（Be、Sn）Pb、Zn、水晶	琼西结合带 V-5		燕山期黑云母钾长花岗岩、花岗斑岩	燕山期	壳源幔源	金波钨、铍矿，尖峰岭丁司山、红门岭钨，昌化银岭铅、锌矿，锅盖岭水晶矿
F_1	F_1a	第四纪与风化—沉积作用有关的钛铁矿、锆英石、独居石、金、锡、钨、水晶、石英砂矿床成矿系列	与第四纪全新世滨海沉积有关的钛铁矿、锆英石、独居石、石英砂矿床成矿亚系列	铺前锆英石钛铁矿砂矿、保定独居石砂矿	砂矿型	钛铁矿、锆英石、独居石 石英砂	琼西结合带 V-5	现代海岸带烟墩组、八所组		第四纪	表壳源	铺前锆英石砂矿，沙老钛铁矿、锆英石砂矿、保定锆英石、钛铁矿、独居石砂矿、龙马石英砂矿
	F_1b		第四纪与内陆机械沉积作用有关的砂金、砂锡（砂钨）、铁矿、水晶砂矿床成矿亚系列	那大砂锡矿、白沙元门砂金矿、羊角岭水晶砂矿	砂矿型	锡石、金、白钨矿、水晶	琼西结合带 V-5	第四纪冲积砂砾层		新生代第四纪		那大砂锡矿 元门砂金矿 羊角岭水晶砂矿、五〇五水晶砂矿
F_2	F_2a	第四纪与风化壳有关的铌、钽、稀土、高岭土矿床成矿系列	第四纪全新世与印支期二长花岗岩、燕山期花岗斑岩风化壳有关的铌、钽、稀土、高岭土矿床成矿亚系列	那大式铌钽矿	风化壳型	Nb、Ta	琼西结合带 V-5	第四纪钠长石化细粒花岗岩风化壳，砂质高岭土	华力西—印支期细粒花岗岩	新生代第四纪		四那大钽铌铁矿
	F_2b			坝王岭离子型稀土矿	风化壳型	铈族稀土元素为主	琼西结合带 V-5	第四纪印支期二长（钾长）花岗岩风化壳，砂土层	印支期二长（钾长）花岗岩	新生代第四纪		坝王岭离子吸附型稀土矿

第三节　白沙陆内盆地萤石、金、铅成矿亚带

一、成矿地质构造环境及其演化

呈北东向分布于白沙县、鹦哥岭、猴猕岭、千家镇一带，主要以沉积为主，构造不甚发育，以脆性断裂和短轴宽缓褶皱为主。脆性断裂主要为盆地东西侧边缘发育的一系列的北东向断裂及零星分布南北向、北西向断裂，短轴宽缓褶皱可能产生于燕山晚期或喜马拉雅期，并切错前者。

白沙盆地底部形成厚数米的一层陆相复成分底砾岩，不整合在前白垩纪基底之上。向上变为河湖相沉积，随着时间推移，水体不断加深，变为湖相沉积。下部为河流边滩相粗砂岩沉积夹河漫滩相泥质沉积，上部为湖相粉砂质泥岩夹粉砂岩沉积。沉积湖盆地雏形基本形成。

早白垩世晚期，由于太平洋板块向北东的欧亚大陆下俯冲，激发地幔岩浆上升，使地壳向上拱起，地应力由挤压状态变为拉张变形，在盆地内发生火山岩浆喷发，地壳运动加剧，沉积盆地向东部迁移，气候继承早白垩世早期特征，持续炎热、多雨，湖盆水体丰富，动植物繁盛，这是该时期沉积环境和盆地演化的总特征。

晚白垩世早期，火山活动结束，盆地地壳运动继承性继续下降，由震荡下沉变为平稳下降，另一方面气候变得炎热、干燥，雨量不均匀，生物受到恶劣气候制约较难生存，特别是植被明显减少（孢粉化石稀少）。报万组下段是火山洼地上生成的湖盆底部湖河相沉积（湖成三角洲沉积）、湖水由浅变深形成的一套湖相岩系，是地壳有规律震荡下降形成的湖相沉积物，含少量孢粉化石。总之，晚白垩世早期地壳运动由强烈运动到震荡运动，即由强变弱，逐渐趋于平稳下降过程。

晚白垩世晚期，由于地壳沉降的不均一性，盆地东部下降较快，继续保持沉降中心地位。另一方面，气候进一步恶化，植被相对减少，风化剥蚀作用增强，地表径流加大，常有山洪暴发，巨大的洪流夹带大量陆源碎屑、砾石、巨砾到盆地中沉积下来，由近而远形成洪流洪积扇砂砾岩、巨砾岩及冲积相粗砂、砂岩、细砾岩沉积，大致平行盆地东岸线呈条带状分布，沿盆地东缘组成一个庞大的洪积扇裙，呈北东向带状分布，宽2~3km。到晚白垩世晚期末地壳运动下降速度减慢，冲洪积物把盆地填满。

区带内矿产分布较少，以萤石矿为主，金矿次之，前者基本分布于盆地东部边缘一带，与乐东—西昌断裂带关系密切。

二、矿床时空分布及控矿因素

区带内已发现中型的琼中县什统萤石矿、小型的番阳镇布伦萤石矿、乐东县志爱山萤石矿等4个萤石矿点，1个金矿点、3个铅锌矿点及钨、锡、水晶、重晶石等矿点。萤石矿主要沿盆地东缘断裂带分布并受其控制，与岩浆热液作用及碳酸盐岩岩层有关，成矿时代为燕山期；金矿点、铅锌矿点主要分布在盆地中，受北东向的断裂构造控制，成矿与岩浆热液有关，成矿时代为燕山期。钨、锡、水晶、重晶石等矿产主要与印支期侵入岩有关。

三、矿床成矿系列

区带内主要形成了与印支期二长花岗岩有关的钨、锡、金、银、重晶石矿床成矿系列及与燕山晚期岩浆热液作用有关的铅、锌（铜）、水晶、萤石矿床成矿系列2个成矿系列。

第四节　五指山岩浆弧铁、铝（钴）、铀、水晶、宝石、褐煤、石墨、多金属成矿亚带

一、成矿地质构造环境及其演化

1. 中元古代

中元古时期海南省地壳处于激烈活动时期，火山喷发活动比较频繁，伴随地壳的大幅度急剧下降，接受了一套厚约985m的夹有中酸性浅成岩或熔岩的海相陆缘碎屑沉积，形成了戈枕村组岛弧或陆缘弧相（也有可能为从陆缘弧裂解开来的岛弧）中酸性火山岩建造夹碎屑岩建造和峨文岭组陆缘弧间盆地（不排除海沟环境）碎屑岩建造夹火山岩建造（仅五指山市毛阳地区峨文岭组上部发育一套大理岩。戈枕村组属岛弧或陆缘弧钙碱性系列中酸性火山岩夹杂砂岩，火山岩主要是英安质和石英安山质的熔岩、凝灰岩类；峨文岭组原岩为一套夹有少量火山岩的泥砂质岩、砂岩和少量富钙岩石等陆缘碎屑沉积岩系，该组岩石总体成熟度低，具类复理石沉积韵律，局部发育变余水平层理和韵律性粒序层理。反映了由早至晚，构造环境由强烈活动至逐渐减弱趋于稳定的趋势。经区域变质作用，形成下部条带状片麻岩和条带状、眼球状混合岩和上部片岩类、石英岩类，构成了基底的双层结构。

发生于约14亿年的早晋宁运动，使得地壳隆起为陆，缺失蓟县纪的沉积，并使地壳物质局部发生重熔，形成以片麻状二长花岗岩为主的壳源型钙碱性花岗岩岩体，花岗岩形成于同碰撞构造环境。这次构造运动还同时导致戈枕村组和峨文岭组分别发生了不同程度的高角闪岩相（局部达到了麻粒岩相）和低角闪岩相区域变质作用，前者还伴生混合岩化作用。经过这次构造运动，抱板群（下部戈枕村组，上部峨文岭组）成为海南岛最古老的结晶基底，但这个基底较为年轻，变质程度不很高，花岗岩所占比例也不太大，也就是说，基底的克拉通程度不高，这大约是海南岛显生宙以来一直处于活动环境的重要原因。

经过约14亿年的构造事件后，海南隆升成陆，进入地台剥蚀期，并缺失14~10亿年的地质记录。

2. 早古生代

（1）寒武纪。

寒武纪时期，地壳发生裂解，九所—陵水断裂带北部五指山地区为陆缘裂谷盆地。北部陆缘裂谷沉积见于万宁一带，裂解方向可能为由南至北，美子林组代表了裂解早期相对稳定的沉积，以近岸陆源碎屑沉积占主导的滨—浅海相碎屑岩-碳酸盐岩混合沉积型，代表了地壳裂解早期的沉积。其下部为长石石英砂岩、石英砂岩、粉砂岩、泥质砂岩，结构成熟度和成分成熟度均较高，局部出现大型低角度的斜层理；上部主要为灰岩、砂质灰岩等，见小型砂纹层理，灰岩中产瓶虫类和海绵骨针类化石，具滨海—浅海相碎屑岩夹碳酸盐岩建造特点，从早到晚（由南至北），岩石粒度逐渐变细，地壳持续裂解，海水逐渐加深，沉积场所逐渐远离滨岸，海侵加强。

（2）奥陶纪。

奥陶纪时期，海南岛北面裂解程度加剧，沉降盆地扩宽，海水加深，形成了近东西向的海盆，盆地东高西底，南北浅、中部深，接受了奥陶系南碧沟组一套厚达上千米的具有复理石、类复理石特征的深海—半深海相碎屑岩夹基性、中基性火山岩建造沉积，岩石类型有玄武岩、变安山岩、变流纹岩，岩石锆石U-Pb等时线年龄为499±6~527±48Ma。但南碧沟组中缺少或少见内源物质的沉

积，反映了该时期地壳可能具有快速裂解和上升的运动特点。

奥陶系在海南琼东地区仅见南碧沟组，位于海南岛琼东地区的万宁市山根—禄马，遭受了绿片岩相区域低温动力变质作用。见两种岩石构造组合：①变砂岩-板岩夹凝灰质砂岩的岩石构造组合。②片岩-千枚岩夹变中基性火山岩的岩石构造组合。其原岩为泥质粉砂岩、细砂岩、石英细砂岩、酸性火山岩、泥质岩等。

奥陶系琼东地区中原镇盆地为厚2000多米的浅海—半深海相陆源碎屑沉积，下部为泥质和粉砂质岩石，上部为泥质粉—细砂岩，局部为细粒石英砂岩、凝灰质砂岩，岩石分选性差，发育粒序层理，可见鲍马序列中的A、B层。

奥陶系琼东地区定安县翰林镇蒙花岭—礼文岭一带，下中部为泥质、粉砂质沉积，岩性为绢云母片岩、石英岩、二云母片岩等，局部夹炭质千枚岩，发育变余水平层理，中部并夹多层基性火山岩、火山碎屑岩，自下而上，火山活动由弱—强，呈现出由安山质沉凝灰岩-酸性流纹岩的演化。上部沉积物粒度变粗，出现浊流沉积。总体为浅海—半深海相碎屑岩建造夹火山岩建造，且从早—晚，其构造环境具逐渐强烈活动的趋势，与之相伴随的火山作用具间歇性的特点。构造环境属于裂谷相陆源裂谷亚相。

（3）志留纪。

早志留世早期，沉积盆地进一步加深，导致泥质、粉砂质的沉积，且砂质岩石和泥质岩石呈相间交替出现，形成了变质绢云母粉砂岩、变质石英砂岩、绢云母千枚岩、绢云母板岩等。岩石普遍发育变余水平层理、变余粒序层理，显示了半深海—深海相类复理石、复理石建造特征。

琼东地区志留系陀烈组、空列村组、大干村组、靠亲山组和足赛岭组等5个组的岩石构造组合为：板岩-变砂岩-变酸性火山岩组合。绢云母千枚岩、板岩、变砂岩、石英角岩等图解投点主要投入沉积岩区或碳酸盐岩区以及这两个区的过渡带，其原岩为泥质粉砂岩、泥质岩、泥质细砂岩等。

琼东地区志留系沉积层序表现为退积型层序，下部为浅海—深海平原相成熟度低的泥质岩-粉砂岩沉积；中部则进入深海平原相，浊流作用频繁，发育粒序层理，属于鲍马序列中的D、E层或C、D、E层，厚近3000m；上部为A 、B层沉积，常见细砂质层，亦出现中粒砂质层，岩层变厚，多为中厚层状，少量厚层状乃至块状，并普遍见沉凝灰岩或凝灰质砂岩分布，发育粒序层理。显示了西浅东深的古地理格局，与奥陶系盆地西深东浅的格局明显不同，反映了地壳运动强度具有不均一性。早志留世中期，为相对封闭的贫氧还原环境下的沉积，沉积物粒度变细，以泥质为主，并富含炭质。早志留世晚期，盆地逐渐收缩、关闭，进入滨、浅海环境，沉积物粒度变粗，以砂质为主。

3. 晚古生代—三叠纪

经加里东运动后，海南省地壳隆升为陆，至C_1地壳发生裂解，进入特提斯构造域的作用范围，并再次开始海相沉积历史。

早石炭世海南岛发生裂解，重新接受海相沉积。早二叠纪（约290~270Ma）强大的华力西—印支运动使地壳再次隆起，并导致华南板块（?）与印支地体（?）（包含海南岛东南部）发生陆陆碰撞，造成海南岛中新元古界发生绿片岩相退变质和叠加变形，古生代地层（不含鹅顶组和南龙组产生低绿片岩相变质，并形成了区域尺度上展布的褶皱带和断裂带。伴随该构造运动的花岗岩浆侵入活动强烈而持久，从早二叠世一直持续至晚三叠世，从早至晚，形成了俯冲型、同碰撞型、后碰撞型花岗岩，构成了一个比较完整的造山作用花岗岩浆演化系列，形成了五指山岩浆弧。

（1）石炭纪。

海南石炭系变质岩岩石构造组合在琼东地区为：板岩-变砂岩组合，包括南好组和青天峡组。

南好组为一套陆缘裂谷环境下的滨浅海相碎屑岩。在海西—印支期构造运动作用下，产生绿片岩相变质，底部形成变质石英砾岩、变质砂砾岩、变质砂岩，其中底部的砾石成分主要有脉石英、石英粉—细砂岩、板岩等，形态为次圆状—圆状，具有底砾岩的特征，代表加里东运动后地壳再次下降，海侵序列的开始，砾岩和含砾砂岩与下志留统呈角度不整合接触；上部为变质陆源细碎屑岩，总体为板岩、含粉砂质板岩与变质粉砂岩、变质细砂岩不等厚互层，南好乡一带并普遍富含长石，代表了近源的沉积环境。

青天峡组沉积时，东南面中原镇该时期则为海相碎屑岩相，缺乏碳酸盐台地相沉积，沉积作用从早至晚（南至北）海水逐渐加深，早期为滨、浅海相（局部达大陆斜坡相）碎屑岩沉积，中晚期为大陆斜坡相，出现浊流作用形成的杂砂岩；晚期地壳活动性逐渐加强，上部岩石常见酸性凝灰岩或沉凝灰岩夹层，沉积建造类型由稳定型往次稳定型过渡。

海南石炭系变质岩遭受了低绿片岩相型区域低温动力变质作用。该区域变质作用，常形成大面积或带状分布的单一绿片岩相变质地带，是发生于地壳浅部，在强应力和均匀的较低温条件下，变形和重结晶、变质结晶作用的产物。由于热流变化不显著，变质作用较浅，最高为绿片岩相。根据形成时期的地质构造环境，热流变化程度和形成岩石的矿物共生组合特征，确定为低绿片岩相型区域低温动力变质作用。

（2）二叠系。

早二叠世，随着板块的俯冲碰撞，海南岛东南部已经隆升为陆，缺失二叠纪沉积。

根据花岗岩的研究成果，早二叠世白沙断裂带两侧的华南板块和印支块体可能局部已经碰撞拼贴，导致同碰撞花岗岩侵位。发生于早二叠世海西—印支运动造山运动使地壳不断抬升，地壳全面隆起，结束海相沉积。随后在定安翰林、琼海九曲江一带沉积了一套山前磨拉石建造，即岭文组，但该套岩石分布十分局限，与典型造山带普遍发育磨拉石建造迥异。

早二叠世，侵入岩浆事件陆续出现，拉开了海西期—印支期岩浆事件的序幕。紧邻白沙断裂带的东侧侵入有俯冲环境的 TTG 组合、钾玄质 ηo-$\delta\eta$-η 组合、TTG-QM 组合，TTG 组合即细—中细粒石英闪长岩，出露于番阳、毛阳、志仲一带；钾玄质 ηo-$\delta\eta$-η 组合包括方满片麻状细粒黑云角闪二长闪长岩、行干细中粒二长岩、什败细中粒含斑角闪黑云石英二长岩，见于琼中上安、五指山市水满乡一带，地球化学特征反应它们来源于加厚了的 EM2 型富集岩石圈地幔的较低程度的部分熔融；TTG-QM 组合即指出露于琼中县城以北一带的石岭花岗岩闪长岩，无论是 TTG-QM 组合还是以上所述的 TTG 组合都紧邻白沙断裂带分布，据岩浆组成的极性，反应五指山岩浆弧靠近白沙断裂带一侧为俯冲岩浆带的外带，暗示洋壳从北西往南东方向俯冲。

随着俯冲型岩浆侵入的结束，早二叠世晚期同碰撞岩浆开始出现，说明大致沿琼西结合带两侧块体已经开始碰撞拼贴，海西—印支造山运动宣告开始，中二叠世以五指山岩体为代表的同碰撞岩侵入岩（以花岗岩为主）在海南岛大量出现，发育了大量壳幔混合型花岗岩和一些壳源重熔型的强过铝花岗岩以及 EM2 型富集岩石圈地幔来源的钾玄岩。它们的共同特点是侵入体接触面与围岩片理一致，岩石普遍具有同侵位韧性变形构造，走向与区域海西期变形构造线方向一致，都为北东—北东东向，岩石中普遍见有同构造花岗岩的标型结构—微粒交生体，这些都指示它们形成于碰撞挤压环境。

至晚二叠世海南岛进入后碰撞期，转入了后碰撞构造岩浆演化阶段，岩浆活动更为强烈，发育大量壳幔混合型花岗岩（I 型）、壳源花岗岩和 A 型花岗岩、铁镁质岩等。岩体形态与围岩构造不谐和，多形成“不整合”岩体，直至晚三叠世中晚期该阶段的侵入活动结束。

4. 侏罗纪—第四纪

海南省经历强烈的海西期—印支期造山作用后，大约在 200~175Ma 期间进入构造—岩浆平静期：构造活动、岩浆作用微弱，沉积作用也缺失。

早燕山期（约 175~150 Ma），由于太平洋板块俯冲，软流圈地幔上涌导致岩石圈裂解拉张，形成了一系列幔源和壳幔混合源侵入岩（基性—酸性岩岩体皆有分布，并以后者为主）。

晚燕山期，受太平洋板块继续俯冲，岩浆活动变得更加强烈，形成了以酸性岩浆为主的陆缘弧俯冲岩浆杂岩亚相。燕山期侵入岩缺乏定向组构，属于伸展构造环境壳幔岩浆混合的产物。燕山期岩体侵位往往受多方向断裂的控制，导致岩体平面上常呈不规则长条状分布，但受限于太平洋板块俯冲方向，岩体总体呈北东向排列。且从南东至北西岩浆作用逐渐减弱的趋势，大致以白沙—和庆断裂带为界，南东侧 G_1G_2 组合分布广泛，而北西侧主要为花岗岩组合，岩浆岩组成的极性反映了太平洋板块具有从南东朝北西俯冲的特征，并且从岩体具有伸展背景下侵位的特征推测燕山期太平洋板块的俯冲角度较大。

燕山期伸展和拉分剪切活动强烈，形成一系列上叠于花岗岩和古生代基底的火山—沉积盆地和火山岩盆地，前者包括白垩纪阳江盆地、雷鸣盆地等，后者主要有牛腊岭、同安岭、五指山火山盆地。火山—沉积盆地内沉积了下白垩统鹿母湾组（以湖—河相杂陆屑式建造为主，并夹中酸性火山岩建造）和上白垩统报万组（湖—河相杂陆屑式建造为主），火山岩盆地内堆积有下白垩统六罗村组、汤他大岭组、岭壳组中酸性火山岩建造（以流纹岩、英安岩、安山岩为主，底部夹有玄武岩）。同期形成了北东向、北西向、东西向、南北向韧脆性断裂，奠定了海南岛的大地构造格局。

燕山期岩浆活动非常强烈，形成大面积分布的侵入岩和火山岩，再综合地质背景、岩石学和岩石地球化学特征，侵入岩构造环境为大洋俯冲构造环境。

二、矿床时空分布及控矿因素

（1）在区带北部的蓬莱、南阳、居丁及长昌地区，铝土矿、钴土矿、宝石、褐煤、油页岩、高岭土矿矿产资源丰富，已知矿产地有大型矿床 2 处（铝土矿、宝石矿），中型矿床 1 处（钴土矿）、小型矿床 5 处（钴土矿、褐煤、耐火黏土、高岭土等）。铝土矿、宝石矿、钴土矿等主要与成矿母岩玄武岩的种类、风化及地形地貌有关，成矿时代为第四纪；高岭土矿床主要与母岩侵入岩的种类、风化程度及地形地貌有关，成矿时代为第四纪；褐煤、油页岩矿产主要产于长昌盆地的长昌组上段，受长昌组地层及褶皱构造控制，为沉积型矿床，成矿时代为古近纪。

（2）在区带北部定安县新竹—雷鸣地区发育有金、银、铀等矿产，已探明中型金矿床 1 处（富文金矿）、小型铀矿床 1 处。金矿床主要赋存于白垩系鹿母湾组层间破碎带中，受地层、层间破碎带、燕山期岩浆岩控制，成因类型为岩浆热液型，成矿时代为燕山期；铀矿产于鹿母湾组含砾长石石英砂岩中，受赋矿地层、盆地位置及构造等控制，成因与盆地沉积有关，为砂页岩型铀矿，成矿时代为白垩纪。

（3）区带北东部烟塘地区钼、铜、石墨矿等发育，已发现琼海烟塘梅岭铜钼矿、琼海烟塘文斗坡铜钼矿、琼海烟塘石墨矿、琼海伍园石墨矿及琼海烟塘西岸岭褐铁矿等。钼、铜矿成矿主要受破火山机构、火山岩岩性岩相及燕山晚期斑岩控制，为斑岩型铜、钼矿，成矿时代为燕山期；石墨矿主要产于峨文岭组云母石英片岩、石英云母片岩中，为变质矿床，成矿时代为元古宙。

（4）在区带中部屯昌地区发育有钼、钨、锡、铅、锌、金、水晶等矿产，区内已发现有巨型水晶矿床 1 处，金、钼、钨、铅、砂锡矿等小型矿床 6 处。钨、钼、锡、铅、锌、金、水晶等矿化与燕山晚期花岗岩类密切，同时受构造破碎带等控制，成因类型为岩浆热液型矿床，成矿时代为燕山期。

（5）在区带南部琼中地区发育有金、铅、锌等矿产，区内已探明小型金矿床 1 处，小型铅锌矿床 1 处，并发现有银金、铅、锌、金等矿点、矿化点 10 处。矿床产于海西—印支期花岗岩裂隙中，为岩浆热液石英脉型铅、锌、金矿，受岩体及构造裂隙控制，成矿时代为燕山期。

（6）在区带南部保亭县南好—三亚红石地区发育有铁、铜、铅、锌等矿产，区已探明小型矿床 6 处（其中铁矿 3 处、铁铜矿 1 处、铅锌矿 2 处），矿点 5 处（包括铅锌、铜、钨、金、毒砂）。矿床产于足赛岭组结晶灰岩、含钙质千枚岩与燕山晚期花岗岩接触带部位，矿床成因类型为接触交代型（矽卡岩型）铁、铜、多金属矿床，矿床主要受地层岩性、燕山期岩浆岩、接触带构造控制。成矿时代为燕山期。

表 6-4-1　五指山岩浆弧矿床成矿系列一览表

系列及亚系列代号	矿床成矿系列	矿床成矿亚系列	矿床类型	成因类型	成矿元素	大地构造单元	含矿层时代及主要岩性	岩浆岩	成矿时代	物质来源	已知矿床
C_1	古老基底出露区与中元古代沉积变质作用有关的石墨矿床成矿系列		烟塘式	变质型	石墨	五指山岩浆弧 V-4-1	长城纪片岩夹石英岩，变粒岩，石墨矿		中元古代	壳源	琼海烟塘、伍园石墨矿
C_2 C_2a	与燕山期岩浆热液作用有关的铜、钼、铅、锌、铁、金、银、水晶、萤石矿床成矿系列	与燕山早期岩浆热液作用有关的钨、锡、铅、锌、萤石矿床成矿亚系列	黎母岭式铅锌矿什统式萤石矿	热液型	Pb、Zn	五指山岩浆弧 V-4-1		燕山早期钾长花岗岩	燕山早期	壳源幔源	黎母岭钨、锡、铅、锌矿、白石岭铅、银矿、什统萤石矿
C_2b		与燕山早期岩浆热液作用有关的钼、铜、铅、锌、（银）、铁、水晶矿床成矿亚系列	石门山式钼、铅、锌、银	高温热液型	Mo、Cu、Pb、Zn、Ag	五指山岩浆弧 V-4-1		晚白垩世二长花岗岩钾长花岗岩、花岗闪长岩	燕山晚期	壳源幔源	石门山钼、铅锌矿、看树岭银矿、后万岭铅锌矿
			梅岭式钼铜矿	斑岩型	Mo、Cu			晚白垩世花岗闪长岩			烟圹梅岭钼铜矿
			羊角岭式水晶矿	接触交代型	水晶			早白垩世花岗闪长岩			羊角岭水晶矿
			波澎岭式水晶	热液型	水晶			晚白垩世花岗闪长岩			波澎岭水晶矿
C_2c		五指山岩浆弧南好断陷成矿区与燕山晚期岩浆热液作用有关的铁、铜、铅、锌、黄铁矿、水晶矿床成矿亚系列	南好五〇八铁铜矿	接触交代型	Fe、Cu、S	五指山岩浆弧 V-4-1	早石炭世板岩、绢云母粉砂岩夹灰岩	燕山晚期花岗斑岩、石英斑岩	燕山晚期	壳源幔源	南好五〇八铁铜矿
			铅山—南后山式铅锌矿	热液型	Pb、Zn	五指山岩浆弧 V-4-1	晚志留世大理岩、绢云母粉砂岩、板岩				铅山—南后山铅锌矿
			振海山—摩天岭铜矿、硫铁矿	接触交代型	Cu、S	五指山岩浆弧 V-4-1	晚志留世千枚岩，绢云母粉砂岩，早石炭世板岩，绢云母粉砂岩	燕山晚期石英斑岩、花岗斑岩、闪长岩、辉长岩			振海山—摩天岭铜矿
			红石工铁矿、水晶矿	接触交代型	Fe、Pb、Zn、水晶	五指山岩浆弧 V-4-1	晚志留世千枚岩、白云质大理岩及绢云母粉砂岩	燕山晚期花岗斑岩、石英斑岩			红石铁矿、水晶矿

续表

系列及亚系列代号		矿床成矿系列	矿床成矿亚系列	矿床类型	成因类型	成矿元素	大地构造单元	含矿层时代及主要岩性	岩浆岩	成矿时代	物质来源	已知矿床
C_2	C_2d		五指山岩浆弧雷鸣断陷成矿区与燕山晚期岩浆热液作用有关的金矿床成矿亚系列	富文式金矿	热液型	Au（Ag、As）	五指山岩浆弧 V-4-1	早白垩世砂砾岩、砂岩、粉砂岩夹泥岩及中酸性火山岩	燕山期晚期花岗岩及中酸性火山岩	燕山晚期	壳源 幔源	富文金矿
C_3		与中生代陆相砂岩—砾岩建造有关的铀矿床成矿系列		新竹式铀矿	沉积型	U	五指山岩浆弧 V-4-1	白垩纪砂砾岩、长石石英砂岩、泥岩		白垩纪	壳源	定安新竹铀矿
C_4		古近纪—新近纪内陆盆地沉积有关的褐煤矿床成矿系列		长昌式褐煤	沉积型	褐煤	五指山岩浆弧 V-4-1	古近纪泥岩、粉细砂岩、炭质页岩、褐煤		新生代 老三纪		长昌煤矿
F_1	F_1a	第四纪与风化—沉积作用有关的钛铁矿、锆英石、独居石、金、锡、钨、水晶、石英砂矿床成矿系列	与第四纪全新世滨海沉积有关的钛铁矿、锆英石、独居石、石英砂矿床成矿亚系列	铺前锆英石钛铁矿砂矿、保定独居石砂矿	砂矿型	钛铁矿、锆英石、独居石石英砂	五指山岩浆弧 V-4-1	烟墩组、八所组		第四纪	表壳源	铺前锆英石砂矿、保定锆英石钛铁矿独居石砂矿、龙马石英砂矿
	F_1b		第四纪与内陆机械沉积作用有关的砂金、砂锡（砂钨）、铁矿、水晶砂矿床成矿亚系列	羊角岭水晶砂矿	砂矿型	锡石、金、白钨矿、水晶	五指山岩浆弧 V-4-1	第四纪冲积砂砾层		新生代 第四纪	表壳源	羊角岭水晶砂矿 五〇五水晶砂矿

续表

系列及亚系列代号		矿床成矿系列	矿床成矿亚系列	矿床类型	成因类型	成矿元素	大地构造单元	含矿层时代及主要岩性	岩浆岩	成矿时代	物质来源	已知矿床
F_2	F_2a	第四纪与风化壳有关的铝土矿、钴土矿、宝石矿、铌、钽、稀土、高岭土矿床成矿系列	第四纪中更新世与新近纪基性火山岩风化壳有关的铝土矿、钴土矿、宝石矿床成矿亚系列	蓬莱式	风化壳型	Al、Co、Ni、Cu、蓝宝石、红锆宝石	五指山岩浆弧 V-4-1	中更新世残坡积砾石层	新近纪玄武岩	第四纪中更新世	表壳源	蓬莱铝土、钴土、宝石矿居丁钴土矿，南阳钴土矿
	F_2b		第四纪全新世与印支期二长花岗岩、燕山期花岗斑岩风化壳有关的稀土、高岭土矿床成矿亚系列	翰林式	风化壳型	铈族稀土元素为主	五指山岩浆弧 V-4-1	第四纪印支期二长（钾长）花岗岩风化壳，砂土层	印支期二长（钾长）花岗岩	新生代第四纪	表壳源	翰林离子吸附型稀土矿

(7) 在区带南部乐东县千家—福报地区发育有钼、铅、锌、银、铜等矿产，区内已探明中型钼矿床1处，中型铅锌矿床1处，小型铅锌矿床1处，小型银矿床1处，此外还有多处铁、铜、铅、锌等矿点、矿化点。成矿受燕山期岩浆岩、北西向及南北向构造带控制，为岩浆热液型矿床。成矿时代为燕山期。

(8) 在区带南部三亚市牛腊岭—崖城—高峰至保亭县同安岭地区发育有钼、铜、金等矿产，区内已发现有大型的罗葵洞钼矿、中型的新村钼矿、小型的南改金矿、小型的岭壳铜矿，另外发现有金、铜、铅锌、铁等矿点10余处。矿床主要产于火山盆地内缘火山岩中，为热液型矿床，成矿受火山机构、火山岩性岩相、次火山岩、构造带控制。成矿时代为燕山期。

(9) 区带东部海岸带锆英石、钛铁矿、石英砂砂矿资源丰富，主要产于烟墩组、八所组、北海组等赋矿层位中，主要为滨海沉积型矿床。矿床受赋矿地层及地形地貌控制明显。成矿时代为第四纪。

三、矿床成矿系列

该成矿区带内主要形成了6个矿床成矿系列，其中包含8个成矿亚系列。成矿系列分别为：古老基底出露区与中元古代沉积变质作用有关的石墨矿床成矿系列，与燕山期岩浆热液作用有关的铜、钼、铅、锌、铁、金、银、水晶、萤石矿床成矿系列，与中生代陆相砂岩—砾岩建造有关的铀矿床成矿系列，古近纪内陆盆地沉积有关的褐煤矿床成矿系列及分布于东部海岸、内陆部分地区的第四纪与风化—沉积作用有关的钛铁矿、锆英石、独居石、金、锡、钨、水晶、石英砂矿床成矿系列及第四纪与风化壳有关的铝土矿、钴土矿、宝石矿、铌、钽、稀土、高岭土矿床成矿系列；成矿亚系列分别为：与燕山早期岩浆热液作用有关的钨、锡、铅、锌、萤石矿床成矿亚系列，与燕山晚期岩浆热液作用有关的钼、铜、铅、锌（银）、铁、水晶矿床成矿亚系列，五指山岩浆弧南好断陷成矿区与燕山晚期岩浆热液作用有关的铁、铜、铅、锌、黄铁矿、水晶矿床成矿亚系列，五指山岩浆弧雷鸣断陷成矿区与燕山晚期岩浆热液作用有关的金矿床成矿亚系列，第四纪全新世滨海沉积有关的钛铁矿、锆英石、独居石、石英砂矿床成矿亚系列，第四纪与内陆机械沉积作用有关的砂金、砂锡（砂钨）、铁矿、水晶砂矿床成矿亚系列，第四纪中更新世与新近纪基性火山岩风化壳有关的铝土矿、钴土矿、宝石矿床成矿亚系列及第四纪全新世与印支期二长花岗岩、燕山期花岗斑岩风化壳有关的稀土、高岭土矿床成矿亚系列。各系列的特征见表6-4-1。

第五节　三亚被动陆缘铁、磷、锰、多金属成矿亚带

一、成矿地质构造环境及其演化

1. 中元古代

陆域上未见中元古代地层出露，但在西沙的钻孔中揭露到。

中元古时期海南省地壳处于激烈活动时期，火山喷发活动比较频繁，伴随地壳的大幅度急剧下降，接受了一套厚约985m的夹有中酸性浅成岩或熔岩的海相陆缘碎屑沉积，形成了戈枕村组岛弧或陆缘弧相（也有可能为从陆缘弧裂解开来的岛弧）中酸性火山岩建造夹碎屑岩建造和峨文岭组陆缘弧间盆地（不排除海沟环境）碎屑岩建造夹火山岩建造（仅五指山市毛阳地区峨文岭组上部发育一套大理岩。戈枕村组属岛弧或陆缘弧钙碱性系列中酸性火山岩夹杂砂岩，火山岩主要是英安质和石英安山质的熔岩、凝灰岩类；峨文岭组原岩为一套夹有少量火山岩的泥砂质岩、砂岩和少量富钙岩石等陆缘碎屑沉积岩系，该组岩石总体成熟度低，具类复理石沉积韵律，局部发育变余水平

层理和韵律性粒序层理。反映了由早至晚，构造环境由强烈活动至逐渐减弱趋于稳定的趋势。经区域变质作用，形成下部条带状片麻岩和条带状、眼球状混合岩和上部片岩类、石英岩类，构成了基底的双层结构。

发生于约14亿年的早晋宁运动，使得地壳隆起为陆，缺失蓟县纪的沉积，并使地壳物质局部发生重熔，形成以片麻状二长花岗岩为主的壳源型钙碱性花岗岩岩体，花岗岩形成于同碰撞构造环境。这次构造运动还同时导致戈枕村组和峨文岭组分别发生了不同程度的高角闪岩相（局部达到了麻粒岩相）和低角闪岩相区域变质作用（峨文岭组经历了区域动力热液变质作用，其之前已变质的戈枕村组则发生了相应退变质），前者还伴生混合岩化作用。经过这次构造运动，抱板群（下部戈枕村组，上部峨文岭组）成为海南岛最古老的结晶基底，但这个基底较为年轻，变质程度不很高，花岗岩所占比例也不太大，也就是说，基底的克拉通程度不高，这大约是海南岛显生宙以来一直处于活动环境的重要原因（马大铨、黄香定等，1998）。

经过约14亿年的构造事件后，海南隆升成陆，进入地台剥蚀期，并缺失14~10亿年的地质记录。

2. 早古生代

（1）寒武纪。

寒武纪时期，地壳发生裂解，南部三亚地区为台地陆棚滨浅海环境。三亚地区沉积作用则始于早寒武世，沉积了一套$Є_1$—$Є_2$的滨—浅海环境含磷锰砂泥质岩—碳酸盐岩建造，之后加里东运动使地壳发生差异性隆升，缺失上寒武统（沉积记录），导致下奥陶统大葵组与下—中寒武统呈平行不整合接触。

孟月岭组沉积建造组合：分布于三亚市晴坡岭向斜两翼外侧孟月岭、虎头岭、白石岭、藤桥、孟果村等地，厚719~2101.48m。沉积建造组合类型为远滨泥岩-粉砂岩-砂岩组合。该组合中，顶部为中细粒石英砂岩；上部粉砂质黏土岩、泥质粉砂岩夹白云岩，岩石发育水平层理、小型沙纹层理；中部中细粒石英砂岩与泥质粉砂岩或粉砂质黏土岩不等厚互层，间夹白云岩及含磷硅质岩，石英砂岩从下至上颗粒有变粗趋势，上部石英砂岩中见有平行层理，镜下可见石英颗粒呈定向排列，下部过渡为具暗色水平层纹的细粒石英砂岩，岩石结构成熟度和成分成熟度中等，无生物扰动构造等；下部粉砂质黏土岩夹泥质粉砂岩或互层，岩石发育水平层理、小型沙纹层理（层系厚1~2cm），含较多的有机质，且分布不均匀，宏观上呈斑杂状，镜下呈短柱状、斑块状富集，似为生物扰动所致。

大茅组沉积建造组合：分布于三亚市晴坡岭向斜两翼外侧孟月岭—保庄一带、安游—田独—大茅峒一带，沉积厚度呈现西厚东薄的趋势，大茅地区为309m，红花地区为752~794m。沉积建造组合类型为陆源碎屑岩-磷锰质岩-碳酸盐岩组合。该组合中，下部为厚层状中细粒石英砂岩，间夹泥质粉砂岩，沉积粒度向上逐渐变粗，水平层理发育。岩石磨圆度好，矿物成熟度高。矿物成分几乎都为石英，未见到不稳定矿物组分；中部为石英砂岩、粉砂质页岩与白云岩或白云质灰岩不等厚互层；上部为厚层状灰岩、白云岩、硅质岩夹硅质页岩、磷块岩及锰矿层，顶部夹一层钙质石英砂岩，白云岩、硅质岩、硅质页岩中常见有粉砂级的石英颗粒。硅质岩以隐晶结构为主；磷块岩主要为碎屑结构，次为鲕状结构；白云岩类则为微晶结构。沉积韵律性明显，薄层硅质岩、含磷页岩、硅质岩与锰质层呈互层出现。在磷块岩顶、底板的硅质页岩中发现丰富的三叶虫、腕足类、软舌螺等浅海底栖生物化石。在纵向和横向上岩相变化显著，偶夹有碎屑岩层，横向上厚度极不稳定。

（2）奥陶纪。

奥陶纪时，海南岛南面三亚地区则沉积了滨—浅海环境砂泥质岩-碳酸盐岩沉积，后期进入海陆交互相复成分砂砾岩、含砾砂岩、含铁黏土岩混杂沉积，之后加里东运动地壳隆升为陆。

大葵组：呈隐伏状产出（被第四系掩盖），主要见于三亚市大茅峒一带钻孔中，分布范围小，厚>214m。沉积建造组合类型为台地陆源碎屑-碳酸盐岩组合。该组合中，中、上部为厚层状灰岩，下部为不等粒石英砂岩，含少量细砾。

牙花组沉积建造组合：分布于三亚市大茅峒和落笔洞较小的范围内，区域变化不明显，厚280~330m。沉积建造组合类型为台地陆源碎屑-磷块岩-碳酸盐岩组合。该组合，中上部为炭质钙质页岩夹厚层状结晶灰岩，具清晰的水平层理和小型沙纹层理；中部为含炭灰岩夹磷块岩和少许白云质灰岩；下部为细粒石英砂岩夹粉砂质页岩。

沙塘组沉积建造组合：主要分布于三亚大茅硐、鹿回头、下洋田、抱坡岭等地，沉积厚度呈东北薄西南厚的趋势，大茅硐厚228m，鹿回头厚417m。沉积建造组合类型为台地（笔石）页岩-灰岩组合。该组合中，下段为钙质砾灰岩、厚层状灰岩，间夹细砂岩；上段为含笔石页岩、粉砂质页岩（局部变质形成绢云母板岩）。岩石从下而上为钙质砾灰岩→泥晶、结晶灰岩→泥灰岩。

榆红组沉积建造组合：主要分布于鹿回头—狗岭—榆红村—大茅峒一带，自东北向西南沉积厚度明显增加，厚452~1831m。沉积建造组合类型为海陆交互砂泥岩夹砾岩组合。该组合中，由复成分砾岩与中粗粒岩屑砂岩或中细粒石英砂岩互层产出，底部和顶部各夹一层黏土岩或粉砂质黏土岩。复成分砾岩层巨厚，砾石的砾径从下至上有明显变小的趋势。

此外，自下而上，砾岩层（单层）变薄，砾岩—砂岩比率较低，且砾岩中杂基含量增高。其中，砾岩砾石成分复杂，除稳定的砂岩、粉砂岩砾屑外，还有较多的不稳定组分砾屑，如水云母黏土岩砾屑、灰岩和白云岩砾屑及少量的硅质岩砾屑。砾石大小不一，磨圆中等—差，无规则排列。颗粒支撑为主，上部层位见杂基支撑。基质为砂级颗粒和水云母黏土。岩石并含透闪石及少量角闪石、橄榄石等不稳定矿物。岩屑砂岩也为厚层—块状构造，砂级颗粒除石英及石英岩屑外（38%~62%），水云母黏土岩屑也占相当比例（9%~38%），此外还见有硅质岩屑（<8%）。

尖岭组沉积建造组合：主要分布于三亚晴坡岭向斜轴部死马岭—三公夹，三罗村—晴坡岭—干沟村一带。沉积厚度自西北向东南逐渐变薄，厚598~937.22m。沉积建造组合类型远滨泥岩粉砂岩组合。该组合中，底部为复岩屑砾岩，下部为细粒岩屑砂岩，间夹含石英粉砂质水云母黏土岩，或二者呈不等厚互层，韵律层厚0.5~1m，韵律层内下部为细—中粒岩屑杂砂岩，上部主要为发育水平层理的薄层状水云母黏土岩，含少量双壳类和三叶虫化石。岩屑杂砂岩颗粒成分复杂，除石英和石英岩岩屑外，含较多的水云母黏土岩（24%~45%）和硅质岩（<4%）等不稳定组分岩屑，分选中等—差，磨圆度较差；胶结物为水云母黏土。岩屑杂砂岩粒度分析结果显示，以跳跃总体为主（75%~80%），悬浮总体含量大（20%~25%），无明显滚动总体，曲线斜率低；中、上部为含石英粉砂质水云母黏土岩，间夹含水云母石英粉砂岩，镜下可见清晰的小型韵律，韵律层内粉砂岩见波状水平层理和沙纹层理，粉砂级颗粒中含水云母黏土岩岩屑及硅质岩岩屑等不稳定组分，磨圆度差，水云母黏土岩与粉砂岩呈渐变过渡关系，见水平层理、微粒序层理及微波状层理；顶部为水云母岩屑粉砂岩。

干沟村组沉积建造组合：分布于三亚市晴坡岭向斜轴部，小面积出露于晴坡岭北坡，厚64.08m。沉积建造组合类型为海岸沙丘-后滨砂岩组合。该组合中，下部为厚层状含细砾中粒岩屑砂岩、砂砾岩层；上部为细粒岩屑石英杂砂岩、水云母质岩屑石英粉砂岩、细粒岩屑杂砂岩，具粒序层理。岩屑形态以次圆状为主，少量次棱角状，分选性好。产腕足类、头足类、双壳类、三叶虫等化石。

（3）三叠纪。

九所—陵水断裂带以南地区直到三叠世才基本开始有岩浆侵入。P_3—T_1 时南部三亚地体与新形成的北部地体汇聚，随后的岩浆作用使二者焊接在一起，至此三亚地体也为五指山岩浆弧组成部分。

（4）侏罗纪—第四纪。

经历强烈的海西—印支期造山作用后，大约在200~175Ma期间进入构造—岩浆平静期，构造活动、岩浆作用微弱，沉积作用也缺失。

表 6-5-1　三亚被动陆缘成矿区带矿床成矿系列一览表

系列及亚系列代号	矿床成矿系列	矿床成矿亚系列	矿床类型	成因类型	成矿元素	大地构造单元	含矿层时代及主要岩性	岩浆岩	成矿时代	物质来源	典型矿床
D_1	与中寒武世化学沉积作用有关的磷、锰矿床成矿系列		大茅式磷、锰矿	沉积型	P、Mn	三亚被动陆缘V-4-2	中寒武世灰岩、磷块岩、硅质岩、石英砂岩		中寒武世	壳源	大茅磷锰矿
D_2	与燕山晚期岩浆热液活动有关的钼、铁、铅、锌矿床成矿系列		田独式铁矿	接触交代型	Fe	三亚被动陆缘V-4-2	中寒武世白云质灰岩	燕山晚期花岗斑岩	燕山晚期	壳源幔源	田独铁矿
			荔枝沟式锌矿	接触交代型	Zn	三亚被动陆缘V-4-2	中奥陶世粉砂岩、砂岩、灰岩	燕山晚期花岗斑岩	燕山晚期	壳源幔源	荔枝沟锌矿、南下岭锡铅锌矿
			汤他大岭式铁矿	火山岩型	Fe	三亚被动陆缘V-4-2	早白垩世英安质与流纹质火山岩互层		第四纪全新世		汤他大岭铁矿
			龙门岭式钼矿	岩浆热液	Mo		岩浆岩构造破碎带中				龙门岭钼矿
F_1	第四纪与风化—沉积作用有关的钛铁矿、锆英石、独居石、金、锡、钨、水晶、石英砂矿床成矿系列	与第四纪全新世滨海沉积有关的钛铁矿、锆英石、独居石、石英砂矿床成矿亚系列	保平港锆钛砂矿	砂矿型	Fe、Ti		全新世烟墩组中细砂层			表壳源	保平港锆英石钛铁矿

早燕山期（约175~150 Ma），由于太平洋板块俯冲，软流圈地幔上涌导致岩石圈裂解拉张，形成了一系列幔源和壳幔混合源侵入岩（基性-酸性岩岩体皆有分布，并以后者为主）。

晚燕山期，受太平洋板块继续俯冲，岩浆活动变得更加强烈，形成了以酸性岩浆为主的陆缘弧俯冲岩浆杂岩亚相。燕山期侵入岩缺乏定向组构，属于伸展构造环境壳幔岩浆混合的产物。燕山期岩体侵位往往受多方向断裂的控制，导致岩体平面上常呈不规则长条状分布，但受限于太平洋板块俯冲方向，岩体总体呈北东向排列。

燕山期岩浆活动非常强烈，形成大面积分布的侵入岩和火山岩，再综合地质背景、岩石学和岩石地球化学特征，侵入岩构造环境为大洋俯冲构造环境。

白垩系地层为鹿母湾组，仅在三亚市荔枝沟镇以南一带零星分布。

新近系地层为佛罗组、望楼港组，呈隐伏状态产出。第四系主要分布在琼南沿海地带。

二、矿床时空分布及控矿因素

（1）在区带东部英州等地区发育有钼、金、铅锌等矿产，已发现有陵水县龙门岭钼矿、陵水县英州金矿、陵水县白茅岭铅锌多金属矿、陵水县狗子岭水库铅锌多金属、陵水县狗尾吊铅铜矿等。矿床主要受北东向断裂带、燕山期侵入岩等控制，为岩浆热液矿床，成矿时代为燕山期。

（2）在区带南部三亚市田独—大茅地区发育有铁、磷、锰等矿产，区内已发现中型矿床2处（富铁矿、磷锰矿）、锡铅、铅锌矿点2处。

1）产于下寒武统大茅组沉积型磷锰矿床：矿床主要产于含磷锰矿层位寒武系大茅组中，主要受含矿层位大茅组、向斜构造控制，并受后期断裂构造改造，为沉积矿床，成矿时代为寒武纪。

2）接触交代型铁、铅锌、锡矿床：产于燕山期花岗斑岩与寒武纪、奥陶纪地层接触带，主要受地层岩性、燕山期侵入岩及接触带构造控制，为接触交代矿床，成矿时代为燕山期。

（3）区带东部、南部海岸带锆英石、钛铁矿、石英砂砂矿资源丰富，主要产于烟墩组、八所组、北海组中。矿床主要受赋矿地层及地形地貌控制。成矿时代为第四纪。

三、矿床成矿系列

区带内主要形成了3个成矿系列，分别为与中寒武世化学沉积作用有关的磷、锰矿床成矿系列，与燕山晚期岩浆热液活动有关的钼、铁、铅、锌矿床成矿系列，与第四纪风化—沉积作用有关的钛铁矿、锆英石、独居石、金、锡、钨、水晶、石英砂矿床成矿系列。各系列成矿特征见表6-5-1。

第七章 海南省全局性成矿规律的总结及存在的问题

第一节 海南省矿床时空分布规律

海南省矿床时空分布规律总体呈现西部构造运动复杂，成矿时代多样，东部以岩浆活动产生的岩体为主，成矿时代单一的特点。时间上由老到新，有元古宙的石墨、白云母变质矿床，石碌沉积变质型铁铜钴矿床，古生代、中生代的与岩浆作用有关的金、铅锌多金属矿床，古近纪—新近纪的沉积褐煤油页岩，石油及第四纪风化矿床。空间上由西向东，从石碌—抱板陆壳残片中石墨、白云母变质矿床，石碌沉积变质型铁铜钴矿床、金矿床变化为与岩浆作用有关的多金属矿床及第四纪的风化矿床（图 7-1-1）。

一、时间分布规律

海南岛在成矿地质历史发展过程中，经历了中岳、晋宁、加里东、海西、印支、燕山和喜马拉雅等构造运动，其结果不仅导致地壳沉降或隆起，还在各构造单元中留下不同形态和不同性质的构造形迹组合，而且导致不同源岩浆形成、侵位和喷发，控制着区域成矿作用。

1. 前寒武

海南省前寒武的矿产主要是与中岳—晋宁期沉积变质作用有关的石墨、白云母、铁、钴、铜矿床。中元古代长城纪发生中酸性火山岩—陆源碎屑沉积建造形成抱板群，中岳运动使抱板群下部戈枕村组发生高角闪岩相变质及混合岩化和上部峨文岭组区域变质，并发生与变质作用相伴的大规模造山花岗岩侵入，在琼西结合带的西南部形成石墨、白云母矿床，在五指山岩浆弧的琼海地区形成的石墨矿床；新元古代青白口纪沉积形成石碌群一套碎屑岩、碳酸盐岩、赤铁矿夹火山岩沉积建造，晋宁运动发生区域变质作用，形成火山沉积变质作用有关的石碌铁、钴、铜矿床。

全省目前发现有 7 个矿床，与中岳—晋宁期沉积变质作用有关的为红五白云母矿床、峨文岭石墨矿床、烟塘石墨矿床、伍园石墨矿床，与新元古代火山—沉积变质作用有关的为石碌铁、铜、钴、银、镍、重晶石矿床、大英山锰矿床、朝阳铁铜矿床。

2. 古生代

海南省古生代主要形成了大茅与化学沉积作用有关的磷锰矿床及与海西期—印支期花岗岩有关的多金属矿床。海南省重要矿种（本次开展潜力评价的矿种）在该时期形成的矿床有 11 个，各矿床特征见表 7-1-1。

（1）加里东期。

三亚被动陆缘接受了一套陆源碎屑-磷锰质岩-碳酸盐岩组合的浅海—滨海沉积，形成了与中寒武世大茅组化学沉积作用有关形成的大茅磷锰矿床。

（2）海西期—印支期。

形成了与海西期—印支壳源重熔型花岗岩岩浆热液作用有关的金、铅、锌、钨、锡、铌、钽

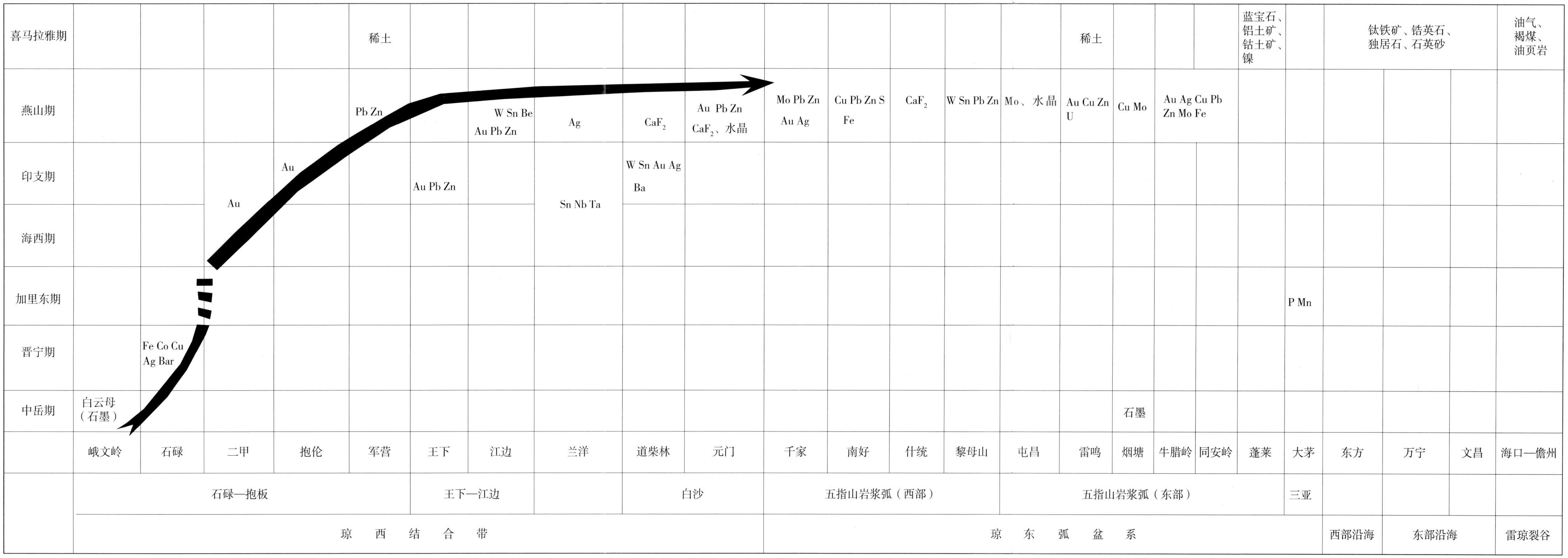

图7-1-1 海南省矿床成矿时空演化轨迹

矿床。

海西期—印支期发育壳源重熔型花岗岩，在岩浆热液作用和动力变质作用下形成了二甲、抱伦、王下金矿、保由铅锌矿成矿系列及那大锡、铌、钽矿床。在白沙拗陷带与印支期花岗岩浆热液和接触交代作用下形成了兰洋钨锡矿、南报金银矿、冰岭重晶石矿床。

表 7-1-1　海南省重要矿种古生代矿床概况表

主矿种	产地名称	地理经度	地理纬度	矿床成因	规模	储量 10^4t	品位/%	伴生矿种	成矿时代
磷	落笔洞	109°32′54″	18°20′00″	沉积型	矿点		8.03		中寒武世
磷	大茅洞	109°38′14″	18°20′04″	沉积型	中型	1079.4	16.4	锰	中寒武世
磷	红花岭	109°35′13″	18°20′52″	沉积型	小型	302.73	9.25		中寒武世
铅矿	合赖铅锌矿	109°40′20″	18°59′54″	热液脉型	矿点	0.0018	3.7500	锌矿	二叠纪
铅矿	弄羽铅矿	109°41′18″	18°57′50″	热液脉型	矿点				二叠纪
铅矿	亚要铅矿	108°58′08″	19°03′34″	热液脉型	矿点			锌矿	二叠纪
磁铁矿	保亭县南好矿区 508 地	109°27′03″	18°36′03″	接触交代型	矿点	23	45	赤铁矿	石炭纪
磁铁矿	保亭县南好情安岭铁矿	109°26′08″	18°35′25″	接触交代型	小型	(C_1+C_2) 31	35.82-56.31	硫铁矿、铜	石炭纪
磁铁矿	昌江县军营铁钴矿	108°56′15″	19°22′40″	沉积变质型	矿点	16	46.62	赤铁矿、钴矿	寒武纪
硫铁矿	侨植	109°31′08″	19°33′07″	热液型	矿点				志留纪
硫铁矿	毛栈	109°32′41″	18°56′58″	热液型	矿点	7.4039	0.2132		二叠纪

3. 中生代

海南省中生代的矿产主要为与燕山期岩浆作用有关的多金属矿床，少量为与印支晚期岩浆作用的多金属矿床。中生代是海南省最重要的成矿阶段之一，矿产资源丰富，海南省重要矿种（本次开展潜力评价的矿种）在该时期形成的矿床（点）有 152 个。

在燕山期花岗岩侵位岩浆热液作用下，形成了金、银、铅、锌、铜、钼、钨、锡、萤石、水晶、稀土矿床成矿系列。

在燕山期钾长花岗岩侵位岩浆热液作用下形成了金波钨、锡、铍矿床、昌化铅、锌矿床、元门金矿、向民铅锌矿、青松水晶矿、柴道林萤石矿床、黎母岭铅锌矿床和什统萤石矿床，与燕山晚期千家岩体热液作用有关形成的石门山钼、铅、锌、金、银矿床，与南好断陷燕山晚期花岗岩浆热液和接触交代作用有关形成的南好铜、铅、锌、铁和红石铁、水晶矿床，与燕山晚期屯昌岩体岩浆热液接触交代作用有关形成的羊角岭水晶矿和岩浆热液作用有关形成的高通岭钼矿床，与雷鸣断陷燕山晚期花岗岩岩浆热液作用有关形成的富文金矿床，与燕山晚期烟塘花岗闪长岩热液作用形成的斑岩型烟塘梅岭铜钼矿床，与燕山晚期岩浆热液作用有关形成的田独铁矿床、荔枝沟铅锌矿床和与燕山晚期中酸性火山作用有关形成的雄岭、富水、六罗金银矿，岭壳铜矿床等。

4. 新生代

新生代的矿床主要有与古近纪—新近纪沉积有关的矿床及与第四纪风化—堆积有关的矿床。

（1）古近纪与新近纪。

盆地接受沉积，形成了与流沙港组、涠洲组、下洋组有机沉积作用形成的石油、天然气沉积矿床成矿系列和与长昌组、长坡组有机沉积作用有关形成的褐煤、油页岩矿床。

（2）第四纪。

遭受强烈风化，形成了与喜马拉雅期基性火山岩喷发作用有关形成的宝石矿和基性火山岩风化作用有关形成的铝土矿、钴土矿床、与基性火山岩风化作用有关形成的金牛岭沸石、膨润土矿床及周边沿海区及近海域的与滨海沉积作用有关的锆钛砂、独居石、石英砂矿床。

二、空间分布规律

1. 雷琼裂谷

裂谷内分布有与基性火山岩风化作用有关形成的金牛岭沸石、膨润土矿床，与古近系流沙港组、涠洲组、下洋组有机沉积作用形成的石油、天然气沉积矿床，与长昌组、长坡组有机沉积作用有关形成的褐煤、油页岩矿床及海岸带、滨浅海与沉积作用有关分布的锆钛矿、石英砂砂矿。

2. 琼西结合带

琼西结合带内分布有与中岳期区域变质作用和岩浆热液作用成矿有关的白云母（石墨）矿床，石碌—抱板陆壳残片火山—沉积变质作用有关分布的铁、钴、铜矿床，王下—江边残余盆地推覆剪切带及构造—岩浆岩带的动力变质作用和海西期及印支期壳源熔融形成的Ⅰ型和S型花岗岩热液作用成矿有关的金、银、铅、锌矿床和锡、铌、钽矿床、儋州-昌江俯冲带、那大-尖峰增生岩浆弧和白沙拗陷带热液作用成矿有关分布的钨、锡、铍矿床，金、铅、锌矿床，铜、钼矿床，铁矿床，水晶矿床，萤石矿床、稀土矿床及西部海岸带、滨浅海沉积作用有关分布的锆钛矿、石英砂砂矿。

3. 琼东弧盆系

琼东弧盆系内分布有三亚被动陆缘中寒武世大茅组化学沉积作用形成有关分布的磷、锰矿床，五指山岩浆弧分布的构造—岩浆岩带动力作用及燕山期壳源熔融形成的Ⅰ型和S型花岗岩岩体的中心和边缘接触带热液作用成矿有关分布的钨、锡、铍矿床，金、铅、锌矿床，铜、钼矿床，铁矿床、水晶矿床，萤石矿床、稀土矿床、燕山期壳源熔融形成的S型花岗岩岩体和牛腊岭—同安岭火山岩带成矿有关分布的铁、铅、锌、金矿床，沉积作用形成的褐煤、油页岩矿床，风化作用形成的铝土矿、钴土矿、宝石矿矿床及东部海岸带、滨浅海沉积作的锆英石、钛铁矿、独居石、石英砂砂矿。

第二节　控矿地质因素

海南岛大地构造单元属于武夷、云开造山系，在此基础上划分出东南沿海弧、琼东弧盆系和琼西结合带。无论在构造运动、岩浆活动、沉积建造、变质作用及成矿作用等方面，表现出许多不同的特征，而且在发展演化上具有多阶段性，在空间展布上具有不均衡性。自中元古代至新生代各构造阶段发生的沉积建造，构造岩浆活动控制着各时期的成矿作用的发生。中岳—晋宁期发生的与中元古代沉积变质和岩浆作用有关的石墨、白云母矿床成矿系列，新元古代火山—沉积变质作用有关的铁、钴、铜矿床成矿系列；早古生代在琼东弧盆系的三亚被动陆缘，其主要成矿作用为地台型中寒武世化学沉积作用有关的磷、锰矿床成矿系列及燕山期岩浆作用有关的铁、铜、铅、锌、金、银矿床成矿系列；海西—印支期与壳源熔融花岗岩浆活动作用和动力变形变质作用有关的金、钨、锡、铌钽、铅、锌矿床成矿系列；燕山期与构造岩浆作用有关的金、钼、铜、铅、锌、铁、萤石、水晶矿床成矿系列；喜马拉雅期与基性火山岩有关的宝石、铝土矿、钴土、沸石、膨润土，与沉积建造作用有关的褐煤、油页岩、石油、天然气矿床成矿系列。

一、构造对成矿的控制作用

1. 区域性断裂构造对成矿的控制作用

（1）北东向断裂构造。戈枕断裂韧性剪切带控制着与海西期韧性剪切变形变质和印支期岩浆热液活动作用有关的糜棱岩型金矿、碎裂岩型金矿和石英脉型金矿床的分布；乐东—黎母山断裂带控制着燕山期花岗岩岩脉和石英脉矿化有关的钨、锡、铅、锌、萤石矿床的分布；南好断裂带控制着燕山期花岗斑岩与志留系接触带矿化成矿有关的铁、铜、铅、锌矿床的分布。

（2）南北向断裂构造。琼西南北向断裂带南段抱伦断裂带及其北北西断裂构造组合控制着印支期岩浆热液作用石英脉矿化有关的金矿床的分布，中段燕窝岭断裂带控制着印支期岩浆热液作用石英脉矿化有关铅、锌矿点的分布，北段金波—坝王岭断裂带控制着燕山晚期岩浆热液作用石英脉矿化有关的钨、铍、铅、锌矿的分布；琼中南北向断裂带北段洛基—南丰断裂带控制着印支期破碎带蚀变岩型和石英脉型金矿的分布，海西—印支期岩浆热液作用有关的锡、铌钽矿床的分布；琼东南北向断裂带的蓬莱—烟塘断裂带控制着燕山晚期花岗闪长岩爆破角砾岩筒斑岩铜钼矿床的分布。

（3）北西向断裂构造。冰岭断裂带控制着印支期岩浆热液作用有关的重晶石矿床和金银矿床的分布；千家断裂带控制着燕山晚期岩浆热液作用有关的云英岩型钼矿床和石英脉型金、银、铅、锌矿床的分布。

（4）东西向断裂构造。王下断裂带的牙劳断裂发育在二叠系层间滑动破碎带控制着金多金属矿床的分布；三亚被动陆缘荔枝沟断裂带控制着燕山晚期岩浆热液活动作用以及与中奥陶统接触交代作用有关的锡、铅、锌矿的分布；九所—陵水断裂带控制着断裂带两侧分布的燕山晚期牛腊岭—同安岭火山岩带和海西期、印支期、燕山期的岩浆活动作用有关的金、银、铜、铅、锌、铁、钼、水晶、萤石矿床的分布。

2. 海南岛深部构造带对成矿的控制作用

根据海南岛莫霍面等深度图所反映的莫霍面的变化特征，海南岛深部基底分布有昌化—屯昌缓倾带、琼海—万宁缓倾带、万宁—陵水陡倾带、梅山—南林缓倾带、昌江—感城缓倾带、尖峰—万宁幔凹带、王五—文教幔隆带。从这些规模较大的倾变带展布特征和地壳厚度的变化趋势，以琼中—乐东幔凹为中心，向四周地壳厚度逐渐变薄的环形深部构造格局。在幔凹中心，莫霍面的最大深度为35km左右，而在其四周深部的陡变带或缓变带在地表都表现有规模较大区域性断裂带，与矿产分布有密切关系。因此，海南岛深部分布的幔凹区（带）和陡变带（或缓变带）控制着金、银、钨、锡、钼、铜、铅、锌、铁等内生矿床的分布。而在岛北部的幔隆区（带）北侧断陷区控制着褐煤、油页岩、石油、天然气等外生矿床的分布。

3. 基底隆起区边部和基底断陷区边部明显控制着各种矿产的分布

在中、新元古界和下古生界基底隆起边部控制着金、银、铜、钴矿床分布，下古生界基底断陷边部控制着铜、铅、锌多金属矿产分布。

二、地层对成矿的控制作用

根据海南岛地层微量元素分布特征，在分布的抱板群中Au、Pb、Bi、Ag，石碌群中Au、As、Sb、Cu、W、Sn、Zn、Mo，南碧沟组中Au、Ag、Sb、W，志留系Au、Cu、W、As、Sb，石炭系中Au、As、Sb、W，二叠系中Au、Cu、As、Sb，白垩系中Zn、Ag、Cu、U、W、Co等元素平均含量也高于全岛其他地层相同元素的平均值。

因此，抱板群、石碌群、南碧沟组、志留系、石炭系、二叠系的Au元素含量相对较高并与河南省内已知金矿的分布关系密切。其中抱板群不仅是岛内金矿的主要矿源层，而且还是石墨矿的赋存层位，石碌群第六层是富铁矿的赋存层位。另外，中寒武统大茅组控制着磷、锰矿床的分布；古生界中多金属元素含量也较高，与已知多金属矿床点的分布关系密切；下二叠统鹅顶组控制着水泥灰岩的分布；古近系—新近系的流沙港组、涠洲组、下洋组为储油层位，长昌组和长坡组为褐煤、油页岩赋存层位；第四系控制着与风化作用形成的砂钛矿、锆英石矿、铝土矿、稀土矿、宝石矿床的分布。

三、岩浆岩对成矿的控制作用

根据海南岛岩浆岩地球化学参数特征，海南岛长城纪片麻状花岗岩中 Au、Pb、Mo、Rb、Hf、Nb、Sn、As、Ag 含量比较高，其中 Au 含量为 2.3×10^{-9}。海西期花岗岩中 Pb、Sn、Bi、Be、Sr、U、Th，印支期花岗岩中 Pb、Sn、Mo、Bi、U、Th，燕山期花岗岩中 U、Th、Pb、Sn、W、Mo、La、Y，燕山晚期中—酸性火山岩中 W、Mo、U、Th、La 等元素的平均含量均高于全岛相同元素的平均值。其中海西期、印支期花岗岩 Au 的平均含量等于全岛 Au 元素的平均值，与已知分布的金矿床的成矿作用有密切的关系。喜马拉雅期玄武岩中 Ni、Cr、Co、Ti、Cu、Zr、P、Sr、Nb、Mn、Zn、Cd、V、Mo、Ba、Hg、La、MgO、CaO、Na_2O、Fe_2O_3、Al_2O_3 等高于全省平均值。

结合海南岛已知矿产在时空和成因上与岩浆岩成矿作用的密切关系，与 I 型花岗岩的海西期志仲岩体、邦溪岩体、石岭岩体，印支期毛拉岩体、琼中岩体、广坝岩体、雅加岩体、黑岭岩体、燕山期千家岩体、税町岩体、保城岩体、屯昌岩体、长坡岩体、罗蓬岩体等侵入体的中心和边缘部接触地带及其旁侧基底隆起区边缘的构造岩浆岩带控制着铁、铜、钼、铅、锌、金、银、硫铁、水晶、萤石、稀土等矿产的分布；与 S 型花岗岩的中岳期二甲岩体，海西期石碌岩体、保梅岩体，海西—印支期儋县岩体，印支期阜堡笔岩体、尖峰岭岩体、大田岩体、大王岭岩体，燕山期黄岭岩体、三狮岭岩体、大岭岩体、北山岩体等侵入体的中心和边缘部接触带及其旁侧基底隆起区边缘的构造岩浆带控制着钨、锡、金、银、铌、钽、稀土、铅、锌、水晶、萤石等矿产的分布；与中酸性—酸性火山岩的牛腊岭、同安岭、五指山等火山岩带成矿有关的控制着铁、铜、铅、锌、硫铁、金、银等矿产的分布；与基性火山岩的琼北火山岩和蓬莱火山岩成矿有关的控制着蓝宝石、红宝石、红锆宝石、三水型铝土矿、钴土矿、砂钛矿、沸石、膨润土等矿产的分布。

四、主要地质事件对成矿的控制作用

海南岛主要地质事件对成矿控制作用，主要表现在中岳期长城纪形成的表壳岩抱板群在 16.3 亿年高角闪岩相变质作用及混合岩化，14.3 亿年与变形变质作用相伴的同造山花岗岩侵入活动及 10 亿年浅成酸性和基性岩床、岩墙的侵入活动等 3 次构造—热事件，使抱板群演变成海南的变质结晶基底金矿的矿源层；晋宁期青白口纪火山—沉积建造形成石碌群，8.4 亿年低角闪岩相区域变质作用和火山作用地质事件控制着石碌沉积变质富铁矿和钴、铜共生的分布；加里东期由于岩浆活动较弱，目前还未发现加里东期侵入岩的分布，所以成矿作用地质事件主要表现为化学沉积作用，在五指山褶皱带加里东地槽阶段志留系的碳酸盐岩沉积建造控制着水泥灰岩的分布，三亚被动陆缘的中寒武世化学沉积作用控制着中寒武统大茅组磷、锰矿床的分布；海西—印支期与壳源熔融形成的 I 型和 S 型花岗岩热液作用和动力变质作用的构造—岩浆岩带及韧性剪切作用引起的绿片岩相退变质地质事件，控制着金、银、铜、铅、锌、钨、锡、铌、钽、稀土、重晶石等矿产的分布；燕山期与壳源熔融形成的 I 型和 S 型花岗岩侵入和中酸性火山岩喷发地质事件，在北东向、东西向、南北向断裂带上组成的构造—岩浆岩带，控制着金、银、铜、铅、锌、钨、锡、钼、铁、稀土、水晶、萤石矿床的分布。喜马拉雅期以断陷作用为主，伴随强烈的基性火山岩的喷发作用，控制着与其成矿有关的宝石、铝土矿、钴土矿、沸石、膨润土矿床的分布。

五、物化探区场信息与成矿关系

1. 重磁异常信息与成矿关系

海南岛重磁异常的展布和变化特征，往往是深部构造和区域性断裂构造带及隐伏岩岩体的反映，与矿产分布有密切的关系。

（1）重力低与重力高异常的过渡带和重力异常的梯度变化带，往往是莫霍面的幔坡带和区域性断裂带的反映，与成矿关系密切。如乐东—黎母山重力异常带与北东向乐东—黎母山断裂带分布相吻合，分布有萤石、铅锌、钨、锡矿床；昌江—二甲重力异常带与北东向戈枕断裂带分布相吻合，分布有抱板、二甲、不磨等金矿床；昌江—抱伦重力异常带与琼西南北向断裂带分布相吻合，分布有金、多金属、稀土矿床；琼海—万宁重力异常带与琼东南北向断裂带分布相吻合，分布有铜、钼、石墨、稀土矿床；昌化—屯昌重力异常带与东西向昌江—琼海断裂带分布相吻合，分布有铁、铜、钴、铅、锌、钼矿床；尖峰—万宁重力异常带与东西向尖峰—吊罗断裂带相吻合，在断裂带的构造—岩浆岩带中分布有金、钨、锡、水晶矿床；九所—陵水重力异常带与东西向九所—陵水断裂带分布相吻合，在断裂带的构造—岩浆岩带和火山岩带中，分布有金、银、钼、铜、铅、锌、萤石矿床；另外，莫霍面的凹陷区在区域重力场上反映的重力低异常的边缘部成矿作用也十分有利，如尖峰重力低异常东部，金波重力低异常南部和西部，保亭重力低异常的西部，枫木重力低异常的东部和北部，都分别分布有抱伦金矿，王下金矿和石碌铁铜钴矿，南好多金属矿，高通岭钼矿和羊角岭水晶矿等矿床。

（2）航磁正、负异常过渡带的梯度变化带，长轴状航磁异常或线性航磁异常带，串珠状航磁异常带及局部航磁异常，往往是反映区域性控矿断裂带存在、地质体磁性的强弱、含磁性矿体的分布有密切关系。如长轴状高峰航磁负异常与九所—陵水断裂带分布相吻合，分布有金、银、铜、铅、锌、铁、水晶矿床；千家—槟榔航磁异常带大致与北北西的豪岗岭断裂带和千家断裂带分布相吻合，分布有金、钨、锡、钼、铅、锌矿床；乐东—兴隆航磁异常带，由乐东航磁正异常、五指山市航磁正异常、兴隆航磁负异常等串珠状航磁异常组成，与东西向的尖峰—吊罗断裂带分布相吻合，分布有萤石、水晶矿床；大坡—琼海市航磁异常带与琼东南北向断裂带的蓬莱—烟塘断裂带分布相吻合，分布有铜、钼、宝石矿床；田独分布的局部航磁异常有与接触交代作用有关的矽卡岩磁铁矿床；红石分布的局部航磁异常有红石磁铁矿床；石碌分布的局部航磁异常有石碌铁钴铜矿床。

2. 地球化学场与成矿关系

（1）三亚被动陆缘地球化学场特征表现为 Au、Ag、Hg、Pb、Fe、Cd、Sn、Bi、P、Mn 等背景场，主要成矿元素异常分布面积较小，与之对应分布的矿产，在同安岭火山岩中分布有雄岭、富田、六罗村等与火山岩成矿有关的金矿点，中寒武系大茅组分布有化学沉积型磷锰矿床，在田独地区寒武系与燕山晚期二长花岗岩内接触带分布有矽卡岩型田独磁铁矿床。

（2）五指山岩浆弧地球化学场特征，区内主要金属成矿元素异常和主要非金属矿成矿元素异常，一般面积较小，但分布较均匀，与之对应分布的矿产有：九所石门山中型钼矿和小型铅锌矿床，南好小型铜、铅锌矿床，红石小型铁矿床，南改小型金矿床，高通岭小型钼矿床，加定小型金矿床，烟塘铜矿、富文中型金矿床，什统大型萤石矿床，羊角岭大型水晶矿蓬莱大型蓝宝石、铝土矿床。

（3）琼西结合带地球化学场特征，区内主要金属成矿元素呈中、低背景，但分布不均匀，往往在局部地区形成异常，其大小与分布也不均匀。与区内异常分布之对应的矿产有金、银、铅、锌、铁、铅、钴、锡等矿床。岛内较大的综合异常，如二甲、石碌、王下、南报等异常，均分布在本地球化学分区内。与区内异常分布之对应的矿产有二甲金矿床、抱板金矿床、不磨金矿床、石碌铁铜钴矿床、王下金矿、抱伦金矿床、南报银金矿、那大锡矿、昌化铅锌矿。

第三节　矿床成矿系列（亚系列）和区域成矿谱系

在开展成矿区带的划分基础上，根据海南省不同类型矿床的成因类型、成矿作用特点和时、空分布规律，结合分析在一定的地质历史发展阶段、一定的地质构造单元内所形成的、在成因上与不同类型银矿床可能具一定联系的其他矿种、矿床组合特点，并参考 2001 年黄香定等完成的《海南省矿床成矿系列及成矿预测》的成矿系列划分成果，编制了海南省矿床成矿系列一览表（表 7-3-1）。

表 7-3-1　海南省矿床成矿系列一览表

系列及亚系列代号		矿床成矿系列	矿床成矿亚系列	矿床类型	成因类型	成矿元素	大地构造单元	含矿层时代及主要岩性	岩浆岩	成矿时代	物质来源	典型矿床
琼西结合带铁、钴（铜）、金、轻稀土、石墨、白云母、水晶、多金属成矿亚带												
A_1	A_1a	中、新元古代基底出露区与变质作用有关的铁、钴、铜、石墨、白云母矿床成矿系列	与中元古代变质作用有关的石墨、白云母矿床成矿亚系列	红五式白云母矿、峨文式石墨矿	变质型	C	琼西结合带 V-5	中元古代片岩夹石英岩、变粒岩、石墨矿		长城纪	壳源	峨文岭石墨、红五白云母
A_1	A_1b	中、新元古代基底出露区与变质作用有关的铁、钴、铜、石墨、白云母矿床成矿系列	与新元古代受火山—沉积变质作用有关的铁、钴、铜矿床成矿亚系列	石碌式铁、钴、铜矿	沉积变质型	Fe、Co、Cu、Ni	琼西结合带 V-5	新元古代片岩夹石英岩、结晶灰岩，白云岩，透辉透闪石岩夹富铁矿层		青白口纪	壳源幔源	昌江县石碌铁、钴、铜矿
A_2		与海西期—印支期重熔型花岗岩浆热液作用有关的钨、锡、铌、钽矿床成矿系列		那大式锡、铌、钽矿	热液型	W、Sn	琼西结合带 V-5		海西印支期花岗岩	海西—印支期	壳源幔源	那大锡、铌、钽矿
A_3	A_3a	与印支期重熔型花岗岩浆热液作用和动力变质作用有关的金、铅、锌矿床成矿系列	与印支期动力变质—岩浆热液作用有关的金矿床成矿亚系列	二甲式、抱伦式金矿	热液型、构造分异热液型	Au	琼西结合带 V-5	中元代混合岩、早志留世千枚岩	印支期二长花岗岩、钾长花岗岩	印支期	壳源幔源	二甲、不磨、抱伦、土外山、抱板金矿
A_3	A_3b	与印支期重熔型花岗岩浆热液作用和动力变质作用有关的金、铅、锌矿床成矿系列	与印支期壳源花岗岩浆热液作用有关的金、铅、锌矿床成矿亚系列	王下牙劳式金矿、保由式铅锌矿	热液型	Au、Pb、Zn	琼西结合带 V-5	石炭纪—二叠纪砂岩、板岩夹结晶灰岩，生物粉晶灰岩夹燧石灰岩	印支期二长花岗岩、钾长花岗岩、花岗闪长岩	印支期	壳源幔源	牙劳金矿、保由铅锌矿

续表

系列及亚系列代号	矿床成矿系列	矿床成矿亚系列	矿床类型	成因类型	成矿元素	大地构造单元	含矿层时代及主要岩性	岩浆岩	成矿时代	物质来源	典型矿床
A_4	与燕山期黑云母钾长花岗岩有关的钨、锡、铅、锌（铍、铌）、水晶矿床成矿系列		金波式钨、铍矿（锡）矿、昌化银岭式铅锌矿	热液型	W（Be、Sn）Pb、Zn、水晶	琼西结合带 V-5		燕山期黑云母钾长花岗岩、花岗斑岩	燕山期	壳源幔源	金波钨、铍矿，尖峰岭丁司山、红门岭钨，昌化银岭铅、锌矿，锅盖岭水晶矿
白沙陆内盆地萤石、金、铅成矿亚带											
B_1	与印支期二长花岗岩有关的钨、锡、金、银、重晶石矿床成矿系列		兰洋式钨锡矿，南报式金银矿	接触交代型热液型	W、Sn、Au、Ag、Ba	琼西结合带 V-5	石炭纪砂岩、板岩、结晶灰岩	印支期二长花岗岩	印支期	壳源幔源	兰洋钨锡矿、南报金银矿
B_2	与燕山晚期岩浆热液作用有关的铅、锌（铜）、水晶、萤石矿床成矿系列		向民工铅锌道柴林式萤石矿	热液型	Pb、Zn、萤石	琼西结合带 V-5	二叠纪砂岩、板岩、生物粉晶微晶灰岩，晚白垩世砂岩、粉砂岩、泥岩	燕山期花岗岩、花岗闪长岩	燕山晚期	壳源幔源	白沙县向民铅锌矿、青松水晶矿、道柴林、孔南坡、抱尾萤石矿
五指山岩浆弧铁、铝（钴）、铀、水晶、宝石、褐煤、石墨多金属成矿亚带											
C_1	古老基底出露区与中元古代沉积变质作用有关的石墨矿床成矿系列		烟塘式	变质型	石墨	琼东弧盆系 V-4 琼西结合带 V-5	长城纪片岩夹石英岩，变粒岩，石墨矿		中元古代	壳源	琼海县烟塘、伍园石墨矿

续表

系列及亚系列代号		矿床成矿系列	矿床成矿亚系列	矿床类型	成因类型	成矿元素	大地构造单元	含矿层时代及主要岩性	岩浆岩	成矿时代	物质来源	典型矿床
C_2	C_2a	与燕山期岩浆热液作用有关的铜、钼、铅、锌、铁、金、银、水晶、萤石矿床成矿系列	与燕山早期岩浆热液作用有关的钨、锡、铅、锌、萤石矿床成矿亚系列	黎母岭式铅锌矿什统式萤石矿	热液型	Pb、Zn	琼东弧盆系V-4		燕山早期钾长花岗岩	燕山早期	壳源幔源	黎母岭钨、锡、铅、锌矿、白石岭铅、银矿、什统萤石矿
	C_2b		与燕山晚期岩浆热液活动有关的钼、铜、铅、铅锌、（银）、铁、水晶、矿床成矿亚系列	石门山式钼、铅、锌、银	高温热液型	Mo、Cu、Pb、Zn、Ag	琼东弧盆系V-4		晚白垩世二长花岗岩钾长花岗岩、花岗闪长岩	燕山晚期	壳源幔源	石门山钼、铅锌矿、看树岭银矿、后万岭铅锌矿
				烟塘式钼铜矿	斑岩型	Mo、Cu			晚白垩世花岗闪长岩			烟塘梅岭钼铜矿
				羊角岭式水晶矿	接触交代型	水晶			早白垩世花岗闪长岩			羊角岭水晶矿
				波澎岭式水晶	热液型	水晶			晚白垩世花岗闪长岩			波澎岭水晶矿
	C_2c		琼东弧盆系南好断陷成矿区与燕山晚期岩浆热液作用有关的铁、铜、铅、锌、黄铁矿、水晶矿床成矿亚系列	南好五〇八铁铜矿	接触交代型	Fe、Cu、S	琼东弧盆系V-4	早石炭世板岩、绢云母粉砂岩夹灰岩	燕山晚期花岗斑岩、石英斑岩	燕山晚期	壳源幔源	南好五〇八铁铜矿
				铅山—南后山式铅锌矿	热液型	Pb、Zn	琼东弧盆系V-4	晚志留世大理岩、绢云母粉砂岩、板岩				铅山—南后山铅锌矿

续表

系列及亚系列代号	矿床成矿系列	矿床成矿亚系列	矿床类型	成因类型	成矿元素	大地构造单元	含矿层时代及主要岩性	岩浆岩	成矿时代	物质来源	典型矿床
C_2 C_2c	与燕山期岩浆热液作用有关的铜、钼、铅、锌、铁、金、银、水晶、萤石矿床成矿系列	琼东弧盆系南好断陷成矿区与燕山晚期岩浆热液作用有关的铁、铜、铅、锌、黄铁矿、水晶矿床成矿亚系列	振海山—摩天岭铜矿、硫铁矿	接触交代型	Cu、S	琼东弧盆系 V-4	晚志留世千枚岩，绢云母粉砂岩，早石炭世板岩，绢云母粉砂岩	燕山晚期石英斑岩、花岗斑岩、闪长岩、辉长岩			振海山—摩天岭铜矿
			红石铁矿、水晶矿	接触交代型	Fe、Pb、Zn、水晶	琼东弧盆系 V-4	晚志留世千枚岩、白云质大理岩及绢云母粉砂岩	燕山晚期花岗斑岩、石英斑岩			红石铁矿、水晶矿
C_2d		琼东弧盆系雷鸣断陷成矿区与燕山晚期岩浆热液作用有关的金矿床成矿亚系列	富文式金银矿	热液型	Au（Ag、As）	琼东弧盆系 V-4	早白垩世砂砾岩、砂岩、粉砂岩夹泥岩及中酸性火山岩	燕山期晚期花岗岩及中酸性火山岩	燕山晚期	壳源幔源	富文金银矿
C_3	与中生代陆相砂岩—砾岩建造有关的铀矿床成矿系列		新竹式铀矿	沉积型	U	琼东弧盆系 V-4	白垩纪砂砾岩、长石石英砂岩、泥岩		白垩纪	壳源	定安新竹铀矿
C_4	古近纪—新近纪内陆盆地沉积有关的褐煤矿床成矿系列		长昌式褐煤	沉积型	褐煤	琼东弧盆系 V-4	古近纪泥岩、粉细砂岩、炭质页岩、褐煤		新生代老三纪		长昌煤矿
三亚被动陆缘铁、磷、锰多金属成矿亚带											
D_1	与中寒武世化学沉积作用有关的磷、锰矿床成矿系列		大茅式磷、锰矿	沉积型	P、Mn	三亚被动陆缘 V-4-2	中寒武世灰岩、磷块岩、硅质岩、石英砂岩		中寒武世	壳源	大茅磷锰矿

续表

系列及亚系列代号	矿床成矿系列	矿床成矿亚系列	矿床类型	成因类型	成矿元素	大地构造单元	含矿层时代及主要岩性	岩浆岩	成矿时代	物质来源	典型矿床
D_2	与燕山晚期岩浆热液活动有关的钼、铁、铅、锌矿床成矿系列		田独式铁矿	接触交代型	Fe	三亚被动陆缘V-4-2	中寒武世白云质灰岩	燕山晚期花岗斑岩	燕山晚期	壳幔源	田独铁矿
			荔枝沟式锌矿	接触交代型	Zn	三亚被动陆缘V-4-2	中奥陶世粉砂岩、砂岩、灰岩	燕山晚期花岗斑岩	燕山晚期	壳源	荔枝沟锌矿、南下岭锡铅锌矿
D_3	与燕山晚期中酸性火山岩有关的金、银、铜、铅、锌、铁矿床成矿系列		岭壳式铜矿	火山岩型	Cu（Pb、Zn）	三亚被动陆缘V-4-2	早白垩世流纹质火山岩夹英安质火山岩	燕山晚中酸性火山岩	燕山晚期	壳幔源	岭壳铜矿
			汤他大岭式铁矿	火山岩型	Fe		早白垩世英安质与流纹质火山岩互层				汤他大岭铁矿
			雄岭式金矿	火山岩型	Au		早白垩世流纹质含砾晶屑凝灰熔岩、安山质凝灰岩				雄岭金矿
雷琼裂谷石油、天然气、褐煤（油页岩）、高岭土成矿亚带											
E_1	与古近纪—新近纪沉积作用有关的油气、褐煤、油页岩矿床成矿系列		金风油气田	沉积型	油、气	雷琼裂谷V-2-3	古近纪杂色泥岩，粉砂岩，砂岩及砂砾岩	夹玄武岩	古近纪		海口市金风油气田、澄迈县花场油气田
			长坡式褐煤、油页岩	沉积型	褐煤、油页岩	雷琼裂谷V-2-3	新近纪泥岩、泥质粉砂岩夹油页岩褐煤		新近纪		长坡褐煤、油页岩

续表

系列及亚系列代号	矿床成矿系列	矿床成矿亚系列	矿床类型	成因类型	成矿元素	大地构造单元	含矿层时代及主要岩性	岩浆岩	成矿时代	物质来源	典型矿床
E_2	与古近纪—新近纪海相火山—沉积作用有关的沸石、膨润土矿床成矿系列		金牛岭式沸石、膨润土	火山沉积型	沸石、膨润土	雷琼裂谷 V-2-3	上新世玻屑凝灰岩玄武岩、火山碎屑岩	玄武岩、火山碎屑岩	上新世	壳幔源	海口市金牛岭沸石膨润土
海南省第四纪风化—沉积矿床成矿系列											
F_1	第四纪与风化—沉积作用有关的钛铁矿、锆英石、独居石、金、锡、钨、水晶、石英砂矿床成矿系列										
F_1a		与第四纪全新世滨海沉积有关的钛铁矿、锆英石、独居石、石英砂矿床成矿亚系列	铺前锆英石砂矿	砂矿型	钛铁矿、锆英石、独居石	武夷—云开造山系 V	全新世烟墩组中细砂层		第四纪全新世	表壳源	铺前锆英石砂矿，沙老钛铁矿、锆英石砂矿
			保定钛铁矿、锆英石、独居石砂矿								保定钛铁矿、锆英石、独居石砂矿
			长安钛铁矿锆英石砂矿								长安钛铁矿、锆英石砂矿
			龙马、八所石英砂矿	砂矿型	石英砂	武夷—云开造山系 V	晚更新世八所组中细砂层		晚更新世		八所、龙马石英砂
F_1b		第四纪与内陆机械沉积作用有关的砂金、砂锡（砂钨）、铁矿、水晶砂矿床成矿亚系列	那大砂锡矿、白沙元门砂金矿、羊角岭水晶砂矿	砂矿型	锡石、金、白钨矿、水晶	武夷—云开造山系 V	第四纪冲积砂砾层		新生代第四纪		那大砂锡矿元门砂金矿羊角岭水晶砂矿、五〇五水晶砂矿

续表

系列及亚系列代号		矿床成矿系列	矿床成矿亚系列	矿床类型	成因类型	成矿元素	大地构造单元	含矿层时代及主要岩性	岩浆岩	成矿时代	物质来源	典型矿床
F_2	F_2a	第四纪与风化壳有关的铝土矿、钴土矿、宝石矿、铌、钽、稀土、高岭土矿床成矿系列	第四纪中更新世与新近纪基性火山岩风化壳有关的铝土矿、钴土矿、宝石矿床成矿亚系列	蓬莱式	风化壳型	Al、Co、Ni、Cu、蓝宝石、红锆宝石	琼东弧盆系 V-4	中更新世残坡积砾石层	新近纪玄武岩	第四纪中更新世		蓬莱铝土、钴土、宝石矿居丁钴土矿，南阳钴土矿
	F_2b		第四纪全新世与印支期二长花岗岩、燕山期花岗斑岩风化壳有关的铌、钽、稀土、高岭土矿床成矿亚系列	那大式铌钽矿	风化壳型	Nb、Ta	琼西结合带 V-5	第四纪钠长石化细粒花岗岩风化壳，砂质高岭土	华力西—印支期细粒花岗岩	新生代第四纪		四那大钽铌铁矿
				坝王岭离子型稀土矿	风化壳型	铈族稀土元素为主	琼西结合带 V-5	第四纪印支期二长（钾长）花岗岩风化壳，砂土层	印支期二长（钾长）花岗岩	新生代第四纪		坝王岭离子吸附型稀土矿

同时，根据成矿区带的划分、成矿系列的研究，再结合大地构造演化特征和大地构造单元的划分，对海南省的成矿谱系进行了初步总结（表 7-3-2），表格中纵向反映了同一构造单元在不同地质历史时期的矿产演化序列，表格中横向反映了同一地质历史时期不同构造单元内的矿产特征及演化序列，较简明地列出了成矿时代演化与时、空格架，初步构建了海南省的成矿谱系。

表 7-3-2　海南省区域成矿谱系简表

<table>
<tr><td colspan="2">成矿单元</td><td>琼西结合带</td><td colspan="2">三亚被动陆缘</td><td colspan="3">五指山岩浆弧</td><td colspan="2">雷琼裂谷</td></tr>
<tr><td rowspan="2">喜马拉雅期</td><td>第四纪</td><td colspan="8">近代海岸带及内陆钛铁矿、锆英石、独居石、砂金、砂锡等砂矿矿床成矿系列和铝土、钴土、宝石、铌钽、稀土等风化壳型矿床成矿系列</td></tr>
<tr><td>古近纪—新近纪</td><td></td><td colspan="2"></td><td></td><td colspan="2">断陷盆地褐煤矿床成矿系列</td><td>陆缘断陷区石油、天然气、褐煤、油页岩矿床成矿系列</td><td>火山—沉积区沸石、膨润土矿床成矿系列</td></tr>
<tr><td colspan="2">燕山期</td><td>构造—岩浆弧区 W、Sn、Pb、Zn、水晶矿床成矿系列</td><td>构造—岩浆区 Fe、Pb、Zn 矿床成矿系列</td><td>火山岩带 Au、Ag、Cu、Pb、Zn、Fe 矿床成矿系列</td><td>古陆断陷区 Au、Pb、Zn、水晶、萤石矿床成矿系列</td><td>构造—岩浆弧区 Cu、Mo、Pb、Zn、Fe、Au、水晶、萤石矿床成矿系列</td><td>陆内断陷盆地 U 矿床成矿系列</td><td colspan="2" rowspan="5"></td></tr>
<tr><td colspan="2">印支期</td><td>构造—岩浆弧区 Au、W、Sn、Nb、Ta、Pb、Zn 重晶石矿床成矿系列</td><td colspan="2"></td><td>古陆断陷构造—岩浆区 Pb、Zn、Cu 重晶石矿床成矿系列</td><td colspan="2"></td></tr>
<tr><td colspan="2">海西—印支期</td><td>构造—岩浆弧区 W、Sn、Nb、Ta 矿床成矿系列</td><td colspan="2"></td><td></td><td colspan="2"></td></tr>
<tr><td colspan="2">加里东期</td><td></td><td colspan="2">磷、锰矿床成矿系列</td><td></td><td colspan="2"></td></tr>
<tr><td colspan="2">中岳—晋宁期</td><td>古陆内褶皱带 Fe、Co、Cu、石墨、白云母矿床成矿系列</td><td colspan="2"></td><td></td><td colspan="2">古陆内褶皱区石墨矿床成矿系列</td></tr>
</table>

第四节　存在的问题

本次工作对海南省的矿产资源概况及成矿规律进行了初步总结和研究，但在几个方面还存在不足。

（1）由于海南省海域面积大，且工作程度低，且海洋资源由国家统一管理，因而本次开展的“海南省矿产资源潜力评价”项目的工作范围主要指海南岛陆域及滨浅海范围。

（2）海南省除金矿、铁矿、铝土矿、锆钛砂矿、石英砂矿外，矿床类型较多，但规模总体较小，且研究程度较低，如缺少成矿年龄、同位素等资料，因而在总结典型矿床特征及成矿规律时对分析矿床成因的探讨、成矿模式的建立有些简单或粗糙。

（3）对一些有科研资料的矿床，如二甲金矿床、抱伦金矿床、石碌铁矿床等，由于做科研的人、开展科研时间及采用的研究方法不同，对矿床的认识也各不一样，因而本次工作中作者对部分意见不一致的研究内容根据笔者的工作实践及理解进行总结，有一些可能不合理。

（4）工作团队较年轻，经验不足，认识相对肤浅。